普通高等教育"十二五"规划教材

有机化学简明教程

李好样　主编

中国石化出版社

内 容 提 要

本书主要介绍各类有机化合物包括天然产物的分类、命名、性质和制备方法，某些重要反应的机理，以及对映异构、有机化合物的波谱分析、周环反应等。内容丰富、简明、易懂，习题设置针对性强，能够起到举一反三的功效。教材整体布局上采用"少而精，博而通"的理念，既节省了篇幅，又便于教学。

本书可供高等院校科学教育、环境科学、食品科学、生物技术、生物教育、药学、医学、农学、林学等非化学专业有机化学基础课的教学使用。

图书在版编目（CIP）数据

有机化学简明教程/李好样主编 . —北京：中国石化出版社，2013.2（2023.2重印）
普通高等教育"十二五"规划教材
ISBN 978-7-5114-1959-0

Ⅰ.①有… Ⅱ.①李… Ⅲ.①有机化学-高等学校-教材
Ⅳ.①O62

中国版本图书馆 CIP 数据核字（2013）第 017928 号

中国石化出版社出版发行
地址：北京市东城区安定门外大街 58 号
邮编：100011　电话：(010)57512500
发行部电话：(010)57512575
http://www.sinopec-press.com
E-mail：press@ sinopec.com
北京力信诚印刷有限公司印刷
全国各地新华书店经销
*
787×1092 毫米 16 开本 18.5 印张 459 千字
2023 年 2 月第 1 版第 4 次印刷
定价：45.00 元

前　言

在新世纪伊始的课程改革中，我国基础教育课程呈现出了综合化的取向，为了推动师范院校的教育教学改革，及早培养出适应21世纪发展、满足基础教育课程改革的复合型、综合化的新型教师，近年来我国很多高等师范院校都在实行通才教育。太原师范学院2002年在全省首开了"理科通才教师教育实验班"（2003年教育部批准成立为"科学教育专业"），制定了"拓宽口径，夯实基础，强化实践，增强能力"的十六字方针，其要旨是培养理论基础扎实、知识面宽、适应性强的专业教师。有机化学是该专业的一门专业基础课，但是长期以来使用的教材比较陈旧单一，不能和科学教育专业的人才培养目标相适应。总结十多年来的教学经验，认真反思科学教育专业本身的特点，太原师范学院有机教研室根据该专业的办学理念与培养目标对有机化学的教学内容进行了认真的选择加工，重新构建了符合科学教育专业特点的《有机化学简明教程》。同时该教材也适用于环境科学、食品科学、生物技术、生物教育、药学、医学、农学、林学等非化学专业有机化学基础课的教学。

编写《有机化学简明教程》的指导思想体现专业培养目标、学科发展水平、教育科学新理念，重点培养学生创新意识、分析问题、解决问题的能力。有机化学作为化学学科中最活跃的研究领域，具有内容丰富、发展迅速、社会应用性强的特点。结合科学教育专业的特点，本书教学内容力求体现以下两个原则：一是突出师范特点，教材内容选择关注基础教育化学教学内容的发展趋势，教学内容呈现方式体现基础教育新课程理念的要求；二是体现高等教育特点，提高知识起点，融入有机化学不断出现的新理论、新反应、新方法，反映各学科互相渗透、互相交叉的趋势。

根据多年的教学经验，本书编写内容按官能团体系，主要论述各类有机化合物包括天然产物的分类、命名、性质、某些重要反应的机理和制备方法，以及对映异构、有机化合物的波谱分析（现代物理手段在有机化学中的应用）。内容丰富、简明、易懂，习题设置针对性强，能够起到举一反三的功效，教材整体布局上采用"少而精，博而通"的理念，既节省了篇幅，又便于教学。通过使用本教材拟达到以下目的：(1)为满足从事基础教育的人才提供必要的基础知识、基本方法和学科基本思想；(2)为学生进一步深造从事交叉学科研究打下良好的基础;(3)为培养从事其他相关工作的高素质人才奠定理论基础。

本教材由太原师范学院李好样担任主编。参加编写的有太原师范学院李好样(第一、六、七、八、九和二十章)、太原师范学院韩红斐(第二、三、四和五章)、太原师范学院相永刚(第十、十一和十二章)、太原师范学院朱瑞涛(第十三、十四和十五章),吕梁学院薛枚(第十六、十七、十八和十九章)。审稿由太原师范学院化学系有机教研室共同完成。编写过程中我们参阅了一些有机化学教材和资料,并引用了其中一些图表、数据及习题,将其列入书后所附的参考文献,在此向这些教材和资料的作者表示诚挚的感谢。张耀文老师对本书的编写提出了许多宝贵的建议,并作了大量的校对工作,张四方老师以及中国石化出版社给予了大力支持,在此也向他们表示诚挚的感谢。

由于编者水平所限,加之时间仓促,书中的错误和不妥之处在所难免,恳请读者提出宝贵意见和建议。

李好样

2012 年 8 月于太原师范学院

目　录

I

第一章 绪 论

1.1 有机化合物和有机化学

1.1.1 有机化合物

1. 概念

有机化合物主要指含碳的化合物，也称为碳化合物。有机化合物中都含有碳，除碳之外，绝大多数有机化合物还含有氢。例如，甲烷、乙烯、乙炔、苯、环己烷等。

除了碳和氢以外，常见的有机化合物还含有 O、N、S、P、X(卤素)，例如：

$$CH_3CH_2OH \quad C_6H_5NH_2 \quad C_6H_5SH \quad CH_3Cl \quad RO\overset{OH}{\underset{O}{-P-}}OH$$

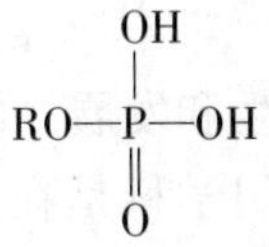

有机化合物中不能没有碳，但不是所有含碳化合物都是有机化合物，碳本身和一些简单的碳化合物不属于有机化合物。例如：CO、CO_2、CaC_2、碳酸盐和金属羰基化合物等，具有无机化合物的性质，属于无机化合物范畴。

有机化合物数目庞大，目前人类已知的有机化合物达 8000 多万种，现在仍以很快的速度迅速增长，而无机化合物只有几万种。碳原子的结构特征使有机化合物与无机化合物在组成、结构和性质上有很大的差异。

2. 有机化合物的特点

(1)分子组成复杂

大多数有机化合物在组成、结构上要比无机化合物复杂得多。例如，从自然界分离出来的维生素 B_{12}，组成为：$C_{63}H_{90}N_{14}O_{14}PCo$，共有 183 个原子，结构的复杂程度可想而知。

同分异构现象的存在，使得有机化合物更加复杂。因此，有机化合物需要用结构式表示，而不能用分子式表示。例如，分子式为 C_2H_6O 的化合物有两种，甲醚(CH_3OCH_3)和乙醇(CH_3CH_2OH)，表示是甲醚还是乙醇必须使用结构式。

(2)容易燃烧

一般的有机化合物都容易燃烧。常见的甲烷(沼气)、乙醚、乙醇、汽油等有机化合物都容易燃烧。但 CCl_4 不易燃烧，而是灭火剂(主要用于扑灭电源内或电源附近的火源)。

(3)沸点低，挥发性大，熔点也低

有机化合物室温下常为气体、液体或低熔点的固体。因为无机化合物主要是以离子键结合，晶格之间是库仑力，晶格能较高，所以熔沸点较高；而有机化合物中化学键主要是共价键，形成分子晶体，晶格之间是范德华引力，晶格能小，所以熔沸点较低。例如，氯化钠熔点 801℃，沸点 1478℃；乙醇熔点-115℃，沸点 78.5℃。

1

（4）难溶于水，而易溶于有机溶剂

有机化合物大多数是非极性分子或弱极性的分子，水是极性分子。根据相似相溶原理，多数有机化合物难溶于水，而易溶于有机溶剂。

（5）反应速率较慢，还常常伴有很多副反应，产率也不高

有机化合物反应速率较慢，有的无催化剂需要几年甚至几十年，而无机化合物反应速率较快。例如，硝酸银和氯化钠反应，很快出现氯化银沉淀；而 RCl 和硝酸银反应要慢得多，因为 RCl 要和 Ag^+ 反应，首先要打开 R—Cl 键，使氯转变为离子，才能与 Ag^+ 反应。

有机分子组成复杂，反应时有机分子的各个部分都会受到影响。换句话说，有机化合物反应时并不限定在分子的某一部位，因此一般有主产物、副产物，主产物产率能达到70%～80%就是比较满意的反应。

1.1.2　有机化学

1. 概念

有机化学是指研究碳化合物的化学。它是一门基础学科，与生命科学及人类日常生活密切相关，是化学研究领域中最大的一个分支，是研究有机化合物的组成、结构、性质及其转化规律的一门学科。

2. 有机化学的产生和发展

有机化学作为一门学科是在 19 世纪产生的，它与其他学科的产生一样，与日常生活紧密相连。最初，人们不知道有机化学，但他们知道酒精、醋、糖的使用，还知道从植物中提取染料染布、提取香料、从甘蔗中提取蔗糖，这些都不自觉地使用了有机化合物，但这并不足以创立一门学科。直到1828 年德国化学家 F. Wohler 从蒸发氰酸铵水溶液得到了尿素：

$$NH_4CNO \xrightarrow{\triangle} H_2NCONH_2$$

氰酸铵　　　　　尿素

说明有机化合物可以在实验室里由无机化合物合成，才慢慢产生了有机化学。有机化学的产生和发展经历了三个阶段：创立阶段—发展时期—近代有机化学。

（1）创立阶段（1806～1854），即有机化学的建立时期

1845 年柯尔柏（Kolbe H 1818～1884）合成了乙酸，1854 年贝特洛（Berthelot P E M 1827～1907）合成了油脂等，标志着有机化学产生了。到 19 世纪后半期有机化学发展比较快，进入了它的发展阶段。

（2）发展阶段，也是经典结构理论的产生阶段（19 世纪末至 20 世纪初）

1865 年德国化学家凯库勒（F. A. Kekule）提出绝大多数有机化合物中碳为四价，在此基础上发展了有机化合物结构学说。1874 年荷兰化学家范特霍夫和法国化学家勒贝尔（J. A. Le Bel）提出饱和碳原子的四个价键，指向以碳为中心的四面体的四个顶点，开创了有机化合物的立体化学。1917 年美国化学家路易斯（G. N. Lowis）用电子对来说明化学键的生成。1931 年德国化学家休克尔（E. Huckel）用量子化学的方法讨论共轭有机分子的结构和性质。1933 年英国化学家英果（K. Ingold）等用化学动力学的方法研究饱和碳原子上亲核取代反应机理。

以上这些经典理论的产生，对有机化学的发展起了重要的作用。伴随这些理论的建立，有机化合物数目也逐渐增多，到了 20 世纪 30 年代，价键理论的提出，量子力学的原

2

理和方法引入到化学领域，特别是物理方法的发展，核磁共振、质谱、红外光谱、紫外光谱在有机化学上的应用，更使有机化学像长上了翅膀一样迅速发展，进入它的第三个阶段。

（3）近代有机化学

以前研究有机化合物从分子到结构再到合成，需要几十年甚至上百年的时间，而现在在几天内就可能完成。目前，有机化学是化学学科中发展最快的学科，下面举例说明近代有机化学上的重大成果。

①牛胰岛素的合成。1965 年 9 月，人工合成牛胰岛素成功。这是世界上第一个合成的结晶蛋白质，具有生物活性（与天然胰岛素相同）。由中国科学院上海生物化学研究所、上海有机化学研究所和北京大学三个单位协作，历时六年九个月完成。人工合成牛胰岛素的成功，使人类在认识生命和揭开生命奥秘的伟大历程中又迈进了一步。

②核糖核酸的合成。1968~1981 年，由中国科学院北京生物物理研究所、上海生物化学研究所、上海有机化学研究所、上海细胞生物学研究所、上海生物物理研究所和北京大学生物系协作完成人工合成酵母丙氨酸转移核糖核酸工作，这种核糖核酸由 76 个核糖核苷组成。1978 年日本报道了 31 个核苷酸合成成功。

③维生素 B_{12} 的合成。1976 年，由世界上 100 多位著名化学家参与，通过 90 多步反应，经过 11 年的努力，成功合成维生素 B_{12}。

④C_{60} 的合成（碳球分子的合成）。C_{60}——球状结构（笼状结构，见图 1-1）。C_{60} 中，60 个碳原子构成像足球一样的 32 面体，包括 12 个五元环和 20 个六元环。它是石墨、金刚石的同素异形体，因此有科学家联想用廉价石墨作原料合成 C_{60}，也有人想到它含有苯环单元的结构，或许可以选用苯作原料合成 C_{60}，这些设想都实现了。目前，1000g 苯可以制得 3g C_{70} 和 C_{60} 的混合物。

图 1-1 C_{60} 结构

3. 有机化学的重要性

①有机化学是一门非常重要的学科，它和人民生活、国民经济和国防建设有着极为密切的关系。我们日常生活的衣、食、住、行离不开有机化合物；脂肪、碳水化合物和蛋白质三大类重要食物是有机化合物；做饭和取暖用的煤气、天然气的合成是有机化工的产物；合成纤维、合成橡胶、合成塑料以及各种药物、添加剂、染料、洗涤剂、黏合剂、化妆品等的合成都离不开有机化学。尤其是新兴的高分子技术使人类开始进入征服材料的时代，小到皮革、布匹等各种生活用具，大到航天工程所用的材料，都是从高分子原料合成的。

②有机化学不但是化学各专业一门重要的基础课，而且对许多传统学科，如生物学、医学、药学等也是必不可少的。尤其是生物学已发展到分子生物学、遗传工程学的领域，有机化学的研究对揭示蛋白质的结构和探索生命现象具有重要的意义。有机化学和医学、药学的结合对治疗疾病、预防传染病已取得了可喜的成就，但对有些疾病，如危及人类生命的癌症，目前还是束手无策，可望在不久的将来能够得以解决。

③有机化学是许多应用学科的基础。近年来，人们关注的高分子化学、高分子物理、材料化学、金属有机化学、配位化学等均与有机化学相关。有机化学的学术成就也是令人瞩目的，不但 2010 年诺贝尔化学奖——"焊接"碳原子的艺术与有机化学有关，而且英国曼彻斯特大学两位科学家 Andro Geim 和 Konstantin Novoselov，因在二维空间材料石墨烯方面的开创

性实验而获得 2010 年诺贝尔物理学奖，也与组成有机化合物最基本的元素"碳"密切相关。

作为碳组成的一种结构，石墨烯是一种全新的材料——不但厚度达到前所未有的薄（一个原子的厚度），而且强度也非常高。同时具有和铜一样的良好导电性，在导热方面更是超越了目前已知的其他所有材料。人们预测，石墨烯制成的晶体管将大大超越现今的硅晶体管，从而有助于生产出更高性能的计算机。可见，在当今科学技术迅速发展的今天，各个学科的互相交叉、互相渗透、互相促进尤为重要，学好有机化学这门基础学科对许多专业都是必需的。

4. 有机化学的研究任务

①分离、提取天然产物中的各种有机化合物，测定它们的结构和性质，加以利用。

②研究有机化合物结构和性质之间的关系，研究影响反应的因素、反应经历的过程，以控制反应向需要的方向进行。

③通过各种反应，合成我们所需要的各种有机化合物，为经济建设和人类社会的发展作出贡献。

④开发高效无毒的农药、高效温和的仿生催化剂及无污染的燃料，使传统工业向绿色工业转化，解决环境污染问题。

1.2 有机化合物的结构和分类

1.2.1 有机化合物的结构测定

测定一个新的有机化合物的结构，一般需要经过分离提纯，元素的定性、定量分析，经验式、分子式的确定和结构的确定四个过程。

1. 分离提纯

无论是从天然产物分离的、还是合成的有机化合物中常含有杂质，在研究它之前都需要分离提纯。分离提纯常用的方法有蒸馏、分馏、重结晶、升华等，实验室都能做到。化合物是否纯净可以通过测定其物理常数，如熔点、沸点、折射率等加以确定，也可以通过薄层层析、色谱分析等方法进行检验。

2. 元素的定性、定量分析

元素定性分析主要确立化合物中有哪些元素，常用的方法是钠熔法：把少量样品与金属钠一起熔化，然后用水处理，有机化合物中的卤素、硫、氮分别转化成 X^-、S^{2-} 和 CN^-，用常规的分析法分析得到检验结果。定量分析是确定各元素的含量，目前组成有机化合物元素的定性、定量分析多在自动化元素分析仪中进行。

3. 经验式、分子式的确定

经验式是指化合物中各种原子的最小整数比，即最简式，可由各元素的含量算出。分子式则表示分子中各原子的数目，如葡萄糖分子式 $C_6H_{12}O_6$，经验式 CH_2O。由经验式和化合物相对分子质量，可以确定分子式。测定相对分子质量的方法有沸点升高法、凝固点降低法和渗透压法，现在多用质谱仪测定。

4. 结构的确定

结构的确定是最麻烦的工作，主要用化学法和物理法进行测定。化学法主要是根据化合物性质进行测定，复杂且所需时间长，大分子还要先变成小分子，先研究确立小分子的结构，再研究小分子如何结合成大分子。物理法主要是使用现代物理仪器，如核磁共振谱、红外光谱、紫外光谱和质谱等进行结构测定，具有准确、快速和方便等特点。

1.2.2 有机化合物结构的几种表示方法

由于有机化合物中原子与原子间连接方式不一样，虽然分子式相同，但结构不同，就产生了异构现象。异构现象在有机化合物中普遍存在。如前面提到过的 CH_3CH_2OH 与 CH_3OCH_3，分子式相同但结构不同，性质不同。我们把具有相同分子式但性质不同的两个或多个化合物称为异构体。由于异构体的结构不同，就产生了有机化合物的结构表示方法。

1. Kekulé(凯库勒)结构式

用一根短线表示一个共价键，这种表示有机化合物结构的图式，历史上称为 Kekulé 结构式。例如：

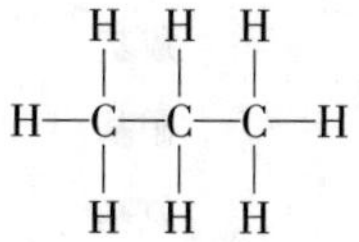

$$\begin{array}{c} H \quad H \quad H \\ | \quad\;\; | \quad\;\; | \\ H-C-C-C-H \\ | \quad\;\; | \quad\;\; | \\ H \quad H \quad H \end{array}$$

凯库勒结构式只表示有机化合物中原子互相连接的顺序，没有表示出立体结构。

2. Lewis 结构式

用一对电子表示一个共价键的结构式称为 Lewis 结构式。例如：

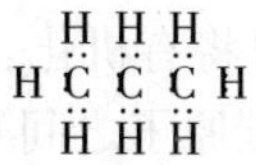

$$\begin{array}{c} H \quad H \quad H \\ H \; C \; C \; C \; H \\ H \quad H \quad H \end{array}$$

3. 简式

简式是将碳碳、碳氢之间的键线省略，双键、三键保留下来的式子。例如：

$$CH_3CH_2CH_3 \qquad CH_2{=}CHCH_3 \qquad HC{\equiv}CCH_3$$

4. 键线式

省略碳、氢元素符号，只写碳碳键，相邻碳碳键之间的夹角画成 120°，双键、三键、杂原子保留下来表示结构的方法叫键线式。例如：

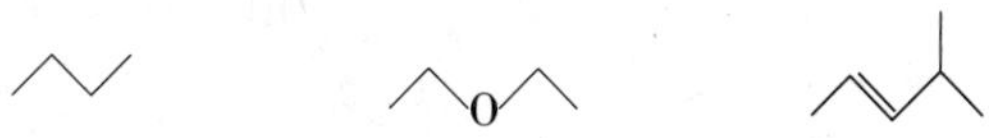

实际上目前经常使用的结构表示式是简式和键线式，Kekulé、Lewis 结构式因写法麻烦不常使用。

1.2.3 有机化合物的分类

为了学习、研究方便起见，需要对数目庞大的有机化合物进行分类。一般的分类方法有两种，一种根据有机化合物中的官能团进行分类，另一种根据有机分子中碳原子的连接方式(碳架)分类。

1. 按官能团分类

官能团是指分子中容易起化学反应的一些原子或原子团。官能团决定化合物的主要性质，含相同官能团的化合物具有相似的物理、化学性质。按官能团分类，是把含有相同官能团的化合物归为一类，便于认识其共性。一些重要的化合物类别和它们所含的官能团名称见表 1-1。

表 1-1　一些重要的化合物类别及其官能团名称

化合物类别	官能团结构和名称		化合物举例和名称	
烷烃		无	CH_4	甲烷
烯烃	$C=C$	碳碳双键	$H_2C=CH_2$	乙烯
炔烃	$-C\equiv C-$	碳碳三键	$HC\equiv CH$	乙炔
卤代烃	$-X(F、Cl、Br、I)$	卤素	CH_3Cl	一氯甲烷
醇或酚	$-OH$	羟基	CH_3CH_2OH	乙醇
醚	$C-O-C$	醚键	$C_2H_5O\ C_2H_5$	乙醚
醛或酮	$-\overset{\|}{\underset{\|\|\ O}{C}}-$	羰基	CH_3CHO	乙醛
羧酸	$-COOH$	羧基	CH_3COOH	乙酸
硝基化合物	$-NO_2$	硝基	CH_3NO_2	硝基甲烷
胺	$-NH_2$	氨基	$CH_3CH_2NH_2$	乙胺
磺酸	$-SO_3H$	磺酸基	$C_6H_5SO_3H$	苯磺酸

多数有机化学教材都是以官能团为基础进行编排的。

2. 按碳架分类

按有机分子中碳原子的连接方式，可将有机化合物分为三类：

①开链化合物（脂肪族化合物）：指碳原子之间互相连成链状的化合物。例如：

$$CH_3CH_2CH_2OH \qquad CH_3\underset{\underset{CH_3}{|}}{C}HCH_2COOH$$

丙醇　　　　　　3-甲基丁酸

②碳环化合物：指分子中具有由碳原子连接而成的环状结构，其结构特点为有环且环上原子都是由碳原子组成。包括脂环族化合物和芳香族化合物（含有苯环）。

脂环族化合物，例如：

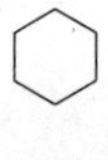

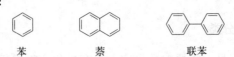

环己烷　　　　　环己醇

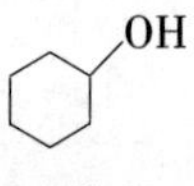

芳香族化合物，例如：

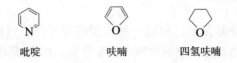

苯　　　　　　萘　　　　　　联苯

③杂环化合物：指组成环状化合物除有碳原子外还含有其他元素的原子。其结构特点为环上含有杂原子。例如：

吡啶　　　　　　呋喃　　　　　四氢呋喃

第二章 烷 烃

由碳和氢两种元素组成的有机化合物统称为碳氢化合物，简称为烃。烃分子中碳原子连成链状的称为链状烃，连成环状的称为环状烃。链状烃分为饱和烃(烷烃)和不饱和烃(烯烃和炔烃)；环状烃分为脂环烃和芳香烃。

烷烃是最简单的烃，分子中碳原子以单键相互连接成链，其余的价完全与氢原子相连，分子中氢的含量达到最高限度，因此烷烃是一类开链的饱和烃。

2.1 烷烃的同系列和同分异构

2.1.1 烷烃的同系列

最简单的烷烃是甲烷，分子式为 CH_4，乙烷分子式为 C_2H_6，丙烷 C_3H_8，丁烷 C_4H_{10}……表 2-1 中列出一些烷烃的名称和分子式。

表 2-1 一些烷烃的名称和分子式

烷烃	分子式	英文名	烷烃	分子式	英文名
甲烷	CH_4	methane	辛烷	C_8H_{18}	octane
乙烷	C_2H_6	ethane	壬烷	C_9H_{20}	nonane
丙烷	C_3H_8	propane	癸烷	$C_{10}H_{22}$	decane
丁烷	C_4H_{10}	butane	十一烷	$C_{11}H_{24}$	undecane
戊烷	C_5H_{12}	pentane	十二烷	$C_{12}H_{26}$	dodecane
己烷	C_6H_{14}	hexane	二十烷	$C_{20}H_{42}$	icosane
庚烷	C_7H_{16}	heptane	三十烷	$C_{30}H_{62}$	triacontane

由上表可知，烷烃的通式为：C_nH_{2n+2}，n 表示碳原子数目，两个烷烃分子式相差一个或多个 CH_2。像烷烃这样，凡是能用同一个通式表示，结构、化学性质相似，物理性质则随着碳原子数的增加而有规律变化的化合物系列称为同系列。同系列中各个化合物彼此互称为同系物。同系物在组成上相差 CH_2 或其倍数，CH_2 称为同系物的系列差。

同系列是有机化合物普遍存在的现象，同系物具有类似的化学性质，掌握其中某些典型化合物的性质，可以推测其他同系物的化学性质，为有机化学的学习提供了方便。

2.1.2 烷烃的同分异构

同分异构中的"构"并不是指结构，而是指构造。结构不仅包括构造，还包括构型和构象(构型和构象的含义将在后文介绍)。构造指分子中原子相互连接的方式和次序。同分异构体是化学式相同、构造不同的化合物的统称，可简称为异构体。

在烷烃的同系列中，甲烷、乙烷和丙烷碳原子只有一种连接方式，没有异构现象，从丁烷起就有同分异构现象。丁烷四个碳原子有两种连接方式，即有两个同分异构体：

$$CH_3-CH_2-CH_2-CH_3 \qquad CH_3-\overset{\displaystyle CH_3}{\underset{\displaystyle |}{CH}}-CH_3$$

正丁烷 $\qquad\qquad$ 异丁烷

n-butane $\qquad\qquad$ *i*-butane

在烷烃分子中随着碳原子数的增加，异构体的数目增加得很快，见表 2-2。表中异构体的数目是 20 世纪 30 年代有人用数学的方法推算出来的。当烷烃含 25 个碳原子时，异构体的数目可达到惊人的 3679 万多个。

表 2-2 烷烃同分异构体的数目

碳原子数	异构体数	碳原子数	异构体数
1~3	1	9	35
4	2	10	75
5	3	11	159
6	5	12	355
7	9	15	4347
8	18	20	366319

对于低级烷烃的同分异构体的数目和构造异构体，可以先写出烷烃最长的直链式，然后依次减少主链的碳原子数目，移动取代基的位置推导出来。现以戊烷为例，作一简单介绍。

戊烷的构造异构体：先写出戊烷的直链式，然后减少主链上的一个碳原子作为取代基，取代基可以连接的两个位置形成的两种构造式完全相同，再减少主链碳原子数，两个取代基只有一种连接方式，因此戊烷同分异构体有三个：

$$CH_3-CH_2-CH_2-CH_2-CH_3 \qquad CH_3-\overset{\displaystyle }{\underset{\displaystyle CH_3}{CH}}-CH_2-CH_3 \qquad H_3C-\overset{\displaystyle CH_3}{\underset{\displaystyle CH_3}{C}}-CH_3$$

（Ⅰ）正戊烷 $\qquad\qquad$ （Ⅱ）异戊烷 $\qquad\qquad$ （Ⅲ）新戊烷

n-pentane $\qquad\qquad$ *i*-pentane $\qquad\qquad$ neopentane

（Ⅰ）式是五个碳原子互相连成一条链状碳架，没有支链（或称侧链或取代基），这种戊烷叫正戊烷；（Ⅱ）式除了四个碳原子连成一条链状碳架外，还有一个碳原子构成的支链，这种戊烷称为异戊烷；（Ⅲ）式除了三个碳原子连成一条链状碳架外，还有两个碳原子构成的支链，这种戊烷称为新戊烷。以上三种戊烷的同分异构体所含的原子种类和数目都相同，只是彼此连接的次序不同、结构不同，必然导致在性质上有所差异。

另外书写构造式时，为了方便起见，除了使用构造式，还可以使用简式和键线式表示。简式省去所有的键线；键线式是最简单的表示方法，它省去所有的碳和氢原子，用锯齿形状的角和端点表示碳原子，键线表示碳原子的结合次序。例如戊烷异构体（Ⅱ）和（Ⅲ）式可表示如下为：

简式 $\qquad (CH_3)_2CHCH_2CH_3 \qquad\qquad (CH_3)_4C$

键线式

2.1.3 碳、氢的分类

戊烷这几个异构体的构造式中碳原子连接方式不一样，有的碳原子只与一个碳原子直接

8

相连，有的则分别与二个、三个或四个碳原子直接相连，因此为了方便起见把碳原子分为四种：直接与一个碳原子相连的称为伯碳或一级碳原子，用 1° 表示；直接与二个碳原子相连的称为仲碳或二级碳原子，用 2° 表示；直接与三个碳原子相连的称为叔碳或三级碳原子，用 3° 表示；直接与四个碳原子相连的称为季碳或四级碳原子，用 4° 表示。戊烷同分异构体的构造式中，碳原子的类型分别被标出，如下所示：

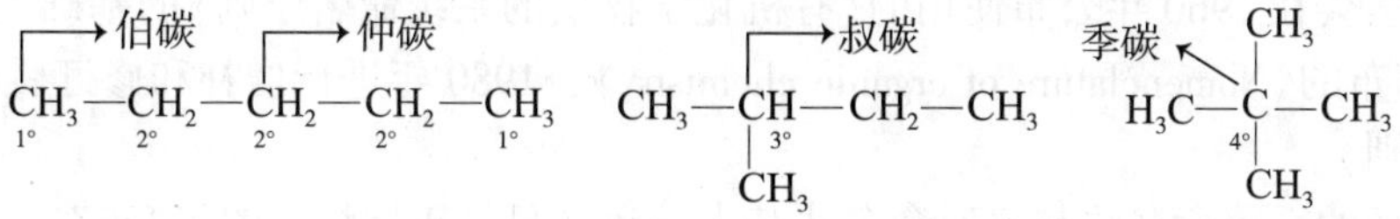

在上述四种碳原子中，除了季碳原子外，其他的三种都连接有氢原子，和伯、仲、叔碳原子结合的氢原子，相应地称为伯、仲、叔氢原子或一级、二级、三级氢原子。

2.2 烷烃的命名

有机化合物不仅数目庞大，种类繁多，而且结构又比较复杂，因此它的命名不仅要考虑分子中的原子组成和原子数目，而且必须能够反映出分子的真实结构，这样才能根据名称写出它的结构式，确定它是哪一个有机化合物；或者根据结构式就能写出它的名称。目前有机化合物常用的命名法是普通命名法和系统命名法，个别类型的化合物有特殊的命名法。有些还使用俗名，俗名通常是根据来源或性质来命名的。如甲烷的俗名叫沼气或坑气，在工业上俗名用得较多。

烷烃的命名是有机化合物命名的基础，常用普通命名法和系统命名法。

2.2.1 普通命名法

普通命名法也称为习惯命名法，是历史上逐渐形成的。通常把烷烃泛称为"某烷"，"某"是指烷烃中碳原子的数目。碳原子数在十以下的直链烷烃，分别用甲、乙、丙、丁、戊、己、庚、辛、壬、癸表示，十个碳原子以上的用数目字十一、十二……表示。例如：

$$CH_3(CH_2)_6CH_3 \qquad CH_3(CH_2)_{14}CH_3$$

辛烷   十六烷
octane   hexadecane

烷烃的英文名称词尾为"ane"。为了区别异构体，用"正"（normal）、"异"（iso）和"新"（neo）的词头来表示。"正"代表直链烷烃，称为"正某烷"，英文词头"normal"可简写为"n-"；"异"指仅在碳链的一末端带有两个甲基的特定结构称为"异某烷"，英文词头"iso"可简写为"i-"；"新"是指在五或六个碳原子烷烃的异构体中含有季碳原子的称为"新某烷"，英文词头"neo"。除了前面提到的正丁烷、异丁烷、正戊烷、异戊烷和新戊烷外，衡量汽油质量的基准物质异辛烷也用普通命名法命名，它的名称是个例外，因为沿用已久，已经习惯了。

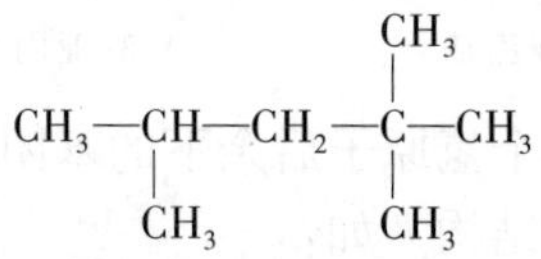

异辛烷
i-octane

普通命名法简单、方便，只适用于构造比较简单的烷烃。对于比较复杂的烷烃必须使用系统命名法。

2.2.2 系统命名法

系统命名法是结合国际通用的 IUPAC(国际纯粹与应用化学联合会，International Union of Pure and Applied Chemistry)命名法和我国汉字特点制定的命名法。目前使用的系统命名法是我国化学学会在 1960 年公布使用的《有机化学物质的系统命名原则》的基础上，参考 1979 年 IUPAC 公布的《Nomenclature of organic chemistry》，1980 年进行增补和修订后出版的《有机化学命名原则》。

直链烷烃的系统命名法与普通命名法基本一致，只是正烷烃省略了"正"字。例如：

$$CH_3CH_2CH_2CH_2CH_2CH_2CH_2CH_3$$

普通命名法称为正辛烷，系统命名法称为辛烷

支链烷烃有支链，命名时常用到取代基即烷基，为了学习系统命名法，对烷基要有初步的认识。

1. 烷基

烷基是指由烷烃分子中去掉一个氢原子后余下的基团。烷基的通式为 C_nH_{2n+1}，可以用 R—表示。对于具体的烷基，则按相应的母体烷烃命名。例如，CH_3—叫甲基，CH_3CH_2—叫乙基等。常见烷基的名称见表 2-3，相应的英文只需将词尾"ane"改为"yl"。

表 2-3 常见烷基的名称

烷基	中文名	英文名	通用符号
CH_3—	甲基	methyl	Me
CH_3CH_2—	乙基	ethyl	Et
$CH_3CH_2CH_2$—	正丙基	*n*-propyl	*n*-Pr
$(CH_3)_2CH$—	异丙基	isopropyl	*i*-Pr
$CH_3CH_2CH_2CH_2$—	正丁基	*n*-butyl	*n*-Bu
$(CH_3)_2CHCH_2$—	异丁基	isobutyl	*i*-Bu
$CH_3CH_2(CH_3)CH$—	仲丁基	*sec*-butyl	*s*-Bu
$(CH_3)_3C$—	叔丁基	*tert*-butyl	*t*-Bu

烷烃分子中去掉两个氢原子后余下的基团称为亚烷基。亚烷基有两种不同的结构：

①去掉同一个碳原子上的两个氢原子，例如：

$$\diagdown CH_2 \qquad \diagdown CHCH_3$$

亚甲基　　　　　亚乙基

②去掉两个不同碳原子上的两个氢原子，这时要标出两个价的位置，例如：

$$—CH_2CH_2— \qquad —CH_2CH_2CH_2—$$

1,2-亚乙基　　　　1,3-亚丙基

烷烃分子中同一个碳上去掉三个氢原子后余下的基团称为次烷基。命名中使用的次某基只限于三个价集中在一个原子上的结构。如：

$$\diagdown\!\!\!—CH \qquad \diagdown\!\!\!—C—CH_3$$

次甲基　　　　　次乙基

2. 支链烷烃的命名

对于带有支链的烷烃，整个名称由母体和取代基名称两部分组成，命名则按以下原则进行。

(1) 选择主链

选择分子中最长碳链作为主链，根据主链所含碳原子数目命名为某烷，即为母体名称。将主链以外的其他烷基看作是主链上的取代基(或称支链)。例如，下列化合物主链有五个碳原子，称为"戊烷"，取代基为甲基：

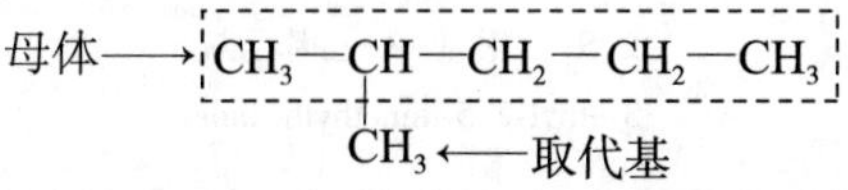

$$母体 \longrightarrow \boxed{CH_3 - CH - CH_2 - CH_2 - CH_3}$$
$$\underset{\displaystyle CH_3 \longleftarrow 取代基}{|}$$

如果有两条或多条碳链的碳原子数相同，则应选择取代基多的碳链作为主链。例如，下列结构的烷烃有两条碳链的碳原子数相同，(Ⅰ)式中虚线内选择的主链上有三个取代基，(Ⅱ)式中虚线内选择的主链上有两个取代基，因此选择(Ⅰ)式虚线内作为主链。

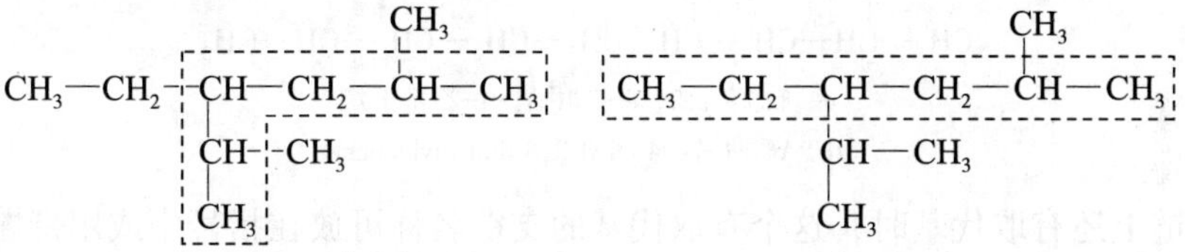

（Ⅰ）   （Ⅱ）

(2) 对主链碳原子编号

在选定主链以后，就要对主链碳原子进行位次编号。编号原则是从离取代基最近的一端开始，依次用 1，2，3，4……阿拉伯数字表示；当主链有几种编号可能时，应选择使取代基具有"最低系列"的编号。即依次列出取代基在几种编号系列中的位次，逐项比较各系列的不同位次，最先出现差别的那项中，以位次最小者定为"最低系列"，取此系列的编号为主链编号。例如，下列结构的烷烃从左到右编号，取代基的位次为：2，4，8；从右到左取代基的位次为：2，6，8，两种编号逐项比较，最先出现差别的是第二项，位次最小者为"4"，应选择从左到右编号系列为取代基的位次，即 2，4，8。

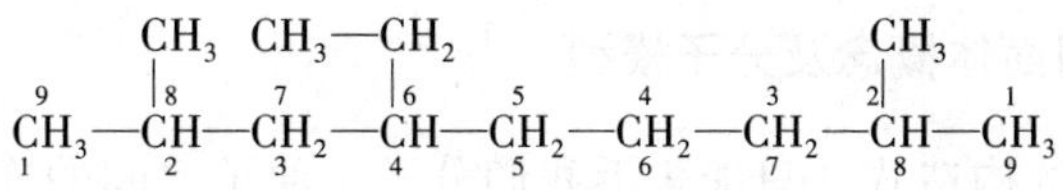

(3) 写出名称

按取代基位次、取代基名称、母体名称顺序书写。取代基位次、取代基名称之间要用半字线"-"连接起来，取代基名称和母体名称间则不用半字线连接。如果含有几个相同的取代基时，把它们合并起来，取代基的数目用二、三、四……来表示，写在取代基的前面，其位次必须逐个注明，位次的数字之间要用","隔开。例如：

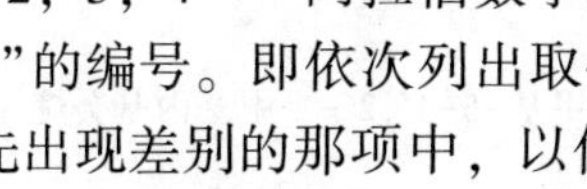

$$\overset{1}{CH_3} - \overset{2}{CH} - \overset{3}{CH_2} - \overset{4}{CH_2} - \overset{5}{CH_3}$$

2-甲基戊烷

2-methylpentane

$$\overset{1}{CH_3} - \overset{2}{C} - \overset{3}{CH_2} - \overset{4}{CH} - \overset{5}{CH_3}$$

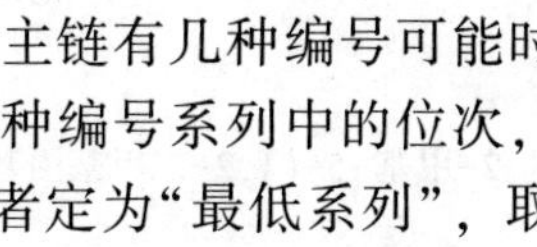

2,2,4-三甲基戊烷

2,2,4-trimethylpentane

11

如果主链上含有多个不同取代基时，取代基的排列次序按"次序规则"，将较优基团列在后面，而简单的基团排在前面。常见烷基的排列顺序：甲基<乙基<丙基<丁基<异丁基<异丙基<仲丁基<叔丁基(详见烯烃的命名)。例如：

$$CH_3—CH_2—\overset{3}{C}H—\overset{4}{C}H_2—\overset{5}{C}H—\overset{6}{C}H_3$$

$$\underset{1CH_3}{\overset{2CH—CH_3}{|}}$$

（CH_3 在顶端标注为5位上的取代基）

2,5-二甲基-3-乙基己烷

3-ethyl-2,5-dimethylhexane

在 IUPAC 命名中，则按照取代基英文名称的第一个字母的顺序列出。英文名称中的一、二、三、四等数字用相应的词头"mono"、"di"、"tri"、"tetra"等表示，简单的取代基英文数字词头不参加字母顺序排列。例如：

$$CH_3—CH—CH_2—CH—CH_2—CH_2—CH_2—CH—CH_3$$

系统命名：2，8-二甲基-4-乙基壬烷

IUPAC 命名：4-ethyl-2,8-dimethylnonane

如果支链上还有取代基时，这个有取代基的支链名称可放在括号中或用带撇的数字标明支链中取代基的位次。例如：

$$\overset{10}{CH_3}—\overset{9}{CH_2}—\overset{8}{CH_2}—\overset{7}{CH_2}—\overset{6}{CH_2}—\overset{5}{CH}—\overset{4}{CH_2}—\overset{3}{CH_2}—\overset{2}{CH}—\overset{1}{CH_3}$$

$$\overset{3'}{CH_3}—\overset{2'}{CH}—\overset{1'}{CH}—CH_3$$

$$CH_3$$

2-甲基-5-(1,2-二甲基丙基)癸烷或 2-甲基-5-1′,2′-二甲基丙基癸烷

2.3 烷烃的构型

2.3.1 碳原子的四面体概念及分子模型

前面所写的化合物的构造式，只能告诉我们分子中原子之间的连接次序。例如，甲烷的构造式只能说明分子中四个氢原子与碳原子直接相连，而没有表示出氢原子与碳原子在空间的相对位置，也就是不能说明分子的立体形状。而构型就是用来说明一定构造的分子中原子在空间的排列状况。

范特霍夫和勒贝尔同时提出了碳原子的四面体概念。他们根据大量的实证材料，提出与碳原子相连的四个原子或原子团不在一个平面上，而是分布在以碳原子为中心的四面体的四个顶点上。甲烷分子由于四个氢完全一样，其构型是以碳原子为中心的正四面体，如图 2-1。现代物理实验方法测定了甲烷的四个碳氢键的键长都是 109pm，∠HCH 键角为 109°28′。

为了帮助我们更好地了解分子的立体结构，可以使用分子模型来表示，常用的模型有凯库勒(Kekulé)模型(或叫球棒模

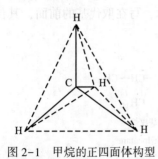

图 2-1 甲烷的正四面体构型

型)和斯陶特(Stuart H A)模型(或叫比例模型)。

凯库勒分子模型是用不同颜色的小球代表各种原子，用短棒表示化学键。一般用黑球代表碳原子，白球代表氢原子，在黑球上开四个等距离的小孔，插入短棒表示四个化学键，与氢原子或其他原子相连，这样就可以装配成各种分子模型。凯库勒分子模型比较直观，容易制作，使用方便，只是不能准确地表示出原子的大小和键长。甲烷的凯库勒模型见图 2-2(a)。

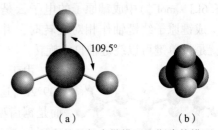

（a） （b）

图 2-2 甲烷的凯库勒模型和斯陶特模型

斯陶特分子模型是按分子中各原子的大小和键长依照一定的比例放大(一般为 $2 \times 10^8 : 1$)制成的模型。这种模型比较符合分子的实际形状，但它所表示的价键分布不如凯库勒模型明显，可以说这两种模型各有长处。甲烷的斯陶特模型见图2-2(b)。有机化合物都可以用分子模型来表示分子中各原子的空间排列状况。

2.3.2 烷烃分子的形成

甲烷的正四面体结构，原子轨道杂化理论给出了合理的解释。杂化理论认为，碳原子以四个单键与四个氢原子结合时，最外层 s 轨道上的 1 个电子经激发跃迁进入 p 轨道，然后一个 s 轨道与 3 个 p 轨道进行杂化，形成四个等同的 sp^3 杂化轨道：

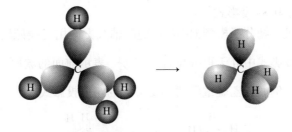

四个 sp^3 杂化轨道在空间的取向相当于从正四面体的中心指向四个顶点的方向，只有这样，价电子对间的互斥作用才最小。sp^3 杂化轨道各键轴之间的夹角均为 109°28′，这便决定了甲烷的正四面体结构，四个氢正好位于以碳原子为中心的正四面体的四个顶点上，∠HCH 夹角 109°28′。图 2-3 为碳与氢形成甲烷分子的示意图。

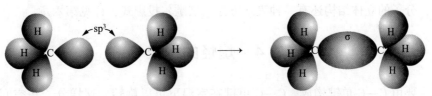

图 2-3 碳与氢形成甲烷分子的示意图

乙烷和其他烷烃分子中碳原子都是采用 sp^3 杂化轨道进行成键，图 2-4 为乙烷分子中的 C—C 单键形成示意图。

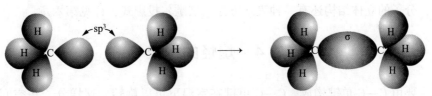

图 2-4 乙烷分子中原子轨道重叠示意图

13

从上述原子轨道重叠示意图中可以看出，C—H 键或 C—C 键(其键长为 154pm，键能为 345.6kJ·mol^{-1})中成键原子的电子云是沿着它们的键轴方向重叠的，这样形成的键称为 σ 键。成键原子绕键轴作相对旋转时，并不影响电子云的重叠程度，也就是不会破坏 σ 键，这就是说单键可以绕键轴自由旋转。

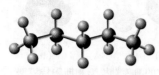

图 2-5　正戊烷的球棒模型

由于 sp^3 杂化轨道几何构型为正四面体，对称轴夹角 109°28′，这就决定了其他烷烃分子中碳原子排列不是直线型，而是锯齿型，因此所谓"直链"二字的含义仅指不带有支链。由于碳原子比氢原子大，因此∠CCC 夹角略大于 109°28′，在 111°~113°之间，接近四面体所要求的角度，C—H 键键长 110pm，C—C 键键长 154pm。图 2-5 为正戊烷的球棒模型。

2.3.3　分子立体结构的表示方法

有机化合物具有三维立体形状，常用以下几种方式表示：

(1)楔形透视式

在楔形透视式中，实线表示在纸平面上的键，虚线表示伸向纸平面后方的键，楔形线表示伸向纸平面前方的键。例如，甲烷、乙烷的楔形透视式(Ⅰ)(Ⅱ)。

(2)锯架透视式

在锯架透视式中，所有的键均用实线表示，常用于表示含两个或两个以上碳原子的有机化合物的立体结构。例如，乙烷锯架透视式(Ⅲ)。

甲烷的楔形透视式(Ⅰ)　　　乙烷的楔形透视式(Ⅱ)　　　乙烷的锯架透视式(Ⅲ)

透视式比较直观，透过透视式可以很容易地想象到分子的模型，反之通过模型也可以写出透视式。

(3)纽曼(Newman M S)投影式

纽曼投影式是沿凯库勒分子模型 C—C σ 键的轴线方向用光线照射，将分子投影到纸平面上，两个碳原子在投影式中处于重叠位置。以 ⅄ 表示前面的碳原子及其键，以 ⅄ 表示后面的碳原子及其键。例如，乙烷重叠式和交叉式的纽曼投影式。

交叉式　　　　　　　　重叠式

另外，分子的立体结构还有一种表示方法为费歇尔投影式，详见第六章。

2.4　烷烃的构象

烷烃主要由 C—C 单键构成，C—C 单键在室温下可以旋转，这样分子在空间就有无数个形象。我们把这种由于单键的旋转引起分子中原子或原子团在空间排列不同的形象称为构象。一个有机分子应有无穷个构象，我们把这种分子组成相同、构造式相同、因构象不同而产生的异构体叫构象异构体。

2.4.1 乙烷的构象

乙烷是最简单的 C—C 单键的化合物。在 20 世纪 30 年代时，认为乙烷分子的两个甲基既不是固定不变的，也不是完全自由旋转的，而是存在着一定的能垒，对 C—C 单键的旋转产生了一定的阻力。但因能垒不高，在常温下分子热运动产生的能量，足以使 C—C 单键旋转形成许多构象。乙烷分子的无数个构象，可以用一个能量变化曲线来表示，纵坐标表示位能，横坐标表示旋转度数。一般来说 C—C 单键旋转 360° 位能曲线才能重复，但乙烷三个氢一样，旋转 120° 就能重复，图 2-6 为乙烷分子的位能曲线。在乙烷的许多构象中，（Ⅰ）式和（Ⅱ）式是两种极限构象，通常用锯架透视式或纽曼投影式表示。

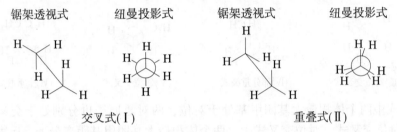

锯架透视式　　纽曼投影式　　锯架透视式　　纽曼投影式

交叉式（Ⅰ）　　　　　　　　重叠式（Ⅱ）

（Ⅰ）式中前后两个碳原子上的氢原子处在交叉的位置，即一个甲基上的氢原子处于另一个甲基上两个氢原子正中间的构象，这种构象称为交叉式构象，两个碳原子上氢原子的距离最远，斥力最小，能量最低，位于图 2-6 位能曲线的最低点。（Ⅱ）式中前后两个碳原子上的氢原子处于重叠的位置，彼此的距离最近，斥力最大，能量最高，最不稳定，这时的构象称为重叠式构象，位于图 2-6 位能曲线的最高点。

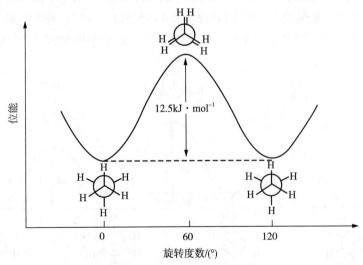

图 2-6　乙烷分子的位能曲线

交叉式和重叠式构象之间的能量相差 $12.5 \text{kJ} \cdot \text{mol}^{-1}$，此能量差就是前面提到的能垒。所以乙烷由交叉式转变为重叠式时必须吸收 $12.5 \text{kJ} \cdot \text{mol}^{-1}$ 的能量，反之，由重叠式转变为交叉式时会放出 $12.5 \text{kJ} \cdot \text{mol}^{-1}$ 的能量。

15

在室温时，乙烷分子中的 C—C 单键迅速地旋转，不能分离出乙烷的某一构象，平时我们说的乙烷是许许多多乙烷构象的平衡混合物，但交叉式比例较大。然而，在某一瞬间，乙烷分子中的交叉式构象比重叠式构象多，在低温时，交叉式增多。例如乙烷在 -170℃ 时，基本上是交叉式，所以说 C—C 单键自由旋转是有条件的，不是完全自由的（如果完全自由，构象份额应与温度无关）。

从上面分析，还可以看出构象异构体的互相转换不需要发生共价键的断裂，而只需单键旋转即可实现。

2.4.2 丁烷的构象

丁烷的构象比乙烷更为复杂。为了讨论丁烷的构象，可以把它看作乙烷分子中两个碳上各有一个氢原子被甲基取代，即把丁烷看成 1,2-二甲基乙烷。以围绕 C_2—C_3 单键为轴进行旋转，得到以下四种极限构象：

   (Ⅲ)对位交叉式 (Ⅳ)部分重叠式 (Ⅴ)邻位交叉式 (Ⅵ)全重叠式

在（Ⅲ）式中两个体积最大基团甲基处于对位，两对氢原子也分别处于交叉的位置，这种构象称为对位交叉式。对位交叉式中，两个体积最大基团甲基距离最远，斥力最小，能量最低，它是丁烷所有构象中最稳定的构象。

从对位交叉式构象出发，固定后面的碳原子，顺时针旋转前面碳原子 60° 得（Ⅳ）式，称为部分重叠式，其能量比对位交叉式高约 14.6kJ·mol⁻¹；再旋转 60° 得到邻位交叉式（Ⅴ），虽然两个碳原子上的甲基和氢原子都处于交叉式，但两个大基团甲基却处于邻位，其能量比（Ⅲ）高约 3.3~3.7kJ·mol⁻¹，但低于（Ⅳ）；再一次旋转 60° 得（Ⅵ）式，两个甲基和两对氢原子都处于重叠位置，斥力最大，能量最高，约比（Ⅲ）高 18.4~25.5kJ·mol⁻¹，稳定性最小，这种构象称为全重叠式。图 2-7 为丁烷分子围绕 C_2—C_3 键轴旋转 360° 各种构象的位能变化曲线。

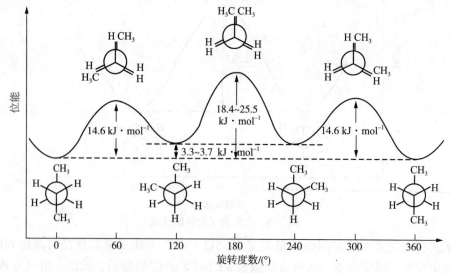

图 2-7 丁烷各种构象的位能变化曲线

16

丁烷的四种极限构象能量高低为：对位交叉式<邻位交叉式<部分重叠式<全重叠式，但它们之间的能量差别还是不大。室温下，各种构象仍然能够迅速转变，因此也分离不出构象异构体。

其他烷烃的构象和丁烷一样，在气态和液态下能量较高，各种构象互相转变很快，只有在烷烃晶体中，分子运动受到限制，不发生构象转化。在直链烷烃晶体中，C—H 键、C—C键都处于交叉式，碳链排列成锯齿形状，这种构象不仅能量较低，而且有利于分子在晶格中紧密排列。

2.5 烷烃的性质

2.5.1 烷烃的物理性质

有机化合物的物理性质，一般指它的状态、沸点、熔点、相对密度和溶解度等。纯的有机化合物在一定条件下，物理性质都有固定的数值，称为物理常数。通过测定物理常数，可以鉴别有机化合物或检验其纯度。利用物理性质，还可以分离有机化合物。

1. 存在状态

在室温下，含 1~4 个碳原子的烷烃是气体，5~16 个碳原子的烷烃为液体，17 个碳原子以上的为固体。表 2-4 列出了一些正烷烃的物理常数。

表 2-4　烷烃的物理常数

状态	名称	分子式	熔点/℃	沸点/℃	相对密度(d_4^{20})
气 态	甲烷	CH_4	−182.5	−164	0.466^{-164}
	乙烷	C_2H_6	−183.3	−88.6	0.572^{-108}
	丙烷	C_3H_8	−189.7	−42.1	0.5005
	丁烷	C_4H_{10}	−138.4	−0.5	0.6012
液 态	戊烷	C_5H_{12}	−129.7	36.1	0.6262
	己烷	C_6H_{14}	−95.0	68.9	0.6603
	庚烷	C_7H_{16}	−90.6	98.4	0.6838
	辛烷	C_8H_{18}	−56.8	125.7	0.7025
	壬烷	C_9H_{20}	−51.0	150.8	0.7176
	癸烷	$C_{10}H_{22}$	−29.7	174.0	0.7298
	十一烷	$C_{11}H_{24}$	−25.6	195.9	0.7402
	十二烷	$C_{12}H_{26}$	−9.6	216.3	0.7487
	十六烷	$C_{16}H_{34}$	18.2	287	0.7733
固 态	十七烷	$C_{17}H_{36}$	22.0	301.8	0.7780
	十八烷	$C_{18}H_{38}$	28.2	316.1	0.7768
	十九烷	$C_{19}H_{40}$	32.1	329.7	0.7774
	二十烷	$C_{20}H_{42}$	36.8	343.0	0.7886

2. 沸点

正烷烃的沸点随相对分子质量的增加而有规律地升高，但不是简单的直线关系，每增

加一个 CH_2 所引起的沸点升高是逐渐减小的。例如，丙烷和丁烷沸点相差约 40℃，而十七烷和十八烷却只相差约 15℃。液体沸点的高低决定于分子间的引力，分子越大，分子的表面积就越大，分子之间接触的面积也就增多，因而使分子间的作用力增强，再加上分子越大，分子运动所需能量也大，即使之沸腾就必须提供更多的能量，所以沸点就越高。

在含碳数相同的烷烃同分异构体中，支链烷烃分子中由于支链的阻碍，使分子间靠近的程度不如直链烷烃，接触面积小，分子间作用力小，沸点就低。支链越多，沸点越低。直链烷烃是其同分异构体中沸点最高的。表 2-5 列出了丁烷和戊烷同分异构体的沸点。

表 2-5　几种烷烃异构体的沸点

名称	构造式	沸点/℃
正丁烷	$CH_3(CH_2)_2CH_3$	-0.5
异丁烷	$(CH_3)_2CHCH_3$	-10.2
正戊烷	$CH_3(CH_2)_3CH_3$	36.1
异戊烷	$(CH_3)_2CHCH_2CH_3$	27.9
新戊烷	$C(CH_3)_4$	9.5

3. 熔点

直链烷烃的熔点同沸点相似，也随相对分子质量的增加而升高。不过含偶数碳的烷烃升高得多一些。这是因为在偶数碳烷烃分子中，对称性较高，晶格质点相对排列整齐、紧密，分子间的作用力就大一些，熔融时晶格质点从高度有序的排列变成混乱的排列所需能量高。因此，含偶数碳原子的烷烃的熔点比奇数的升高就多一些。

同样，支链烷烃熔点比直链烷烃低。但支链烷烃的结构具有高度的对称性时，它的熔点则比含同数碳原子的直链的高。例如：正戊烷、异戊烷和新戊烷三个异构体的熔点分别为 -130℃、-160℃和-17℃。

4. 相对密度

烷烃的相对密度小于 1，也是随着碳原子数目的增加逐渐增大。这也与分子间作用力有关，分子间作用力增大，分子间的距离相应减小，相对密度就增大。

5. 溶解度

烷烃几乎不溶于水，能溶于有机溶剂，且在非极性溶剂中溶解度比在极性有机溶剂中大。例如，烷烃可溶于氯仿、乙醚、四氯化碳等溶剂，符合"相似相溶"的经验规律。烷烃本身也是一种溶剂，如石油醚就是含碳数较低的几种烷烃的混合物，是实验室常用的溶剂。

2.5.2　烷烃的化学性质

结构是决定性质的内在因素。烷烃分子中只含有 C—C 键和 C—H 键，这两种键都是较强的共价键。因此，相对于其他有机物来说，常温、常压下烷烃性质稳定，与大多数试剂，如强酸、强碱、强氧化剂和强还原剂等都不起反应。但在一定的条件下，例如在高温和催化剂存在时，烷烃可以和一些试剂反应生成许多工业产品，现在烷烃已成为有机化学工业重要的原料之一。

1. 卤代

室温下，烷烃在黑暗中与氯气不发生反应，但在光照(以 $h\nu$ 表示光照)或加热时，却能与氯气发生反应，烷烃分子中的氢原子逐渐被氯取代，得到不同氯代烷的混合物。例如甲烷的氯代：

$$CH_4 + Cl_2 \xrightarrow{h\nu} CH_3Cl + HCl$$
一氯甲烷

$$CH_3Cl + Cl_2 \xrightarrow{h\nu} CH_2Cl_2 + HCl$$
二氯甲烷

$$CH_2Cl_2 + Cl_2 \xrightarrow{h\nu} CHCl_3 + HCl$$
三氯甲烷(氯仿)

$$CHCl_3 + Cl_2 \xrightarrow{h\nu} CCl_4 + HCl$$
四氯化碳

即使氯再充足这个反应得到的也是混合物，控制条件可使某一种产物为主。而且产物中除了上述四种甲烷的氯代产物外，还含有乙烷、乙烷的氯代产物等。化学家通过许多实验事实解释了上述实验现象，说明了甲烷的氯代反应机理。

（1）甲烷氯代反应机理

反应机理也叫反应历程，是指反应所经历的过程，是对由反应物至产物所经历途径的详细描述，它是在大量同一类型实验事实的基础上作出的一种理论假设，这种假设必须符合并能够解释实验事实。

甲烷氯代有三个实验事实：在黑暗处不发生反应，只有在加热或光照时反应；反应存在一个诱导期；吸收一个光子可以产生许多自由基。根据事实，化学家们推测该反应为自由基反应，分三个阶段：链引发、链增长和链终止。

①链引发：氯分子在光照下分解，产生大量活性氯自由基，也是该反应的诱导期。

$$Cl—Cl \xrightarrow{h\nu} 2Cl\cdot \qquad \Delta H = +242.4 kJ \cdot mol^{-1} \qquad （Ⅰ）$$

这种共价键断裂，每个原子得到一个电子叫共价键均裂。像氯原子一样具有未成对的单电子的原子或原子团叫自由基(或游离基)。

②链增长：氯自由基很活泼，一经生成便要夺取甲烷的氢，结合生成氯化氢，并产生甲基自由基。同样甲基自由基活性也很高，它可以和氯分子作用，生成一氯甲烷和氯自由基……

$$Cl + CH_4 \longrightarrow \cdot CH_3 + HCl \qquad \Delta H = +4.2 kJ \cdot mol^{-1} \qquad （Ⅱ）$$

$$\cdot CH_3 + Cl_2 \longrightarrow CH_3Cl + Cl \qquad \Delta H = -108.7 kJ \cdot mol^{-1} \qquad （Ⅲ）$$

$$CH_3Cl + Cl\cdot \longrightarrow \cdot CH_2Cl + HCl$$

$$\cdot CH_2Cl + Cl_2 \longrightarrow CH_2Cl_2 + Cl\cdot$$

自由基交换，周而复始，反应不断进行，如此循环，可以得到三氯甲烷和四氯化碳。这种反应叫做连锁反应(或链式反应)，反应中一旦有少量自由基生成，便可连续发生反应。

③链终止：链增长不可能永久进行，随着反应进行，分子逐渐减少，自由基增多，自由基与自由基碰撞结合，反应终止。

$$\cdot Cl + \cdot Cl \longrightarrow Cl_2$$

$$\cdot CH_3 + \cdot CH_3 \longrightarrow CH_3CH_3$$

$$\cdot CH_3 + \cdot Cl \longrightarrow CH_3Cl$$

$$\cdot CH_2Cl + \cdot CH_2Cl \longrightarrow ClCH_2CH_2Cl$$

所以反应最终产物是多卤代烷及烷烃的混合物。具有链引发、链增长和链终止的反应在化学上称为自由基反应，链式反应是自由基反应的特点。

（2）甲烷氯代生成一氯甲烷的能量图

甲烷氯代反应的第一步氯分子均裂，需要吸收 242.4kJ·mol^{-1} 的能量，所以在光照或高温下才能进行。反应（Ⅱ）中，CH$_3$—H 键断裂需要 434.7kJ·mol^{-1} 的能量，而生成 H—Cl 键放出 430.5kJ·mol^{-1} 的能量，所以反应（Ⅱ）应该只需要 4.2kJ·mol^{-1} 的能量。反应（Ⅲ）是放热的，放出 108.7kJ·mol^{-1} 的能量。

由键的离解能看，一旦形成了氯原子，链式反应就能顺利进行。但实际并非如此，要使反应（Ⅱ）顺利进行，还需 16.7kJ·mol^{-1} 的能量，即反应（Ⅱ）的活化能，用 E_a 表示。一般有化学键断裂的反应，一定要有活化能。反应（Ⅲ）虽然是放热反应，但也有活化能，为 4.2kJ·mol^{-1}。

化学反应是一个由反应物逐渐变成产物的连续过程，通常都要经过一个能量最高的状态，这个状态称为过渡态，常以虚线表示这种键的断裂与形成的中间过程。例如：

$$CH_4+·Cl \longrightarrow [Cl\cdots H\cdots CH_3] \longrightarrow ·CH_3+HCl$$
过渡态

甲烷氯代生成一氯甲烷的能量变化可用图 2-8 表示。图中用横坐标表示反应进程，纵坐标表示反应的能量变化。当 CH$_4$ 与 Cl·靠近时，体系能量逐渐升高，到达过渡态时能量最高，然后随着 H—Cl 键的形成，体系的能量逐渐降低，过渡态与反应物间的能量差即活化能。反应（Ⅲ）同样经过过渡态 [H$_3$C$\cdots$Cl$\cdots$Cl]，其反应的活化能比反应（Ⅱ）低。显然在 CH$_4$ 与 Cl·生成 CH$_3$Cl 的反应中，生成 CH$_3$·的一步活化能较大，反应速率较慢，是整个反应速率的决定步骤。

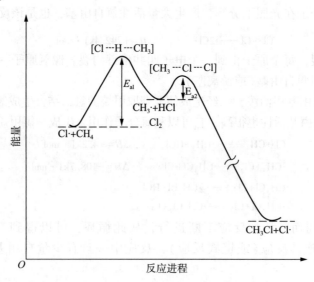

图 2-8　甲烷氯代生成一氯甲烷反应的能量变化

（3）其他烷烃的氯代

乙烷的一氯代产物只有一种；丙烷一氯代产物有两种，按伯氢和仲氢的个数，1-氯丙烷和 2-氯丙烷比应为 3∶1，但实际产物比约为 1∶1；异丁烷中，伯氢与叔氢个数之比为 9∶1，而伯氢与叔氢被取代的产物比约为 2∶1。

$$CH_3CH_2CH_3 \xrightarrow{Cl_2} CH_3CH_2CH_2Cl + CH_3\underset{Cl}{\overset{|}{CH}}CH_3$$

1 ： 1

$$CH_3\underset{CH_3}{\overset{|}{CH}}CH_3 \xrightarrow{Cl_2} CH_3\underset{CH_3}{\overset{|}{CH}}CH_2Cl + CH_3\underset{Cl}{\overset{\overset{\displaystyle CH_3}{|}}{\underset{|}{C}}}CH_3$$

2 ： 1

由此看出，各种氢原子氯代活性的次序为：叔氢>仲氢>伯氢，这和反应中产生的自由基稳定性有关。含烷基越多，自由基越稳定，越稳定的自由基，在相同条件下越容易生成，反应速率越快，生成的氯代产物也就越多。伯、仲、叔碳自由基的稳定性为：叔>仲>伯(可以从各种 C—H 键的解离能得到结论)。例如：

$$CH_3\underset{CH_3}{\overset{\overset{\displaystyle CH_3}{|}}{\underset{|}{\overset{\displaystyle |}{C}}}}\cdot \ > \ CH_3\underset{CH_3}{\overset{|}{\dot{C}H}} \ > CH_3-\dot{C}H_2 > \dot{C}H_3$$

高级烷烃的氯代产物更为复杂，一般不易控制得到某一个产物，异构体也很难分离。实际上，在工业上高级烷烃氯代产物的混合物，可直接作为溶剂使用而无须分离。

(4)烷烃的溴代

烷烃在溴代反应中也遵循叔氢>仲氢>伯氢的规律，不同的是溴原子对伯、仲、叔三种氢选择性更高，生成某一种产物占绝对优势。例如，异丁烷溴代，99%以上为叔丁基溴。

$$CH_3\underset{CH_3}{\overset{|}{CH}}CH_3 \xrightarrow{Br_2} CH_3\underset{CH_3}{\overset{|}{CH}}CH_2Br \ + \ CH_3\underset{Br}{\overset{\overset{\displaystyle CH_3}{|}}{\underset{|}{C}}}CH_3$$

<1% >99%

氟与烷烃反应剧烈，难以控制，而碘则通常与烷烃不反应。

2. 氧化和燃烧

常温下，烷烃一般不与氧化剂或空气中的氧气反应，但在高温和足够的空气中燃烧则完全氧化，生成二氧化碳和水，并放出大量的热能。

$$C_nH_{2n+2} + \left(\frac{3n+1}{2}\right)O_2 \longrightarrow nCO_2 + (n+1)H_2O + 热量$$

这是甲烷(天然气)作为能源和汽油、柴油在内燃机中的基本反应。作为燃料，是由于烷烃燃烧生成二氧化碳和水，并放出大量的热能。烷烃燃烧时所放出的热能称为它的燃烧热，单位为 $kJ \cdot mol^{-1}$。例如，甲烷的燃烧热为 $891kJ \cdot mol^{-1}$，非常高，是很好的环保型清洁能源。

在催化剂存在下，控制适当条件，也可以使烷烃部分氧化得到醇、醛、酮、酸等一系列含氧化合物，产物复杂，不能用一个完整的反应式来表示，只简单表示如下：

$$RCH_2CH_2R' + O_2 \xrightarrow{催化剂} RCH_2OH + R'CH_2OH$$

醇 醇

$$RCH_2CH_2R' + O_2 \xrightarrow{催化剂} \underset{酸}{RC\overset{O}{\overset{\|}{O}}OH} + \underset{酸}{R'C\overset{O}{\overset{\|}{O}}OH}$$

高级烷烃的氧化是工业上制备高级醇和高级脂肪酸常用的方法。高级醇和高级脂肪酸是合成表面活性剂及肥皂的原料。

3. 烷烃的热解

烷烃在没有氧气时进行的热分解反应称为热解(也叫烷烃的裂化)。烷烃的热解是一个复杂的过程,主要是 C—C 键和 C—H 键断裂得到相对分子质量较小的烷烃和烯烃的复杂混合物。例如,丁烷热解可以得到甲烷、乙烷、丙烷、乙烯、丁烯等。工业上多采用在催化剂存在下,进行烷烃的热解,即催化裂化,它是有选择性的裂解。例如,在炼油工业中,催化裂化生产的汽油,产率和质量均高于无催化剂的裂解。

2.5.3 烷烃的来源和用途

天然气和石油是烷烃的主要来源,天然气的主要成分是甲烷。我国四川的天然气中甲烷的含量高达 95% 以上,有些地区的天然气中还同时含有乙烷、丙烷、丁烷等。最新研究发现,木星、土星等行星表面大气层中都含有甲烷。

烷烃的主要用途是作为燃料和化工原料。

甲烷是现代化学工业的重要原料,控制其氧化可以制备甲醇、甲醛、乙炔等许多重要有机物。例如,甲烷在电弧炉中,高温下与氧气反应得到乙炔,反应式如下:

$$5CH_4 + 3O_2 \xrightarrow{高温} C_2H_2 + 3CO + 6H_2 + 3H_2O$$

甲烷在空气中含量为 5.5% ~ 14%(甲烷的爆炸极限)时,点燃或遇火便燃烧放出大量的热,使生成的二氧化碳和水剧烈膨胀而发生爆炸,这也是煤矿发生爆炸事故的原因。另外甲烷也是产生温室效应的气体之一,其温室效应比 CO_2 要大很多。

乙烷最重要的用途是生产乙烯或氯乙烯,丙烷是生产丙烯和乙烯的原料,丁烷经催化脱氢可得到丁二烯,异丁烷催化脱氢得到异丁烯,己烷是常用的有机反应溶剂。

习　题

1. 用系统命名法命名下列化合物,并标出(c)和(d)中各碳原子的级数。

a. $(CH_3)_2CHCH_2CH_2CH(C_2H_5)_2$　　　　b. $CH_3CH_2C(CH_2CH_3)_2CH_2CH_3$

c. $\begin{array}{c}\qquad\quad CH_3 \\ \quad\ \ | \\ CH_3CHCHCH_2CHCH_3 \\ \ \ \ | \qquad\quad | \\ \ \ CH_3 \qquad CH_2CH_3\end{array}$　　　　d. $\begin{array}{c} CH_3CHCH_2CH_3 \\ \quad\ | \\ \quad CH_3 \end{array}$

e. $\begin{array}{c}\qquad\qquad\ CH_3 \qquad\qquad CH_3 \\ \qquad\qquad\ | \qquad\qquad\quad | \\ CH_3\!-\!CH_2\!-\!CH\!-\!CH_2\!-\!CH\!-\!CH\!-\!CH_3 \\ \qquad\qquad\qquad\qquad\qquad | \\ \qquad\qquad\qquad\quad CH_2\!-\!CH_2\!-\!CH_3 \end{array}$　　　f. $\begin{array}{c}\qquad CH_3 \\ \quad\ | \\ CH_3\!-\!C\!-\!H \\ \quad\ | \\ \quad CH_3 \end{array}$

2. 写出分子式为 C_7H_{16} 的烷烃的各同分异构体,用系统命名法命名,并指出含有异丙基、异丁基、仲丁基或叔丁基的分子。

3. 写出符合以下条件含 6 个碳原子的烷烃结构简式。

   a. 含有两个三级碳原子的烷烃

   b. 含有一个异丙基的烷烃

   c. 含有一个四级碳原子及一个二级碳原子的烷烃

4. 下列各组化合物中哪个沸点高？并说明理由。

   a. 庚烷与己烷　　　　　　b. 壬烷与 3-甲基辛烷

5. 将下列化合物沸点按由高至低顺序排列（不用查表）。

   a. 3，3-二甲基戊烷　　　　b. 正庚烷　　　　c. 2-甲基庚烷

   d. 正戊烷　　　　　　　e. 2-甲基己烷

6. 用键线式和简式写出正丁烷、异丁烷的一溴代产物的结构。

7. 假定碳碳单键可以自由旋转，下列哪一对化合物是等同的？

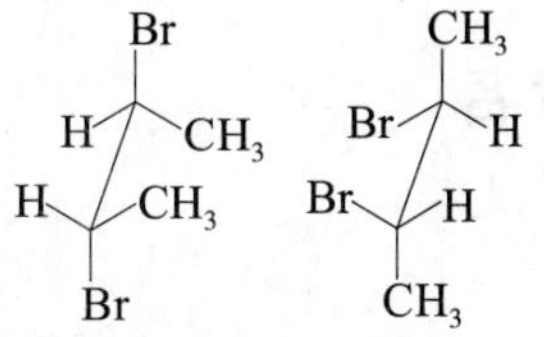

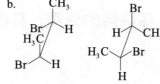

8. 用纽曼投影式画出 1，2-二溴乙烷的几个有代表性的构象，下列势能图中的 A、B、C、D 各代表哪一种构象的内能？

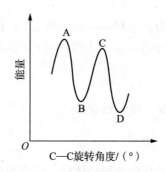

9. 分子式为 C_8H_{18} 的烷烃与氯在紫外光照下反应，产物中一氯代烷只有一种，用简式写出这个烷烃的结构。

10. 将下列自由基按稳定性大小由大到小排列：

　　a. $CH_3CH_2CH_2\overset{.}{C}HCH_3$　　　　b. $CH_3CH_2CH_2CH_2\overset{.}{C}H_2$　　　c. $CH_3CH_2\overset{.}{C}CH_3$
　　　　　　　　　　　　　　　　　　　　　　　　　　　　　　　　　　　　　$|$
　　　　　　　　　　　　　　　　　　　　　　　　　　　　　　　　　　　　　CH_3

第三章 环烷烃

环烷烃是指碳原子之间彼此以单键互相连接成环状，剩余的价与氢原子相连的化合物，这类化合物又称脂环化合物。单环烷烃通式为：C_nH_{2n}，与单烯烃互为异构体，但性质与烷烃相似。每增加一个环都要增加一个 C—C 键，减少两个氢原子，因此双环烷烃的通式为 C_nH_{2n-2}。本章主要讨论单环烷烃。

3.1 环烷烃的分类、异构和命名

3.1.1 环烷烃的分类

根据环烷烃分子中环的数目可分为单环烷烃和多环烷烃。

1. 单环烷烃

单环烷烃按环上碳原子数分为：小环——环上含 3~4 个碳原子的环烷烃；普通环——环上含 5~7 个碳原子的环烷烃；中环——环上含 8~11 个碳原子的环烷烃；大环——环上含 12 个以上碳原子的环烷烃。

2. 多环烷烃

多环烷烃分为螺环和桥环烷烃，见本章多环烷烃。

3.1.2 环烷烃的异构

环烷烃的异构除了与烷烃一样有构造异构体外，还有顺反异构。

环烷烃的构造异构体是由于环的大小及侧链的长短和位置不同而产生的。最简单的环烷烃——环丙烷没有异构体，含四个碳原子的环烷烃有两个异构体，含五个碳原子的环烷烃有五个构造异构体，分别为：

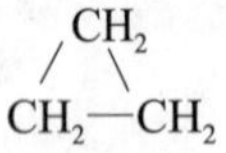

环丙烷 cyclopropane　　环丁烷 cyclobutane　　甲基环丙烷 methylcyclopropane　　环戊烷 cyclopentane

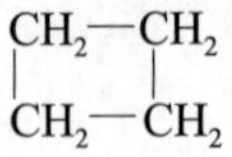

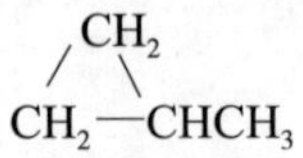

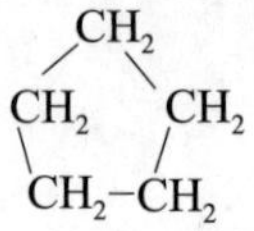

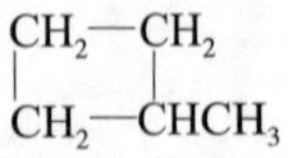

甲基环丁烷 methylcyclobutane　　乙基环丙烷 ethylcyclopropane　　1,1-二甲基环丙烷 1,1-dimethylcyclopropane　　1,2-二甲基环丙烷 1,2-dimethylcyclopropane

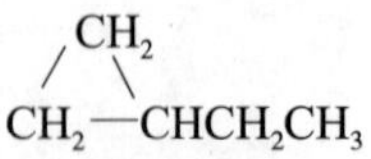

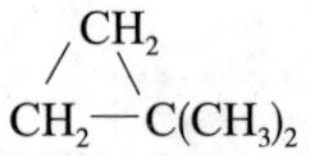

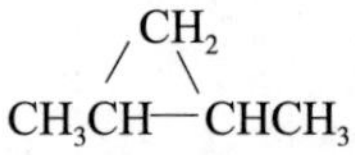

写环烷烃构造异构体应先写出大环，再逐渐减少环上碳原子数，同时顾及侧链长短及位置。上式 1，2-二甲基环丙烷分子中的两个甲基，可以在环平面同一侧，也可以各在环平面的两侧：

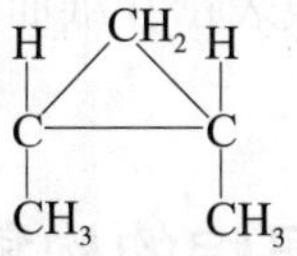

顺-1,2-二甲基环丙烷   反-1,2-二甲基环丙烷

cis-1,2-dimethylcyclopropane   *trans*-1,2-dimethylcyclopropane

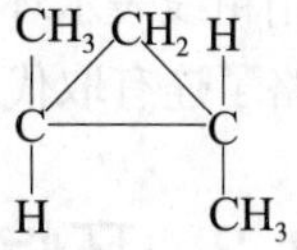

这两种异构体是由于环的存在，使 C—C 键不能旋转而引起的，称为顺反异构。顺反异构体的结构不同，物理性质也不相同，它们的互相转变需要共价键的断裂才能实现。

顺反异构是立体异构的一种，以后学到的构象异构也属于立体异构。立体异构的构造式相同，而分子中的原子在空间的排列方式不同，即构型不同。

3.1.3　环烷烃的命名

单环烷烃的命名根据环中碳原子数叫环某烷。如果环上有取代基，则应对碳环进行编号，编号时应使表示取代基位置的数字尽可能小。若取代基不同，应用较小的数字表示较小取代基的位置，写名称时仍旧将取代基位置和名称写在母体前面。例如：

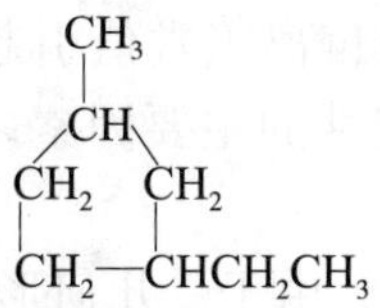

1-甲基-3-乙基环戊烷   1-甲基-4-异丙基环己烷

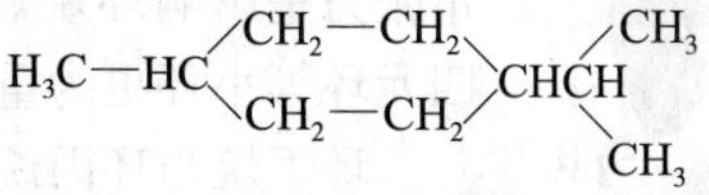

3-ethyl-1-methylcyclopentane   4-isopropyl-1-methylcyclohexane

如果取代基较复杂，则把环当作取代基，看作烷烃衍生物来命名。例如：

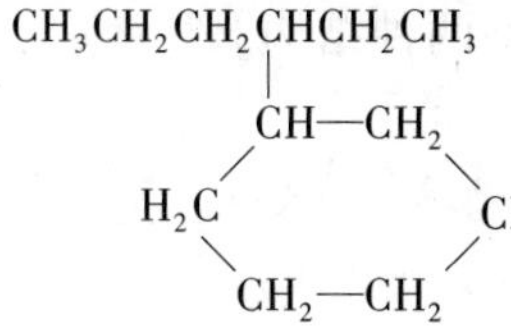

3-环己基己烷

3-cyclohexylhexane

对于顺反异构体，命名时还要标明顺式还是反式。两个相同取代基在环的同一侧称作顺式(*cis*-)，两个相同取代基在环的两侧称作反式(*trans*-)。为了简便起见，碳环可以写为正多边形，每一个顶点表示一个碳原子(键线式)，并在相应的位置写出取代基，取代基也可以像烷烃一样写作折线。例如：

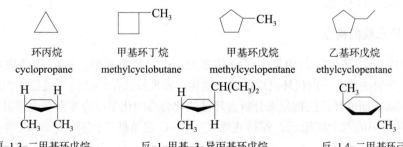

环丙烷   甲基环丁烷   甲基环戊烷   乙基环戊烷

cyclopropane   methylcyclobutane   methylcyclopentane   ethylcyclopentane

顺-1,3-二甲基环戊烷   反-1-甲基-3-异丙基环戊烷   反-1,4-二甲基环己烷

cis-1,3-dimethylcyclopentane   *trans*-3-isopropyl-1-methylcyclopentane   *trans*-1,4-dimethylcyclohexane

上式中，环的一半用粗线表示环平面垂直纸面，粗线表示在纸面的前面，其中反-1，4-二甲基环己烷结构中省略了连有取代基碳原子上的氢原子。

3.2 环烷烃的结构及环己烷的构象

3.2.1 环烷烃的结构

在环丙烷分子中，三个碳原子在同一平面上形成正三角形，这样 C—C—C 键角就应该是 60°，而烷烃分子中，碳原子 sp^3 杂化的四面体型键角应为 109°28′。因此，在环丙烷分子中，两个相邻碳原子核之间的连线，与正常的 sp^3 杂化轨道键角存在很大偏差，其结果是 C—C 键之间的电子云不可能在原子核连线的方向上重叠(图 3-1)，而只能以弯曲的方式重叠，重叠较少，常形象化地把这样形成的键叫做弯曲键或香蕉键，它没有一般的 σ 键稳定，所以环丙烷中 C—C 键容易断裂开环，没有烷烃稳定。

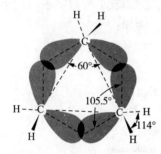

图 3-1 环丙烷中 sp^3 杂化
轨道重叠示意图

环丙烷分子中，C—C—C 键角为 105.5°，比烷烃分子中的 C—C—C 键角 109°28′ 小，分子内会产生恢复正常键角的内在张力。通常把这种由键角偏离正常值引起的张力称为角张力。角张力是影响环烷烃稳定性的主要因素之一，尤其对三元环、四元环等小环更为重要。

环丁烷与环丙烷相似，由于受几何形状的限制，分子中也存在着角张力，但角张力比环丙烷小，所以环丁烷比环丙烷稳定。且组成环丁烷的四个碳原子不在同一平面上，而是蝴蝶型结构；环戊烷的五个碳原子也不在同一平面上，它存在信封式和半椅型两种结构。

环丁烷蝴蝶型　　　　　环戊烷信封式　　　　环戊烷半椅型

随着环上碳原子数目的增加，碳碳之间的杂化轨道逐渐趋向正常的键角和最大程度的重叠，角张力越来越小。环己烷分子 C—C—C 键角是正常键角 109°28′，没有张力。而七到十二个碳原子的环烷烃，虽然没有角张力，但由于环内氢原子比较拥挤，存在一定的斥力，也不如环己烷稳定。十二个以上的碳原子组成的大环，多像两条平行的直链烷烃，分子内没有张力，与环己烷一样稳定。

3.2.2 环己烷的构象

环己烷的构象是环烷烃的构象中研究最多的，也是最重要的。1943 年瑞典物理化学家 Hassel 用电子衍射法研究一取代环己烷的分子结构，发现椅式是环己烷的最稳定构象。1969 年 Hassel 和 Barton 因研究环己烷构象来分析含环己烷化合物的化学反应性而获得诺贝尔化学奖。

环己烷分子中的六个碳原子，保持正常 C—C—C 键角的空间排布，可以得到船式和椅式两种构象，即：

船式构象　　　　　　　　　椅式构象

环己烷椅式构象和船式构象的球棒模型见图 3-2。

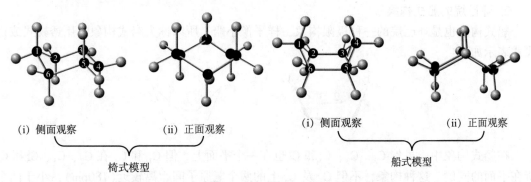

(i) 侧面观察　　　　　(ii) 正面观察　　　　　　(i) 侧面观察　　　　　(ii) 正面观察

椅式模型　　　　　　　　　　　　　　　　船式模型

图 3-2　环己烷椅式构象和船式构象的球棒模型

1. 环己烷的椅式构象

椅式构象是环己烷最稳定的构象，样子像椅子，可以用透视式或省略了氢的键线式来表示：

可以看出，环中 C_2、C_3、C_5 和 C_6 在一个平面上，C_1 和 C_4 则分别在此平面的上下两侧，每相邻两个 C 上的 C—H 键都处于交叉位置，所有非键原子间的距离较大，所有键角都接近正常键角（∠CCC = 111°~112°）。环己烷椅式构象是一个无张力的环，非常稳定，在各种构象的平衡混合物中，椅式占 99.9%。

再仔细观察环己烷椅式构象，可以看出，C_1、C_3 和 C_5 在一个平面上，C_2、C_4 和 C_6 在另一个平面上，这两个平面相互平行。12 个 C—H 键可以分成两类，一类是垂直于 C_1、C_3 和 C_5（或 C_2、C_4 和 C_6）所在的平面，称为直立键，以 a 键表示，共有 6 个 a 键，3 个朝上，3 个朝下；另外 6 个 C—H 键与直立键形成接近 109°28′ 夹角，称为平伏键，以 e 键表示，也是 3 个朝上，3 个朝下。每一个碳原子上各有一个 a 键和一个 e 键，相邻两个碳原子上的 a 键（或 e 键）都是一个向上，另一个向下（反式），处于交叉位置。

直立键（a 键）　　　　平伏键（e 键）

室温下环己烷分子由于热运动，可以从一个椅式构象经过环的翻转成为另一个椅式构象，同时原来 a 键变为 e 键，e 键变为 a 键，但原来朝上的 a 键变为 e 键后依然朝上，朝下的 a 键变为 e 键后依然朝下；C_1、C_3 和 C_5 由上方平面转到下方平面，C_2、C_4 和 C_6 则由下方平面转到上方平面。

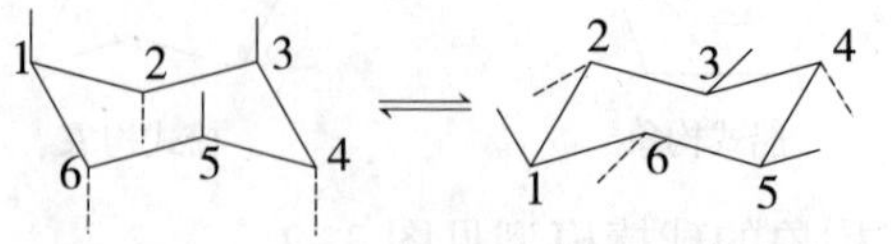

2. 环己烷的船式构象

船式构象也是环己烷的一种极限构象，样子像小船，所以称为船式构象，用透视式或键线式表示如下：

在船式构象中，虽然 C_2、C_3、C_5 和 C_6 也在一个平面上，但 C_1 和 C_4 在 C_2、C_3、C_5 和 C_6 所在平面的同侧。这种构象，不但 C_1 及 C_4 上的两个氢原子间距离较近（180pm），小于两个氢原子的范德华半径之和（240pm），相互之间的斥力较大，而且 C_2—C_3 和 C_5—C_6 上连接的基团为全重叠式，也不稳定，因此船式构象不如椅式构象稳定。环己烷及其衍生物在一般情况下都以椅式构象存在。

环己烷构象除了典型的椅式、船式构象外，还有扭船式、半椅式等构象，这里不再介绍。

3.2.3　取代环己烷的构象

取代环己烷一般也是椅式构象最稳定。

1. 一取代环己烷的构象

一取代环己烷，取代基可以占据 a 键，也可以占据 e 键，因而出现两种不同构象。根据计算，环己烷椅式构象中 C_1、C_3 和 C_5（或 C_2、C_4 和 C_6）的三个 a 键所连的氢原子间的距离与两个氢的范德华半径基本相同，它们之间没有相互排斥作用，但当 C_1 a 键上的氢被其他原子或基团（如—CH_3）取代后，如（I）所示，由于—CH_3 的体积比氢大，所以它与 C_3、C_5 上的氢发生拥挤而产生相互排斥作用，不稳定；但如—CH_3 连在 e 键上，如（II）所示，由于—CH_3 伸向环外，不存在上述相互作用，所以—CH_3 连在 e 键上是较稳定的构象。

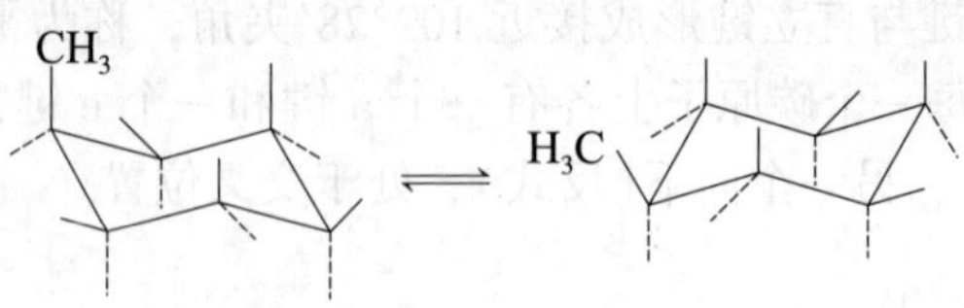

（I）　　　　　　　（II）

同样，其他一取代环己烷最稳定构象也是取代基在 e 键上，而且取代基越大，取代基在 e 键上所占的比例就越大。例如，甲基环己烷的甲基在 e 键的构象占 95%，叔丁基环己烷的叔丁基在 e 键的构象多至 99.99%。

2. 多取代环己烷的构象

当环己烷上有两个取代基时，根据取代基的连接方式不同，可以产生顺反异构。例如 1,2-二甲基环己烷就有顺式和反式两个异构体，其中顺式异构体的两个甲基分别以 a 键和

e 键与环相连，这种构象叫 ae 型；而反式异构体的两个甲基却都以 e 键或都以 a 键与环相连，分别叫做 ee 型或 aa 型。

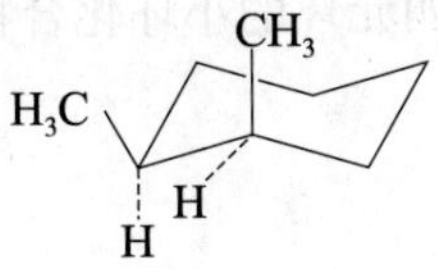

顺-1,2-二甲基环己烷（ae型） 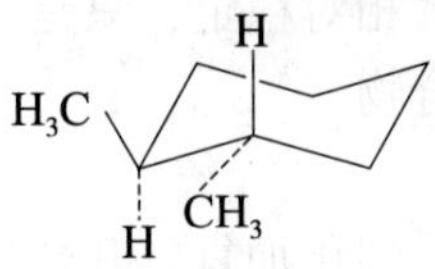　　　反-1,2-二甲基环己烷（ee型） 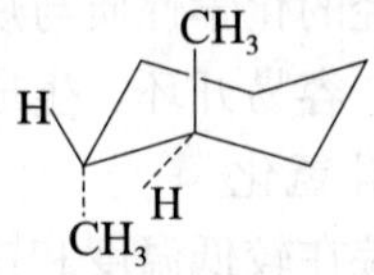　　　反-1,2-二甲基环己烷（aa型）

ee 型构象，由于两个甲基都伸向环外，与其他碳原子上的氢作用力较小，最稳定，为占优势的构象。

总而言之，对于多取代的环己烷，一般来说 e 取代基最多的构象最稳定，如果取代基不同，较大的取代基以 e 键与环相连最稳定。例如，顺-1-甲基-2-叔丁基环己烷，（Ⅰ）更稳定。

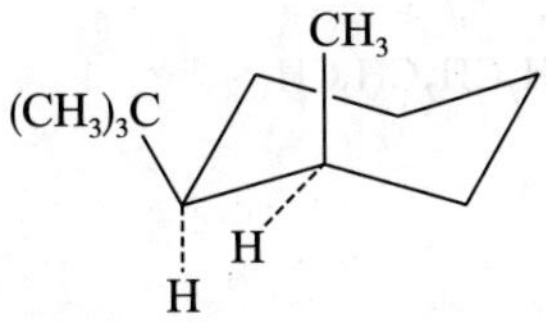

（Ⅰ） 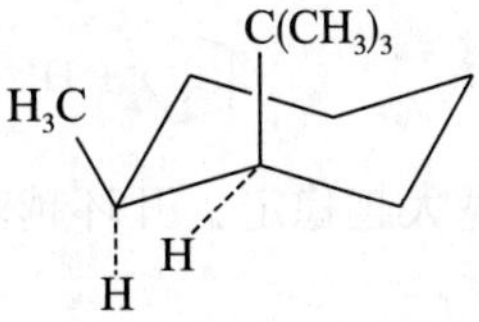　　　　　　　　　（Ⅱ）

3.3　环烷烃的性质

3.3.1　环烷烃的物理性质

环丙烷、环丁烷常温下为气体，其他环烷烃多为液体，高级同系物为固体。环烷烃的沸点、熔点较含同数碳原子的直链烷烃高，不溶于水，密度比水小。一些环烷烃的熔点和沸点见表 3-1。

表 3-1　环烷烃的熔点和沸点

名称	英文名	熔点/℃	沸点/℃（mmHg）
环丙烷	cyclopropane	-127.0	-34.5（760）
环丁烷	cyclobutane	-90.0	-12.5（760）
环戊烷	cyclopentane	-93.0	49.5（760）
环己烷	cyclohexane	6.5	80.0（760）
环庚烷	cycloheptane	8.0	119.0（760）
环辛烷	cyclooctane	4.0	148.0（749）
环壬烷	cyclononane	10.0	69.0（14）
环癸烷	cyclodecane	9.5	69.0（12）
环十一烷	cycloundecane	-7.0	91.0（12）
环十二烷	cyclododecane	61.0	—
环十三烷	cyclotridecane	23.5	128.0（20）
环十四烷	cyclotetradecane	54.0	131.0（11）

3.3.2 环烷烃的化学性质

环烷烃的化学性质与烷烃相似，相对稳定，只是三元环和四元环的小环化合物有一些特殊的反应，容易开环，生成链状化合物。

1. 催化氢化

环丙烷在较低温度和镍存在下，催化加氢，开环生成丙烷：

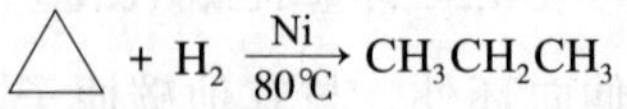

$$\triangle + H_2 \xrightarrow[80\,℃]{Ni} CH_3CH_2CH_3$$

环丁烷在较高温度和镍存在下，也可以加氢开环生成丁烷：

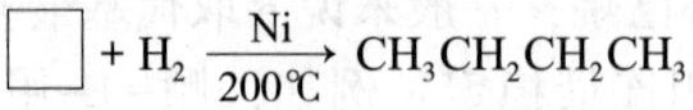

$$\square + H_2 \xrightarrow[200\,℃]{Ni} CH_3CH_2CH_2CH_3$$

环戊烷需在更强烈的条件下，才能开环生成戊烷：

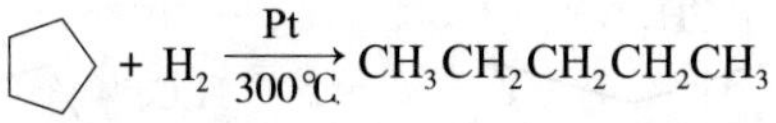

$$\pentagon + H_2 \xrightarrow[300\,℃]{Pt} CH_3CH_2CH_2CH_2CH_3$$

由此可见，环越大越稳定，开环越难。

2. 加溴

溴在室温下即能使环丙烷开环，生成1,3-二溴丙烷：

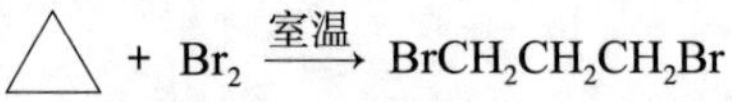

$$\triangle + Br_2 \xrightarrow{室温} BrCH_2CH_2CH_2Br$$

环丙烷在室温下能使溴的四氯化碳溶液褪色，与烯烃类似，但它具有抗氧化能力，不使高锰酸钾水溶液褪色，此性质可用于区别环丙烷和不饱和烃。多环化合物中的三元环与环丙烷一样，在溴作用下也容易开环。

环丁烷必须在加热的条件下才能和溴作用，生成1,4-二溴丁烷；如果在光照的条件下仅发生取代反应。五、六元环或高级环烷烃的性质和烷烃相似，它们与溴不发生加成反应，在光照下仅发生取代反应：

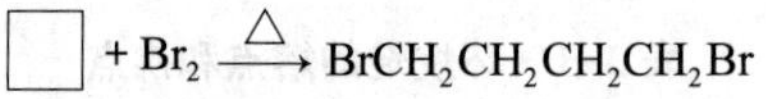

$$\square + Br_2 \xrightarrow{\triangle} BrCH_2CH_2CH_2CH_2Br$$

$$\square + Br_2 \xrightarrow{光照} \square\!-\!Br$$

$$\pentagon + Br_2 \xrightarrow{光照} \pentagon\!-\!Br$$

3. 加溴化氢

溴化氢也能使环丙烷和取代环丙烷开环：

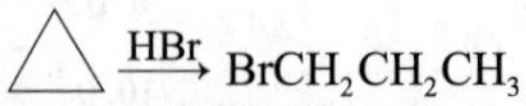

$$\triangle \xrightarrow{HBr} BrCH_2CH_2CH_3$$

对于不对称环丙烷加HBr的规律：在含氢最多与最少的两个碳原子之间开环，即取代基最悬殊的地方开环，氢加在含氢较多的碳原子上。例如：

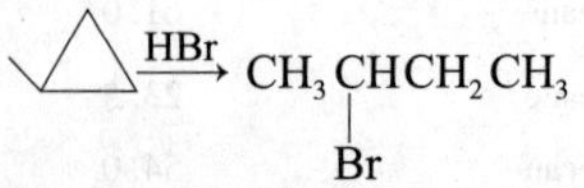

$$\triangle \xrightarrow{HBr} CH_3\underset{\underset{Br}{|}}{C}HCH_2CH_3$$

环丁烷、环戊烷等与溴化氢不反应。

3.4 多环烷烃

多环烷烃分为螺环烷烃和桥环烷烃。

3.4.1 螺环烷烃

两个环共用一个碳原子的环烷烃称为螺环烷烃，简称螺烃，共用的碳原子叫螺碳。

螺环烷烃命名时，母体由螺环中总碳数确定，称为螺某烷；编号从小环中和螺碳相邻的碳原子开始，使取代基位次最小，先编小环经螺碳再编大环；名称写为螺[a.b]某烷，其中a 为小环中的碳原子数，b 为大环中的碳原子数，都不包括螺碳。若环上有取代基，取代基位置和名称写在螺字前面。例如：

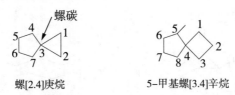

螺[2.4]庚烷   5-甲基螺[3.4]辛烷

3.4.2 桥环烷烃

共有两个或两个以上碳原子的多环烷烃称为桥环烷烃，两个环连接处的碳原子称为桥头碳原子，简称桥碳。命名时，母体由桥环中总碳数确定，称为二环某烷，编号从桥头碳开始，先编最长的桥，经过桥的另一端，编次长桥回到起始桥碳，最后再编短桥，名称写为二环[a.b.c]某烷，a、b、c 指依次由长桥到短桥，除桥头碳外每个桥中的碳原子数。同样，取代基位置和名称写在二环前面。例如：

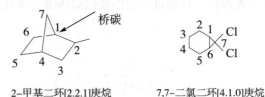

2-甲基二环[2.2.1]庚烷   7,7-二氯二环[4.1.0]庚烷

桥环烷烃的命名，环越多，越复杂，越不方便，因此有些化合物常用习惯命名法，例如十氢化萘、立方烷、金刚烷、篮烷等。

立方烷   金刚烷   篮烷

3.4.3 十氢化萘

十氢化萘是萘催化加氢的产物，有顺反异构。两个桥头氢原子处于环的同一侧，称为顺式十氢化萘，处于环的两侧称为反式十氢化萘。通常表示为：

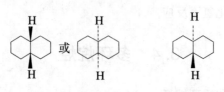

顺式十氢化萘　　　　　　反式十氢化萘

桥头上的氢也可以省去，用圆点表示向上方伸出的氢，顺式十氢化萘和反式十氢化萘也可表示为：

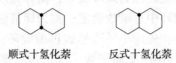

顺式十氢化萘　　　反式十氢化萘

由于环己烷椅式构象最稳定，所以顺式十氢化萘和反式十氢化萘都是由两个椅式环稠合而成。

顺式十氢化萘　　　　　　　　　反式十氢化萘

十氢化萘构象中，把一个环己烷看作母体，另一个环己烷当作它的取代基，反式中两个取代基都处于 e 键，而顺式中一个是 e 键，另一个是 a 键，反式比较稳定。

3.4.4　金刚烷

金刚烷最早是在石油中发现的，它在石油中含量很低，只有百万分之四，由于其特殊的物理性质，才能从石油中分离得到。目前可以由四氢化双环戊二烯在三卤化铝催化剂存在下重排得到：

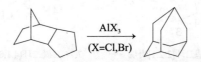

金刚烷分子的碳架由环己烷椅式构象组合而成，由于结构高度对称，有助于在晶格中紧密堆集，因此熔点较高，为 268℃。金刚烷由于其结构与金刚石相似而得名。

习　　题

1. 写出分子式符合 C_5H_{10} 的所有环烷烃的异构体(包括顺反异构)并命名。
2. 用系统命名法命名下列化合物。

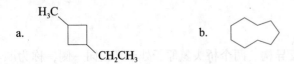

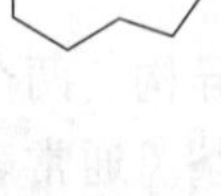

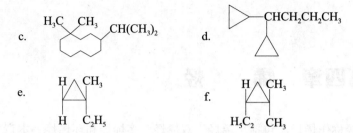

c.   d.

e.   f.

3. 写出下列化合物的结构式。
   a. 顺-1,2-二甲基环丙烷   b. 顺-1-甲基-4-叔丁基环己烷
   c. 顺-1,4-二氯环己烷   d. 反-1,4-二甲基环辛烷
4. 写出反-1-甲基-3-异丙基环己烷及顺-1-甲基-4-异丙基环己烷可能的椅式构象，并指出最稳定的构象。
5. 用简单的化学方法鉴别丙烷、丙烯和环丙烷。
6. 完成下列反应。

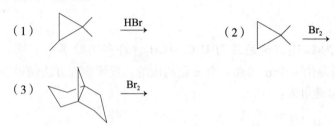

（1） $\xrightarrow{\text{HBr}}$ （2） $\xrightarrow{\text{Br}_2}$

（3） $\xrightarrow{\text{Br}_2}$

第四章　烯　　烃

分子中含有 C=C 的不饱和烃称作烯烃，包括单烯烃、双烯烃、多烯烃和环烯烃，本章主要讨论单烯烃。单烯烃是指分子中含有一个 C=C 的开链烃，即有一个不饱和度，其通式为：C_nH_{2n}，与单环烷烃相同，它们互为同分异构体。烯烃的多数反应都发生在 C=C 上，双键是烯烃的官能团。

4.1　烯烃的结构、异构和命名

4.1.1　烯烃的结构

乙烯是最简单的烯烃，分子式为 C_2H_4，构造式为 $H_2C=CH_2$。许多实验事实表明，C=C 并不是由两个 σ 键构成的，而是由一个 σ 键和一个 π 键构成的。现代物理方法测得乙烯六个原子在同一平面上，其键长和键角为：

三个 sp^2 杂化轨道对称轴在同一平面上，并以碳原子为中心分别指向三角形的三个顶点，彼此成 120°角，这样每个碳原子剩下一个未杂化的 2p 轨道，仍保持原来 p 轨道形状，垂直于三个 sp^2 杂化轨道所在的平面，如图 4-1 所示。

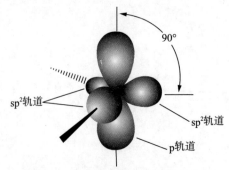

图 4-1　sp^2 杂化轨道和 p 轨道的关系

两个碳原子结合成乙烯时，各用一个 sp^2 杂化轨道互相结合形成 C—C σ 键，其他两个 sp^2 杂化轨道分别与氢结合形成两个 C—Hσ 键，如图 4-2 所示。两个未杂化的 p 轨道只有在相互平行即肩并肩重叠成键时，才能达到最大程度的重叠，所以乙烯分子中所有的原子都在同一平面上。两个 p 轨道肩并肩重叠(或说是侧面重叠)形成的键称为 π 键，π 键的电子云分布在分子平面的上下两侧，见图 4-2。π 键形成后，就限制了双键碳原子的自由旋转。如果组成 C=C 的碳原子绕 σ 键进行旋转，必然导致两个 p 轨道偏离平行状态，π 键破裂。

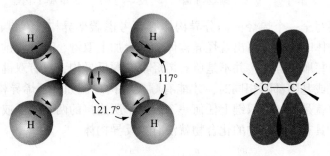

图 4-2　乙烯分子中的 σ 键和 π 键

碳原子 sp^2 杂化轨道相对 sp^3 杂化轨道而言 s 成分增多，s 轨道离原子核近会使键长变短，所以乙烯分子中 C=C 键长比 C—C 短。

其他烯烃结构与乙烯结构类似。烯烃结构中 π 键的极化度大，具有较大的流动性，因此烯烃比烷烃活泼。

4.1.2　烯烃的异构

烯烃由于有双键，所以它的同分异构现象比烷烃复杂，除了与烷烃一样有碳架异构外，还有由于双键位置不同引起的位置异构，以及由于双键两侧基团在空间位置不同引起的顺反异构。

乙烯和丙烯没有同分异构体，丁烯有四个同分异构体，其中由碳架及双键位置引起的异构体如下：

$$CH_3—CH_2—CH=CH_2 \qquad CH_3—CH=CH—CH_3 \qquad CH_3—\overset{\underset{\displaystyle |}{\displaystyle CH_3}}{C}=CH_2$$

　　　1-丁烯　　　　　　　　　2-丁烯　　　　　　　2-甲基-1-丙烯

1-丁烯、2-丁烯是双键位置异构体，2-甲基丙烯(异丁烯)是构造异构体，而 2-丁烯又有两个顺反异构体：

$$\underset{H}{\overset{H_3C}{}}C=C\underset{H}{\overset{CH_3}{}} \qquad\qquad \underset{H}{\overset{H_3C}{}}C=C\underset{CH_3}{\overset{H}{}}$$

　　　　　　顺-2-丁烯　　　　　　　　　　　反-2-丁烯

在顺-2-丁烯分子中，双键两个碳原子上连的两个氢原子在双键同侧，或两个甲基在双键同侧，这种结构称为顺式，即两个相同基团在双键同侧称为顺式；两个相同基团在双键两侧称为反式，在反-2-丁烯分子中，两个氢原子处在双键的两侧，或两个甲基处在双键的两侧。这种同分异构现象的产生，是由于组成双键的两个碳原子不能自由旋转，使得双键碳原子上所连接的原子或基团在空间位置不同，从而引起几何构型不同，这种现象称为顺反异构现象。

丁烯共有四个同分异构体，即1-丁烯、顺-2-丁烯、反-2-丁烯和2-甲基丙烯。以键线式表示如下：

| 1-丁烯 | 顺-2-丁烯 | 反-2-丁烯 | 2-甲基-1-丙烯 |

由此看出，要写全一个烯烃的同分异构体必须考虑碳架异构、双键位置异构和顺反异构。书写烯烃异构体时往往先写出烷烃异构体，然后加上双键，移动双键位置。写出碳架异构和双键异构后再写顺反异构，并不是所有烯烃都有顺反异构，只有双键上任何一个碳原子所连接的两个原子或基团都不相同时，才能有顺反异构。例如，丁烯异构体中只有2-丁烯有顺反异构体。也就是说，当双键上任何一个碳原子所连接的两个原子或基团相同时就没有顺反异构。例如，具有下列结构的化合物就没有顺反异构体。

4.1.3 烯烃的系统命名

1. 构造异构体的命名

烯烃构造异构体的命名与烷烃相似，也分三步：选择主链、编号和写出名称。

（1）选择主链

选择含双键的最长碳链作为主链（母体烯烃），根据主链碳原子的数目命名为"某烯"。英文名称只需将烷烃的词尾"ane"改为"ene"。

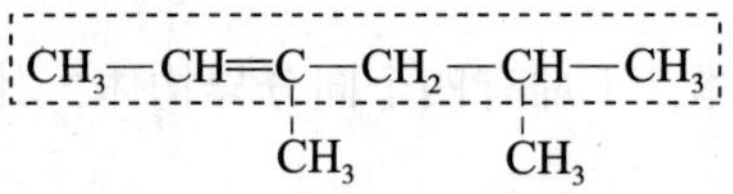

$$CH_3—CH=C—CH_2—CH—CH_3$$

（下标 CH_3，CH_3）

（2）给主链碳原子编号

从靠近双键的一端开始编号，标明取代基和双键的位置。

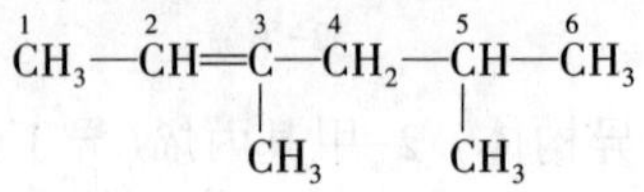

$$\overset{1}{CH_3}—\overset{2}{CH}=\overset{3}{C}—\overset{4}{CH_2}—\overset{5}{CH}—\overset{6}{CH_3}$$

（3）写出名称

将双键两个碳原子中位次较小编号放在烯烃名称的前面，表示双键的位置，其他同烷烃的命名原则。例如：

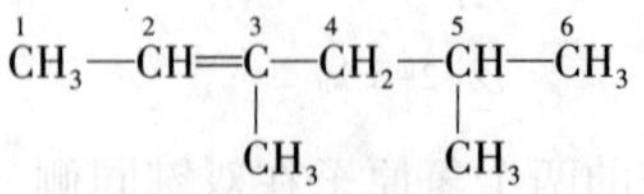

$$\overset{1}{CH_3}—\overset{2}{CH}=\overset{3}{C}—\overset{4}{CH_2}—\overset{5}{CH}—\overset{6}{CH_3}$$

3,5-二甲基-2-己烯

3,5-dimethyl-2-hexene

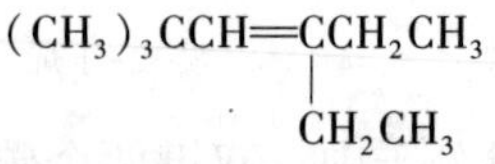

$$(CH_3)_3CCH=CCH_2CH_3$$

2,2-二甲基-4-乙基-3-己烯

4-ethyl-2,2-dimethyl-3-hexene

1-烯烃中的"1"往往可以省略，所以单烯烃的名称前面如果没有数字，即表示"1-某

"烯"。另外有一些常用的烯基仍沿用传统名称，例如：

$$CH_2{=}CH-\qquad CH_3CH{=}CH-\qquad CH_2{=}CH-CH_2-$$
$$\text{乙烯基}\qquad\qquad \text{丙烯基}\qquad\qquad \text{烯丙基}$$

2. 顺反异构体的命名

顺反异构体命名时，如果有相同的基团在名称的前面加上顺或反字，用一短线连接即可。例如，顺-2-丁烯和反-2-丁烯。但如果两个碳原子上没有相同的基团，这种命名就会受到限制。例如：

$$\begin{array}{ccc}H_3C & & Cl\\ & C{=}C & \\ H & & CH_2CH_3\end{array}$$

像这种情况，无法使用顺反来表明原子或基团和双键的空间关系。按照系统命名法可采用"Z、E"来命名，字母"Z"是德文 Zusammen 的字头，指同一侧的意思，"E"是德文 Entgegen 的字头，指相反的意思。当双键碳原子连接的较优基团在双键同一侧时，称为(Z)构型，命名时在名称前面加上(Z)字。反之，当双键碳原子连接的较优基团在双键两侧时，称为(E)构型，命名时在名称的前面加上(E)字，均用一短线连接。用式子表示为：

$$\begin{array}{cc}a \quad\quad c & a \quad\quad d\\ C{=}C & C{=}C\\ b \quad\quad d & b \quad\quad c\end{array}$$
$$\text{(Z)构型}\qquad\qquad\text{(E)构型}$$
$$\text{基团优先次序：a>b，c>d}$$

基团的优先次序由次序规则来确定。有机化学上，把各种取代基按先后次序排列的规则称为次序规则。次序规则的主要内容有以下三点：

①取代原子按原子序数排列，原子序数大为较优基团，同位素原子按相对原子质量排列，相对原子质量大的为较优基团。

$$I>Br>Cl>S>P>Si>F>O>N>C>B>Li>D>H$$

②如果是原子团，第一个原子相同，再比较与第一个原子相连原子的原子序数，第二个还相同，比较第三个，逐个向外比较，这在数学上叫外推法。例如：

$$\begin{array}{cccc}
(CH_3)_3C-, & CH_3CH_2\underset{|}{\overset{CH_3}{CH}}-, & CH_3\underset{|}{\overset{CH_3}{CH}}CH_2-, & CH_3CH_2CH_2CH_2-\\
C(C,C,C) & C(C,C,H) & C(C,H,H) & C(C,H,H)\\
 & & C,C,H & C,H,H
\end{array}$$

以上这几个基团，第一个原子都是碳原子，对和第一个碳原子相连的原子而言，叔丁基中是三个碳原子，为最大；仲丁基中是两个碳原子，一个氢原子，为第二大；其他两个基团中均为一个碳原子，两个氢原子，继续往外比较，可以得出结论：

$$(CH_3)_3C->CH_3CH_2\underset{|}{\overset{CH_3}{CH}}->CH_3\underset{|}{\overset{CH_3}{CH}}CH_2->CH_3CH_2CH_2CH_2-$$

③若有双键或叁键时，可将双键或叁键当作单键原子的重复。

$$-\underset{\|}{\overset{O}{C}}-,\quad -CH{=}CH_2,\quad -C{\equiv}N,\quad -C{\equiv}CH$$

可以分别看作：

$$-\overset{\underset{\displaystyle }{O}}{C}-O\ ,\quad -\overset{\underset{\displaystyle }{C}}{C}-C\ ,\quad -\overset{\underset{\displaystyle N}{}}{C}-N\ ,\quad -\overset{\underset{\displaystyle C}{}}{C}-C\ ,$$

按照这三条原则，一般原子或原子团的顺序都能排序。

下面例子中，CH_3-优于 H，Cl 优于 CH_3CH_2-，因此命名为：(Z)-3-氯-2-戊烯。

(Z)-3-氯-2-戊烯
(Z)-3-chloro-2-pentene

再例如：

(Z)-2,4-二甲基-3-乙基-3-己烯   (E)-2,4-二甲基-3-乙基-3-己烯
反-2,4-二甲基-3-乙基-3-己烯   顺-2,4-二甲基-3-乙基-3-己烯

值得注意的是：顺反和(Z)(E)是两种不同的命名方法，它们之间没有必然的联系。

4.2　烯烃的物理性质

烯烃的物理性质和烷烃很相似，沸点和相对密度也随着相对分子质量的增加而递升。常温下，四个碳原子以下的烯烃是气体，从五个碳原子开始为液体，十九个碳原子以上的高级烯烃是固体。烯烃比水轻，不溶于水，而易溶于非极性或弱极性有机溶剂，例如苯、乙醚、氯仿和四氯化碳等。表 4-1 列出了一些烯烃的物理常数。

表 4-1　一些烯烃的物理常数

状态	中文名	英文名称	熔点/℃	沸点/℃	相对密度(d_4^{20})	折射率
气 态	乙烯	ethyene	-169.2	-103.7	$0.5790^{9.9}$*	1.3630
	丙烯	propene	-185.3	-47.4	0.5193	1.3567^{-70}*
	1-丁烯	1-butene	-185.4	-6.9	0.5902	1.3962
	顺-2-丁烯	cis-2-butene	-138.9	3.70	0.6213	1.3931^{-25}*
	反-2-丁烯	trans-2-butene	-105.6	0.88	0.6042	1.3948^{-25}*
液 态	1-戊烯	1-pentene	-138	30.0	0.6405	1.3715^{20}*
	1-己烯	1-hexene	-139.8	63.4	0.6731	1.3837
	1-庚烯	1-heptene	-119.0	93.6	0.6970	1.3998^{20}*
	1-辛烯	1-octene	-101.7	121.3	0.7149	1.4087^{20}*
	1-壬烯	1-nonene	—	146.0	0.7300	—
	1-癸烯	1-pentene	—	172.6	0.7400	1.4215

注：*表示在该温度下所测的数值。

由于双键碳原子 sp^2 杂化轨道 s 成分多，离原子核近，吸电子能力强于 sp^3 杂化的饱和碳原子，因此烯烃分子有极性，能产生偶极矩，但极性较弱，偶极矩数值较小。例如，丙烯偶极矩 $\mu = 1.334 \times 10^{-30}$ C · m。

对于烯烃的顺反异构体来说，如 2-丁烯，由于反式异构体是对称分子，偶极矩相互抵消，分子的偶极矩为零，而顺式异构体为偶极分子，有微弱的极性：

$$\mu = 0 \qquad \mu = 0.834 \times 10^{-30} \text{ C · m}$$

由于顺式异构体有微弱的极性，所以沸点一般比反式异构体略高；而熔点则是反式一般较顺式异构体高，因反式异构体的对称性好，分子在晶格中可以紧密排列。

4.3 烯烃的化学性质

烯烃的化学性质比烷烃活泼得多，可以和许多化学试剂反应。主要原因是由于它有双键，其中一个是 σ 键，另一个是 π 键。π 键是由 p 轨道侧面重叠形成的，其重叠程度比 σ 键小，容易被打开，且烯烃还具有趋于饱和的趋势，因此烯烃很容易发生加成、氧化、聚合等反应。

4.3.1 加成反应

由于烯烃 π 键电子云分布在 C—C 键轴的上下两侧，暴露于分子的外部，因此烯烃容易受到一些正离子、易被极化的双原子分子（如卤素和路易斯酸等缺电子试剂——亲电试剂）的进攻，打开 π 键，与其他原子或原子团形成两个 σ 键，从而生成饱和的化合物。

1. 加氢

烯烃加氢可以生成烷烃，反应是放热的，但由于活化能很大，反应很难进行。只有在催化剂存在下，降低反应的活化能，加氢反应才能够顺利进行。

常用的催化剂为分散程度很高的金属粉末，如铂、钯、钌、铑和镍，通常是将它们吸附在活性炭和氧化铝等载体上使用。加氢反应产率很高，常接近 100%，且产物纯度高，容易分离，在实验室和工业上都有重要的用途。例如：

$$CH_2 = CH - CH_3 + H_2 \xrightarrow{Pt} CH_3CH_2CH_3$$

不同类型烯烃催化加氢的相对活性为：乙烯>一取代烯烃>二取代烯烃>三取代烯烃。取代基越多，加氢越困难，四取代烯烃很难反应。

催化加氢的机理还不是十分清楚，一般认为是烯烃和氢都吸附在催化剂表面，在催化剂表面进行反应，生成的烷烃由于在催化剂表面吸附能力低而发生解析。催化加氢是定量的，所以可以通过加氢的量来确定烯烃中双键的数目。

2. 与卤素加成

大多数烯烃与氯、溴等很容易加成，生成邻二卤化物。例如：

$$CH_2 = CH - CH_3 + Br_2 \longrightarrow CH_3 - \underset{Br}{CH} - \underset{Br}{CH_2}$$

1,2-二溴丙烷

溴的四氯化碳溶液常用于烯烃的检验。将烯烃通入溴的四氯化碳溶液，或把溴的四氯化碳溶液滴加到烯烃中，红棕色立即褪去，但能使溴的四氯化碳溶液褪色的不只限于烯烃，炔烃和环丙烷也能发生此反应。

卤素与烯烃反应的活性为：$F_2>Cl_2>Br_2>I_2$。氟与烯烃反应太剧烈，与碘反应是一个平衡反应，邻二碘化物易分解成烯烃，因此烯烃与卤素加成中的卤素往往指氯和溴。

烯烃与溴的反应机理研究较多。因为溴反应缓和，选择性更强。在研究烯烃与溴的反应时发现：①在没有光照和自由基引发的条件下此反应能进行，且极性物质有利于此反应进行（诱导双键 π 电子极化）；②乙烯通入溴的氯化钠溶液中得到三种产物。

$$CH_2=CH_2 \xrightarrow[H_2O]{Br_2+NaCl} \underset{Br\ \ \ Br}{CH_2-CH_2} + \underset{Br\ \ \ Cl}{CH_2-CH_2} + \underset{Br\ \ \ OH}{CH_2-CH_2}$$

这说明这个反应两个溴原子不是同时加上去的，如果同时加上去不会有 1-氯-2-溴乙烷和 2-溴乙醇；而且溴肯定是第一步加上去的，氯和羟基是第二步加上去，因没有 1,2-二氯乙烷生成。根据实验事实和理论推测溴和烯烃的加成历程：当溴与烯烃接近时，Br—Br 间的电子受烯烃 π 电子的作用而极化 Br^+—Br^-，带正电溴不稳定，向微带负电的碳进攻形成一个环状溴鎓离子中间体：

$$CH_2=CH_2 + Br-Br \longrightarrow H_2C-CH_2 + Br^-$$
$$\underset{Br}{}$$

溴鎓离子

环状溴鎓离子是一个张力较大的三元环，又是一个不稳定的中间体，这个环状中间体阻止了 C—C 单键的自由旋转，也确定了溴负离子只能从三元环的背面进攻碳原子，得到产物中的两个溴分别是从 C═C 的两侧加上去的，这种加成称为反式加成。

$$Br^- \quad H_2C-CH_2 \longrightarrow \underset{Br}{CH_2-CH_2}$$
$$\underset{Br}{} \quad \underset{Br}{}$$

1,2-二溴乙烷

当溶液中有 Cl^- 时得到 1-氯-2-溴乙烷，水分子带有未共用的孤电子对，也可以作为提供电子的亲核试剂与溴鎓离子结合，再脱去质子得到 2-溴乙醇。

$$H_2C-CH_2 \begin{cases} \xrightarrow{Br^-} BrCH_2CH_2Br \\ \xrightarrow{Cl^-} BrCH_2CH_2Cl \\ \xrightarrow{H_2O} BrCH_2CH_2\overset{+}{O}H_2 \xrightarrow{-H^+} BrCH_2CH_2OH \end{cases}$$
$$\underset{Br}{\overset{+}{}}$$

由于上述加成反应是由 Br^+ 即亲电试剂的进攻引起的，所以这种反应称为亲电加成反应。

3. 与卤化氢加成

实验证明，烯烃与卤化氢的加成也是亲电加成。H^+ 首先加到碳碳双键中的一个碳原子上，形成碳正离子，然后碳正离子再与 X^- 结合形成卤代烷。例如乙烯与氢卤酸反应：

$$HX \Longleftrightarrow H^++X^-$$
$$CH_2=CH_2+H^+ \longrightarrow CH_3-\overset{+}{C}H_2 \xrightarrow{X^-} CH_3-CH_2-X$$

乙基正离子　　　　卤代乙烷

40

乙烯与卤化氢加成产物只有一种，但不对称烯烃与卤化氢加成就可能形成两种不同的产物，例如丙烯：

$$\overset{1}{C}H_2=\overset{2}{C}H-\overset{3}{C}H_3 + HX \longrightarrow \begin{cases} CH_3-CH-CH_3 \quad \text{2-卤代丙烷} \\ \quad\quad\quad | \\ \quad\quad\quad X \\ X-CH_2-CH_2-CH_3 \quad \text{1-卤代丙烷} \end{cases}$$

但实际上得到的主要产物是 2-卤代丙烷。根据许多实验事实，Markovnikov（马尔可夫尼可夫）总结出：当不对称烯烃和卤化氢加成时，氢原子主要加到含氢较多的双键碳原子上，卤原子则加在含氢较少的碳原子上，这个经验规律称为 Markovnikov 规则，简称马氏规则。

Markovnikov 规则可以从反应过程形成的碳正离子稳定性进行解释。当 H^+ 加到 C_1 上时，形成（Ⅰ）碳正离子，当 H^+ 加到 C_2 上时，形成（Ⅱ）碳正离子：

$$CH_2=CH-CH_3 + H^+ \longrightarrow \begin{cases} CH_3-\overset{+}{C}H-CH_3 \quad （Ⅰ） \\ \overset{+}{C}H_2-CH_2-CH_3 \quad （Ⅱ） \end{cases}$$

对于（Ⅰ）来说，两个甲基的供电子作用，使中心碳正离子的正电荷得到分散，趋于稳定；而在（Ⅱ）中，其正电荷只受一个乙基的供电子作用，分散程度不如（Ⅰ），所以（Ⅰ）的稳定性比（Ⅱ）高，即丙烯与卤化氢的加成主要按生成（Ⅰ）的方式进行，也就是氢加到含氢较多的碳原子上。碳正离子所连的烷基越多，正电荷分散程度越高，稳定性越高，一般情况下，烯烃和不对称试剂的加成都遵守马氏规则。几种碳正离子的稳定性为：

$$\begin{matrix} & R & & R & & & \\ & | & & | & & & \\ R-\overset{+}{C}- & > & R-\overset{+}{C}H & > & R-\overset{+}{C}H_2 & > & \overset{+}{C}H_3 \\ & | & & | & & & \\ & R & & R & & & \end{matrix}$$

三级碳正离子　二级碳正离子　一级碳正离子

再例如：

$$\begin{matrix} H_3C \\ \quad\quad C=CHCH_3 \\ H_3C \end{matrix} \xrightarrow{HBr} \begin{matrix} CH_3 \\ | \\ CH_3-C-CH_2CH_3 \\ | \\ Br \end{matrix}$$

烯烃与卤化氢的加成，对烯烃而言，双键上连有供电子基（如烷基）时，反应速率加快；连有吸电子基（如卤素）时，反应速率减慢。对卤化氢而言，其活性次序为：HI>HBr>HCl>HF。浓的氢碘酸、氢溴酸能直接与烯烃反应；浓氯化氢在无水三氯化铝存在下与烯烃迅速反应，否则反应速率很慢（极性有利于反应的进行）；HF 也能和烯烃加成，但也容易使烯烃聚合。

烯烃加卤化氢，反应中间体是碳正离子，由于稳定性不同，有时还会发生重排，这里不再赘述。

4. 与水加成

在酸的存在下，烯烃可以与水加成，生成醇，这个反应称为烯烃的水合，它是制备醇的方法之一。例如：

$$CH_2{=}CH{-}CH_3 + H_2O \xrightarrow{H^+} CH_3{-}\underset{\underset{OH}{|}}{CH}{-}CH_3$$

异丙醇

反应的历程是：烯烃和酸溶液中的水合质子作用生成碳正离子，碳正离子再与水作用得到质子化的醇，最后质子化的醇在水中脱去质子，得到醇及水合质子。

$$CH_2{=}CH{-}CH_3 + H\overset{+}{O}H_2 \rightleftharpoons CH_3{-}\overset{+}{C}H{-}CH_3 + \overset{..}{O}H_2$$

$$CH_3{-}\overset{+}{C}H{-}CH_3 + \overset{..}{O}H_2 \rightleftharpoons CH_3{-}\underset{\underset{H_2O^+}{|}}{CH}{-}CH_3 \quad (\text{质子化的醇})$$

$$CH_3{-}\underset{\underset{H_2O^+}{|}}{CH}{-}CH_3 + \overset{..}{O}H_2 \rightleftharpoons CH_3{-}\underset{\underset{OH}{|}}{CH}{-}CH_3 + H\overset{+}{O}H_2$$

烯烃水合反应同样符合马氏规则。再例如：

$$(CH_3)_2C{=}CH_2 \xrightarrow[H_2SO_4]{H_2O} (CH_3)_2\underset{\underset{OH}{|}}{C}CH_3$$

5. 与硫酸加成

烯烃与硫酸加成和烯烃与卤化氢加成相似，也是亲电加成，符合马氏规则。反应很容易进行，生成可以溶于硫酸的烷基硫酸氢酯。烷基硫酸氢酯和水一起加热，则水解为相应的醇。例如：

$$CH_2{=}CH{-}CH_3 \xrightarrow{HO{-}SO_2{-}OH} CH_3{-}\underset{\underset{O{-}SO_3H}{|}}{CH}{-}CH_3 \xrightarrow[\Delta]{H_2O} CH_3{-}\underset{\underset{OH}{|}}{CH}{-}CH_3$$

硫酸氢异丙酯

烯烃与硫酸加成后水解，是工业上由石油裂化气中低级烯烃制备醇的方法之一，称为烯烃的间接水合。另外，利用生成的烷基硫酸氢酯溶于硫酸这个性质，可提纯某些有机化合物。例如，卤代烷不与硫酸作用，也不溶于硫酸，用冷的浓硫酸洗涤含有烯烃的卤代烷，可以除去卤代烷中所含的烯烃。

6. 与次卤酸加成

烯烃与氯或溴在水溶液中反应，主要产物为卤代醇，相当于双键上加次卤酸：

$$CH_2{=}CH_2 + X_2(H_2O) \longrightarrow \underset{\underset{X}{|}}{CH_2}{-}\underset{\underset{OH}{|}}{CH_2}$$

卤代醇

反应过程实际是烯烃先与卤素进行加成生成卤鎓离子中间体，然后卤鎓离子再与水生成质子化的卤代醇，再脱去质子得到卤代醇；而不是先制得次卤酸，再与烯烃加成。但是从反应的产物看，可以认为是烯烃与次卤酸的加成，将 HOX 看作是 HO⁻ 及 X⁺，带正电的卤素加在含氢较多的碳原子上，是马氏规则外延的结果，也可以说符合马氏规则。例如：

$$CH_2{=}CH{-}CH_3 + Br_2(H_2O) \longrightarrow CH_3{-}\underset{\underset{OH}{|}}{CH}{-}CH_2Br$$

7. 硼氢化-氧化反应

B—H 键对烯烃的加成反应称为硼氢化反应。硼烷和烯烃亲电加成反应中，B 原子是缺电子原子，加到含氢较多的碳原子上，而氢作为负性基团加到含氢较少的碳原子上，而且 B 原子体积较大也易加在位阻小的碳原子上：

$$3CH_3—CH=CH_2+BH_3 \longrightarrow (CH_3CH_2CH_2)_3B$$

甲硼烷　　　三烷基硼

BH_3 是最简单的硼氢化合物，硼原子周围只有 6 个外层电子，不稳定，它易形成双分子缔合体——乙硼烷（B_2H_6）。实际应用时，是将氟化硼的乙醚溶液加到硼氢化钠与烯烃的混合物中，使生成的 B_2H_6 与烯烃反应。

H
H:B:H
H

甲硼烷

H　　H　　H
　B　　B
H　　H　　H

乙硼烷

$$3NaBH_4+4BF_3 \longrightarrow 2B_2H_6+3NaBF_4$$

生成的烷基硼在碱性溶液中能被过氧化氢氧化成醇，最终相当于双键上加了一分子水，实质上是符合反马式规则的，这一步是在氧化剂存在下进行的，所以又叫硼氢化-氧化反应。

$$(CH_3CH_2CH_2)_3B+3H_2O_2 \xrightarrow{OH^-} 3CH_3CH_2CH_2OH+B(OH)_3$$

如果烯烃位阻较大，在硼氢化反应中可以得到一烷基硼或二烷基硼，无论是一烷基硼、二烷基硼还是三烷基硼，在双氧水的碱性溶液中，最后都会水解生成形式上反马氏规则的醇。例如：

$$(CH_3)_2C=CHCH_3 \xrightarrow[THF]{BH_3} \xrightarrow[OH^-]{H_2O_2} (CH_3)_2\underset{\underset{OH}{|}}{CH}CHCH_3$$

8. 烯烃与溴化氢的自由基加成反应

前面讲的烯烃与氢卤酸加成符合马氏规则，但有一例外。不对称烯烃与溴化氢在有过氧化物存在下的加成反应，反应产物是反马氏规则的，这种现象称为过氧化物效应。

$$CH_3CH=CH_2 \xrightarrow[HBr]{过氧化物} CH_3CH_2CH_2Br$$

过氧化物效应产生的原因是：烯烃与溴化氢在过氧化物存在下的加成是自由基加成反应历程，表示为：

$$R—O—O—R \longrightarrow 2R—O·$$

$$R—O·+HBr \longrightarrow ROH+Br·$$

$$Br·+CH_3CH=CH_2 \longrightarrow \underset{(主)}{CH_3\overset{·}{C}HCH_2Br}+CH_3\overset{·}{C}H\underset{\underset{Br}{|}}{CH_2}$$

$$CH_3\overset{·}{C}HCH_2Br+HBr \xrightarrow[HBr]{过氧化物} CH_3CH_2CH_2Br+Br·$$

值得注意的是，只有 HBr 和烯烃加成有过氧化物效应，而 HCl、HI 和烯烃加成没有过氧化物效应。因为 HCl 中 H—Cl 键牢固，H 不能被自由基夺取产生氯自由基，所以不能引发自由基加成反应；H—I 键虽弱，容易生成碘自由基，但碘自由基活性较低，很难与 C=C 加成，不能进行链传递反应。

9. 与烯烃加成

在酸的催化下，一分子烯烃可以与另一分子烯烃加成。例如，两分子异丁烯可以生成二聚异丁烯：

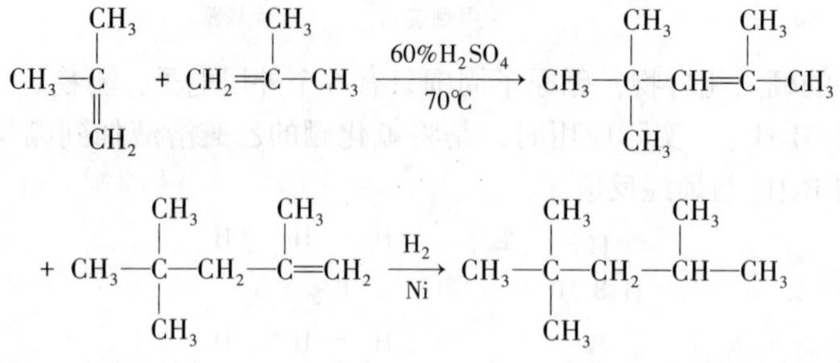

生成的二聚异丁烯是两种异构体的混合物，经催化氢化后得到同一产物——异辛烷，这是工业上生产高辛烷值汽油的一个重要方法。其反应历程是：一分子烯烃先与质子结合形成叔丁基正离子，叔丁基正离子再与另一分子烯烃的双键进行亲电加成产生新的碳正离子：

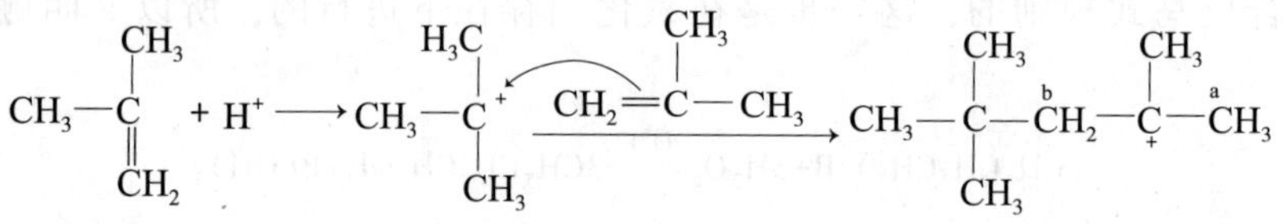

碳正离子不稳定，它可以继续与烯烃反应，重复以上步骤形成更复杂的碳正离子，也可以由 a 或 b 两个碳上脱去 H^+，形成稳定的烯烃，从而得到两个二聚异丁烯：

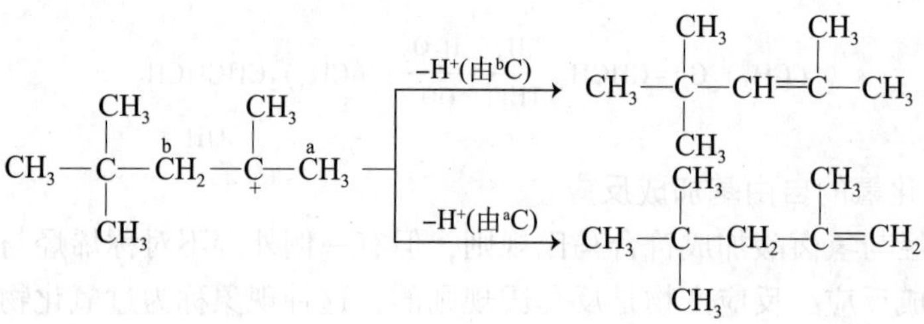

4.3.2 氧化反应

1. 高锰酸钾的氧化反应

在碱性或中性溶液中，烯烃被冷的、稀的高锰酸钾溶液氧化生成顺式邻二醇。反应过程中生成了环状高锰酸酯，水解后得到顺式邻二醇，相当于两个羟基从双键同侧加上去，且高锰酸钾溶液紫色消退，同时有棕褐色的二氧化锰沉淀生成，故这个反应可用于鉴别不饱和烃。

$$3RCH{=\!=}CHR' + 2KMnO_4 + 2H_2O \xrightarrow[\text{中性介质}]{\text{碱性或}} 3RCH{-}CHR' + 2MnO_2\downarrow + 2KOH$$
$$\quad\quad\quad\quad\quad\quad\quad\quad\quad\quad\quad\quad\quad\quad\quad\quad\quad\quad OH\;\;OH$$

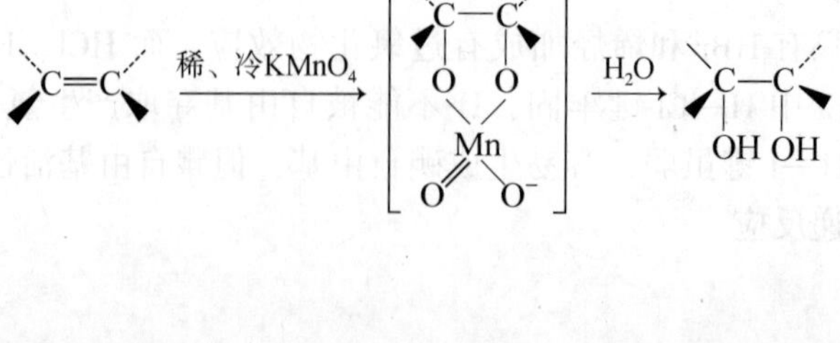

例如：

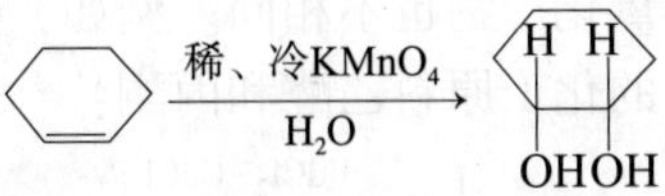

如果在酸性溶液中，烯烃被热的、浓的高锰酸钾溶液氧化，反应进行得更快，且得到碳链断裂的氧化产物。当双键的碳原子上连有两个烷基时，氧化断裂的产物为酮；当双键碳原子上只有一个烷基时，氧化断裂的产物为羧酸；当双键的碳原子上没有烷基即端烯，氧化断裂的产物为二氧化碳。用通式表示为：

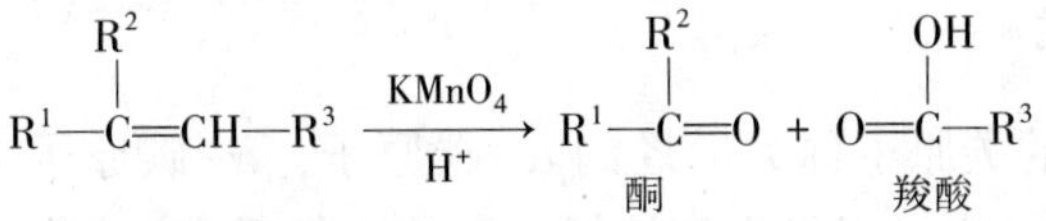

$$R—CH=CH_2 \xrightarrow[H^+]{KMnO_4} RCOOH+CO_2\uparrow$$

此反应也能使高锰酸钾溶液褪色，不但可用于烯烃的鉴别，而且也可以通过生成的酮、羧酸的结构或二氧化碳，推断烯烃的结构。

2. 臭氧化

将含有 6%~8%臭氧的氧气通入液态烯烃或烯烃的四氯化碳溶液时，臭氧迅速而定量地与烯烃结合，生成臭氧化合物，此反应称为臭氧化反应。臭氧化合物不稳定，易发生爆炸，因此反应中间产物不需分离，可以直接水解，生成醛、酮和过氧化氢。为了防止醛、酮被过氧化氢进一步氧化，通常加入还原剂(如 Zn 粉)，得到醛或酮的水解产物，所以此反应又称为臭氧化还原反应。

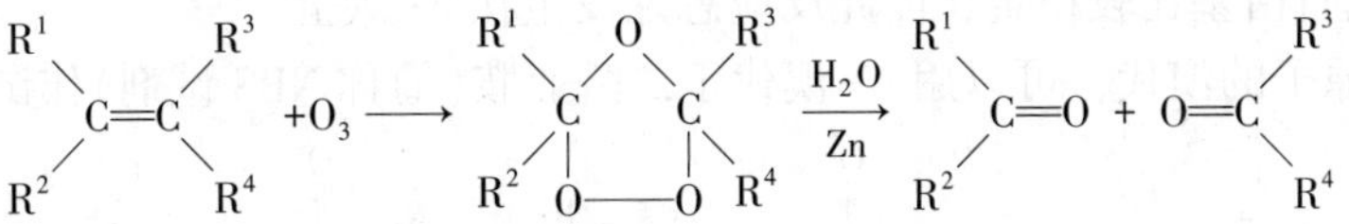

臭氧化物

由于烯烃臭氧化还原水解可以定量进行，选择性又强，因此可以根据臭氧化还原水解产物生成的醛或酮，来推测原来烯烃的结构。当双键的碳原子上连有两个烷基时，氧化还原断裂的产物为酮；当双键碳原子上只有一个烷基时，氧化还原断裂的产物为醛；当双键的碳原子上没有烷基时，氧化还原断裂的产物为甲醛。例如：

$$(CH_3)_2C=CHCH_3 \xrightarrow[(2)Zn粉，H_2O]{(1)O_3} CH_3—\overset{O}{\overset{\|}{C}}—CH_3+CH_3CHO$$

$$CH_3CH_2CH=CH_2 \xrightarrow[(2)Zn粉，H_2O]{(1)O_3} CH_3CH_2CHO+HCHO$$

3. 催化氧化

乙烯在银的催化下，被空气中的氧气直接氧化生成环氧乙烷，这是工业上生产环氧乙烷的方法。环氧乙烷可用于制备乙二醇，合成洗涤剂、乳化剂和塑料等。

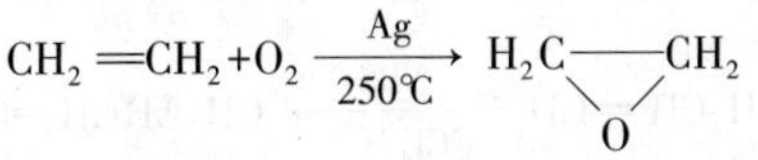

环氧乙烷

在催化剂存在下，用氧气或空气作为氧化剂进行的氧化反应称为催化氧化。催化氧化随反应物和反应条件不同，得到的氧化产物也不相同。例如，近来发现乙烯和丙烯在氯化钯的催化下能被氧气氧化，生成重要的化工原料乙醛和丙酮：

$$CH_2\!\!=\!\!CH_2+\frac{1}{2}O_2\xrightarrow[100\sim125℃]{PdCl_2-CuCl_2}CH_3CHO$$

$$CH_3\!-\!CH\!\!=\!\!CH_2+\frac{1}{2}O_2\xrightarrow[100\sim125℃]{PdCl_2-CuCl_2}CH_3\!-\!\overset{\overset{\displaystyle O}{\|}}{C}\!-\!CH_3$$

4.3.3 α-氢的卤代

与 C=C 直接相连的碳原子称为烯烃的 α-碳原子，α-碳原子上连接的氢称为 α-氢原子。烯烃分子中 α-氢原子也可以发生和烷烃一样的取代反应。例如，丙烯与氯气在高温下，其 α-氢也可被氯取代生成 3-氯-1-丙烯。

$$CH_3\!-\!CH\!\!=\!\!CH_2\xrightarrow[500\sim600℃]{Cl_2}Cl\!-\!CH_2\!-\!CH\!\!=\!\!CH_2$$
$$\text{3-氯-1-丙烯}$$

在常温下，烯烃与卤素主要发生加成反应，在高温或光照条件下，则主要发生取代反应。与烷烃卤代反应历程相似，烯烃 α-氢原子的卤代也是自由基历程。

$$Cl_2\xrightarrow{\text{高温}}2Cl\cdot$$
$$Cl+CH_3\!-\!CH\!\!=\!\!CH_2\longrightarrow\cdot CH_2\!-\!CH\!\!=\!\!CH_2+HCl$$
$$\cdot CH_2\!-\!CH\!\!=\!\!CH_2+Cl_2\longrightarrow ClCH_2\!-\!CH\!\!=\!\!CH_2+Cl\cdot$$

由于烯丙基自由基比较稳定，因此反应总是发生在 α-碳上。

烯烃 α-氢原子的溴代，可以用 N-溴代丁二酰亚胺(简称 NBS 试剂)作试剂。例如：

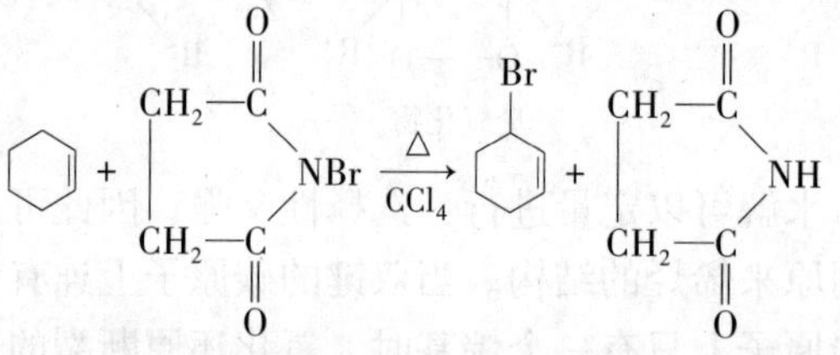

N-溴代丁二酰亚胺   丁二酰亚胺

反应时 NBS 与酸作用产生溴：

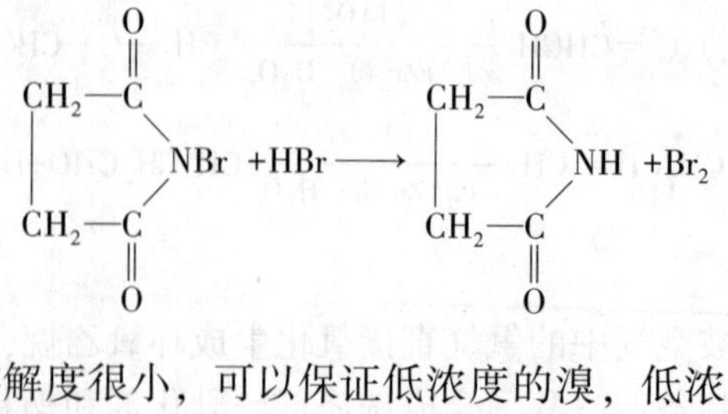

由于 NBS 在 CCl$_4$ 中溶解度很小，可以保证低浓度的溴，低浓度的溴加成的机会少，使取代反应顺利进行。再例如：

$$CH_3CH_2CH\!\!=\!\!CH_2\xrightarrow[CCl_4,\ \triangle]{NBS}CH_3\underset{\underset{\displaystyle Br}{|}}{CH}CH\!\!=\!\!CH_2$$

由此可以看出，有机化学反应的复杂性和严格控制反应条件的重要性。适当地控制反应条件，可使反应按我们需要的方向进行。

4.3.4 聚合反应

烯烃在一定的条件下 π 键断裂，小分子一个接一个地连接在一起，成为相对分子质量很大的高分子化合物，称为聚合反应。例如，在烷基铝-四氯化钛络合催化剂的存在下，可使乙烯在低压下，烃作溶剂中聚合成聚乙烯，丙烯聚合成聚丙烯：

$$n\,CH_2=CH_2 \xrightarrow[\text{温度，压力}]{Al(C_2H_5)_3-TiCl_4} \begin{array}{c} \ce{-CH_2-CH_2-}_n \\ \text{聚乙烯} \end{array}$$

$$n\,CH_3-CH=CH_2 \xrightarrow[\text{温度，压力}]{Al(C_2H_5)_3-TiCl_4} \begin{array}{c} \ce{-CH-CH_2-}_n \\ | \\ CH_3 \\ \text{聚丙烯} \end{array}$$

像乙烯、丙烯这样能聚合成高分子化合物的低分子化合物称为单体。例如，乙烯是聚乙烯的单体。组成高分子链的重复结构单位称为链节，例如—CH_2—CH_2—是聚乙烯的链节，链节的数目 n 称为聚合度。

聚乙烯无臭、无毒，为白色蜡状半透明材料，柔而韧，比水轻、耐低温，并有绝缘和防辐射性能，化学稳定性好，能耐大多数酸碱的侵蚀(不耐具有氧化性质的酸)，常温下不溶于一般溶剂，吸水性小，易于加工。可用于制作食品袋、塑料壶、杯子等日常用品，在工业上可用作制管件、电工部件的绝缘材料、防辐射保护衣等。但聚乙烯对于环境应力(化学与机械作用)较敏感，耐热老化性差。

聚丙烯的透明度、强度、刚度、硬度和耐热性均优于聚乙烯，可在 100℃ 左右使用。聚丙烯具有良好的电性能和高频绝缘性，不受湿度影响，但低温时变脆、易老化，适于制作一般机械零件、耐腐蚀零件和绝缘零件等。

4.4 烯烃的制法

制备烯烃常用两种方法：一卤代烷脱卤化氢和醇脱水。

4.4.1 一卤代烷脱卤化氢

从一个分子中脱去一个小分子，如 H_2O、HX 等，同时生成不饱和键的反应称为消除反应。一卤代烷在强碱作用下，如与乙醇钠的乙醇溶液共热，脱去一分子卤化氢而生成烯烃。

$$\ce{H-C-C-X} + CH_3CH_2ONa \xrightarrow{CH_3CH_2OH} \ce{C=C} + CH_3CH_2OH + NaX$$

由以上反应式可以看出，这种消除是脱去了卤原子和它 β-碳上的氢，所以又叫 β-消除(也叫 1，2-消除)。

伯卤代烷消除反应产物只有一种，例如：

$$CH_3CH_2CH_2CH_2Br \xrightarrow[CH_3CH_2OH]{CH_3CH_2ONa} CH_3CH_2CH=CH_2$$

与伯卤代烷不同，仲卤代烷和叔卤代烷可供消除的氢原子可能有两种或三种，主要消除哪种氢原子呢？实验证明，主要消除含氢较少相邻碳原子上的氢，即主要生成双键碳原子上连有较多取代基的烯烃。这条经验规律是 1875 年俄国化学家 Saytzeff 从许多实验事实中总结出来的，称为 Saytzeff 规律。例如：

$$CH_3CH_2CH_2\underset{\underset{Br}{|}}{C}HCH_3 \xrightarrow[CH_3CH_2OH]{KOH} \underset{69\%}{CH_3CH_2CH=CHCH_3} + \underset{31\%}{CH_3CH_2CH_2CH=CH_2}$$

$$CH_3CH_2\underset{\underset{Br}{|}}{\overset{\overset{CH_3}{|}}{C}}CH_3 \xrightarrow[CH_3CH_2OH]{KOH} \underset{71\%}{CH_2=\overset{\overset{CH_3}{|}}{C}CH_3} + \underset{29\%}{CH_3CH_2\overset{\overset{CH_3}{|}}{C}=CH_2}$$

4.4.2 醇脱水

醇脱水是实验室制备烯烃最常用的方法，常用的脱水剂有浓硫酸、磷酸和硫酸氢钾等。

$$CH_3CH_2OH \xrightarrow[170℃]{H_2SO_4} CH_2=CH_2$$

$$\underset{}{\overset{OH}{\bigcirc}} \xrightarrow[85℃]{20\%H_2SO_4} \bigcirc$$

$$CH_3CH_2\underset{\underset{OH}{|}}{C}HCH_3 \xrightarrow[]{60\%H_2SO_4} \underset{80\%}{CH_3CH=CHCH_3} + \underset{20\%}{CH_3CH_2CH=CH_2}$$

伯醇和仲醇仍然以消除含 H 较少碳上的氢为主，服从 Saytzeff 规律。

另外，在 Al_2O_3 催化下高温气相脱水也可以生成烯烃：

$$CH_3CH_2CH_2CH_2OH \xrightarrow[350\sim400℃]{Al_2O_3} CH_3CH_2CH=CH_2$$

4.5 重要的烯烃

4.5.1 乙烯

乙烯是一种无色稍带甜味的气体，沸点 -103.7℃，临界温度 9.9℃，临界压力 50.5MPa，比空气的密度略小，难溶于水，易溶于四氯化碳等有机溶剂。乙烯在空气中容易燃烧，呈明亮的光焰。遇明火极易爆炸，爆炸程度比甲烷猛烈，其爆炸范围是 3.4%～34%（体积分数）。

乙烯由于双键活泼，可以和许多物质起反应，合成各种各样的有机化工产品。目前，乙烯用量最大的是制备聚乙烯（合成塑料），其次是制备氯乙烯、环氧乙烷、苯乙烯、乙酸、乙醛、乙醇和炸药等。

乙烯是世界上产量最大的有机化工产品，乙烯工业是石油化工产业的核心，乙烯产品占石化产品的 70% 以上，在国民经济中占有重要地位。世界上已将乙烯产量作为衡量一个国家石油化工发展水平的重要标志之一。经过数十年的发展，特别是在"十一五"期间，我国乙烯工业取得了举世瞩目的进步，随着一系列生产乙烯装置的建成，使我国成为乙烯总产量仅次于美国的全球第二大乙烯生产国。

乙烯作为一种植物激素，和生长素一样都是植物的内源激素，不少植物器官都含有微量乙烯。在未成熟的果实里，乙烯的含量很少，而成熟的果实里乙烯含量较多，由于乙烯具有促进果实成熟的作用，并在成熟前大量合成，所以认为它是成熟激素。利用人工方法提高青果实中乙烯的含量可以加速果实成熟，因此乙烯还可以用作水果和蔬菜的催熟剂。

4.5.2　丙烯

丙烯常温下为稍带有甜味的无色气体，比空气重，沸点为-47.4℃，与乙烯一样易燃，爆炸极限为2%~11%，不溶于水，溶于有机溶剂。

丙烯和乙烯一样，由于分子中有活泼的双键，可以和许多物质起反应，合成各种各样的有机化工产品。丙烯用量最大的是生产聚丙烯，另外丙烯可制备丙烯腈、异丙醇、苯酚、丙酮、环氧丙烷、丙二醇、环氧氯丙烷、合成甘油和丙烯酸及酯类等。

近年来，由于丙烯下游产品的快速发展，极大地促进了我国丙烯需求量的快速增长。但遗憾的是，丙烯化工目前只有伴随着石油炼制及乙烯化工的发展才可以获得较多的产量，单以制造丙烯为目的的流程现在还没有发展起来。

4.5.3　丁烯

丁烯的四种异构体(1-丁烯、顺-2-丁烯、反-2-丁烯和异丁烯)的物理、化学性质基本相似，常态下均为无色气体，不溶于水，溶于有机溶剂，易燃、易爆。1-丁烯有微弱芳香气味，异丁烯有不愉快的臭味。

1-丁烯主要用于制造丁二烯，其次用于制造甲基酮、乙基酮、仲丁醇、环氧丁烷及丁烯聚合物和共聚物。异丁烯主要用于制造丁基橡胶、聚异丁烯橡胶和各种塑料。

习　题

1. 用系统命名法命名下列化合物。

　　a. $(CH_3CH_2)_2C=CH_2$　　　　　b. $CH_3CH_2CH_2\underset{\substack{\|\\CH_2}}{C}CH_2(CH_2)_2CH_3$

　　c. $CH_3\underset{\substack{|\\CH_3}}{C}=CHCH\underset{\substack{|\\CH_3}}{C}H_2CH_3$　　　　d. $(CH_3)_2CHCH_2CH=C(CH_3)_2$

2. 写出分子式为 C_5H_{10} 的烯烃的各种同分异构体的结构式，如有顺反异构，写出它们的构型式，并用系统命名法命名。

3. 用(Z)、(E)确定下列烯烃的构型。

a. $\underset{\substack{H}}{\overset{\substack{H_3C}}{}}C=C\underset{\substack{CH_3}}{\overset{\substack{CH_2Cl}}{}}$　　b. $\underset{\substack{H_3CH_2C}}{\overset{\substack{(CH_3)_3C}}{}}C=C\underset{\substack{CH_3}}{\overset{\substack{H}}{}}$　　c. $\underset{\substack{H}}{\overset{\substack{H_3C}}{}}C=C\underset{\substack{CH_2CH_2CH_2CH_3}}{\overset{\substack{CH_2CH_2F}}{}}$

4. 用简单的化学方法鉴别异丁烷和异丁烯。

5. 有两种互为同分异构体的丁烯，它们与溴化氢加成得到同一种溴代丁烷，写出这两个丁烯的结构式。

6. 将下列碳正离子按稳定性由小到大排列。

$$(CH_3)_3CCH_2\overset{+}{C}H_2, \quad (CH_3)_2\overset{+}{C}CH(CH_3)_2, \quad (CH_3)_3C\overset{+}{C}HCH_3$$

7. 完成下列反应式，写出产物或所需的试剂。

a. $CH_3CH_2CH{=\!\!=}CH_2 \xrightarrow{H_2SO_4}$

b. $(CH_3)_2C{=\!\!=}CHCH_3 \xrightarrow{HBr}$

c. $CH_3CH_2CH{=\!\!=}CH_2 \longrightarrow CH_3CH_2CH_2CH_2OH$

d. $CH_3CH_2CH{=\!\!=}CH_2 \longrightarrow CH_3CH_2\underset{\underset{\displaystyle OH}{|}}{C}HCH_3$

e. $(CH_3)_2C{=\!\!=}CHCH_2CH_3 \xrightarrow[\text{②Zn 粉，}H_2O]{\text{①}O_3}$

f. $CH_2{=\!\!=}CHCH_2OH \longrightarrow ClCH_2\underset{\underset{\displaystyle OH}{|}}{C}HCH_2OH$

8. 写出下列反应的转化过程。

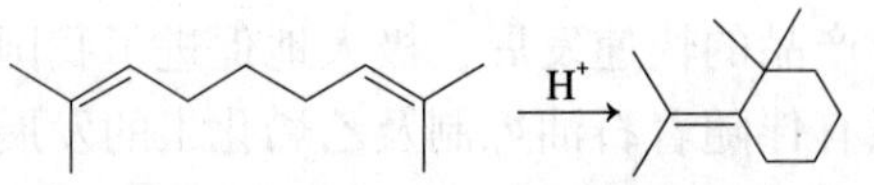

9. 分子式为 C_5H_{10} 的化合物 A，与 1 分子氢作用，得到 C_5H_{12} 的化合物。A 在酸性溶液中与高锰酸钾作用得到一个含有 4 个碳原子的羧酸。A 经臭氧化并还原水解，得到两种不同的醛。推测 A 的可能结构，用反应式加简要的说明表示推断过程。

10. 由指定原料合成下列化合物。

(1) $CH_3CHBrCH_3 \longrightarrow CH_3CH_2CH_2Br$

(2) $CH_3CH_2CH_2OH \longrightarrow CH_3CHBrCH_2Br$

(3) $CH_3\underset{\underset{\displaystyle CH_3}{|}}{C}{=\!\!=}CH_2 \longrightarrow CH_3\underset{\underset{\displaystyle CH_3}{|}}{C}HCH_2OH$ 或 $CH_3\underset{\underset{\displaystyle OH}{|}}{\overset{\overset{\displaystyle CH_3}{|}}{C}}CH_3$

(4)

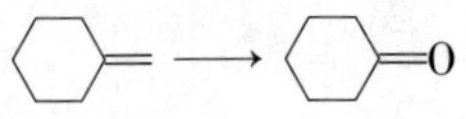

第五章 炔烃和二烯烃

炔烃是指分子中含有C≡C的不饱和烃；二烯烃是指分子中含有两个 C＝C 的不饱和烃，它们的通式都是 C_nH_{2n-2}。虽然，含碳原子数目相同的炔烃和二烯烃是同分异构体，但它们却是两类不同的链烃。

5.1 炔烃的结构、异构和命名

5.1.1 炔烃的结构

乙炔是最简单的炔烃，分子式是 C_2H_2，构造式为 H—C≡C—H，分子中含有一个C≡C，现代物理方法测得它的键长和键角为：

$$\underset{106pm}{H}—\overset{180°}{C}≡\underset{120pm}{C}—H$$

H—C—C 键角为 180°，说明乙炔分子中所有的原子都在一条直线上，C≡C的键长为 120pm，比 C＝C 的键长短，说明乙炔分子中两个碳原子比乙烯更靠拢了，原子核对电子的吸引力增强了。

杂化轨道理论根据已知的实验事实，提出乙炔分子中 C 原子采取了 sp 杂化，即碳原子外层的四个价电子以一个 s 轨道与一个 p 轨道杂化，形成两个等同的 sp 杂化轨道：

$$2s \xrightarrow{\text{激发}} 2p_x\ 2p_y\ 2p_z \xrightarrow{\text{杂化}} sp \quad p$$

两个 sp 杂化轨道的对称轴在一条直线上。两个碳原子，各以一个 sp 杂化轨道结合形成 C—C σ 键，另一个 sp 杂化轨道各与氢原子结合形成 C—H σ 键，所以乙炔分子中的碳原子和氢原子都在一条直线上，即键角为 180°。每个碳原子上还剩下的两个未杂化的 p 轨道，它们的对称轴互相垂直，分别与另一个碳的 p 轨道侧面重叠，形成两个互相垂直的 π 键，如图 5-1(a)所示。两个 π 键和 sp 杂化轨道的轴在空间相当于三个垂直坐标，这样两个 π 键的电子云并不是四个分开的球形，而是上、下、左、右对称分布在 C—C σ 键周围，呈圆筒状，如图 5-1(b)所示。所以 C≡C 是由一个 σ 键和两个互相垂直的 π 键组成。

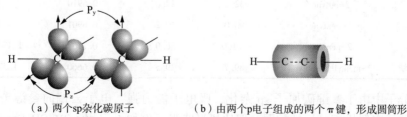

（a）两个sp杂化碳原子　　　　（b）由两个p电子组成的两个π键，形成圆筒形

图 5-1　乙炔分子形成示意图

在环炔烃中由于 C—C≡C—C 成直线，只有较大环才允许它在一直线上，所以小环炔烃很难存在，现在合成的最小环炔为环辛炔。

5.1.2　炔烃的命名和异构

炔烃的普通命名是把乙炔作为母体，其他炔烃看作乙炔衍生物来命名。例如：

$$(CH_3)_3CC≡CH \qquad (CH_3)_3CC≡CC(CH_3)_3$$

叔丁基乙炔 　　　　　　 二叔丁基乙炔

炔烃的系统命名原则与烯烃相似，选择含C≡C的最长碳链作为主链，从离C≡C最近的一端开始编号，确定取代基和C≡的位置，将C≡的位置标在炔名之前。例如：

$$\overset{1}{C}H_3—\overset{2}{C}≡\overset{3}{C}—\overset{4}{C}H—\overset{5}{C}H_2—\overset{6}{C}H_3$$
$$\underset{CH_3}{|}$$

4-甲基-2-己炔

4-methyl-2-hexyne

炔烃去掉一个 H 原子剩下基团叫炔基。例如：

$$CH≡C— \qquad CH≡C—CH_2—$$

乙炔基 　　　　　　 2-丙炔基

乙炔和丙炔没有同分异构体，四个碳以上的炔烃，同分异构主要由碳架异构和C≡C位置异构引起，没有顺反异构，比烯烃简单。

5.2　炔烃的性质和制备

5.2.1　炔烃的物理性质

炔烃的沸点和相对密度等都比相应的烯烃略高，也随相对相对分子质量的增加而递升。在常温下，四个碳以下的炔烃为气体，从五个碳原子开始为液体，高级炔烃为固体。炔烃比水轻，不溶于水，而易溶于石油醚、苯、醚、丙酮等有机溶剂。表 5-1 列出了一些炔烃的物理常数。

表 5-1　一些炔烃的物理常数

中文名	英文名称	熔点/℃	沸点/℃	相对密度(d_4^{20})	折射率
乙炔	ethyne, acetylene	−81.0(升华)	−80.8	0.6208(−82℃)	
丙炔	propyne	−101.5	−23.2	0.7062(−50℃)	1.3746(−23.3℃)
1-丁炔	1-butyne	−125.7	8.1	0.6784(0℃)	
2-丁炔	2-butyne	−32.2	27.0	0.6910	1.3939
1-戊炔	1-pentyne	−90.0	40.2	0.6901	1.3860
2-戊炔	2-pentyne	−101.0	56.0	0.7107	1.4045(17.2℃)
3-甲基-1-丁炔	3-methyl-1-butyne	−89.7	29.5	0.6660	1.3785(19℃)

在炔烃分子中由于叁键碳原子 sp 杂化，吸电子能力强，电子云偏向叁键碳原子一边，与烯烃一样分子有偶极矩，极性较弱，但比烯烃略强。例如 1-丁炔($CH_3CH_2C≡CH$)偶极矩

$\mu = 2.67 \times 10^{-30} C \cdot m$。不过，对称的二取代乙炔偶极矩为零，例如 2-丁炔（$CH_3C \equiv CCH_3$）$\mu = 0$。

5.2.2 炔烃的化学性质

炔烃含有 $C \equiv C$ 不饱和键，可以进行与烯烃相似的一些反应。例如，可以与氢、卤素、卤化氢、水等进行加成，$C \equiv C$ 也可被氧化断裂生成羧酸。但叁键毕竟不同于双键，它的加成可分步进行，控制条件，可以得到与一分子试剂的加成产物，即烯烃或烯烃的衍生物；也可与两分子试剂加成，得到烷烃或其衍生物。另外，它还有一些特殊性质——弱酸性，可以生成金属炔化物。

1. 催化氢化

一般炔烃用钯、铂等催化氢化时，总是得到烷烃，而很难得到烯烃。

$$H-C \equiv C-H \xrightarrow{\underset{Pt}{H_2}} CH_2=CH_2 \xrightarrow{\underset{Pt}{H_2}} CH_3-CH_3$$

但用特殊催化剂，如 Lindlar Pd 催化剂可以得到烯烃，且得到的烯烃是顺式烯烃。Lindlar Pd 催化剂是用乙酸铅及喹啉处理过的金属钯，乙酸铅和喹啉的作用是使钯中毒，导致催化活性降低。例如：

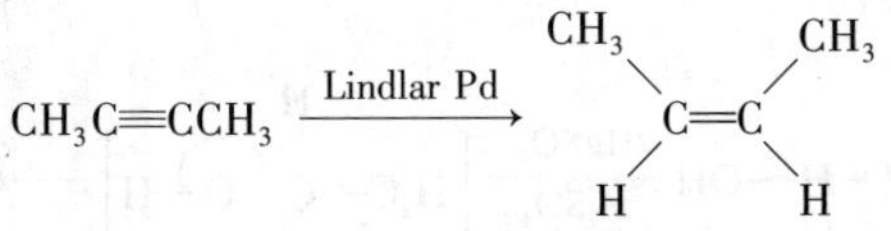

炔烃在液氨溶液中，用碱金属 Li、Na、K 等还原，则生成反式烯烃。例如：

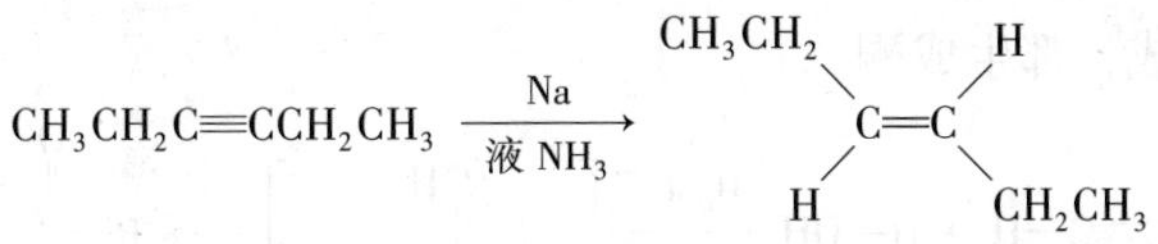

2. 与卤素加成

炔烃与卤素加成反应的机理，与烯烃类似也是亲电加成，也是经过环状的锇离子，得到反式加成产物。例如，炔烃与溴加成：

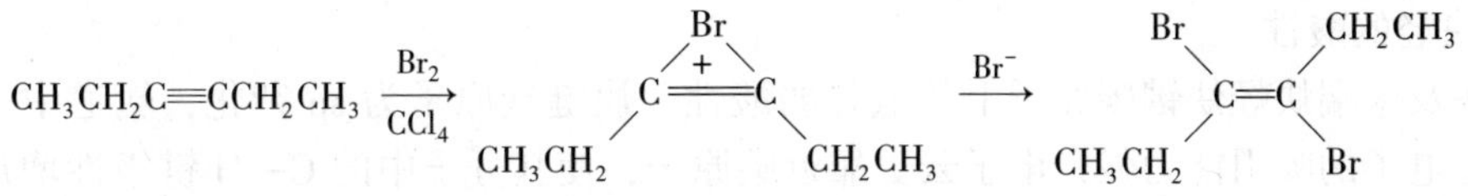

控制反应条件可使反应停留在第一步，得反式加成产物，也可以继续和溴反应得到四溴代烷。

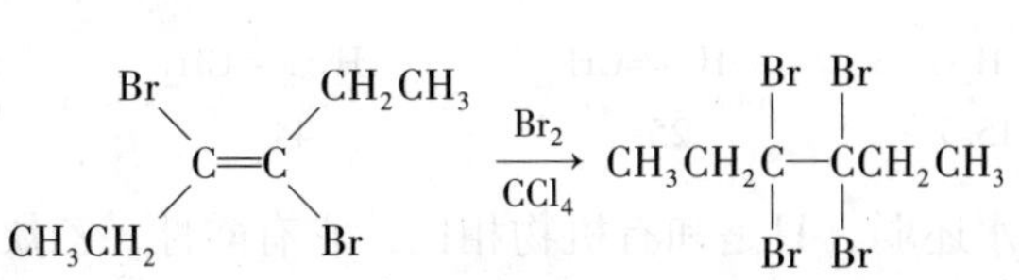

炔烃的亲电加成比烯烃难，主要是因为炔烃中的叁键碳原子为 sp 杂化，sp 杂化轨道 s 成分含量较高，电子离核比较近，不易给出电子，因此不像烯烃那样易受亲电试剂的进攻。例如，在同时含有双键和叁键的烯炔中进行加溴，首先溴是加到双键上的：

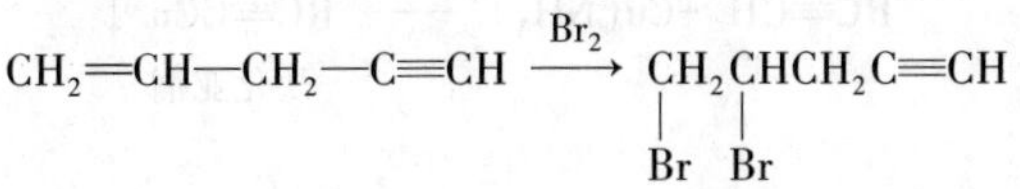

炔烃与氯加成，与溴类似，这里不再赘述。

3. 与卤化氢加成

炔烃可以与一分子或两分子卤化氢加成，分别得到卤代烯烃或卤代烷，如果是不对称炔烃与卤化氢加成，同样遵循马氏规则。例如：

$$CH_3C{\equiv}CH \xrightarrow[\text{HgCl}_2]{\text{HCl}} CH_3\underset{\underset{Cl}{|}}{C}{=}CH_2 \xrightarrow{\text{HCl}} CH_3\underset{\underset{Cl}{|}}{\overset{\overset{Cl}{|}}{C}}CH_3$$

此反应也可以控制在加一分子卤化氢的阶段，它是制备卤代烯烃的一种方法。若叁键在碳链中间，生成的加成产物中氢与卤原子在双键的两侧，即反式加成产物。例如：

$$CH_3C{\equiv}CCH_3 \xrightarrow[\text{HgCl}_2]{\text{HCl}} \underset{Cl}{\overset{H_3C}{>}}C{=}C\underset{CH_3}{\overset{H}{<}} \xrightarrow{\text{HCl}} CH_3\underset{\underset{Cl}{|}}{\overset{\overset{Cl}{|}}{C}}CH_2CH_3$$

4. 与水加成

在硫酸及硫酸汞的催化下，炔烃能与水加成。乙炔与水加成生成的乙烯醇很不稳定，立即异构化为乙醛。

$$H{-}C{\equiv}C{-}H + H{-}OH \xrightarrow[\text{H}_2\text{SO}_4]{\text{HgSO}_4} \left[H_2C{=}\overset{\overset{H}{|}}{C}{-}O{-}H \right] \longrightarrow CH_3{-}\overset{\overset{H}{|}}{C}{=}O$$

乙烯醇　　　　　　　乙醛

其他炔烃与水加成，都生成酮。

$$R{-}C{\equiv}C{-}H + H{-}OH \xrightarrow[\text{H}_2\text{SO}_4]{\text{HgSO}_4} \left[R{-}\overset{\overset{OH}{|}}{C}{=}CH_2 \right] \longrightarrow R{-}\overset{\overset{O}{\|}}{C}{-}CH_3$$

炔烃与水加成是 Kucherov（库切洛夫）1881 年发现的，所以炔烃水合又称为 Kucherov 反应。

5. 炔烃的酸性

乙炔及末端炔烃炔键碳原子上的氢显弱酸性。炔键碳原子为 sp 杂化，轨道中 s 成分较大，核对电子的吸引能力强，电子云更靠近碳原子，使其分子中的 C—H 键极性增加，H 更容易电离，因此相对于烷烃和烯烃而言，炔键碳原子上的氢有酸性。乙烷、乙烯、乙炔的 pK_a 数值如下：

	H_2O	$HC{\equiv}CH$	$H_2C{=}CH_2$	CH_3CH_3
pK_a	15.7	25	44	50

可见乙炔的酸性比水还弱，只是和有机物相比，它有酸性。乙炔和末端炔烃的酸性，使它们在氨溶液中能被银离子、亚铜离子取代，生成金属炔化物。

$$CH{\equiv}CH + 2Ag(NH_3)_2^+ \longrightarrow AgC{\equiv}CAg \downarrow$$

炔化银

$$RC{\equiv}CH + Cu(NH_3)_2^+ \longrightarrow RC{\equiv}CCu \downarrow$$

炔化亚铜

54

炔化银为灰白色沉淀，炔化亚铜为红棕色沉淀。通过这两个反应可以鉴别乙炔和末端炔烃，如果叁键在碳链的中间，这类反应不能发生。金属炔化物在干燥状态受热或撞击时，易发生爆炸，实验完毕后需加稀硝酸或浓盐酸使其分解，防止危险发生。

乙炔及末端炔烃在液氨溶液中，与氨基钠也可以发生反应，生成炔化钠：

$$RC{\equiv}CH \xrightarrow[\text{NH}_3]{\text{NaNH}_2} RC{\equiv}CNa$$

炔化钠是有机合成中重要的活性中间体，它可以合成长碳链的炔烃同系物。

5.2.3　炔烃的制备

制备炔烃主要有两种方法：二卤代烷脱卤化氢和炔烃烷基化。

1. 二卤代烷脱卤化氢

胞二卤代烷和邻二卤代烷在强碱氨基钠作用下，脱去两分子卤化氢得到炔烃。例如：

$$CH_3CH_2CH_2CHCl_2 \xrightarrow[\triangle]{\text{NaNH}_2} \xrightarrow{\text{H}_2\text{O}} CH_3CH_2C{\equiv}CH$$

$$CH_3CH_2\underset{\underset{\displaystyle Br}{|}}{CH}CH_2Br \xrightarrow[\triangle]{\text{NaNH}_2} \xrightarrow{\text{H}_2\text{O}} CH_3CH_2C{\equiv}CH$$

2. 炔烃烷基化

金属炔化物（炔化钠、炔化锂）和卤代烷反应可以得到长碳链的炔烃。例如：

$$CH_3C{\equiv}CH \xrightarrow{\text{NaNH}_2} CH_3C{\equiv}CNa \xrightarrow{\text{CH}_3\text{CH}_2\text{Br}} CH_3C{\equiv}CCH_2CH_3$$

5.3　乙　炔

乙炔俗称电石气，纯乙炔为无色、无味、易燃、有毒的气体，但工业用乙炔由于含有硫化氢、磷化氢等杂质而有特殊的臭味。乙炔沸点$-80.8℃$，相对密度$0.6208(-82℃)$，折射率$1.0005(0℃)$，在空气中爆炸极限为$2.3\% \sim 72.3\%$。

乙炔在液态和固态下或在气态和一定压力下有猛烈爆炸的危险，受热、震动、电火花等因素都可以引发爆炸，因此不能在加压液化后储存或运输。乙炔微溶于水，在丙酮中的溶解度较大，常压下1体积丙酮能溶解20体积的乙炔，在1.2MPa下则能溶解300体积乙炔。因此工业上采取在装满石棉等多孔物质的钢瓶中，用多孔物质吸收丙酮后将乙炔压入，以便储存和运输。

5.3.1　乙炔的制备方法

工业上制备乙炔的方法主要有两种：一种是烃类裂解，例如在烷烃章节中介绍的甲烷裂解可以得到乙炔；另一种是电石法，电石（CaC_2，俗称电石）与水反应生成乙炔：

$$CaC_2 + 2H_2O \longrightarrow HC{\equiv}CH + Ca(OH)_2$$

电石是由焦炭和氧化钙在电炉中高温作用得到：

$$3C + CaO \xrightarrow{2500℃} CaC_2 + CO$$

另外，乙烯脱氢也可以得到乙炔。

5.3.2 乙炔的特殊性质

乙炔燃烧时火焰的温度很高，氧炔焰的温度可达 3000℃，广泛用来焊接和切割金属。

乙炔不稳定，在常温下也能慢慢分解变成碳和氢：

$$HC\equiv CH \longrightarrow 2C+H_2$$

乙炔在不同条件下，能发生不同的聚合作用，分别生成乙烯基乙炔或二乙烯基乙炔：

$$2HC\equiv CH \xrightarrow[H^+]{CuCl-NH_4Cl} H_2C\equiv CH-C\equiv CH$$

$$3HC\equiv CH \xrightarrow{500℃} H_2C\equiv CH-C\equiv C-CH\equiv CH_2$$

乙烯基乙炔与氯化氢加成可以得到制备氯丁橡胶的原料——2-氯-1,3-丁二烯。

乙炔在 400~500℃高温下，可以发生聚合生成苯；以氰化镍为催化剂，在 50℃和 1.2~2MPa 下，可以生成环辛四烯。

乙炔在氯化亚铜及氯化铵的催化下，可与氢氰酸加成生成丙烯腈，含有—CN(氰基)的化合物叫做腈，丙烯腈是合成纤维腈纶的单体。

$$HC\equiv CH+HCN \xrightarrow[NH_4Cl]{CuCl} H_2C\equiv CHCN$$

丙烯腈

乙炔还可与氯化氢、乙酸等加成，生成生产高聚物的基本原料，它是有机合成的重要原料之一。

5.4 二烯烃

5.4.1 二烯烃的分类、命名和异构

根据二烯烃分子中两个 C═C 的相对位置不同，可以把二烯烃分为三类：①两个 C═C 连在同一个碳原子上，称为累积双烯，如丙二烯；②两个 C═C 被一个单键隔开的二烯烃，称为共轭二烯或共轭双烯，如 1,3-丁二烯；③两个 C═C 被两个或两个以上单键隔开的二烯烃，称为隔离双烯(或孤立二烯)，如 2-甲基-1,4-戊二烯。

二烯烃的命名与烯烃相似，只是在"烯"字前加一"二"字，并分别注明两个双键的位次。例如：

$$CH_2\!\!=\!\!C\!\!=\!\!CH_2 \qquad CH_2\!\!=\!\!CH\!\!-\!\!CH\!\!=\!\!CH_2 \qquad CH_2\!\!=\!\!CH\!\!-\!\!CH_2\!\!-\!\!\underset{\underset{CH_3}{|}}{C}\!\!=\!\!CH_2$$

丙二烯   1,3-丁二烯   2-甲基-1,4-戊二烯

propadiene, allene   1,3-butadiene   2-methyl-1,4-pentadiene

二烯烃的通式与含一个 C≡C 的炔烃相同，所以含碳原子数相同的二烯烃与炔烃互为同分异构体，这种异构体间的区别在于所含的官能团不同，称为官能团异构，也属于构造异构。

共轭二烯是最重要的二烯烃，1,3-丁二烯是共轭二烯的典型代表。

5.4.2 1,3-丁二烯的结构

现代物理方法测定了1,3-丁二烯分子的键长和键角,所有键角都接近120°,C═C的键长133pm,与乙烯C═C的键长接近,C—C的键长148pm,比乙烷C—C的键长短。

$$CH_2 ═ CH — CH ═ CH_2$$

133pm   148pm

由此可见,1,3-丁二烯分子中C_2和C_3之间的单键键长变短,也就是说1,3-丁二烯分子中碳碳之间的键长趋于平均化,键长平均化是共轭二烯烃的共性。

杂化轨道理论认为,1,3-丁二烯分子中四个C原子都是sp^2杂化的,分别与C、H原子形成σ键(每个碳原子有3个σ键),由于sp^2杂化轨道是平面分布的,所以分子中所有的原子都处于同一平面上,每个碳原子各剩下一个p轨道,这几个p轨道都垂直于sp^2杂化轨道,且对称轴互相平行,侧面互相重叠,其结果不但使$C_1—C_2$和$C_3—C_4$之间发生交盖生成双键,而且$C_2—C_3$之间也发生交盖,只是C_1与C_2、C_3与C_4之间π键比C_2与C_3之间π键要强一些,也就是说1,3-丁二烯四个碳原子形成了一个大π键,记作π_4^4,如图5-2所示。这样四个p电子不只在C_1与C_2、C_3与C_4间运动,而且在四个碳原子间运动,这种现象称为电子的离域。相对而言,单烯烃中p电子只围绕形成π键的两个原子运动,是定域的。共轭二烯分子中由于电子的离域作用使体系的能量降低,单键与双键的键长有平均化的倾向,即单、双键键长的差别缩小。

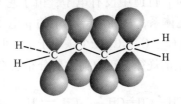

图5-2 1,3-丁二烯分子中p轨道重叠示意图

在不饱和化合物中,如果与C═C相邻的原子上有p轨道,则此p轨道便可与C═C形成一个包括两个以上原子核的π键,这种体系称为共轭体系。像1,3-丁二烯这样,由单双交替排列的共轭体系,称为π-π共轭体系。

1,3-丁二烯中间单键也可以自由旋转,产生不同的构象异构体,但它有两种稳定构象:s-顺式(两个双键在单键同侧)和s-反式(两个双键在单键两侧),"s"表示单键。这两种构象所有原子都在同一平面上,体系能量较低。

$H_2C \quad\quad CH_2$ $H_2C \quad\quad H$

C—C   C—C

$H \quad\quad H$ $H \quad\quad CH_2$

s-顺式   s-反式

这两种构象间的能量差不大,室温下分子热运动产生的能量就能使它们相互转化。

5.4.3 1,3-丁二烯的化学性质

1,3-丁二烯分子中有双键,它能发生烯烃所能发生的所有反应。例如,它能与氢、卤化氢、卤素等试剂加成,能被氧化,能进行聚合等,但由于其结构的特殊性,又有一些独特

的化学反应。例如，1,4-加成反应和 Diels-Alder(狄尔斯-阿德耳)反应。

1. 1,4-加成反应

孤立二烯与溴加成，先加一分子溴，再继续和溴加成，生成四溴化物，双键分别与溴发生作用，彼此间不产生影响。例如：

$$CH_2=CHCH_2CH=CH_2 \xrightarrow{Br_2} \underset{Br\ \ Br}{CH_2-CHCH_2CH=CH_2} \xrightarrow{Br_2} \underset{Br\ Br\ \ Br\ Br}{CH_2-CHCH_2CH-CH_2}$$

当1,3-丁二烯在与一分子溴加成时，如果按照上述方式进行加成，应该只得到1,2-加成产物，但实际得到的还有1,4-加成产物，而且1,4-加成产物通常为主要产物。1,2-加成是指两个溴原子加在烯烃的一个双键上；1,4-加成指两个溴原子加在共轭体系的两端，C_2—C_3 之间重新生成双键。1,4-加成中，共轭体系作为整体参加反应，所以又称为共轭加成。例如：

$$CH_2=CH-CH=CH_2+Br_2 \longrightarrow \underset{Br\qquad\quad Br}{CH_2-CH=CH-CH_2} + \underset{Br\ Br}{CH_2-CH-CH=CH_2}$$

1,4-加成产物　　　　　1,2-加成产物

反应的过程是 Br^+ 首先与一个碳碳双键上的一对电子 C_1(或 C_4)结合形成碳正离子：

$$\overset{1}{CH_2}=\overset{2}{CH}-\overset{3}{CH}=\overset{4}{CH_2}+Br^+ \longrightarrow \underset{Br}{CH_2-\overset{+}{CH}-CH=CH_2}$$

碳正离子为 sp^2 杂化，它的 p 轨道中没有电子，由于它与 C=C 相邻，空的 p 轨道与 C=C 上的 p 轨道可以形成共轭体系，从而 C=C 中的 p 电子可以按箭头所指的方向转移，其结果是 C_2 上的正电荷分散到 C_2、C_3、C_4 三个碳原子上，但并非均匀分布。按照物理学上正、负电荷交替分布体系最稳定的规律，正电荷主要分布在 C_2 及 C_4 上，以 δ^+ 表示：

$$\left[\underset{Br}{CH_2-\overset{+}{CH}-CH=CH_2} \longrightarrow \underset{Br}{CH_2-\overset{\delta^+}{CH}=CH=\overset{\delta^+}{CH_2}}\right]$$

第二步 Br^- 便可以与 C_2 或 C_4 结合，形成1,2 或1,4-加成产物。共轭体系中这种特殊的电子效应，即分子的一端受到的影响能通过共轭链传递到另一端(不论此共轭体系有多长均能传递)的效应称为共轭效应。

共轭加成中，1,2-加成产物与1,4-加成产物的比例决定于共轭烯烃的结构与反应条件。一般低温有利于1,2-加成；高温有利于1,4-加成，例如1,3-丁二烯与溴化氢加成：

$$CH_2=CH-CH=CH_2 \xrightarrow[-80℃]{HBr} \underset{H\quad Br}{CH_2-CH-CH=CH_2} + \underset{H\qquad\quad Br}{CH_2-CH=CH-CH_2}$$

80%　　　　　　　　20%

$$CH_2=CH-CH=CH_2 \xrightarrow[40℃]{HBr} \underset{H\quad Br}{CH_2-CH-CH=CH_2} + \underset{H\qquad\quad Br}{CH_2-CH=CH-CH_2}$$

20%　　　　　　　　80%

2. Diels-Alder(狄尔斯-阿德耳)反应

1928 年 Diels D 和 Alder K 发现，1,3-丁二烯与马来酸酐在苯溶液中加热，定量生成环己烯衍生物：

（反应式图，苯，100℃，顺丁烯二酸酐与1,3-丁二烯加成）

Diels-Alder 反应条件温和，产率较高，是合成六元环很重要的方法。并且分子中还有一双键，可以引入其他基团，所以这类反应在合成上尤为重要，又称为双烯合成。因此 Diels 和 Alder 于 1950 年获得诺贝尔化学奖。

Diels-Alder 反应是共轭二烯的特征反应。在反应中含有共轭 C=C 的化合物统称为双烯体；与双烯体起环加成反应的烯烃称为亲双烯体。亲双烯体中双键碳原子上连有—CHO、—COOH、—CN 等吸电子的基团时，对反应特别有利。例如：

（反应式图，丁二烯 + CHO 烯醛，苯/100℃，生成环己烯甲醛）

反应是由 1,3-丁二烯及乙烯各用两个 π 电子，重新组合形成了两个新的 σ 键而成环，也相当于乙烯对 1,3-丁二烯进行了 1,4-加成反应，所以这类反应也叫做环化加成反应。此类反应非常容易进行，甚至不需要自由基引发剂，也不需要酸或碱的催化。反应还属于绿色反应，原子利用率(原子经济性)是 100%，即原料分子中的原子 100% 地转化成产物，不产生副产物或废物，实现废物的零排放。

实际上这个反应的重要之处还在于它的立体专一性，表现为该反应是顺式加成反应，加成产物仍然保持共轭二烯和亲双烯体原来的构型。例如：

（反应式图，丁二烯 + 顺式丁烯二酸二甲酯，△，生成顺式环己烯二甲酸二甲酯）

（反应式图，丁二烯 + 反式丁烯二酸二甲酯，△，生成反式环己烯二甲酸二甲酯）

5.4.4　p-π 共轭

共轭体系除了 π-π 共轭外，碳正离子空的 p 轨道与双键中的 π 键侧面重叠形成的共轭体系，如图 5-3 所示，称为 p-π 共轭体系。

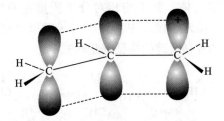

图 5-3　碳正离子与 π 键形成的 p-π 共轭体系

p-π 共轭体系不只限于烯丙基碳正离子，烯丙基自由基和与双键直接相连的原子带有未共用的孤电子对(如卤素)时，同样构成 p-π 共轭体系。例如：

$$CH_2\!\!=\!\!CH\!-\!CH_2^+ \qquad CH_2\!\!=\!\!CH\!-\!CH_2 \qquad CH_2\!\!=\!\!CH\!-\!Cl$$

烯丙基自由基由于电子的离域，体系能量降低，比较稳定而且较容易生成，所以烯烃的自由基卤代总是发生在 C═C 的 α-碳原子上，见烯烃 α-H 原子的反应。氯乙烯由于氯孤对电子与双键形成 p-π 共轭，使 C—Cl 之间的键加强，所以乙烯式卤代烃不活泼，见卤代烯烃的化学性质（第七章）。

另外，有机分子中还存在一种超共轭效应。例如，丙烯 $CH_2\!\!=\!\!CHCH_3$ 分子中，甲基中的 C—H σ 键由于单键可以自由旋转，与 π 键的两个 p 轨道可以发生瞬间重叠，电子瞬间离域，体系能量降低，这种效应发生在 σ 与 π 键之间，称为 σ-π 超共轭效应，如图 5-4 所示。由于 σ-π 超共轭效应的存在，烯烃分子双键碳上所连的甲基或烷基越多，烯烃越稳定。

其实，碳正离子中，碳原子上空的 p 轨道与相邻 C—H σ 键上的电子云也能发生部分瞬间重叠（C—C 单键自由旋转引起），电荷分散也能使碳正离子稳定性提高，称为 σ-p 超共轭效应，如图 5-5 所示。这也可以解释碳正离子稳定性：$R_3C^+ > R_2CH^+ > RCH_2^+ > CH_3^+$，甲基数目越多，σ-p 超共轭效应越多，电荷越分散，碳正离子也就越稳定。

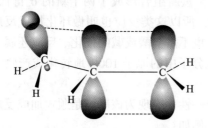
图 5-4　σ-π 超共轭效应

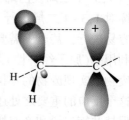
图 5-5　σ-p 超共轭效应

5.4.5　异戊二烯和橡胶

按系统命名法，异戊二烯应为 2-甲基-1,3-丁二烯，是一种共轭二烯，沸点 34℃，常温下为无色易挥发的液体，不溶于水，溶于苯，易溶于乙醇和乙醚。

$$CH_2\!\!=\!\!CH\!-\!\underset{\underset{CH_3}{|}}{C}\!\!=\!\!CH_2$$

异戊二烯

异戊二烯因含有共轭双键，化学性质活泼，易发生均聚和共聚反应，能与许多物质发生反应，生成新的化合物。异戊二烯是合成橡胶的重要单体，其用量占异戊二烯总产量的 95%。

天然橡胶是异戊二烯的聚合体，其平均相对分子质量在 60000～350000 之间，相当于 1000～5000 个异戊二烯单体。在天然橡胶中，异戊二烯间以头尾（靠近甲基的一端为头）相连，形成一个线型分子，而且所有双键的构型都是顺式的。

聚异戊二烯合成橡胶的结构与天然橡胶类似，故主要的物理机械性能接近天然橡胶，但二者在微观结构如分子结构、构型等方面存在着一定差异，致使在物理机械性能和化学性质上呈现明显的差别。例如，杜仲胶是异戊二烯的聚合体，但双键的构型都是反式的，它就不像天然橡胶那样有弹性。天然橡胶与杜仲胶用键线式表示如下：

天然橡胶

杜仲胶

由于橡胶制品广泛用于工农业生产、交通运输、国防和日常生活中，所以需求量极大。丁二烯来源丰富，因此研究发展合成橡胶主要用丁二烯作原料，例如顺丁橡胶、氯丁橡胶等，前者为1,3-丁二烯的聚合体，后者为2-氯-1,3-丁二烯的聚合体。但在性能方面，合成橡胶并不能完全取代天然橡胶，因此用异戊二烯合成"天然橡胶"也是一项重要的研究任务。目前使用特殊的催化剂，例如 $TiCl_4-AlR_3$（R 常为异丁基）组成的齐格勒-纳塔催化体系和丁基锂催化剂可以使异戊二烯按顺式聚合，成分达95%以上，其性能与天然橡胶极为接近。

习 题

1. 用系统命名法命名下列化合物或写出它们的结构。

    a. $CH_3CH(C_2H_5)C{\equiv}CCH_3$ b. $(CH_3)_3CC{\equiv}CC{\equiv}CC(CH_3)_3$

    c. 2-甲基-1,3,5-己三烯   d. 乙烯基乙炔

2. 写出分子式符合 C_5H_8 的所有开链烃的异构体并命名之。

3. 以适当炔烃为原料合成下列化合物。

    a. $CH_2{=}CH_2$ b. CH_3CH_3 c. CH_3CHO

    d. $CH_2{=}CHCl$ e. $(CH_3)_2CHBr$ f. $CH_3CBr{=}CHBr$

    g. $CH_3\underset{\underset{O}{\|}}{C}CH_3$ h. $CH_3\underset{\underset{Br}{|}}{C}{=}CH_2$ i. $CH_3C(Br)_2CH_3$

4. 用简单并有明显现象的化学方法鉴别下列各组化合物。

    a. 正庚烷   1,4-庚二烯   1-庚炔

    b. 1-己炔   2-己炔   2-甲基戊烷

5. 完成下列反应式：

    a. $CH_3CH_2CH_2C{\equiv}CH + HCl(过量)\xrightarrow{HgCl_2}$

    b. $CH_3CH_2C{\equiv}CCH_3 + KMnO_4 \xrightarrow[\triangle]{H^+}$

    c. $CH_3CH_2C{\equiv}CCH_3 + H_2O \xrightarrow[H_2SO_4]{HgSO_4}$

    d. $CH_2{=}CHCH{=}CH_2 + CH_2{=}CHCHO \longrightarrow$

6. 分子式为 C_6H_{10} 的化合物 A，经催化氢化得到 2-甲基戊烷。A 与硝酸银的氨溶液作用能生成灰白色的沉淀，A 在汞盐催化下能与水作用得到 $(CH_3)_2CHCH_2COCH_3$。推测 A 的结构式，并用反应式加简要说明表示推断过程。

7. 分子式为 C_6H_{10} 的化合物 A 和 B，均能使溴的四氯化碳溶液褪色，经催化氢化得到相同的产物正己烷。A 可与氯化亚铜的氨溶液作用生成红棕色的沉淀，而 B 不发生这种反应。B 经臭氧化后再还原水解，得到 CH_3CHO 和 $OHCCHO$（乙二醛），推测 A 和 B 可能的结构式，并用反应式加简要说明表示推断过程。

8. 写出 1,3-丁二烯和 1,4-戊二烯分别和 1mol HBr 或 2mol HBr 的加成产物。

第六章 对映异构

前面几章已经讨论过，分子中原子互相连接的方式和次序不同而产生的异构现象称为构造异构，构造异构主要包括：碳链异构、官能团异构、官能团位置异构和互变异构。有些化合物分子中原子互相连接的方式和次序相同，即构造相同，但由于原子在空间排列方式不同而呈现的异构现象称为立体异构。立体异构中我们已学过的有顺反异构、构象异构，除此之外，立体化学中还有一种重要的异构现象——对映异构。

这一章主要讨论立体异构中的对映异构。对映异构是指两个分子彼此互为实物和镜像的关系、不能重合的立体异构。由于对映异构体的旋光性能不同，又称为旋光异构或光学异构。很多天然产物(如糖类、药物等)和合成的有机化合物都有对映异构现象，目前它已是立体化学中的一个重要研究领域。旋光性是识别对映异构体的重要方法，所以在讨论对映异构以前，对平面偏振光、旋光性等基本概念进行简单介绍。

6.1 物质的旋光性

6.1.1 平面偏振光

光是一种电磁波，它的振动方向与它的前进方向是垂直的。如果是一束自然光(普通光)，在垂直于它的前进方向的任何平面上都可能振动，即它的振动平面有无数个，如图6-1所示。

如果把这束自然光通过一个尼可尔棱镜，只允许它在一个平面内(和棱镜的轴平行的平面)振动的光通过，其他方向上振动的光滤去，结果通过尼可尔棱镜的光就只在一个平面上振动。这种只在一个平面内振动的光称为平面偏振光，简称偏振光或偏光，如图6-2所示。

图6-1 普通光的振动平面　　　　　图6-2 平面偏振光的振动平面

6.1.2 旋光物质和比旋光度

把通过尼可尔棱镜所产生的偏光通过一些物质，如水和酒精，偏光仍维持原来的方向。可以用另一个平行于第一个尼可尔棱镜的棱镜进行检测，通过第一个棱镜后的偏光，仍能通过第二个与其平行的棱镜，且光的亮度没有改变。但偏光通过乳酸、葡萄糖等某些溶液时偏光振动平面发生了变化，第二个棱镜需要旋转一定角度 α 后，才能通过。这种能使偏光振动平面旋转的物质称为旋光物质或光学活性物质。乳酸、葡萄糖是旋光物质；水和酒精是非旋光物质。

旋光物质使偏光振动平面旋转的角度 α 称为旋光度。实验室测定物质旋光度的仪器是旋光仪。旋光仪主要由六部分组成：光源（A）；起偏棱镜（B）；盛液管（C）；检偏棱镜（D）；回转刻度盘（E，看转过多少角度）；目镜（F），如图 6-3 所示。

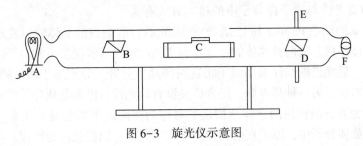

图 6-3　旋光仪示意图

旋光仪工作原理：光源发出一定波长的光，通过一个起偏棱镜后变成偏光，偏光通过盛样品的盛液管，偏光振动平面旋转了一定角度 α，这时必须把第二个棱镜——检偏棱镜转过同样角度，偏光才能通过，这个旋转角度通过回转刻度盘读数表示出来，由观察者从目镜读出。

用旋光仪测定的旋光度 α 的大小，与旋光物质的浓度、盛液管的长度、温度及所用光的波长等因素都有关，要比较物质的旋光性就需要规定一定的条件，通常用比旋光度来表示。比旋光度规定为：每毫升含有 1g 旋光物质的溶液，放在 10cm 长的盛液管中测得的旋光度。但实际测量时用的溶液较稀，通过公式计算得到比旋光度，表示为：

$$[\alpha]_{\lambda}^{t} = \frac{\alpha}{\rho \times l}$$

式中，α 是旋光仪测得的旋光度；λ 是所用光源的波长（多用钠光，波长 589.3nm，通常用 D 表示）；t 是测定时的温度；ρ 是溶液的质量浓度，$g \cdot mL^{-1}$；l 是盛液管的长度，dm（1dm = 10cm）。

比旋光度像熔点、沸点、相对密度一样，是旋光物质特有的物理常数。

有的旋光物质能使偏光的振动平面顺时针旋转（或向右旋），称为右旋体，用"+"表示；而有的能使偏光的振动平面逆时针旋转（或向左旋），则称为左旋体，用"－"表示。因此标明旋光度或比旋光度必须要标明左旋或右旋。例如，肌肉乳酸的比旋光度为：

$$[\alpha]_{D}^{20} = +3.8°$$

发酵乳酸的比旋光度为：

$$[\alpha]_{D}^{20} = -3.8°$$

这表明在 20℃时，用钠光作光源，肌肉乳酸的比旋光度为+3.8°；发酵乳酸的比旋光度为-3.8°。

值得注意的是：旋光仪不能分辨出是右旋 α，还是左旋 360°-α。例如，旋光仪分辨不出+30°还是-330°，只要将溶液稀释一倍再进行测定，即可得知是左旋还是右旋。

6.2　分子的手性和对称性

6.2.1　对映异构和手性

1812 年，法国物理学家 Blot J B 发现石英晶体有两种形式，一种能使偏光向右旋转，另一种则使偏光向左旋转。当时认为旋光性是由晶体结构引起的，后来又发现天然有机化合物如樟脑、酒石酸、肌肉乳酸等的溶液也有旋光性，这说明旋光性不但与晶体结构有关，而且与分子结构有关。Blot 在当时，已经认识到晶体的旋光性与质点在晶体中的排列方式有关，而有机化合物的旋光性与原子在分子中的排列方式有关。

1848 年，Blot 的助手 Pasteur L(巴斯登)在研究酒石酸钠铵的晶体时，发现酒石酸钠铵是由两种不同的晶体组成。这两种晶体的关系互为实物和镜像或者说左手和右手的关系，非常相似，但不能重合。后来巴斯登仔细用镊子将这两种晶体分开，分别溶于水，测它们的旋光度，发现一种溶液是右旋，另一种是左旋，混合后又没有旋光性。巴斯登从分子外形联想到化合物的立体结构，认为酒石酸钠铵的立体结构是非对称的，即缺少某些对称元素。当时他明确指出，左旋体和右旋体分子中，原子在空间排列方式不同，它们彼此互为镜像，不能重叠，是对映异构现象产生的根本原因。巴斯登的观点，为对映异构现象的发现奠定了理论基础。

一个化合物分子与其镜像不能重叠，必然存在着一个与其镜像相应的化合物，这两个化合物之间的关系，相当于人的左手和右手，即互相对映，不能重叠，这种异构体称为对映异构体，简称对映体。对映体必然一个是左旋，一个是右旋，旋光性是识别对映体的重要手段。

按照对映异构体的概念，可知化合物根据对称性分成两类：手性和非手性的。手性是指实物和镜像不能重叠的一种性质，类似左手和右手，虽然很像，但不能重叠，反之是非手性的。

具有手的性质的分子称为手性分子。手性分子的特征：实物和镜像不能重叠，手性分子有旋光性。非手性分子是指不分左右，实物和镜像能够重叠。非手性分子化合物在液态和溶液中没有旋光性。例如：2-丁醇在空间存在两种结构，呈实物和镜像的关系：

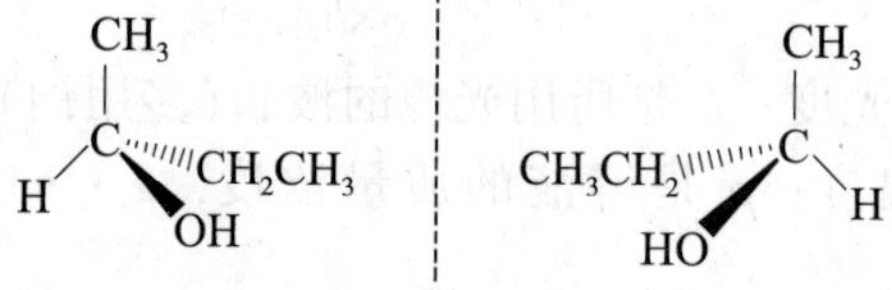

简单点说，这种具有手性、实物和镜像不能重叠而引起的异构就是对映异构。实物和镜像是一对对映体。

6.2.2 分子的对称性

判断一个分子是否具有手性，就是看其实物和镜像是否能够重叠。从分子的内部结构来说，要看分子本身的对称性，是不是缺对称元素。因此判断分子有无手性，必须先了解分子的一些对称元素：对称面和对称中心。

1. 对称面(σ)

定义：如果有一个平面能把分子分成两部分，一部分正好是另一部分的镜像，这个平面就是这个分子的对称面。例如，二氯甲烷有两个对称面：H—C—H 所在的平面和 Cl—C—Cl 所在的平面：

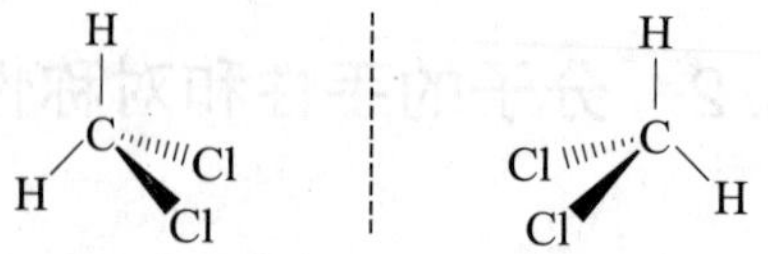

可看出镜像沿 H—C—H 平面旋转 180°，能与其实物重叠，二氯甲烷分子没有手性，没有旋光性。

64

再例如，反-1，2-二氯乙烯：

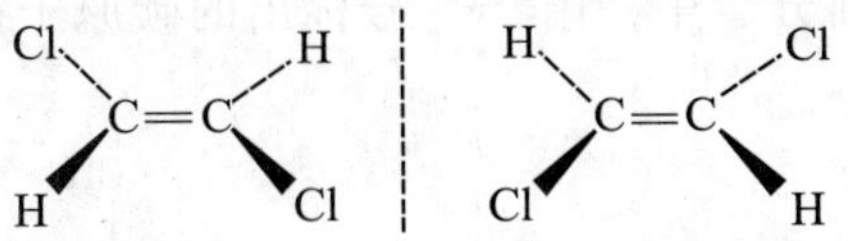

它是平面型分子，它本身所在的平面就是分子的对称面，实物和镜像能重叠，没有手性，没有旋光性。

这两个分子都有对称面，实物和镜像都能重叠，没有手性，其他很多有对称面的分子也是如此。因此得出结论：有对称面的分子没有手性，没有对映异构体，也没有旋光性。

2. 对称中心(i)

定义：如果分子中有一点 P，通过这个点画任何一条直线，在直线两端等距离的地方有相同的原子或原子团，则这个点 P 就称为该分子的对称中心，用 i 来表示，一个分子只可能有一个对称中心。

例如：环丁烷有对称中心，实物和镜像能重叠，没有手性。

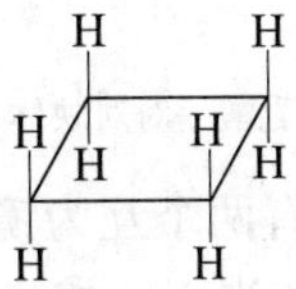

再例如：

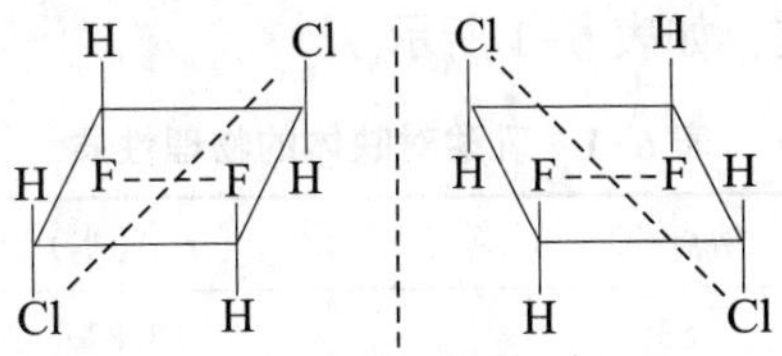

这两个分子也都有对称中心，实物和镜像能重叠，没有手性。因此得出结论：凡是有对称中心的分子，实物和镜像能重叠，分子没有手性，没有对映异构体，没有旋光性。

综上所述，物质分子结构中若既没有对称面又没有对称中心，那么这个分子有手性，有对映异构体，有旋光性；若分子中有对称面或者有对称中心，则这个分子无手性。

6.3　含一个手性碳原子的化合物

6.3.1　手性碳原子

1874 年，随着碳原子四面体学说的提出，荷兰化学家 van't Hoff 提出：如果一个碳原子连有四个不同基团，那么这四个基团在空间有两种不同排列方式，这两种不同排列方式像人的左手和右手，互为镜像，不能重叠，例如：

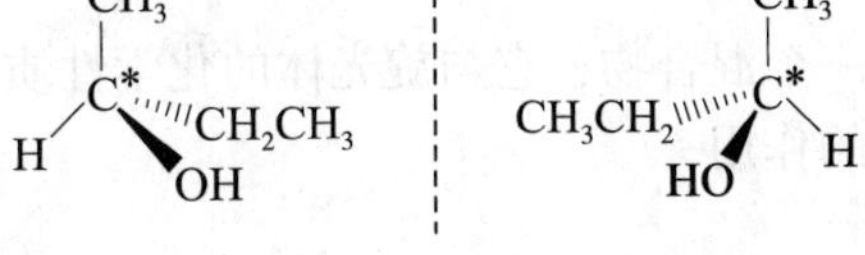

van't Hoff 把与四个互不相同的原子或基团相连的碳原子称为手性碳原子或不对称碳原子，用 C* 表示。例如，下面分子中，用"*"号标出的碳原子都是和四个不同的基团相连的，是手性碳原子。

$$CH_3-\overset{*}{CH}-COOH \qquad\qquad CH_3-\overset{*}{CH}-\underset{OH}{CH}-CH_3$$
$$\quad\ \ OH \qquad\qquad\qquad\qquad\qquad \overset{CH_3}{|}$$

6.3.2 对映体和外消旋体的性质

乳酸分子(2-羟基丙酸)第二个碳有四个不同基团，在空间有两种排列方式，呈实物和镜像的关系，有一对对映体：

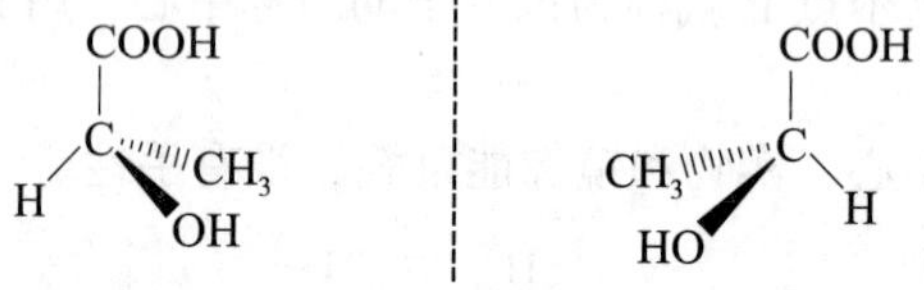

乳酸一对对映体

凡含有一个手性碳原子的化合物，有两个互为镜像的对映体，其中一个左旋体，一个右旋体。对映体的构造相同，物理性质(如沸点、熔点、密度、折射率)都完全相同，差别就是比旋光度方向不同。也就是说对映体非常相似，除了偏光方向不同外，有完全相同的物理性质。乳酸对映体的物理性质，如表 6-1 所示。

表 6-1　乳酸对映体的物理性质

化合物	熔点/℃	$[\alpha]_D^{20}(水)$	$pK_a(25℃)$
(+)-乳酸	53	+3.82	3.97
(-)-乳酸	53	-3.82	3.97

那么化学性质呢？如果反应不涉及手性，化学性质完全相同，如果涉及手性条件(如在手性试剂、手性溶剂、手性催化剂存在下)往往表现出反应速率的不同。化学性质也可以概括为：对映体除了对手性试剂、手性环境作用影响外，具有完全相同的化学性质。

除物理、化学性质外，对映体的生理作用却表现了很大差别。例如，右旋葡萄糖人体可以吸收，具有营养价值，而左旋葡萄糖对人体不起任何作用，这主要是因为人体中有选择性很高的手性酶的缘故。

外消旋体是等量右旋体和左旋体的混合物，用(±)表示。由于左、右旋体的旋光方向不同，互相抵消，因此外消旋体没有旋光性。外消旋体同左旋体或右旋体不但旋光性不同，其他的物理性质也不相同，例如：

$$\begin{array}{lll} (\pm)-乳酸 & 熔点 & 18℃ \\ (+)-乳酸 & 熔点 & 53℃ \\ (-)-乳酸 & 熔点 & 53℃ \end{array}$$

值得注意，外消旋体是一个混合物，它与旋光体的化学性质基本相同，生理功能不受影响，左右旋体各自发挥自己的作用。

6.3.3 对映体的表示方法——Fischer 投影式

对映体在结构上的区别，仅在于基团在空间的排列方式不同，一般的平面结构无法表示基团在空间的相互关系。在表示对映体时，又不能每次都画立体结构，尤其对结构复杂的分子，就更加麻烦困难了，所以产生了对映体构型的平面表示法——Fischer 投影式。

Fischer 投影式是将一个立体模型用光照射进行投影得到的式子，即用平面形式来表示具有手性碳原子的分子立体结构的式子，如图 6-4 乳酸立体模型的投影。

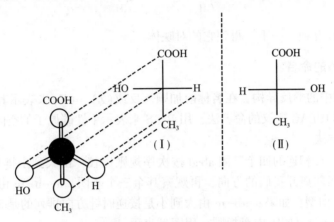

图 6-4　乳酸立体模型的投影

分子在投影时有明确的规定：①把与手性碳原子结合的横向两个基团伸向自己（前方），竖向两个基团指向纸后，这时才能投影（概括为横向前，竖向后）；②一般把含碳基团放在竖位，把碳链中编号为 1 的放在竖线上方，编号最大的基团放在下面（概括为含碳基团上下连），横竖交叉点就是手性碳。乳酸投影也可表示为：

使用投影式，要经常与立体结构相联系，它是立体结构的平面表示法。使用时应注意：

①Fischer 投影式不能离开纸面翻转。因从前面的叙述中看出，平面投影式代表的是立体结构，空间关系作了严格规定，如果离开纸平面翻转就改变了原子团的空间关系，构型发生变化（横向前就成了横向后），代表的是它的对映体。例如：

②可在纸面上旋转 180°。旋转 180°并不改变化合物的构型，但不能在纸面上旋转 90°或 270°，旋转 90°或 270°变为对映体，改变了构型。

上式在纸面上旋转了 180°，还是横向前，竖向后，构型不变。

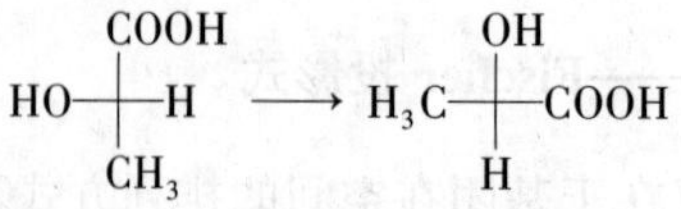

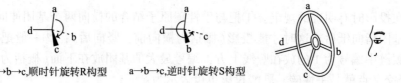

$$HO-\overset{\displaystyle COOH}{\underset{\displaystyle CH_3}{|}}-H \longrightarrow H_3C-\overset{\displaystyle OH}{\underset{\displaystyle H}{|}}-COOH$$

上式在纸面上旋转了90°，横就向后了，构型发生了变化。

③任意互换两个基团位置，得到它的对映体。

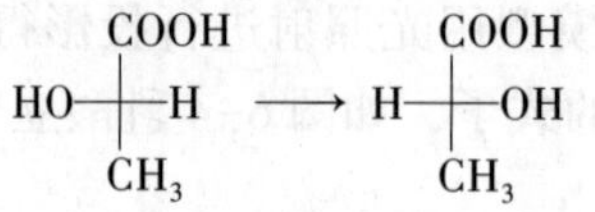

$$HO-\overset{\displaystyle COOH}{\underset{\displaystyle CH_3}{|}}-H \longrightarrow H-\overset{\displaystyle COOH}{\underset{\displaystyle CH_3}{|}}-OH$$

把 HO—和—H 互换了一下，得到它的对映体。

6.3.4 对映体的命名

对于立体异构中的顺反异构，在名称前加顺、反或(Z)、(E)来表示其结构特点。对于对映异构体，根据 IUPAC 建议的命名法，用 R、S 来表示手性碳原子的空间构型。

1. R、S 命名方法

先把与手性碳*C 相连的四个基团 abcd 按次序规则比较，由大到小排列，假如 a>b>c>d，最小的基团 d 指向离开我们的方向，再观察其余三个基团，a→b→c 由大到小是按顺时针方向排列的是 R 构型；如果 a→b→c 由大到小是按逆时针方向排列的是 S 构型。这个规则类似司机驾驶的方向盘又叫方向盘规则，用图型表示：

a→b→c,顺时针旋转R构型　　　　a→b→c,逆时针旋转S构型

举例说明：

例1：下面是乳酸的一对对映体，左面的乳酸结构中，除最小的氢原子外，其他三个基团从氢的对面观察，由大到小(—OH→—COOH→—CH₃)是顺时针，因此标记为(R)-乳酸；而右面的结构中，除氢外，其他三个基团由大到小是逆时针，因此标记为(S)-乳酸。

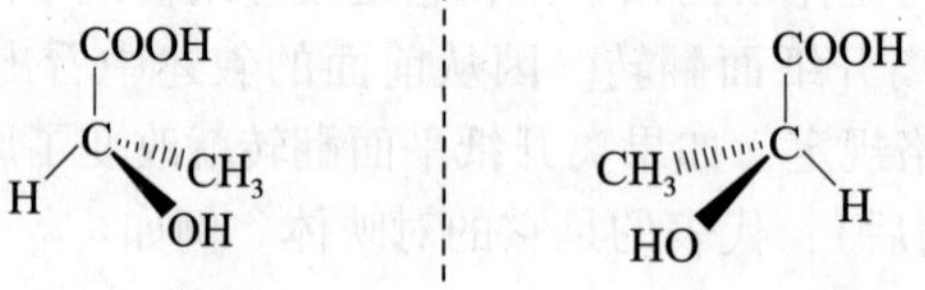

(R)-(-)-乳酸　　　　(S)-(+)-乳酸

注意：R、S 与左旋、右旋没有一定关系，左右旋是用旋光仪测定的，而 R、S 是人为规定的。

例2：2-丁醇的一对对映体

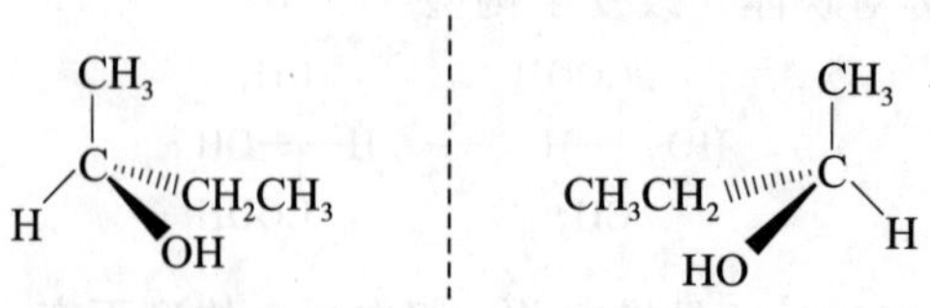

(S)-2-丁醇　　　　(R)-2-丁醇

2. Fischer 投影式判断分子构型的简便方法

手性碳连的四个基团，如果最小基团 d 在竖向，如下所示：

$$
\begin{array}{c}
c \\
a \!-\!\!\!+\!\!\!- b \\
d
\end{array}
$$

d 在竖向，纸平面上 a→b→c 为逆时针方向，从空间看(a、b 基团是朝前的，c、d 是朝后的)a→b→c 也是逆时针方向，即 d 在竖向时，空间看与平面看方向一致，如果 d 在上方，也是如此。因此得出结论：小基团在竖向，与方向盘规则一致，其他三个基团在平面上从大到小，顺时针 R 构型，逆时针 S 构型(直接从平面结构得出结论，不用再考虑空间构型)。

如果最小基团 d 在横向，如下所示：

$$
\begin{array}{c}
b \\
a \!-\!\!\!+\!\!\!- d \\
c
\end{array}
$$

d 在横向，纸平面上 a→b→c 为顺时针方向，但空间上(a、d 基团是朝前的，b、c 是朝后的)a→b→c 是逆时针方向，即 d 在横向时，空间看与平面看方向相反。得出结论：小基团如果在横向，与方向盘规则相反，其他三个基团在平面上从大到小，顺时针 S 构型，逆时针 R 构型。

举例说明：

$$
\begin{array}{ccc}
& Cl & \\
C_2H_5 \!-\!\!\!+\!\!\!- & CH_3 \\
& H &
\end{array}
\qquad
\begin{array}{ccc}
& COOH & \\
H \!-\!\!\!+\!\!\!- & OH \\
& CH_3 &
\end{array}
$$

（S）-2-氯丁烷　　　　　　（R）-2-羟基丙酸(乳酸)

对于 2-氯丁烷，H 小基团在竖向，其他三个基团从大到小，Cl→C_2H_5→CH_3 为逆时针，因此，第二个碳原子手性碳为 S 构型，全名：（S）-2-氯丁烷。

对于 2-羟基丙酸(乳酸)，H 小基团在横向，其他三个基团从大到小，OH→COOH→CH_3 为逆时针，因此，第二个碳原子手性碳为 R 构型，全名：（R）-2-羟基丙酸(乳酸)。

6.4　含两个手性碳原子的化合物

分子中有一个手性碳原子的化合物有一对对映体，如果有两个手性碳，对映体就不仅是一对了，比较复杂。分两种情况进行讨论：含两个不相同的手性碳原子的化合物和含两个相同的手性碳原子的化合物。

6.4.1　含两个不相同的手性碳原子的化合物

含两个不相同的手性碳原子的化合物，即两个手性碳原子所连的四个基团是不完全相同的。两个手性碳原子分别用 A 和 B 表示，它们各有一对对映体(R 或 S)，可以组成四个立体异构体，即两对对映体：AR BR | AS BS；AR BS | AS BR。

例如：2,3,4-三羟基丁酸 $HOCH_2$—$C^*H(OH)$—$C^*H(OH)$—COOH，一个手性碳原子与—H、—OH、—COOH、—CH(OH)CH_2OH 四个基团相连，而另一个手性碳与—H、—OH、—CH_2OH、—CH(OH)COOH 四个基团相连，两个手性碳不同，应有四个立体异构体，用透视式表示如下：

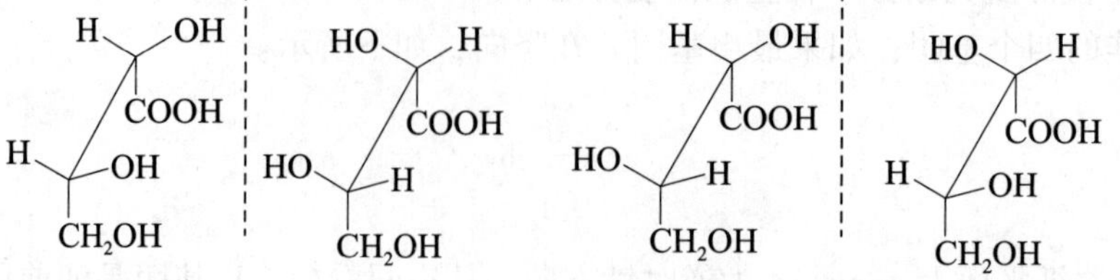

Fischer 投影式表示如下：

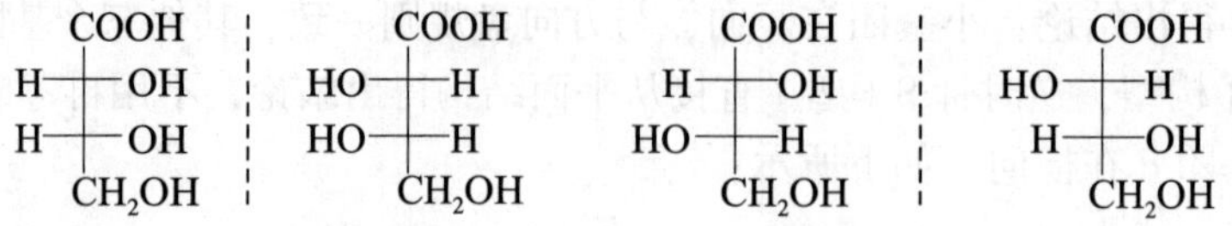

（Ⅰ）　　　　（Ⅱ）　　　　（Ⅲ）　　　　（Ⅳ）

以上四个立体异构中，（Ⅰ）和（Ⅱ）是一对对映体，（Ⅲ）和（Ⅳ）是一对对映体。如果将（Ⅰ）和（Ⅱ）或（Ⅲ）和（Ⅳ）等量混合可以组成外消旋体。但（Ⅰ）和（Ⅲ），上面手性碳构型相同，下面手性碳却是对映的，整个分子并不呈实物和镜像的关系。像这种不呈实物和镜像关系的立体异构体称为非对映异构体，简称非对映体。（Ⅰ）和（Ⅲ）、（Ⅰ）和（Ⅳ）、（Ⅱ）和（Ⅲ）、（Ⅱ）和（Ⅳ）都属于非对映体。

非对映体不仅旋光度不同，其他物理性质，如沸点、熔点、溶解度和折射率等都不一样。由于它们具有相同的官能团，但相同原子或官能团距离并不相等，因而化学性质相似，反应时反应速率可能不等。

对于含两个手性碳原子的化合物，命名时需要按照次序规则，标出每一个手性碳的构型。例如（Ⅰ）中，C_2 所连四个基团除 H 外，其他三个基团按顺序规则—OH>—COOH>—CH(OH)CH_2OH,按照 Fischer 投影式简单命名方法，判断 C_2 构型为 R，即 2R；同样对 C_3 进行构型标记，也是 R，即 3R。因此，（Ⅰ）命名为：(2R, 3R)-2,3,4-三羟基丁酸。

在旋光性化合物中，随手性碳原子数目的增多，其立体异构体数目也增多。当分子中含有 n 个不同手性碳原子时，就有 2^n 个立体异构体。例如：如果分子中有三个不相同手性碳原子时，就有 2^3 个即 8 个立体异构体。

6.4.2　含两个相同的手性碳原子的化合物

酒石酸 HOOC—C^*H(OH)—C^*H(OH)—COOH，又名 2,3-二羟基丁二酸，C_2、C_3 两个手性碳原子都与—H、—OH、—COOH、—CH(OH)COOH 四个基团相连，属于含两个相同的手性碳原子的化合物。按照每一个手性碳原子在空间有两种构型 R 和 S，可以组成以下四个立体异构体：

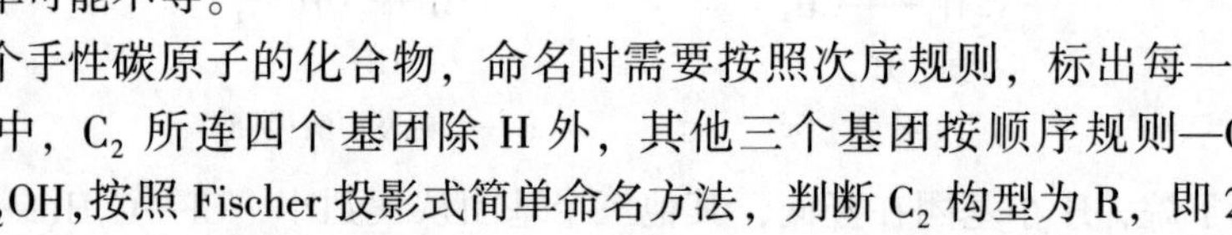

（Ⅰ）(2R,3R)　　（Ⅱ）(2S,3S)　　（Ⅲ）(2R,3S)　　（Ⅳ）(2S,3R)

（Ⅰ）和（Ⅱ）是一对对映体，其中一个是右旋体，一个是左旋体，它们等量混合组成外消旋体。（Ⅲ）和（Ⅳ）也呈实物和镜像的关系，似乎也是对映体，但如果把（Ⅳ）在纸面上旋转 180°，即得到（Ⅲ），也就是说（Ⅲ）和（Ⅳ）实际上是同一个立体结构。

再仔细分析，（Ⅲ）或（Ⅳ）分子内有一个对称面（虚线表示），上半部分和下半部分呈实物和镜像的关系，即其中一个手性碳左旋，一个右旋，内部旋光性互相抵消，整个分子没有旋光性。像这种分子内含有对称平面，没有旋光性的立体异构体称为内消旋体。从上面分析得出结论：含有两个相同手性碳原子的化合物有三个立体异构体——两个对映体，一个内消旋体。对映体与内消旋体之间没有对映关系，它们互称为非对映体。内消旋体与外消旋体有本质的区别，内消旋体是纯净物而外消旋体是混合物，它们的物理性质完全不同，表 6-2 列出了酒石酸三种异构体和外消旋体的物理性质。

表 6-2　酒石酸三种异构体和外消旋体的物理性质

酒石酸	熔点/℃	$[\alpha]_D^{20}$（水）	溶解度	相对密度	pK_{a1}	pK_{a2}
右旋体	170	+12°	139	1.760	2.93	4.23
左旋体	170	−12°	139	1.760	2.93	4.23
内消旋体	140	无旋光	125	1.667	3.11	4.80
外消旋体	206	无旋光	20.6	1.680	2.96	4.24

另外还需说明一点：不是说含有手性碳的化合物都有手性，都有旋光性，对于只有一个手性碳的化合物一定有手性；如果有多个手性碳的化合物不一定有手性，必须考虑分子的对称性。内消旋酒石酸有两个手性碳，但整个分子无手性、无旋光性。

6.5　环状化合物的立体异构

环状化合物中，由于环的存在限制了单键的自由旋转，立体异构现象比链状化合物复杂，顺反异构和对映异构往往同时存在。

6.5.1　环丙烷衍生物

在 2-甲基环丙醇分子中，由于三元环的存在，—CH₃ 和—OH 可以连在环的同一侧，也可以连在环的两侧，形成了顺反异构体。每一个顺反异构体，又各自存在着一个对映体，因此 2-甲基环丙醇共有四个立体异构体：

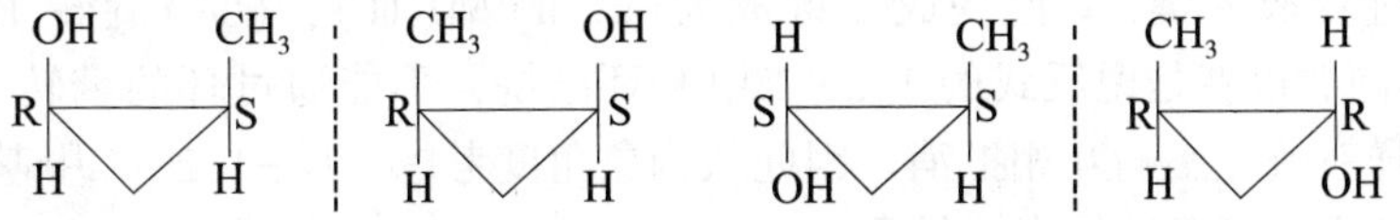

如果三元环上两个碳原子所连基团相同，如 1,2-环丙烷二甲酸，立体异构中有顺、反异构。顺式异构体分子中，因具有一个对称面，为内消旋体，无对映异构体，没有旋光性，反式异构体中，没有对称面，也没有对称中心，有旋光性，存在一对对映异构体。因此 1,2-环丙烷二甲酸有三个立体异构体：

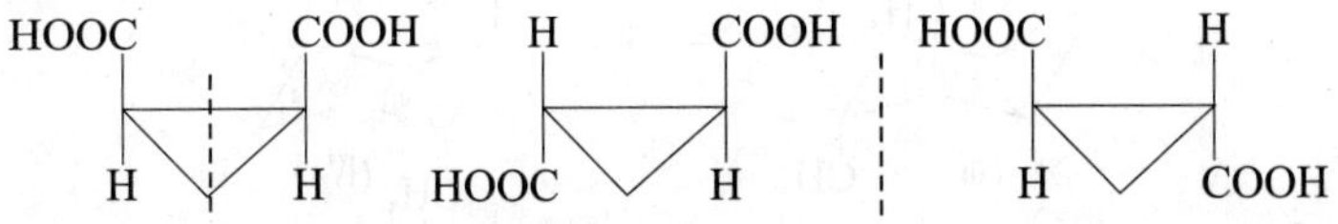

环丁烷、环戊烷衍生物的立体异构也可以用类似的方法处理。先写出它们的顺、反异构，再看其顺、反异构中有无对称面或对称中心，如有对称面或对称中心则无对映体，如没

71

有对称面或对称中心则存在对映体。

6.5.2 环己烷衍生物

在环己烷衍生物中，六个碳原子并不在同一个平面上，常以稳定的椅型构象存在，因此研究它们的立体异构，还要考虑构象问题，就更为复杂。以 1,2-二甲基环己烷为例，来研究环己烷衍生物的立体异构，它有顺-1,2-二甲基环己烷和反-1,2-二甲基环己烷：

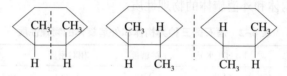

从平面角度考虑，顺-1,2-二甲基环己烷有一个对称面，无手性，无旋光性，没有对映体。反-1,2-二甲基环己烷没有对称面、没有对称中心，有手性，有旋光性，有一对对映体。

从构象角度考虑，顺-1,2-二甲基环己烷最稳定的构象（Ⅰ），既无对称面又无对称中心，有对映异构体（Ⅱ），但由于环己烷椅式构象在室温下环可以翻转，（Ⅰ）可转为（Ⅲ），所有 a 键变成 e 键，e 键变成 a 键，（Ⅲ）旋转 120° 得到（Ⅳ），（Ⅳ）与（Ⅱ）是相同的，即（Ⅰ）和（Ⅱ）在平衡时分额相等，对偏光影响互相抵消，所以从构象角度来考虑，顺-1,2-二甲基环己烷无手性、无旋光性，与平面角度考虑结果一致。

再看反-1,2-二甲基环己烷，无论是(e，e)型还是(a，a)型都没有对称面和对称中心，应有手性，有对映体。但它不能通过环的翻转变成其对映体，如最稳定的(e，e)型（Ⅰ）翻转后，所有 a 键变成 e 键，e 键变成 a 键成为(a，a)型（Ⅲ），（Ⅲ）旋转 120° 得到（Ⅳ），（Ⅳ）与（Ⅱ）不同。也就是说反式的 1,2-二甲基环己烷，不能通过环的翻转变成其对映体，不能像顺式一样对偏光影响互相抵消。因此从构象角度考虑，反-1,2-二甲基环己烷有旋光性，有手性，这也与平面结构考虑结果一致。

由上面分析我们可以得出结论：考虑环己烷衍生物有无手性时，从平面结构考虑即可得到正确结论。

如果是 1，4-二甲基环己烷，无论是顺式还是反式，都有通过 1，4-位且垂直于环平面的对称面，都没有对映异构体，也没有旋光性。

6.6 不含手性碳原子化合物的对映异构

有机化合物中，大部分光学活性物质都含有手性碳原子，但也有一些光学活性物质的分子中并不含有手性碳原子，例如联苯型和丙二烯型化合物。

6.6.1 联苯型化合物

在联苯型分子中，如果苯环上连接两个体积较大的不同取代基时，由于位阻作用，两个苯环绕单键自由旋转受到阻碍，且不能很好地在同一个平面内，分子就没有对称面或对称中心，而具有手性。例如：6,6′-二硝基联苯-2,2′-二甲酸有一对对映体：

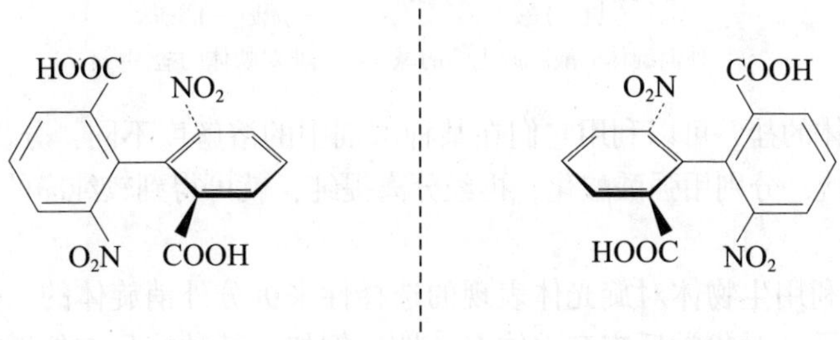

如果在一个或两个苯环上，所连取代基相同，这个分子就有对称面，而没有旋光性。例如：2′,6′-二硝基联苯-2,6-二甲酸，有一个对称面，而没有对映体、没有旋光性。

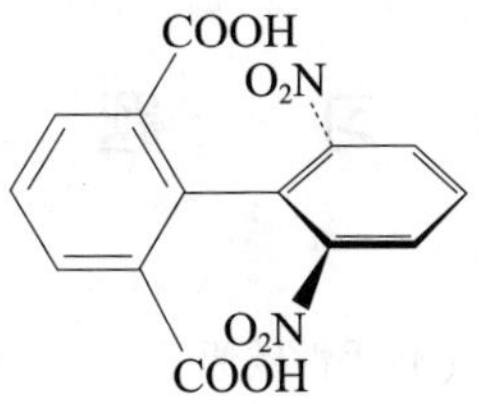

6.6.2 丙二烯型化合物

丙二烯型衍生物，当两端碳原子各连接两个不同基团时，由于所连取代基各在互相垂直的平面上(因中间的两个 π 键互相垂直)，分子没有对称面和对称中心，就有手性，存在一对对映体。例如：2，3-戊二烯就有一对对映体：

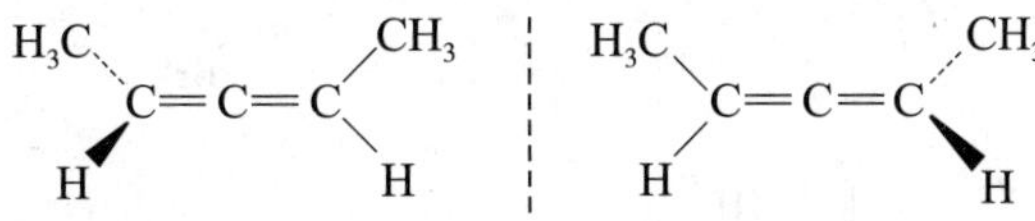

如果在任何一端或两端的碳原子所连取代基相同时，化合物具有对称面，没有对映体，没有旋光性。例如：2-甲基-2，3-戊二烯就没有对映体：

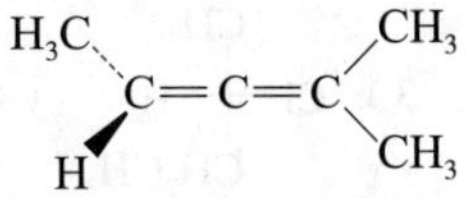

6.6.3 外消旋体的拆分

无论是从自然界生物体中分离得到的，还是实验室中合成的旋光物质，通常都是对映体组成的外消旋体。如果要获得其中一个对映体，常需将外消旋体分开成右旋体和左旋体。将外消旋体分开成右旋体和左旋体的过程，称为外消旋体的拆分。

对映体除了旋光方向相反外，有完全相同的物理性质，因此要拆分它们不是一件容易的事情。常用的方法主要有化学分离法和生物分离法。

1. 化学分离法

化学分离法是把组成外消旋体的对映体与一旋光物质进行化学反应，使其生成非对映体，再利用非对映体的物理性质不同，把它们分开。例如，要拆分一外消旋体的酸，可以用一个旋光性的碱和它反应，生成非对映体的盐：

$$(\pm)酸 \begin{cases} (+)酸 \\ (-)酸 \end{cases} +(+)碱 \xrightarrow{\qquad} \begin{array}{l} (+)酸(+)碱盐 \\ (-)酸(+)碱盐 \end{array}$$

外消旋体的酸　旋光性的碱　　　　非对映体的盐

这两种非对映体的盐，可以利用它们在某种溶剂中的溶解度不同，分步结晶使它们分开。将分离得到的两种盐，分别用强酸酸化，再经分离提纯，就可得到较纯净的左旋体和右旋体。

2. 生物分离法

生物分离法是利用生物体对旋光体表现的选择性来拆分外消旋体的。生物体中的酶都是有旋光活性的大分子，对化学反应有立体专一性。例如，某种酶只与外消旋体中的一种旋光体发生作用，而对另一种旋光体不作用，因此可以选择适当的酶作为某些外消旋体的拆分试剂。现在有些抗生素和一些药物(如氯霉素)等的生产，就采用微生物拆分的方法进行分离。

习　题

1. 解释下列名词，并举例说明。
　(1)旋光物质　　　(2)比旋光度　　　(3)手性碳原子　　　(4)手性分子
　(5)对映体　　　　(6)非对映体　　　(7)内消旋体　　　　(8)外消旋体

2. 下列化合物分子中有无手性碳原子？如有用"＊"表示手性碳原子，并指出可能有的旋光异构体的数目。

　(1) $CH_3CH_2CHCH_3$ 　　(2) $BrCH_2CHDCH_2Cl$ 　　(3) $CH_3CH—CHCOOH$
　　　　　　　│　　　　　　　　　　　　　　　　　　　　　　│　│
　　　　　　　Cl　　　　　　　　　　　　　　　　　　　　　OH　Cl

　(4) $\begin{array}{l} CH_2OH \\ CHCl \\ CH_2OH \end{array}$ 　　(5) [图：甲基环戊烯]　　(6) [图：2-溴环己醇]

　(7) [图：环己二醇]　　(8) [图：2-甲基环己酮]　　(9) $CH_3CH=C=CHCH_3$

3. 指出下列构型是 R 还是 S，并命名之。

　(1) [立体结构式]　(2) [立体结构式]　(3) [Fischer投影式]　(4) [Fischer投影式]

74

4. 下列各对化合物哪些属于对映体、非对映体、构造异构体或同一化合物。

(1)
```
    CH₃              Br
H──┼──OH        H──┼──CH₃
H──┼──Br        H──┼──OH
    CH₃              CH₃
```

(2)
```
    CH₃              CH₃
H──┼──Cl        H──┼──Br
H──┼──Br        H──┼──Cl
    CH₃              CH₃
```

(3)
```
   CH₃              CH₃
  H   Br          H   CH₃
Cl      H        H      Cl
   H              
   CH₃              Br
```

(4)
```
    OH               COOH
H──┼              ──┼──OH
 ──┼──COOH    HO──┼
    CH₃          H──┼──H
 ──┼──OH           CH₃
    CH₃
```

(5)
```
HOOC   COOH      HOOC
   〔环〕            〔环〕
                        COOH
```

(6)
```
      COOH              COOH
      C                 C
   H   C₂H₅          H₃C   H
      CH₃                C₂H₅
```

5. 比较左旋仲丁醇和右旋仲丁醇的下列各项。

(1)沸点 　　　(2)熔点 　　　(3)相对密度 　　　(4)比旋光度

(5)折射率 　　(6)溶解度 　　(7)构型

6. 分子式为 C_6H_{12} 的开链烃 A，有旋光性。A 经催化生成无旋光性的 B，分子式为 C_6H_{14}。请写出 A、B 的结构式。

7. (1)丙烷氯化已分离出二氯化合物 $C_3H_6Cl_2$ 的四种构造异构体，写出它们的构造式。

(2)从各个二氯化物进一步氯化后，可得到三氯化物($C_3H_5Cl_3$)的数目已确定。从 A 得出一个三氯化物，B 给出两个，C 和 D 各给出三个，试推出 A、B 的结构。

(3)通过另一个合成法得到有旋光性的化合物 C，那么 C 的构造式是什么? D 的构造式是怎样的?

8. 化合物 A 的分子式为 C_6H_{10}，催化加氢后可生成甲基环戊烷，A 经臭氧化还原水解仅生成一种产物 B，用仪器测 B 物质有旋光性，试推断 A 和 B 的结构。

第七章 卤代烃

烃分子中一个或几个氢原子被卤素原子取代后生成的化合物，称为卤代烃，常用 RX 表示，X 代表卤素。其中氯代烃、溴代烃较为重要，氟代烃的用途、性质、制法和它们不同，常单独讨论。卤代烃一般不存在于自然界中，多为合成产物，且在有机合成中起承上启下的纽带作用，是原料和目标化合物之间的重要桥梁。

7.1 卤代烃的分类、命名

7.1.1 分类

卤代烃是由卤素原子和烃基组成，按分子中卤素原子的种类可分为氟代烃、氯代烃、溴代烃和碘代烃；按分子中卤素原子的数目可分为一卤代烃、二卤代烃和多卤代烃；按分子中烃基类型可分为饱和卤代烃、不饱和卤代烃和芳香卤代烃；按分子中直接和卤素原子相连的碳原子种类不同，又可分为伯卤代烃 RCH_2X（又称一级卤代烃）、仲卤代烃 R_2CHX（又称二级卤代烃）和叔卤代烃 R_3CX（又称三级卤代烃）。

7.1.2 命名

结构比较简单的卤代烃，常以与卤素原子相连的烃基为母体，将卤素原子当作取代基来命名。例如：

CH_3Cl	CH_2Cl_2	$ClCH=CCl_2$	$BrCH_2CH_2CH_2CH_3$
氯甲烷	二氯甲烷	三氯乙烯	正溴丁烷
chloromethane	dichloromethane	trichloroethylene	1-bromobutane

氯化环己烷	溴苯	氯化苄	邻氯甲苯
chlorocyclohexane	bromobenzene	benzyl chloride	*o*-chlorotoluene

结构复杂的卤代烃，按系统命名法命名，选择连有卤素原子的最长碳链为母体（不饱和卤代烃还应包含不饱和键），卤素原子和其他支链作为取代基，编号从离取代基最近的一端开始（不饱和烃则由离不饱和键最近的一端开始），命名时，取代基按次序规则，较优基团后列出。例如：

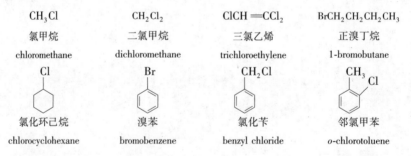

$CH_3CH_2CHCH_3$ ｜ Cl	$CH_3CHCH=CHCH_2$ ｜ Br	$CH_3CHCH_2CHCH_3$ ｜　　　｜ Br　　CH₃
2-氯丁烷	4-溴-2-戊烯	2-甲基-4-溴戊烷
2-chlorobutane	4-bromo-2-pentene	4-bromo-2-methylpentane

某些卤代烃常用习惯名称，例如：

$CHCl_3$	$CHBr_3$	CHI_3	$(CH_3)_3CCl$	$(CH_3)_2CHBr$
氯仿	溴仿	碘仿	叔丁基氯	异丙基溴
chloroform	bromoform	iodoform	*t*-butyl chloride	isopropyl bromide

7.2 卤代烃的性质和制法

7.2.1 物理性质

在室温下，卤代烃(除氟代烃外)中只有氯甲烷、氯乙烷、溴甲烷、氯乙烯和溴乙烯是气体，其他常见卤代烃都是液体。纯净的卤代烃是无色的，但碘代烷容易分解，长期放置后析出碘而带有颜色。

一卤代烷具有不愉快的气味，其蒸气有毒，使用时尽量避免吸入；一卤代芳烃具有香味，但苄基卤具有催泪性。许多卤代烃有毒，并可能有致癌作用，使用时必须注意防护。卤代烃均不溶于水，而溶于非极性或弱极性的烃、苯和乙醚等有机溶剂，许多卤代烷，如二氯甲烷、氯仿和四氯化碳本身就是良好的有机溶剂。

在卤代烃分子中，随卤素原子数目的增多，可燃性降低。例如，甲烷可以作为燃料，一氯甲烷有可燃性，二氯甲烷不燃烧，而四氯化碳则为常用的灭火剂。

卤代烃的沸点随碳原子数目的增加而升高。烃基相同时，沸点依氯代烃、溴代烃和碘代烃的次序依次升高。在同分异构体中，同烷烃一样，支链越多沸点越低。

一氯代烷的相对密度小于1，一溴代烷、一碘代烷、卤代芳烃以及多卤代烷的相对密度都大于1。在同系列中，卤代烷的相对密度随碳原子数目的增加而降低。表7-1列出了一些常见卤代烃的物理常数。

表 7-1 一些常见卤代烃的物理常数

卤代烃	氯代烃		溴代烃		碘代烃	
	沸点/℃	相对密度	沸点/℃	相对密度	沸点/℃	相对密度
CH_3X	−24.0	0.920	3.5	1.732	42.5	2.279
CH_3CH_2X	12.2	0.910	38.4	1.430	72.3	1.933
$CH_3CH_2CH_2X$	46.2	0.892	71.0	1.351	102.4	1.747
CH_2X_2	40.0	1.336	99.0	2.490	180.0(分解)	3.325
CHX_3	61.2	1.489	151.0	2.890	升华	4.008
CX_4	76.8	1.595	189.5	3.420	升华	4.320
$CH_2{=}CHX$	−14.0	0.911	16.0	1.493	56.0	2.037
$CH_2{=}CHCH_2X$	45.0	0.938	71.0	1.389	103.0	
PhX	132.0	1.106	156.0	1.495	188.5	1.832

7.2.2 一卤代烷的化学性质

在卤代烷分子中，由于C—X键有极性，比较容易断裂，使卤代烷能够发生取代、消除等多种化学反应，而转变成其他有机化合物和金属有机化合物，因此卤代烷在有机合成中具有重要的意义。

1. 亲核取代(Nucleophilic Substitution)反应

由于卤素原子的电负性比碳原子大，C—X 键之间的电子云密度偏向卤素原子，使卤素原子带有部分负电荷，而碳原子带有部分正电荷。这样与卤素原子直接相连的碳原子容易被带负电荷或有未共用电子对的试剂(这类试剂称为亲核试剂，用 Nu 表示)进攻，卤素原子带着电子对以负离子的形式离去(称为离去基团，用 L 表示)，碳与亲核试剂之间形成新的共价键。这种由亲核试剂进攻而发生的取代反应称为亲核取代反应，可用下式表示：

$$\text{Nu}^- + \text{R} \overset{\frown}{-} \text{L} \longrightarrow \text{RNu} + \text{L}^-$$
亲核试剂　底物　　　离去基团

常用的亲核试剂主要有：OH^-、RO^-、SH^-、CN^-、RS^-、H_2O、ROH、NH_3、RNH_2 等。

(1)被羟基取代

卤代烷与强碱的水溶液共热，卤素原子被羟基(—OH)取代生成醇，这个反应也称为卤代烃的水解。

$$\text{R—X} + \text{OH}^- \overset{\triangle}{\longrightarrow} \text{R—OH} + \text{X}^-$$

(2)被烷氧基取代

卤代烷与醇钠在相应的醇溶液中反应，卤素原子被烷氧基(—OR)取代而生成醚，这是制备混合醚的一种常用方法，称为 Williamson 合成法。

$$\text{R—X} + \text{R'O—Na} \longrightarrow \text{R—O—R'} + \text{NaX}$$
醚

此反应中卤代烷通常使用伯卤代烷，因为仲卤代烷产率较低，而叔卤代烷在碱作用下发生消除主要得到烯烃。

(3)被氨基取代

卤代烷与氨作用，卤素原子可被氨基(—NH$_2$)取代生成胺。

$$\text{R—X} + \text{NH}_3 \longrightarrow \text{R—NH}_2 + \text{HX}$$
胺

叔卤代烷与氨作用也主要得到烯烃。

(4)被氰基取代

卤代烷与氰化钠或氰化钾作用，卤素原子被氰基(—CN)取代生成腈。

$$\text{R—X} + \text{NaCN} \overset{\triangle}{\underset{\text{乙醇}}{\longrightarrow}} \text{R—CN} + \text{NaX}$$
腈

卤代烷转变成腈后，分子中增加了一个碳原子，这是有机合成中增长碳链的方法之一，且腈水解可以得到酰胺、羧酸，还原还可以得到胺。但由于氰化物有剧毒，其应用受到很大程度的限制。

(5)被其他卤素取代

也叫卤素交换反应。在丙酮中，氯代烷和溴代烷分别与碘化钠反应生成碘代烷。反应的动力是生成的氯化钠、溴化钠在丙酮中溶解度很小，而碘化钠能溶于丙酮。例如：

$$CH_3CHCH_3 + NaI \xrightarrow{\text{丙酮}} CH_3CHCH_3 + NaBr\downarrow$$

$$\underset{Br}{|} \qquad\qquad \underset{I}{|}$$

$$63\%$$

2. 消除反应（见 4.4 烯烃的制法）

3. 与金属反应

卤代烃能与 Mg、Li、Al 多种金属反应，生成分子中含有碳—金属键（用 C—M 表示）的化合物，这种含有 C—M 键的一类化合物称为金属有机化合物或有机金属化合物。它是化学领域中的一个重要分支，是架起有机和无机化学之间的桥梁，近年来发展很快，这里只简单介绍在有机合成中有重要用途的有机镁化合物和有机锂化合物。

（1）与金属镁反应

卤代烷与金属镁在无水乙醚中反应，生成烷基卤化镁。烷基卤化镁是法国化学家 Grignard 首先发现并成功用于有机合成，1912 年被授予诺贝尔化学奖，所以这种试剂也被称为 Grignard 试剂（格氏试剂）。

$$RX + Mg \xrightarrow{\text{无水乙醚}} RMgX$$
$$\text{Grignard 试剂}$$

Grignard 试剂由于 C—Mg 键极性较强，能与许多含活泼氢的化合物如水、醇、酸及末端炔烃等反应，被分解为烷烃：

$$RMgX \begin{cases} \xrightarrow{HOH} RH + Mg(OH)X \\ \xrightarrow{ROH} RH + Mg(OR)X \\ \xrightarrow{HX} RH + MgX_2 \\ \xrightarrow{R'C\equiv CH} RH + Mg(C\equiv CR')X \end{cases}$$

因此，在制备 Grignard 试剂进行后续的有机合成时，必须防止水、醇、酸等含有活泼氢的化合物进入。实验室制备 Grignard 试剂，不仅卤代烷和乙醚需要干燥剂干燥，而且所用仪器均需无水干燥，否则实验难以成功。

不过，Grignard 试剂与二氧化碳反应常被用来制备比卤代烃多一个碳原子的羧酸。

$$RMgX \xrightarrow{CO_2} RCOOMgX \xrightarrow[H_2O]{H^+} RCOOH$$

（2）与金属锂反应

卤代烷在惰性溶剂中与金属锂反应生成有机锂化合物。有机锂化合物在有机合成中也有广泛用途。

$$R-X + Li \xrightarrow{\text{无水乙醚}} RLi + LiX$$

例如：

$$CH_3CH_2CH_2CH_2Br + 2Li \xrightarrow{\text{无水乙醚}} CH_3CH_2CH_2CH_2Li + LiBr$$

反应常用溶剂是乙醚，而醚在高温下能与有机锂反应，所以此反应在较低温度下进行，另外还可用烷烃如己烷做溶剂，水能与金属锂生成不溶于有机溶剂的氢氧化锂，包在金属表面，阻止锂与卤代烷反应，因此反应溶剂必须彻底干燥，最好在氮气或氩气等惰性气体保护下进行。

7.2.3 一卤代烯烃的化学性质

一卤代烯烃，根据卤素原子和双键的相对位置，可以分为三类：

①乙烯型卤代烯烃（$RCH=CHX$，PhX）。卤素原子与双键碳原子直接相连，例如：$RCH=CHCl$，$PhBr$。

②烯丙型和苄基型卤代烯烃（$RCH=CHCH_2X$，$PhCH_2X$）。卤素原子和双键相隔一个碳原子，例如：$RCH=CHCH_2Cl$，$PhCH_2Br$。

③孤立型卤代烯烃 $[RCH=CH(CH_2)_nX(n\geqslant 2)]$。卤素原子与不饱和键相隔两个或两个以上碳原子。

卤素原子和双键的相对位置对卤代烯烃的反应活性影响很大。乙烯型卤代烯烃最不活泼，烯丙型和苄基型卤代烯烃活性最大，孤立型卤代烯烃的化学性质与相应的卤代烷相似。

用硝酸银的醇溶液与各种卤代烃作用，根据卤化银沉淀生成的快慢，可以测得各种卤代烃的化学活性，次序如下：

$$RCH=CHCH_2X，PhCH_2X，R_3CX>R_2CHX>RCH_2X>CH_3X>RCH=CHX，PhX$$

烯丙型、苄基型卤代烯烃和三级卤代烷在室温下，和硝酸银的醇溶液就能迅速生成卤化银沉淀；二级卤代烷、一级卤代烷加热才能起反应；乙烯型卤代烯烃即使加热也不起反应。

各种卤代烃的化学活性不同，主要是由于其结构中电子效应不同引起的。对于烯丙型（包括苄基型）卤代烃来说，反应中形成的中间体——烯丙基碳正离子：

$$CH_2=CH-CH_2^+$$

由于碳正离子空的 p 轨道与 $C=C$ 双键上的 π 键发生 p-π 共轭，正电荷得到分散，使其结构比较稳定，因此烯丙型卤代烃容易进行亲核取代反应。

对于乙烯型卤代烃（包括卤苯），由于卤素原子上的未共用 p 电子对与双键上的 π 键互相作用，形成 p-π 共轭体系，例如氯乙烯：

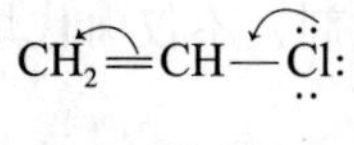

$$CH_2=CH-\ddot{\underset{..}{Cl}}:$$

结果使 C—Cl 键键长缩短，碳与氯的结合比在氯代烷中牢固，氯原子的活性就较差。因此，乙烯型卤代烃不容易进行亲核取代反应。

7.2.4 卤代烃的制法

卤代烃的制法主要有三种：烷烃直接卤化、烯烃与卤化氢加成和醇与氢卤酸反应。

1. 烷烃直接卤化

多数烷烃直接卤化生成产物比较复杂，得到一个混合物，只有少数情况，分子中只含有一种氢时，才能用直接卤化法制备卤代烃。例如：

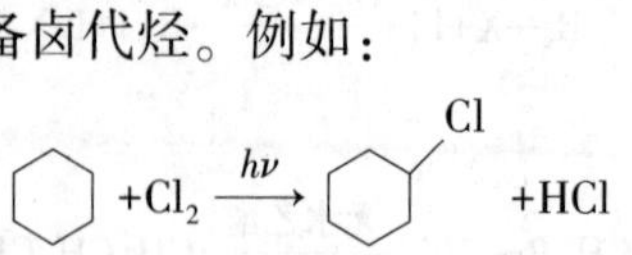

2. 烯烃与卤化氢加成

烯烃与卤化氢加成得到卤代烷烃，例如：

$$CH_3CH_2CH_2CH =\!\!=\!CH_2 + HBr \xrightarrow{CH_3COOH} \underset{84\%}{CH_3CH_2CH_2\underset{|}{\overset{}{C}}HCH_3}$$
$$Br$$

H 加在含氢较多的碳原子上是主要产物，符合马氏规则，可以用来制备伯、仲、叔卤代烷。

3. 醇与氢卤酸反应

用卤素原子置换醇中的羟基，常用的卤化试剂有：HX、PX_3、PX_5 和亚硫酰氯($SOCl_2$)。例如：

$$CH_3CH_2CH_2CH_2OH + HBr \xrightarrow{H_2SO_4} \underset{95\%}{CH_3CH_2CH_2CH_2Br + H_2O}$$

7.3 亲核取代反应历程

亲核取代反应不仅在合成上用途很广，而且在反应机理方面也研究得比较透彻。根据许多实验事实和化学动力学的研究，发现亲核取代反应通常按两种反应历程进行：亲核取代反应的双分子历程 S_N2 和单分子历程 S_N1。S_N 表示亲核取代反应(S：substitution，取代；N：nucleophilic，亲核)，2 和 1 分别代表双分子和单分子。

7.3.1 亲核取代反应的双分子历程(S_N2)

实验事实表明，溴甲烷在碱性溶液中水解，反应速率不仅与溴甲烷的浓度成正比，而且与碱(OH^-)的浓度成正比：

$$CH_3Br + NaOH \xrightarrow{H_2O} CH_3OH + NaBr$$
$$v = k[CH_3Br][OH^-]$$

说明决定这个反应速率的步骤中溴甲烷和碱都参加了，是个双分子亲核取代反应，记作 S_N2。反应历程描述如下：

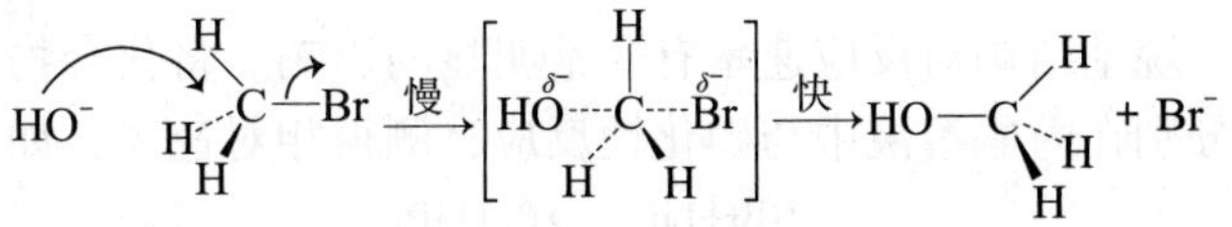

由于与溴相连的碳原子带有部分正电荷，便成为亲核试剂 OH^- 进攻的中心，当 OH^- 逐渐接近中心碳原子形成部分键合时，C—Br 键也逐渐减弱，直至 C—O 键与 C—Br 键处于均势，这时体系能量最高，达到过渡态。当 OH^- 进一步接近碳原子形成 C—O 键时，C—Br 键断裂，反应过程一步完成，生成了产物溴甲烷。由于决定此反应速率步骤中过渡态的形成，亲核试剂和卤代烷都参与了，所以称为双分子亲核取代历程，其特点是反应中经过了一个过渡态，新键形成和旧键断裂是同时进行的，即协同历程，一步双分子反应。

7.3.2 亲核取代反应的单分子历程（S_N1）

实验事实表明，叔丁基溴在碱性水溶液中水解，反应速率与溴甲烷不同，水解速率只与叔丁基溴本身的浓度成正比，而与碱（OH^-）的浓度无关：

$$(CH_3)_3CBr + H_2O \xrightarrow{OH^-} (CH_3)_3COH + HBr$$

$$v = k[(CH_3)_3CBr]$$

此反应速率只与叔丁基溴本身的浓度成正比，说明反应速率的控制步骤只有叔丁基溴一个分子参与，即是按单分子历程进行的，记作 S_N1。反应历程可表示如下：

第一步

$$CH_3-\overset{\underset{\displaystyle CH_3}{|}}{\overset{\displaystyle CH_3}{C}}-Br \rightleftharpoons \left[CH_3-\overset{\underset{\displaystyle CH_3}{|}}{\overset{\displaystyle CH_3}{\underset{}{C}}}\overset{\delta^+\delta^-}{\cdots Br} \right]^{慢} \rightleftharpoons CH_3-\overset{\underset{\displaystyle CH_3}{|}}{\overset{\displaystyle CH_3}{\overset{+}{C}}} + Br^-$$

过渡态1　　　　　　　中间体

第二步

$$CH_3-\overset{\underset{\displaystyle CH_3}{|}}{\overset{\displaystyle CH_3}{\overset{+}{C}}} + OH^- \xrightarrow{快} \left[CH_3-\overset{\underset{\displaystyle CH_3}{|}}{\overset{\displaystyle CH_3}{\underset{}{C}}}\overset{\delta^+\delta^-}{\cdots OH} \right] \longrightarrow CH_3-\overset{\underset{\displaystyle CH_3}{|}}{\overset{\displaystyle CH_3}{C}}-OH$$

过渡态2

第一步，C—Br 共价键断裂，经过一个能量较高的过渡态，形成碳正离子，反应较慢，是决定整个反应速率的步骤；第二步，碳正离子一旦形成，很快与溶液中的 OH^- 结合形成醇，或者与反应体系中的水结合，再消除 H^+ 而得醇。

其实 S_N1 和 S_N2 只是亲核取代反应的两种极限历程。许多反应中，两种历程同时存在、互相竞争，只是某些条件有利于 S_N2，某些条件有利于 S_N1。

7.3.3 影响亲核取代反应的因素

影响亲核取代反应的因素很多，这里主要从烷基结构、离去基团和亲核试剂三方面进行讨论。

1. 烷基结构的影响

（1）烷基结构对 S_N2 的影响

在 S_N2 反应中，烷基结构对反应速率有非常明显的影响。将化合物溴甲烷、溴乙烷、异丙基溴和叔丁基溴分别在丙酮溶液中与碘化锂反应，测得相对速率，如表 7-2。

$$RBr + LiI \longrightarrow RI + LiBr$$

表 7-2　各种溴代烷与碘化锂反应的相对速率

R	CH_3-	CH_3CH_2-	$(CH_3)_2CH-$	$(CH_3)_3C-$
相对速率	221000	1350	1	太小，测不出

由表 7-2 可见，不同类型溴代烷在 S_N2 反应中活性顺序：

$$CH_3Br > CH_3CH_2Br > (CH_3)_2CHBr > (CH_3)_3CBr$$

在 S_N2 反应中，由于亲核试剂进攻反应活性中心与卤素相连的碳原子，形成过渡态，当中心碳原子上的氢逐渐被甲基取代后，反应物空间位阻加大，亲核试剂不易进攻，且过渡态拥挤程度增加更多，因此反应所需要的活化能增大，反应速率降低。因此，在 S_N2 反应中，卤代烷的活性次序为：CH_3X>伯卤代烷>仲卤代烷>叔卤代烷。

（2）烷基结构对 S_N1 的影响

从 S_N1 反应历程可看出，决定反应速率的步骤是碳正离子的生成。如果碳正离子越稳定，生成时的活化能就越低，反应速率越快，反应越易进行。

碳正离子的稳定性：三级碳正离子>二级碳正离子>一级碳正离子>甲基碳正离子。

因此，在 S_N1 反应中，卤代烷的活性次序为：叔卤代烷>仲卤代烷>伯卤代烷>CH_3X。

综上所述，卤代烷 S_N1 和 S_N2 反应可归纳总结如下：

	CH_3X	RCH_2X	R_2CHX	R_3CX
S_N1	不	很少	有时	通常
S_N2	通常	通常	有时	不

2. 卤素原子（离去基团）的影响

上面讨论的是烃基不同时对同一卤素原子的活性影响，如果烃基相同而卤素原子不同时，无论是 S_N1 还是 S_N2，卤代烷的活性次序为：

$$RI>RBr>RCl>RF$$

这是由于在 S_N1 和 S_N2 反应中，决定反应速率的步骤都包含 C—X 键的断裂，而在卤素中，碘的半径较大，C—I 键间电子云重叠程度小，可极化性大，因此 C—I 键较易断裂，I^- 是最好的离去基团，F^- 离去性能最差。

3. 亲核试剂的影响

由于 S_N1 反应中，决定反应速率的步骤是碳正离子的形成，只与卤代烷的浓度有关，与亲核试剂无关，所以亲核试剂对 S_N1 反应速率无影响。而 S_N2 反应速率与卤代烷和亲核试剂浓度成正比，因此亲核试剂的亲核能力越强、浓度越大，S_N2 反应越易进行。如：

$$CH_3CH_2Br \xrightarrow[\substack{C_2H_5OH \\ C_2H_5OH}]{C_2H_5ONa} \begin{array}{l} CH_3CH_2OCH_2CH_3 + NaBr \\ CH_3CH_2OCH_2CH_3 + HBr \end{array}$$

第一个反应，亲核试剂亲核能力强，反应几分钟完成；第二个反应回流 4 昼夜只有一半原料生成醚。常见的亲核试剂与溴甲烷反应的相对速率如表 7-3，可以推测试剂的亲核能力。

表 7-3　常见的亲核试剂与溴甲烷反应的相对速率

亲核试剂	相对反应速率	亲核试剂	相对反应速率
CN^-	12600	R_3N	—
HS^-、RS^-	12600	Cl^-	102
I^-	10200	CH_3COO^-	52.5
RO^-	—	F^-	10
HO^-	1600	ROH	—
Br^-	775	H_2O	1

注："—"表示具体数据不详，但相对强弱顺序如表中所示。

亲核试剂的亲核能力与许多因素有关，这里简单介绍一般性规律：

①带负电荷的试剂亲核性往往大于对应的中性试剂。例如：

$$HO^- > H_2O \qquad RO^- > ROH \qquad RS^- > RSH$$

②亲核原子相同时，碱性与亲核性一致。例如：

$$C_2H_5O^- > HO^- > C_6H_5O^- > CH_3COO^-$$

不过，碱性与亲核性不一样，碱性是指提供电子对和质子结合的能力，而亲核性是指提供电子对和带部分正电荷碳结合的能力。多数情况下碱性与亲核性一致，碱性强的试剂亲核性也就越强。

③当亲核试剂的亲核原子是元素周期表中同族原子时，在极性质子性（如水）溶剂中，试剂的可极化度越大，其亲核能力越强。例如：

$$I^- > Br^- > Cl^- > F^-$$

$$RS^- > RO^-$$

亲核试剂与质子性溶剂之间如能形成氢键，也会削弱其亲核能力，一般来说带相同电荷的原子，体积小的形成氢键能力强，亲核性减弱。卤代烷的亲核取代反应一般是在质子性溶剂中进行，I^- 既是较强的亲核试剂，又是较好的离去基团，可以用作亲核取代反应的催化剂。

7.3.4 亲核取代反应的立体化学

1. S_N2 反应的立体化学

在亲核取代双分子历程中，如前所示，亲核试剂 HO^- 是从离去基团 Br^- 背面进攻碳原子的，只有这样反应过渡态中 HO^- 与 Br^- 距离最远，互斥作用最小，体系能量最低。当 HO^- 与碳原子逐渐接近，形成新的化学键，Br^- 逐渐离去，其他与碳原子相连的三个基团逐渐向原来相反的方向翻转，如果反应活性中心碳原子是手性碳（其他三个基团不同），则得到骨架构型转化的产物。

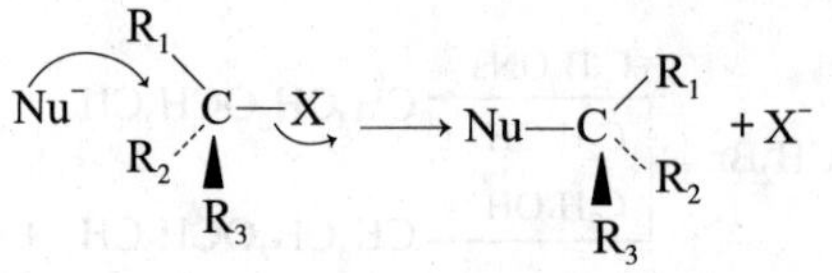

因为这种骨架构型转化是 Walden 发现的，所以这个转化又称为 Walden 转化。

综上所述，S_N2 立体化学的特点是：骨架构型转化，大部分情况是 R 转变为 S 或 S 转变为 R。

2. S_N1 反应的立体化学

S_N1 反应的活性中间体为碳正离子，碳正离子是 sp^2 杂化，呈平面结构：

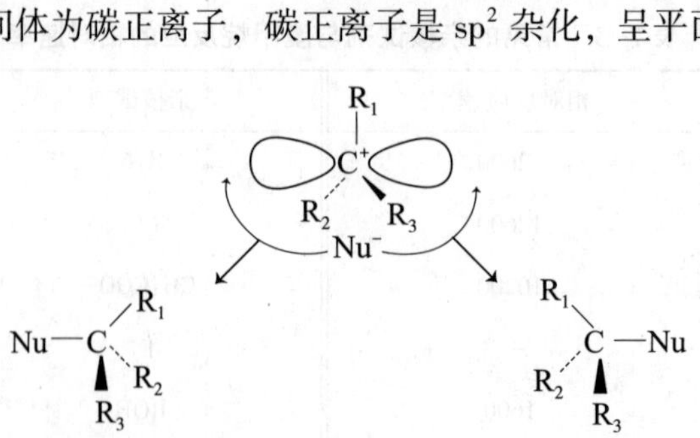

当反应活性中心碳原子为手性碳时，亲核试剂从两边进攻机会均等，理论上应得构型转化和构型保持的产物（一对对映体，外消旋化的产物）。但实际上多数实验证明构型转化的

产物往往大于构型保持的产物，也可以说是外消旋化同时，伴随构型转化。

其实 S_N1 和 S_N2 只是亲核取代反应的两种极限历程，伯卤代烷多为 S_N2 反应，叔卤代烷多为 S_N1 反应，仲卤代烷亲核取代历程较复杂，研究和争论的问题较多。

7.3.5 亲核取代与消除反应的竞争

卤代烃的水解与脱卤化氢都是在碱性溶液中进行，因此，当卤代烃水解时，不可避免地伴随脱卤化氢反应的发生；同样脱卤化氢时，也会有取代产物的生成。换句话说，亲核取代与消除反应往往同时进行，互相竞争。消除反应和亲核取代反应类似，也存在单分子消除反应（E1）和双分子消除反应（E2）两种历程。

1. E2 与 S_N2 的竞争

人们在研究溴乙烷在乙醇钠的乙醇溶液中脱去水生成乙烯时，发现这个反应速率不仅与溴乙烷浓度成正比，而且与乙氧基负离子浓度成正比：

$$CH_3CH_2Br+CH_3CH_2O^- \xrightarrow{C_2H_5OH} CH_2 = CH_2+CH_3CH_2OH+Br^-$$
$$v=k[CH_3CH_2Br][CH_3CH_2O^-]$$

这也是双分子反应，由碱性的乙氧基负离子进攻卤素 β 碳上的氢，与此同时，分子中溴也离去，也就是说 C—H 键和 C—Br 键断裂和 π 键形成是同步进行的，同 S_N2 亲核取代一样，为一步反应，这种反应过程称为双分子消除，简写为 E2，表示为：

$$CH_3CH_2O^-+H—CH_2CH_2Br \longrightarrow [CH_3CH_2\overset{\delta^-}{O}\cdots H\cdots CH_2 = CH_2\cdots \overset{\delta^-}{Br}]$$
$$\longrightarrow CH_3CH_2OH+CH_2 = CH_2+\overset{-}{Br}$$

反应特点：二级反应，没有中间体生成，一步协同历程，旧键断裂和新键形成同时进行。

消除反应与取代反应都是由同一亲核试剂进攻同一反应物卤代烷引起的，进攻卤素的 β 碳上的 H 就引起消除反应；进攻卤素的 α-C 则发生亲核取代反应。消除产物和取代产物的比例常受反应物结构、试剂碱性、温度、溶剂极性等因素影响。下面是根据许多实验事实总结出这些影响因素的一般规律：

①反应物结构影响。伯卤代烷的 S_N2 亲核取代反应很快，消除产物所占比例较少；叔卤代烷 α-C 位阻较大，有利于消除反应进行，只有少量取代产物；仲卤代烷情况比较复杂，主要看其他反应条件。

②试剂碱性的影响。一般来说试剂的碱性越强，浓度越大，越有利于 E2 消除反应；碱性越弱越有利于 S_N2 亲核取代反应。仲卤代烷随试剂碱性强弱发生 E2 还是 S_N2 变化较大：强碱有利于 E2 消除，弱碱有利于 S_N2 取代。

③反应温度的影响。反应温度升高，取代和消除反应速率都加快了，但消除反应比取代反应速率增加幅度大，消除反应打破 C—H σ 键所需能量比取代反应大，因此升高温度有利于消除反应。

④溶剂极性的影响。一般来说，增加溶剂极性有利于取代，不利于消除。常用氢氧化钾的醇溶液进行消除反应，氢氧化钠的水溶液进行取代反应。

2. E1 与 S_N1 的竞争

人们在研究叔丁基溴消除反应中，发现叔丁基溴消除反应速率只与叔丁基溴浓度有关，而与碱的浓度无关，提出了 E1 机理，常常伴随有 S_N1 的发生，例如：

$$(CH_3)_3CBr \longrightarrow (CH_3)_3C^+ \xrightarrow[S_N1]{HOC_2H_5} (CH_3)_3\overset{+}{C}OC_2H_5 \xrightarrow{-H^+} (CH_3)_3COC_2H_5$$

$$E1 \Big| C_2H_5OH$$

$$(CH_3)_2C =\!\!=\!\! CH_2 + C_2H_5\overset{+}{OH_2} \xrightarrow{-H^+} C_2H_5OH$$

无论是 E1 还是 S_N1，第一步碳正离子的生成都是决定整个反应速率的步骤，最后产物中消除或取代产物所占比例大小，是由第二步生成取代或消除产物过渡态能量的高低来决定的，即第二步称为产物的决定步骤。可见 E1 和 S_N1 是同一活性中间体继续反应时两种不同途径的竞争，而 E2 和 S_N2 则是两个不同反应的竞争。

E1 和 S_N1 的中间体都是碳正离子，因此有利于碳正离子的因素有利于 E1 和 S_N1，E1 和 S_N1 不同的地方是 E1 第二步卤素 β 碳上的 H 给了碱形成了烯烃，而 S_N1 是取代。因此，如果卤代烷相同，一般在温度低、弱碱性试剂条件下，取代反应是主要的；温度高、强碱性试剂中，消除反应是主要的。

总的来说，亲核取代反应和消除反应可以同时发生，双分子历程和单分子历程又是互相竞争的，强碱、高温、弱极性溶剂有利于消除反应的发生。

7.4　几种重要的卤代烃

7.4.1　氯代烷

1. 一氯甲烷

一氯甲烷(CH_3Cl)在室温下为气体，能溶于常用有机溶剂，微溶于水，工业上由甲烷氯化或甲醇与氯化氢反应制得。主要用于生产甲基氯硅烷、聚硅酮、四甲基铅(汽油抗爆剂)和甲基纤维素。

2. 二氯甲烷

二氯甲烷(CH_2Cl_2)为无色液体，沸点40℃，相对密度1.336，在100g水中溶解度为2.5g(15℃)，与乙醇、乙醚和 N,N-二甲基甲酰胺混溶。

二氯甲烷具有溶解能力强、毒性低、不燃烧、对金属稳定等优点，是最重要的含氯溶剂。大量用于制造电影胶片、涂料溶剂、金属脱脂剂、气烟雾喷射剂、聚氨酯发泡剂、脱模剂、脱漆剂等。在制药工业中做反应介质，用于制备氨苄青霉素、羟苄青霉素和先锋霉素等。

工业上由甲烷氯化或甲醇与氯化氢反应先制得一氯甲烷，然后再氯化生产二氯甲烷。

3. 三氯甲烷

三氯甲烷($CHCl_3$)又称氯仿，无色透明而有香甜味的液体，沸点61.2℃，相对密度1.489，微溶于水，能与乙醇、苯、乙醚、石油醚、四氯化碳、二硫化碳等常用有机溶剂混溶。不易燃烧，在光照下遇空气逐渐被氧化生成剧毒的光气，故需保存在密封的棕色瓶中，常加入1%乙醇以破坏可能生成的光气。

主要用来生产氟里昂(F-21、F-22、F-23)、染料和药物。可用作抗生素、香料、油脂、树脂、橡胶的溶剂和萃取剂，与四氯化碳混合可制成不冻的防火液体。但由于毒性过大，逐渐被二氯甲烷取代。

工业上由甲烷氯化或四氯化碳还原得到：

$$CCl_4 + H_2 \xrightarrow{Fe} CHCl_3 + HCl$$

$$3CCl_4 + CH_4 \xrightarrow{400\sim650℃} 4CHCl_3$$

4. 四氯化碳

四氯化碳(CCl_4)为无色液体，沸点 76.8℃，相对密度 1.595，不溶于水，能溶解脂肪、油漆、树脂等多种有机物，是常用的有机溶剂和萃取剂。四氯化碳容易挥发，不燃烧，且相对密度比空气大，因此四氯化碳能覆盖在燃烧的物体上，隔绝空气而灭火，是一种常用的灭火剂。但由于毒性较大，高温下遇水分解产生光气：

$$CCl_4 + H_2O \xrightarrow{高温} \underset{光气}{COCl_2} + 2HCl$$

使用时必须注意通风，以免中毒，有些国家已不再用作溶剂和灭火剂。另外，四氯化碳与碱金属和碱土金属在较高温度下能猛烈反应，容易引起爆炸，所以当金属钠着火时，不能用它灭火。

7.4.2 氯乙烯

氯乙烯($CH_2=CHCl$)，常温下是气体，沸点 -14℃。工业上由石油裂解产生的乙烯与氯气加成，再脱氯化氢制得：

$$CH_2=CH_2 + Cl_2 \longrightarrow \underset{\underset{Cl}{|}}{CH_2} - \underset{\underset{Cl}{|}}{CH_2} \xrightarrow{NaOH} CH_2=CHCl$$

氯乙烯是一种应用于高分子化工的重要单体，主要用途是制取聚氯乙烯：

$$n CH_2 = \underset{\underset{Cl}{|}}{CH} \longrightarrow \left[CH_2 - \underset{\underset{Cl}{|}}{CH} \right]_n$$

聚氯乙烯(简称 PVC)是应用广泛的一种合成树脂。加入其他成分，如增塑剂、抗氧剂等塑料添加剂，可以增强其耐热性、韧性、延展性等，在工农业生产及日常生活中用途广泛。

7.4.3 氯苯

氯苯为无色液体，沸点 132℃，相对密度 1.106，不溶于水，易溶于乙醇、乙醚、苯和氯仿。遇光易分解，因此密封阴凉避光保存。工业上有两种方法制备氯苯：一种是苯直接氯化法；另一种是氧氯化法，即将苯蒸气、氯化氢和空气在催化剂作用下得到氯苯：

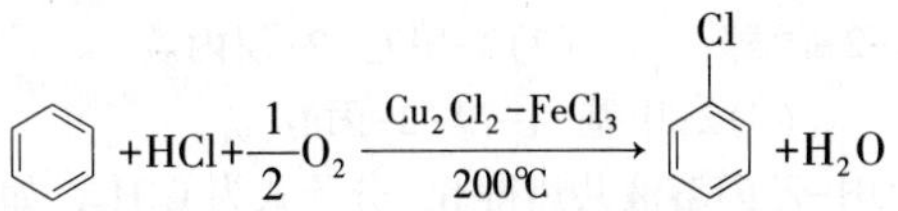

$$\text{⬡} + HCl + \frac{1}{2}O_2 \xrightarrow[200℃]{Cu_2Cl_2-FeCl_3} \text{⬡}{-Cl} + H_2O$$

氯苯可用作溶剂和有机合成原料，合成苯酚、苯胺等有机工业产品，也是某些农药、医药和染料中间体的原料。

习　题

1. 写出 1-溴戊烷的所有异构体，并用系统命名法命名。

2. 用系统命名法命名下列化合物。

(1) $CH_3CH_2CHCH_3$
            |
            Br

(2) $CH_3CH—CHCH_3$
          | |
         CH_3 Br

(3) $CH_3CHCH_2CHCH_2CH_3$
             | |
             Cl CH_3

(4) $CH_2\!=\!CHCH_2Br$

(5) $CH_2\!=\!CHCHCH_2Cl$
               |
              CH_3

(6)
$$\begin{array}{c} H \\ \diagdown \\ H_3C \end{array} C\!=\!C \begin{array}{c} H \\ \diagup \\ Br \end{array}$$

3. 写出下列卤代烃的构造式。

(1) 异丙基碘   (2) 叔丁基氯   (3) 烯丙基溴

(4) 苄基溴   (5) 氯代环己烷   (6) 2-氯-1,4-戊二烯

4. 用方程式表示 2-溴丁烷与下列试剂反应的主要产物。

(1) NaOH(水)   (2) KOH(醇)   (3) NaCN

(4) NaI(丙酮)   (5) Mg(乙醚)   (6) 产物(5)+乙炔

5. 写出下列反应的主要产物。

(1) $C_6H_5CH_2Cl \xrightarrow{Mg} ? \xrightarrow{CO_2} ? \xrightarrow[H_2O]{H^+} ?$

(2) 环己烯 $+NBS \xrightarrow[\text{引发剂}]{CCl_4} ? \xrightarrow[\text{乙醇,加热}]{KOH} ?$

(3) 对氯苄氯（CH$_2$Cl 和 Cl 取代的苯）$\xrightarrow[\text{H}_2\text{O, 加热}]{NaOH} ?$

(4) 邻位有 CH=CHBr 和 CH$_2$Cl 的苯 $\xrightarrow{KCN} ?$

(5) $ClCH_2CH_2CHCH_3 + NaI \xrightarrow{\text{丙酮}} ?$
                    |
                    Cl

(6) $(CH_3)_3CCl + NaOH \xrightarrow{H_2O} ?$

6. 将下列两组化合物,按照不同要求排列成序。

(1) 进行 S_N2 反应速率:

① 1-溴丁烷   ② 2-甲基-1-溴丁烷   ③ 3-甲基-1-溴丁烷

(2) 进行 S_N1 反应速率:

① 异丙基溴   ② 叔丁基碘   ③ 叔丁基氯

7. 1-氯丁烷与乙酸钠在乙醇溶液中反应或与甲醇钠在甲醇溶液中反应,哪一个反应快? 为什么?

8. 由 2-甲基-1-溴丙烷及其他无机试剂制备下列化合物。

(1) 异丁烯   (2) 2-甲基-2-丙醇   (3) 2-甲基-2-溴丙烷

(4) 2-甲基-1,2-二溴丙烷   (5) 2-甲基-1-溴-2-丙醇

9. 分子式为 C_3H_7Br 的 A,与 KOH-乙醇溶液共热得 B,分子式为 C_3H_6,如使 B 与 HBr 作用则得到 A 的异构体 C,推断 A 和 C 的结构,用反应式表明推断过程。

10. 某烃 A,分子式为 C_5H_{10},它与溴水不发生反应,在紫外光照射下与溴作用只得到一种产物 B(C_5H_9Br)。将化合物 B 与 KOH 的醇溶液作用得到 C(C_5H_8),化合物 C 经臭氧化并在锌粉存在下水解得到戊二醛。写出 A、B、C 的结构式及各步反应式。

第八章　芳香烃

分子中含有苯环或具有类似苯的性质的碳氢化合物称为芳香烃，简称芳烃。芳香烃最初是指从天然香树脂、香精油中提取的物质，具有特殊的芳香气味。从碳氢比来看，芳香烃有高度的不饱和性，但却相当稳定，化学性质不同于烯、炔不饱和烃，不易进行加成和氧化，而易进行亲电取代反应，这些特殊性曾被作为芳香性的标志。芳香烃大多数含有苯环，也有一些不含苯环的化合物，具有与苯性质相似的非苯系芳香烃。

根据分子中所含苯环的数目可将芳香烃分为单环芳香烃和多环芳香烃两大类。

（1）单环芳香烃。分子中含有一个苯环的芳香烃，它包括苯及其同系物和苯基取代的不饱和烃，如乙烯苯、乙炔苯等。

（2）多环芳香烃。分子中含有两个或两个以上苯环的芳香烃，根据苯环的连接方式不同，多环芳香烃又分为联苯类、多苯代脂肪烃和稠环芳香烃三类。

①联苯类——多个苯环之间以单键相连。例如：

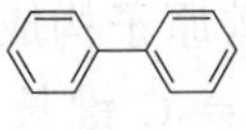

联苯 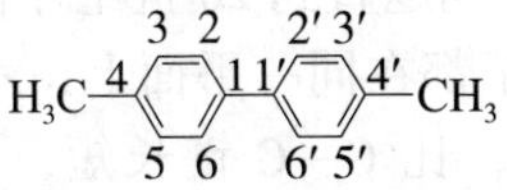　　　　　　　　4,4′-二甲基联苯 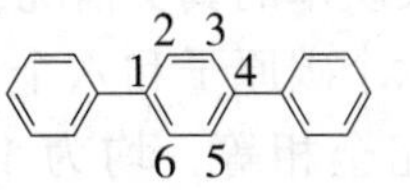　　　　　　　1,4-联三苯

②多苯代脂肪烃——这一类苯环之间相隔一个或一个以上碳原子。例如：

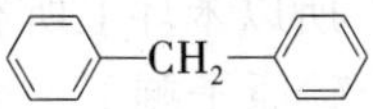

二苯甲烷 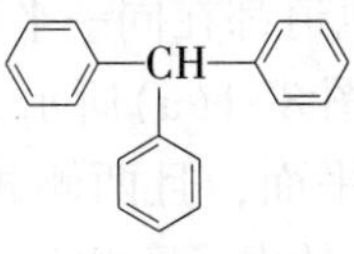　　　　　　三苯甲烷 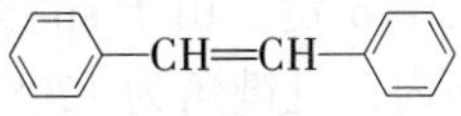　　　　　　1,2-二苯乙烯

③稠环芳香烃——两个或两个以上苯环共用两个相邻的碳原子连接起来。例如：

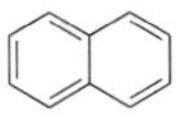

萘 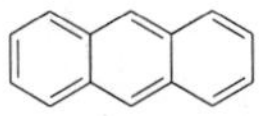　　　　　　　　　蒽 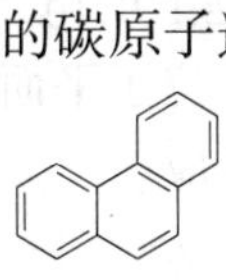　　　　　　　　菲

苯是最简单的芳香烃，这一章主要讨论含有苯环的芳香烃。

8.1　单环芳香烃

8.1.1　苯的结构

19 世纪初期发现了苯，并由元素分析、相对分子质量测定，确定其分子式为 C_6H_6，说明它是一个高度不饱和的化合物。但苯的性质，却与烯烃、炔烃完全不同，不易加成，而容易发生取代，表现为类似烷烃的性质。好长一段时间人们不知道苯的结构，直到 1865 年德国化学家 Kekulé 根据苯的一元取代物只有一种，说明六个 H 原子是等同的实验事实，提出了苯的环状结构，又根据碳为四价的理论把苯写成：

苯的这种结构称为 Kekulé 结构式，它是有机化学理论研究中的一项重大成就，但它有不足之处：

①不能解释为什么苯有三个双键却不发生类似于烯烃和炔烃的加成反应。

②苯的邻位取代物应有下列两种产物，但实际上只有一种。

为了合理解释这一问题，Kekulé 假定苯分子中双键在不停地来回转动，是下面两种结构的平衡体系：

这并不能反映苯的真实情况，这个问题直到 20 世纪才得到合理解释。近代物理方法证明，苯分子中六个碳原子和六个氢原子都在同一平面上，六个碳原子构成一个平面正六边形，碳碳键长完全相等，均为 140pm，比 C—C 键长短，比 C ＝C 键长长，所有键角都是 120°。

杂化轨道理论认为，苯分子中每个碳原子都是 sp^2 杂化，分别与相邻的两个碳原子、一个氢原子形成三个 σ 键。由于 sp^2 杂化轨道都在同一平面内，所以苯环上所有碳原子和氢原子都在同一平面内，且键角为 120°，如图 8-1（a）所示。每个碳原子剩下一个未杂化的 p 轨道，这些 p 轨道互相平行，垂直于这个平面，且两侧相互重叠，形成一个环状闭合的大 π 键，如图 8-1（b）所示。这样处于 π 键上的电子不再属于某一个碳原子，而是高度离域，属于六个碳原子，使大 π 键上的电子云完全平均化，形成的 π 电子云像两个连续的面包圈，一个位于平面上方，一个位于平面下方，如图 8-1（c）所示，从而使体系能量降低，苯分子得以稳定，不易起加成反应。

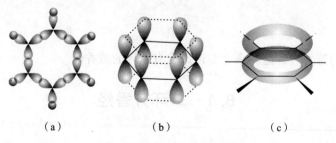

图 8-1　苯分子的轨道结构

苯的 Kekulé 结构式虽然不能很圆满地表达苯的结构，目前习惯上仍采用 Kekulé 结构式，但使用时不能认为它有单双键之分。也常用一个带有圆圈的正六边形来表示苯的结构：

8.1.2 芳香烃的异构和命名

1. 苯的简单衍生物的命名

简单的烷基苯，以苯为母体，烷基作取代基来命名，称为某烃基苯（"基"字常省略）。例如：

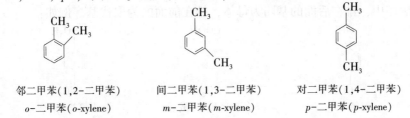

甲苯	乙苯	异丙苯
methylbenzene	ethylbenzene	isopropylbenzene

苯的一元衍生物只有一种，二元及二元以上衍生物往往存在多种异构体。因此，多烷基苯的命名，要标出取代基在苯环上的位置，取代基的位置用阿拉伯数字表示或用邻、间、对（可简写为 *o*-，*m*-，*p*-）等表示。例如：二甲苯，有三种异构体：

邻二甲苯(1,2-二甲苯)	间二甲苯(1,3-二甲苯)	对二甲苯(1,4-二甲苯)
o-二甲苯(*o*-xylene)	*m*-二甲苯(*m*-xylene)	*p*-二甲苯(*p*-xylene)

三取代苯，如果三个取代基都相同时，有三种异构体，例如：三甲苯：

连三甲苯(1,2,3-三甲苯)	偏三甲苯(1,2,4-三甲苯)	均三甲苯(1,3,5-三甲苯)
1,2,3-trimethylbenzene	1,2,4-trimethylbenzene	1,3,5-trimethylbenzene

三个取代基不相同时，异构现象比较复杂，这里不加讨论。

某些取代基，如卤素、硝基等取代的芳香烃，卤素和硝基只能作取代基，母体总是苯，读作"某苯"。例如：

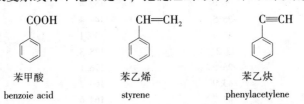

氯苯	硝基苯	间硝基甲苯
chlorobenzene	nitrobenzene	*m*-nitrotoluene

2. 苯的复杂衍生物的命名

若苯环上烃基较复杂或有不饱和键时，把链烃当母体，苯环当取代基来命名。例如：

苯甲酸	苯乙烯	苯乙炔
benzoie acid	styrene	phenylacetylene

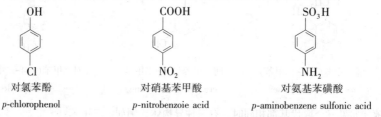

苯甲醇（苄醇）
benzyl alcohol

2-甲基-3-苯基戊烷
2-methyl-3-phenylpentane

苯分子中去掉一个氢原子后，剩下的原子团 C_6H_5— 称为苯基，常以 Ph—（Phenyl 的前两个字母）表示；甲苯分子中甲基上去掉一个氢原子，剩下的原子团 $C_6H_5CH_2$— 称为苄基，常以 Bz—（Benzyl group）表示；芳烃分子中苯环上去掉一个氢原子，剩下的原子团称为芳基，常以 Ar—（Aryl）表示。

3. 苯环上有多个不同取代基的衍生物

当苯环上有多个取代基时，首先应选好母体，再依次编号。选择母体的原则：

$$—R \quad —NH_2 \quad —OH \quad —CHO \quad —SO_3H \quad —COOH$$

在上述顺序中，排在后面的基团为母体，排在前面的为取代基。例如：

对氯苯酚
p-chlorophenol

对硝基苯甲酸
p-nitrobenzoie acid

对氨基苯磺酸
p-aminobenzene sulfonic acid

8.1.3　芳香烃的物理性质

苯及其同系物多数为无色液体，相对密度小于 1，不溶于水，而易溶于石油醚、醇、醚等有机溶剂。苯及其同系物具有特殊的气味，但有毒，使用时应尽量避免吸入。由于碳氢比例高，燃烧时产生带黑烟的火焰。

在苯的同系物中，每增加一个 CH_2 单位，沸点平均升高 30℃。含相同碳数的各种异构体，其沸点相差不大，如邻、间、对二甲苯沸点分别为 144.4℃、139.1℃、138.3℃，相差不大，高效分馏塔可以把邻二甲苯分离出来。

苯及结构对称的异构体，都具有较高的熔点。例如，对二甲苯对称性高，比间二甲苯熔点高约 61℃（比邻二甲苯高约 39℃），可用冷冻法把对二甲苯与间二甲苯分离。表 8-1 列出了某些芳香烃的物理常数。

表 8-1　某些芳香烃的物理常数

名称	熔点/℃	沸点/℃	相对密度（d_4^{20}）
苯	5.5	80.1	0.879
甲苯	-95.0	110.6	0.867
乙苯	-95.0	136.2	0.867
正丙苯	-99.5	159.2	0.862
异丙苯	-96.0	152.4	0.862
邻二甲苯	-25.5	144.4	0.880
间二甲苯	-47.9	139.1	0.864
对二甲苯	13.2	138.3	0.861
连三甲苯	-25.5	176.1	0.894
偏三甲苯	-43.9	169.2	0.876
均三甲苯	-44.7	164.6	0.865

苯及同系物常常用作有机反应的溶剂。

8.1.4 芳香烃的化学性质

苯的结构已经说明，苯环中不存在碳碳双键，它不具备烯烃的典型性质，不易进行加成反应，也不易被氧化，而容易发生亲电取代反应。

1. 苯环上的亲电取代反应

芳香烃取代是指苯环上的氢被—X、—NO_2、—SO_3H、—R 等原子或原子团取代，由于取代过程是亲电试剂进攻苯环这个大 π 键而引起的，所以这种取代称为亲电取代反应。卤代、硝化、磺化是芳香烃几种常见的亲电取代反应。

(1)卤代反应

苯与卤素一般情况下不发生取代反应，但在有催化剂(Fe 粉或 FeX_3、AlX_3)等存在下加热，苯和卤素作用，苯环上的氢原子被卤素取代，这个反应称为卤代反应(卤素一般指氯或溴)。例如：

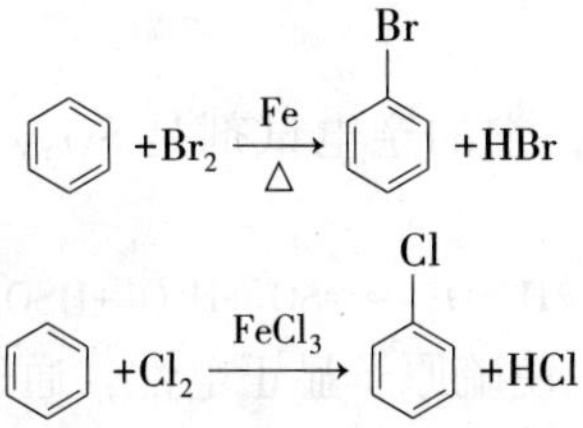

$$\bigcirc + Br_2 \xrightarrow[\triangle]{Fe} \bigcirc\!\!-Br + HBr$$

$$\bigcirc + Cl_2 \xrightarrow{FeCl_3} \bigcirc\!\!-Cl + HCl$$

实验过程常用铁屑代替三氯化铁和三溴化铁(二者易吸水、不易保存)，铁很快与溴或氯作用产生三氯化铁或三溴化铁。下面以溴为例说明反应过程。

三溴化铁的作用是与溴分子络合，使溴分子极化，容易发生异裂，增强了溴的亲电性：

$$Br_2 + FeBr_3 \Longleftrightarrow Br—Br : FeBr_3$$

溴本身不能作为亲电试剂，只有与三溴化铁络合才能增强它的亲电性能，此络合物作为亲电试剂进攻苯环，形成碳正离子，表示为：

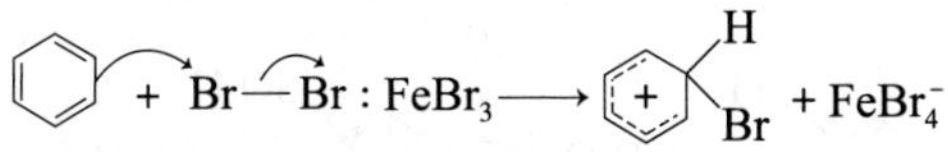

$$\bigcirc + Br—Br : FeBr_3 \longrightarrow \bigcirc^{+}\!\!\!<^{H}_{Br} + FeBr_4^{-}$$

最后苯环脱去质子，恢复其稳定结构而生成溴苯：

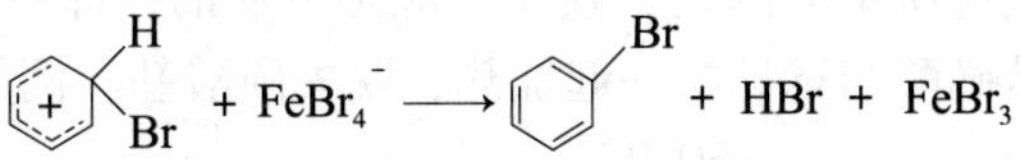

$$\bigcirc^{+}\!\!\!<^{H}_{Br} + FeBr_4^{-} \longrightarrow \bigcirc\!\!-Br + HBr + FeBr_3$$

同时释放出溴化氢和三溴化铁，三溴化铁继续起催化作用，使反应进行到底。

(2)硝化反应

苯与浓 H_2SO_4 和浓 HNO_3 的混合物(简称混酸)在 50~60℃之间反应，苯环上的一个氢原子被硝基取代生成硝基苯：

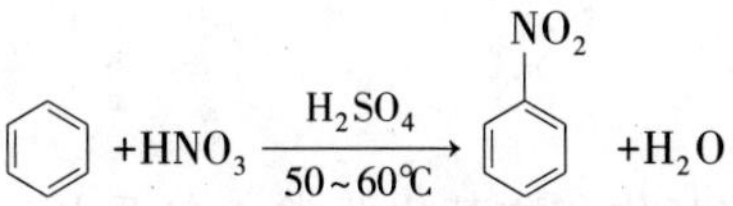

$$\bigcirc + HNO_3 \xrightarrow[50\sim60℃]{H_2SO_4} \bigcirc\!\!-NO_2 + H_2O$$

硝化反应中的亲电试剂是硝基正离子(NO_2^{+})，浓硫酸是催化剂，帮助产生硝基正离子，又叫硝酰阳离子或硝鎓离子。硝基正离子进攻苯环生成碳正离子(类似溴代反应)，再很快脱去一个质子，表示为：

$$HONO_2 + 2H_2SO_4 \rightleftharpoons NO_2^+ + H_3O^+ + 2HSO_4^-$$

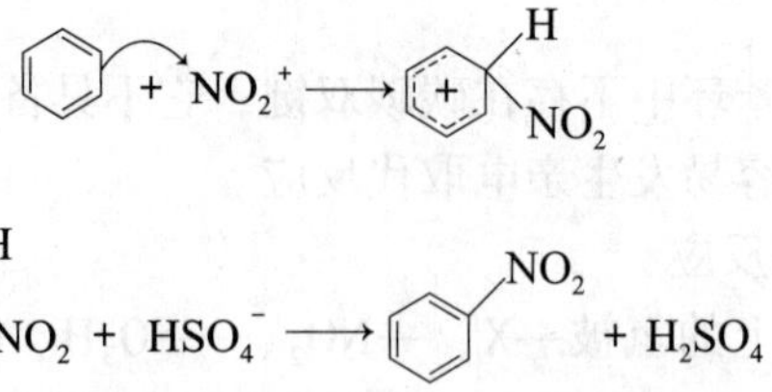

（3）磺化反应

苯与发烟硫酸或浓硫酸作用，苯环上的一个氢原子被磺酸基（—SO₃H）取代，生成苯磺酸：

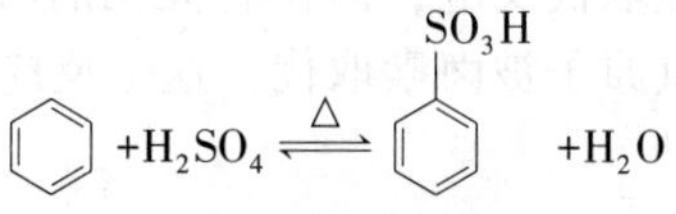

苯磺酸

磺化反应的过程与硝化相似，它的亲电试剂是 SO_3，在浓硫酸或发烟硫酸中存在如下平衡：

$$2H_2SO_4 \rightleftharpoons SO_3 + H_3O^+ + HSO_4^-$$

SO_3 中由于氧的电负性较大，使硫原子显正电性，通过硫原子进攻苯环，再脱去质子而生成苯磺酸，反应过程如下：

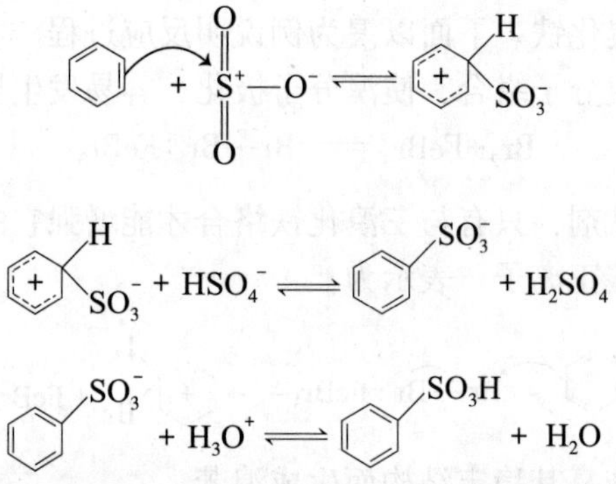

与卤代反应、硝化反应所不同的是，磺化反应是可逆的，即—SO₃H 可以加上去，也可以在过热水蒸气中或将苯磺酸与稀硫酸一起加热，脱去磺酸基。例如：

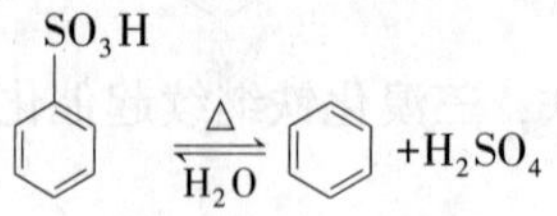

磺化反应的可逆性在有机合成中十分有用。在合成时，可通过磺化反应保护苯环上的某一位置，待进一步发生反应后，再通过稀硫酸或盐酸将磺酸基除去，即可得到所需的化合物。

（4）Friedel—Crafts 反应

Friedel—Crafts 反应包括烷基化和酰基化两类。在无水三氯化铝等催化下，苯与卤代烷反应生成烷基苯，称为 Friedel—Crafts 烷基化或烃基化。例如：

94

$$\bigcirc + (CH_3)_3CCl \xrightarrow{\text{无水 AlCl}_3} \bigcirc\!\!-\!\!C(CH_3)_3 + HCl$$

若伯氯代烷作烷基化试剂，如果碳链超过三个碳原子则发生重排，例如：苯与正丙基氯反应，得到的主要产物是异丙苯：

$$\bigcirc + CH_3CH_2CH_2Cl \xrightarrow[\triangle]{\text{无水 AlCl}_3} \bigcirc\!\!-\!\!CH(CH_3)_2 + \bigcirc\!\!-\!\!CH_2CH_2CH_3$$

$$\qquad\qquad\qquad\qquad\qquad\qquad\quad 65\%\sim69\% \qquad\quad 35\%\sim31\%$$

发生重排的原因是正丙基氯与三氯化铝作用，产生的碳正离子趋向于重排为更稳定的异丙基碳正离子：

$$CH_3CH_2CH_2Cl + AlCl_3 \longrightarrow CH_3CH_2CH_2^+ + AlCl_4^-$$

$$CH_3\!\!-\!\!\overset{\overset{\displaystyle H}{|}}{C}H\!\!-\!\!CH_2^+ \rightleftharpoons CH_3\!\!-\!\!\overset{+}{C}H\!\!-\!\!CH_3$$

因此烷基化得不到三个或三个以上碳的直链烷基苯，直链烷基苯要用 Friedel—Crafts 酰基化。在无水三氯化铝等催化下，苯与酸酐或酰氯反应生成芳香酮，称为 Friedel—Crafts 酰基化。例如：

$$\bigcirc + (CH_3CO)_2O \xrightarrow{\text{无水 AlCl}_3} \bigcirc\!\!-\!\!COCH_3 + CH_3COOH$$
$$\text{苯乙酮}$$

$$\bigcirc + CH_3CH_2\!\!-\!\!\overset{\overset{\displaystyle O}{\|}}{C}\!\!-\!\!Cl \xrightarrow{\text{无水 AlCl}_3} \bigcirc\!\!-\!\!COCH_2CH_3 + HCl$$
$$\text{苯丙酮}$$

Friedel—Crafts 酰基化不发生重排，但所需催化剂用量较大。生成的芳香酮在锌-汞齐浓盐酸作用下，被还原成烷基苯，得到直链烷基苯。例如：

$$\bigcirc\!\!-\!\!COCH_2CH_3 \xrightarrow[\text{浓 HCl}]{\text{Zn-Hg}} \bigcirc\!\!-\!\!CH_2CH_2CH_3$$

2. 烷基苯侧链的卤代反应

在没有铁盐存在时，烷基苯与卤素（氯或溴）在高温或光照条件下反应，发生在烷基苯的侧链上。例如：甲苯氯代：

$$\bigcirc\!\!-\!\!CH_3 \xrightarrow[\text{热或光}]{Cl_2} \bigcirc\!\!-\!\!CH_2Cl \xrightarrow[\text{热或光}]{Cl_2} \bigcirc\!\!-\!\!CHCl_2 \xrightarrow[\text{热或光}]{Cl_2} \bigcirc\!\!-\!\!CCl_3$$

烷基苯侧链的卤代反应历程，与烷烃卤代一样是自由基历程。除甲苯以外的其他烷基苯，侧链卤代主要发生在与苯相连的 α-碳原子上，例如：

$$\bigcirc\!\!-\!\!CH_2CH_3 \xrightarrow[\text{热或光}]{Cl_2} \bigcirc\!\!-\!\!\overset{\overset{\displaystyle Cl}{|}}{C}HCH_3 + \bigcirc\!\!-\!\!CH_2CH_2Cl$$

$$\qquad\qquad\qquad\qquad\qquad\quad 56\% \qquad\qquad\qquad 44\%$$

另外还可以用 NBS 作溴化试剂，例如：

$$\text{C}_6\text{H}_5-\text{CH(CH}_3)_2 \xrightarrow{\text{NBS}} \text{C}_6\text{H}_5-\overset{\overset{\displaystyle \text{Br}}{|}}{\text{C}}(\text{CH}_3)_2$$
100%

通过苯环卤代和烷基苯侧链卤代反应，更进一步说明了反应条件在有机化学上的重要性。

3. 氧化反应

苯环有特殊的稳定性，很难氧化，但烷基苯在高锰酸钾、硝酸、铬酸等强氧化剂作用下，无论碳链有多长，最终产物总是得到苯甲酸。例如：

$$\text{C}_6\text{H}_5-\text{CH}_3 \xrightarrow[\triangle]{\text{KMnO}_4} \text{C}_6\text{H}_5-\text{COOH} \xleftarrow[\triangle]{\text{KMnO}_4} \text{C}_6\text{H}_5-\text{CH}_2\text{CH}_2\text{CH}_3$$

这是由于 α-氢原子受苯环影响比较活泼，若苯环 α-碳上无 α-氢时，一般不发生氧化。例如，叔丁基苯，若强烈氧化，则苯环被破坏。

苯环在特殊条件下，也能氧化开环。例如，在较高温度、催化剂 V_2O_5 作用下，苯可被空气中的氧氧化成顺丁烯二酸酐(简称顺酐)，是工业上合成顺酐的方法：

$$\text{C}_6\text{H}_6 +\text{O}_2 \xrightarrow[450\sim500℃]{V_2O_5} \text{顺丁烯二酸酐} +\text{CO}_2+\text{H}_2\text{O}$$

顺丁烯二酸酐(马来酸酐)

4. 加成反应

苯及其同系物与烯烃或炔烃相比，难于加成，但并不是说不能加成，在一定条件下仍可与氢、氯等加成生成环烷烃或其衍生物。例如：

$$\text{C}_6\text{H}_6 +3\text{H}_2 \xrightarrow[180\sim250℃]{\text{Ni}} \text{C}_6\text{H}_{12}$$

这是工业上制备环己烷的方法，产品纯度较高。苯在日光照射下能与氯气加成，生成六六六，曾被用作杀虫剂大量使用，但对环境造成大量污染，现已禁用。

8.2 苯环上亲电取代的定位规律

8.2.1 取代基定位规律——两类定位基

苯环上引入一个取代基产物只有一种，由一取代生成二取代时，理论上 5 个位置的反应速率相同，按氢原子比例，二取代产物比例应是邻:间:对 = 2:2:1，而实验事实并非如此。甲苯硝化比苯硝化容易，邻、间、对各种产物含量如下：

$$\text{C}_6\text{H}_5\text{CH}_3 +\text{HNO}_3 \xrightarrow{\text{AcOH}} \text{邻硝基甲苯} + \text{间硝基甲苯} + \text{对硝基甲苯}$$

63%　　　　　3%　　　　34%

硝基苯硝化，比苯硝化难，且主要生成间二硝基苯：

氯苯硝化，硝基主要进入氯的邻对位，但反应比苯硝化难。不但硝化有这样的规律，而且卤化、磺化也有类似的规律。可见，第二个取代基进入的位置与亲电试剂无关，只与苯环上原有的取代基的性质有关，受苯环上原有取代基的控制。我们把这种苯环上原有取代基对新进入苯环取代基位置的影响称为定位规律(也称定位效应)，原有取代基叫定位基。定位基不但能影响新取代基进入的位置，而且能影响反应速率。根据大量实验事实，可以把一些常见基团按照它们的定位规律分为两类：邻对位定位基和间位定位基。

1. 邻对位定位基(第一类定位基)

属于邻对位定位基的基团主要有：

$$-N(CH_3)_2 \quad -NH_2 \quad -OH \quad -OCH_3 \quad -NH-\overset{\displaystyle O}{\overset{\|}{C}}-CH_3 \quad -O-\overset{\displaystyle O}{\overset{\|}{C}}-CH_3 \quad -C_6H_5 \quad -R \quad -X$$

如果苯环上已带有上述基团之一，再进行亲电取代反应时，第二个基团主要进入它的邻位和对位，即产物主要是邻位和对位两种二元取代产物。且除卤素以外，其他基团使亲电反应易于进行，比苯环上无取代基时快，也就是这些基团对苯环有致活作用，它们的致活能力按上述顺序依次减弱。

—F、—Cl、—Br、—I 也是邻对位定位基，但使苯环钝化(致钝作用)，反应比苯难。

2. 间位定位基(第二类定位基)

属于间位定位基的基团主要有：

$$-N^+(CH_3)_3 \quad -NO_2 \quad -CN \quad -SO_3H \quad -\overset{\displaystyle O}{\overset{\|}{C}}-H(R) \quad -COOH$$

如果苯环上已带有此类基团，再进行亲电取代反应时，第二个基团主要进入它的间位，且反应速率比没有取代基时慢，也就是使苯环致钝，致钝能力按上述顺序依次减弱。

8.2.2 取代基定位规律的简单解释

苯环上连有不同的原子或基团时，之所以对苯环产生致活或致钝作用，是由于这些原子或基团的诱导效应以及它们与苯环的共轭效应共同作用的结果。

第一类定位基，除烷基和苯基外，与苯环直接相连的第一个原子氧、氮、卤素，电负性都比碳原子大，对苯环电子云都有吸电子诱导效应；同时它们都带有未共用电子对，能与苯环形成 p-π 共轭体系，共轭时氧、氮、卤素提供的是一对未共用的电子对，而苯环大 π 键是由每个碳原子提供一个电子形成的，相对而言孤对电子的电子云密度较大，表现为对苯环有供电子的共轭效应。除卤素以外，其他的原子团供电子的共轭效应大于吸电子诱导效应，总体效果表现为供电子效应，使苯环上的电子云密度增高，有利于亲电取代反应的进行，即使苯环致活。例如：苯环与—NH$_2$相连时，氮原子电负性比碳强，有吸电子诱导效应，同时氮上又有未共用电子对与苯环形成 p-π 共轭体系，又表现出供电子的共轭效应，而后者作用大于前者，最终氨基对苯环表现为供电子效应，使苯环电子云密度增高，所以苯胺比苯更容易进行亲电取代反应。

对于卤素而言，由于卤素电负性较大，吸电子诱导效应较强，大于它与苯环形成的供电子共轭效应，总体效应使苯环电子云密度降低，亲电取代反应活性不如没有取代基的苯，即使苯环致钝。

烷基与苯环直接相连时，由于烷基碳原子sp^3杂化，而苯环碳原子sp^2杂化，sp^2杂化轨道中s成分多，s轨道离原子核近吸电子能力强，所以烷基表现为向苯环供电子，不过此供电子作用较弱，烷基为弱的致活基团。若苯基直接与苯基相连，一个苯基进行亲电取代反应，因其中间体为芳基正离子，另一个苯基上的电子云必然偏向反应的苯环，表现为供电子效应，此效应也较弱，同烷基一样也为弱的致活基团。

第二类定位基，不但对苯环上的电子云有吸电子诱导效应，而且与苯环直接相连的原子大都与另一个电负性较强的原子通过不饱和键相连，不饱和键能与苯环大 π 键之间形成吸电子的 π-π 共轭效应。诱导效应和共轭效应均使苯环上电子云密度降低，亲电取代反应不易发生，即使苯环致钝。例如硝基苯，不但硝基对苯环上电子云有吸电子诱导效应，而且硝基中的氮氧双键与苯环也是共平面的，氮原子与两个氧原子形成的 π 键，与苯环上的大 π 键共轭，而氧原子电负性较强，吸电子能力较强，因此硝基与苯环共轭表现为吸电子共轭效应。无论是诱导效应还是共轭效应，均能使苯环上电子云密度降低，不利于亲电取代反应的进行。

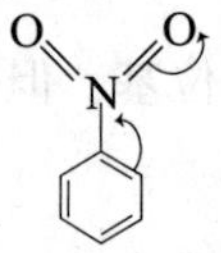

三甲氨基正离子由于带正电，也使苯环电子云密度降低，使苯环致钝。

无论是第一类还是第二类定位基，对苯环上其邻位、间位和对位不同位置电子云的分布影响不一样。用分子轨道法可以近似计算出取代苯中不同位置的有效电荷分布。例如，若以苯环上各位置的有效电荷为零，苯胺、硝基苯中的邻、间、对的相对有效电荷分布如下：

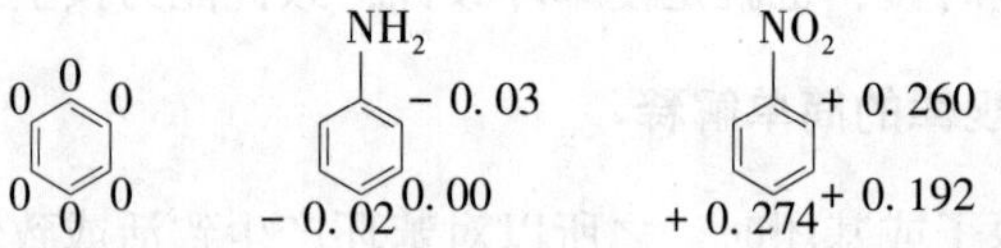

从上述数据可以看出，氨基使苯环上邻位和对位的电子云密度增高比间位大，因此苯胺亲电取代反应主要发生在其邻位和对位，其他第一类定位基也是如此。而硝基苯使苯环上电子云密度降低，其邻位和对位电子云密度降低程度比间位大。换句话说，就是硝基苯中间位的电子云密度较邻、对位大，因此硝基苯亲电取代反应主要发生在间位，其他第二类定位基亲电取代反应也发生在间位。

8.2.3 取代基定位规律的应用

取代基定位规律的应用主要有以下二个方面：

1. 预测反应主要产物

根据取代基的定位规律，可以判断新导入取代基的位置，预测反应的主要产物。例如，苯酚硝化，由于—OH 是邻对位定位基，因此产物主要是邻硝基苯酚和对硝基苯酚：

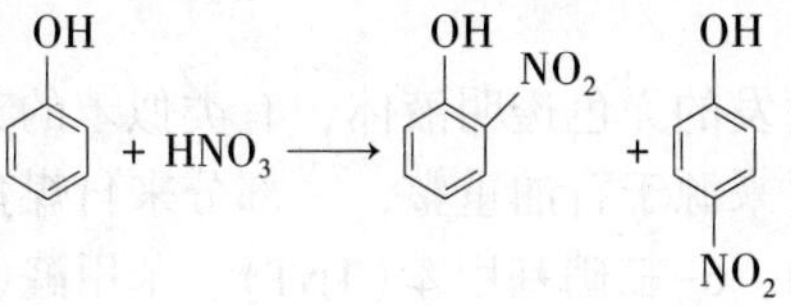

邻硝基苯酚易形成分子内氢键，不溶于水，而对硝基苯酚溶于水，可以用水蒸气蒸馏法将二者分开，在合成上有制备价值。

而且—OH 是强致活基团，因此硝化时不用加硫酸即可发生硝化反应。若是致钝基团，必须用混酸进行硝化。例如，苯甲酸硝化必须使用混酸，且—COOH 是间位定位基，主要产物是间硝基苯甲酸：

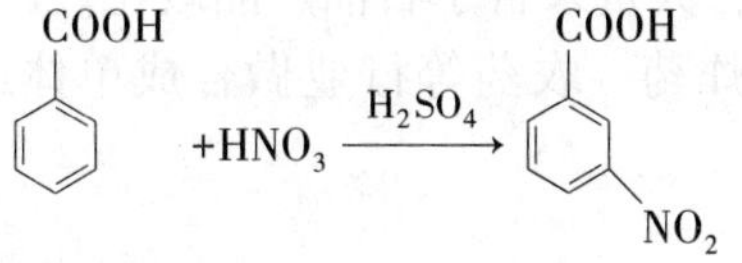

2. 指导选择合理的合成路线

根据取代基的定位规律，可以指导选择合理的合成路线，少走弯路。例如，由苯合成间硝基氯苯，只能先硝化、后氯代：

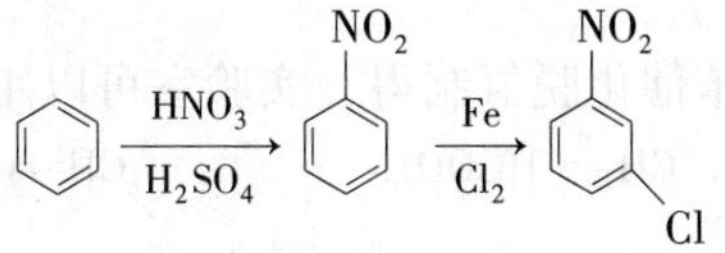

若采用先氯代、后硝化则得到邻硝基氯苯和对硝基氯苯：

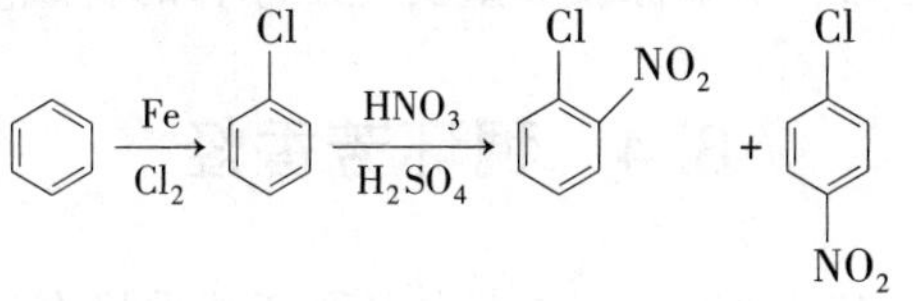

8.3　几种重要的单环芳香烃

8.3.1　苯

苯常温下是无色透明的液体，熔点 5.5℃，沸点 80.1℃，具有强烈的芳香气味，易燃，有毒，难溶于水，易溶于有机溶剂，苯本身也可作为有机溶剂，比水轻。

1825 年法拉第从压缩煤气所得到的油中发现了苯；1845 年霍夫曼（Hofmann A W）从煤焦油的轻油中分离出苯；1965 年开始苯的工业生产，最初从煤焦油中回收，后来曾从电石合成，现在苯的工业来源为煤的干馏和石油的高温裂解和重整。苯的产量和生产技术水平是一个国家石油化工发展水平的标志之一。

苯最重要的用途是做化工原料，可以合成一系列衍生物，如乙苯、异丙苯、环己烷、苯胺、氯苯和马来酸酐等。此外，用于溶剂的消耗量也不少，但由于苯有毒，人体能直接接触溶剂的生产过程现已不用苯作溶剂。

8.3.2　甲苯

甲苯是无色、易燃、易挥发的无色透明液体，有类似苯的芳香气味。

甲苯来源与苯相同，主要来源于石油重整，一部分来自煤焦油。其主要用途用来制备二异氰酸甲苯、硝基甲苯、2，4，6-三硝基甲苯(TNT)、苯甲醛、苯甲酸等重要化工原料。也用作溶剂和高辛烷值汽油添加剂。

8.3.3　二甲苯

工业上二甲苯指邻、间、对三种异构体的混合物，无色、易燃的液体，不溶于水，与乙醚、乙醇能以任意比混合。

二甲苯也存在于煤焦油中，大量来自于石油产品歧化。广泛用于涂料、树脂、染料、油墨等行业做溶剂，用于医药、炸药、农药等行业做合成单体或溶剂，也是有机化工的重要原料。

8.3.4　苯乙烯

苯乙烯又称乙烯苯，是无色、带有辛辣气味的易燃液体，熔点-30.6℃，沸点145.2℃，难溶于水，可与乙醚、乙醇等有机溶剂混溶，有毒，室温下能缓慢聚合成聚苯乙烯，因此储存时需加入阻聚剂(对苯二酚等)。

在工业上，苯乙烯可由乙苯催化脱氢制得，实验室可以用加热肉桂酸脱羧的方法得到：

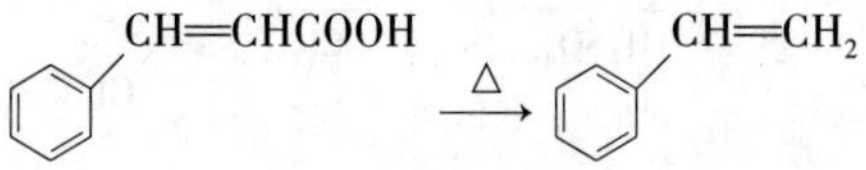

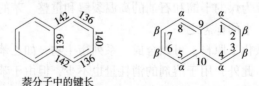

苯乙烯主要用于聚苯乙烯、丁苯橡胶等重要化工原料的合成。

8.4　稠环芳香烃

稠环芳香烃都是固体，相对密度大于1，许多稠环芳香烃有致癌作用。比较重要的稠环芳香烃有萘、蒽和菲，它们是合成染料、药物等的重要原料。

8.4.1　萘

萘是最重要的稠环芳香烃，为无色片状晶体，熔点80.5℃，沸点218℃，易升华，有特殊气味，不溶于水，能溶于乙醇、乙醚、苯等有机溶剂。

1. 萘的结构与命名

萘的分子式 $C_{10}H_8$，是由两个苯环共用两个相邻的碳原子稠合而成的。现代物理方法已证明，萘与苯相似，也具有平面结构，分子中所有碳原子与氢原子都在同一平面内，但C—C键长并不完全相等，数值(单位 pm)如下所示：

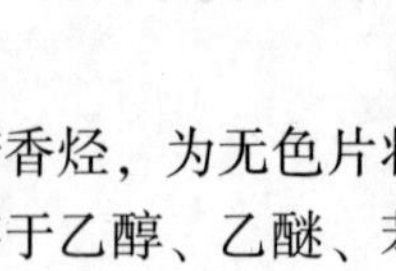

萘分子中的键长

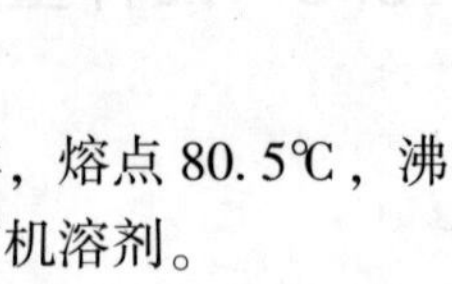

在萘分子中，碳原子的位置不是等同的，1，4，5，8 位等同，称为 α 位；2，3，6，7 位等同，称为 β 位。例如：

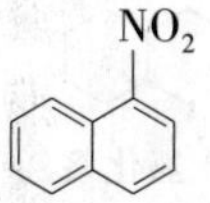

1-硝基萘(α-硝基萘)   2-萘磺酸(β-萘磺酸)

1-nitronaphthalene   2-naphthalene sulfonic acid

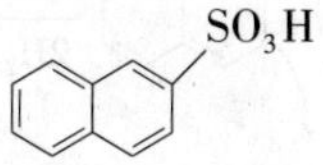

2. 萘的亲电取代反应

萘的亲电取代反应，主要发生在 α 位。

（1）卤代

在三氯化铁的作用下，将氯气通入熔融的萘中，主要得到 α-氯萘：

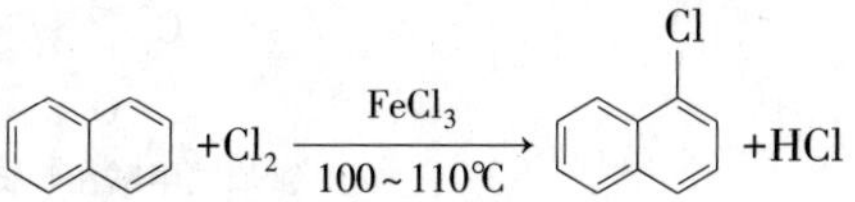

萘的溴化反应得到相似的结果。

（2）硝化

萘在室温下，即可与混酸发生硝化反应，主要得到 α-硝基萘：

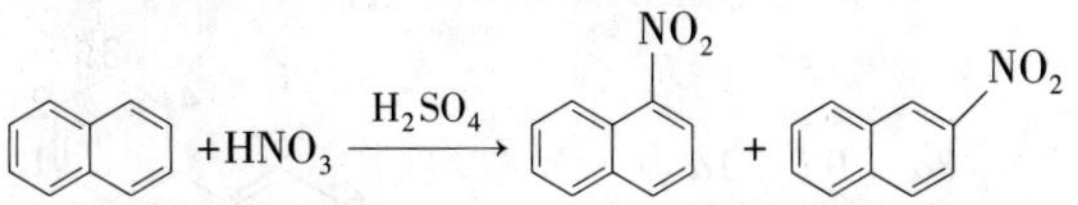

（3）磺化

萘与浓硫酸磺化时，在较低温度（80℃）下，主要生成 α-萘磺酸；在较高温度（165℃）下，主要生成 β-萘磺酸；α-萘磺酸与浓硫酸共热至 165℃ 时，也转变成 β-萘磺酸：

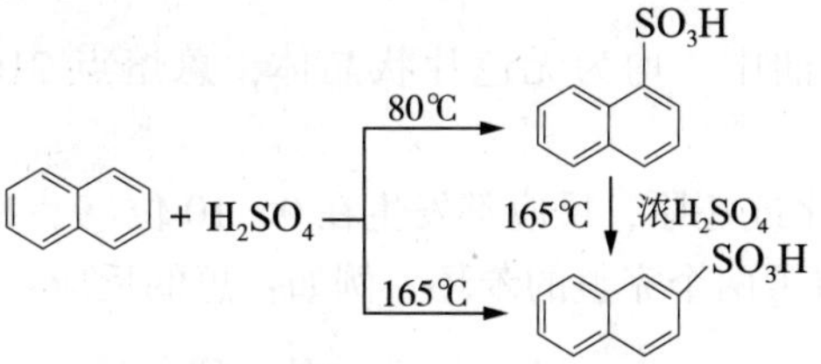

一元取代萘进行亲电取代反应时，第二个基团进入哪个环哪个位置，同样受环上原有取代基的控制。如果一个环上有一致活基团时，取代反应发生在与致活基团同一个苯环上。例如，1-甲基萘和 2-甲基萘进行亲电取代反应位置分别为：

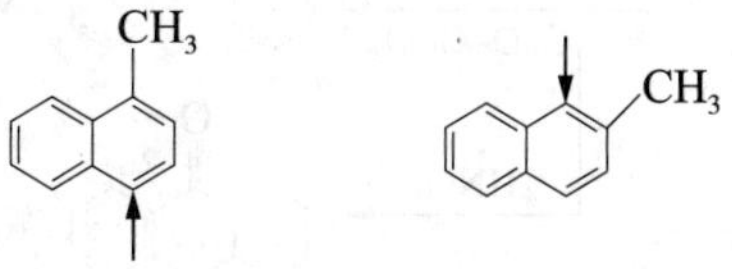

如果一个环上有一致钝基团时，取代反应主要发生在另一个环上的 5 位或 8 位。例如，1-硝基萘进行亲电取代反应位置为：

3. 加氢

萘比苯容易发生加成，在不同条件下可以发生部分加氢或全部加氢：

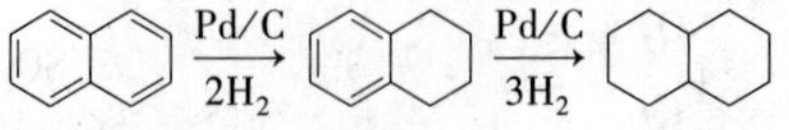

四氢化萘　　　十氢化萘

4. 氧化

在 V_2O_5 的催化下，460℃左右，萘可被空气中的氧氧化为邻苯二甲酸酐，也称苯酐，苯酐是重要的化工原料：

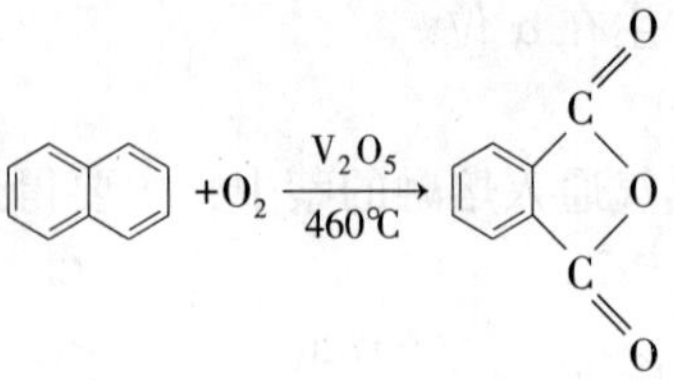

邻苯二甲酸酐(苯酐)

8.4.2 蒽和菲

蒽和菲是同分异构体，都是由三个苯环稠合而成的，它们的结构和编号分别为：

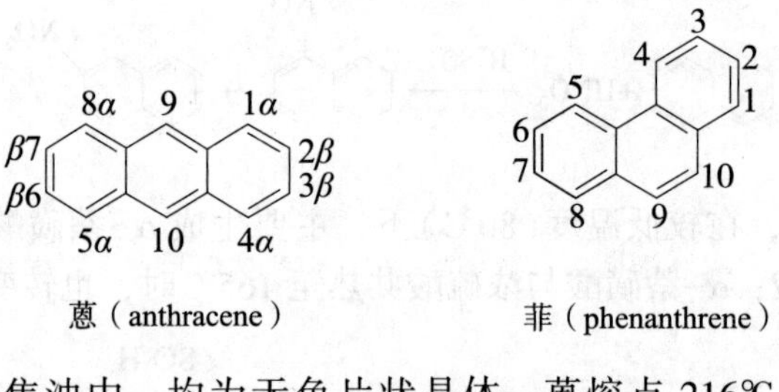

蒽（anthracene）　　　菲（phenanthrene）

蒽和菲都存在于煤焦油中，均为无色片状晶体，蒽熔点216℃，沸点340℃；菲熔点101℃，沸点340℃。

蒽和菲无论加成、氧化或还原，反应都发生在9，10位(9，10位因受两边苯环的影响，较活泼)，反应产物都保留了两个完整的苯环。例如：蒽的反应：

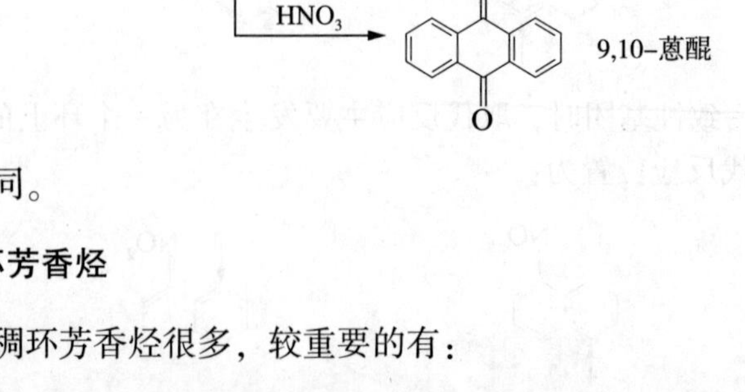

菲的反应与蒽类同。

8.4.3 其他稠环芳香烃

芳香族化合物中稠环芳香烃很多，较重要的有：

102

芘(pyrene)　　　苯并[a]芘(benzo[a]pyrene)

二苯并[a,h]蒽　　　3-甲基胆蒽

　　许多稠环芳香烃被确认为有致癌作用，不过有研究者认为，这些烃本身不引起癌变，而是在体内经过一些生物过程，引起细胞变异。

　　另外，还有一些特殊的稠环芳香烃——fullerene，其中最重要的是 C_{60}。

　　C_{60} 是由 60 个碳原子以 20 个六元环及 12 个五元环连接成的似足球状的空心对称分子，因此有"足球烯"之称，其结构如图 8-2 所示。在这个结构中，每个碳原子都以 sp^2 杂化轨道与相邻的三个碳原子相连，未杂化的 60 个 p 轨道互相重叠构成离域的大 π 键，即在球形的表面和内腔均有离域的 π 电子云，因此应该具有芳香性。但研究者发现，C_{60} 比芳香性化合物要活泼得多。例如，其空心可以容纳某些金属离子，表层可以通过某些化学反应加以修饰改造，预计它有许多特殊的功能和用途，因此对 C_{60} 的研究无论在理论上或应用上都将给有机化学的发展带来相当大的影响。

图 8-2　C_{60}

8.5　非苯系芳香烃

　　Kekulé 发现苯具有芳香性时就曾预言，除了苯以外还有一些其他环状共轭多烯也具有芳香性，也就是本节介绍的非苯系芳香烃。

8.5.1　Hückel 规则

　　1931 年，Hückel 用简单的分子轨道法计算指出：环状化合物只有当 π 电子数为 $4n+2$ 的体系，它们的成键轨道在基态时全部充满电子，有的还充满非键轨道，具有与惰性气体类似的结构，使体系趋于稳定，具有芳香性，这叫 Hückel 规则，也叫 $4n+2$ 规则。

　　这个概念简单点说，就是具有 $4n+2$ 个 π 电子的单环共轭体系(环上所有碳原子都是 sp^2 杂化)，如果环中所有碳原子在一个平面上，体系具有芳香性。

　　在 Hückel 规则指导下，化学工作者合成了许多没有苯环、但符合 $4n+2$ 规则的芳香性化合物，称为非苯系芳香烃。

8.5.2　非苯系芳香烃

1. 环戊二烯负离子

环戊二烯与悬浮于苯中的金属钠作用后，得到环戊二烯负离子：

$$\text{H}\overset{}{\diagup}\text{H} \quad +\text{Na} \longrightarrow \quad \text{H}\overset{\ominus}{\diagup} \quad \left(\overset{\ominus}{\diagup}\right)\text{Na}^+ + \frac{1}{2}\text{H}_2$$

在环戊二烯分子中，有一个 sp^3 杂化的碳原子，形成了 4 个 σ 键，氢原子由于受两边双键的影响，有一定的酸性，和金属钠反应放出氢气，同时环戊二烯成为负离子。环戊二烯负离子原来 sp^3 杂化的碳原子变成了 sp^2 杂化，由四个 σ 键变成了三个 σ 键和一个未杂化的 p 轨道。p 轨道原来有一个电子，又得到一个电子，再加上两个 π 键上的 4 个电子，共有 6 个 π 电子，符合 Hückel 规则，而且现已证明它是一个平面对称的体系，具有芳香性，可以表示为 π_5^6(5 个原子共用 6 个电子)。

2. 环辛四烯负离子

环辛四烯有 8 个 π 电子，不符合 $4n+2$ 规则，没有芳香性。实际上它的确没有苯的特殊稳定性，易发生加成，分子为盆型结构，8 个碳原子不在同一个平面上。

环辛四烯　　　　　环辛四烯负离子

当在四氢呋喃溶液中，环辛四烯与金属钾反应，变成环辛四烯负离子后，分子形状由盆型转变成平面八边形，且 π 电子数为 10，符合 $4n+2$ 规则，具有芳香性。

3. 薁

薁是天蓝色片状固体，熔点 90℃。它是由环戊二烯与环庚三烯稠合而成的。

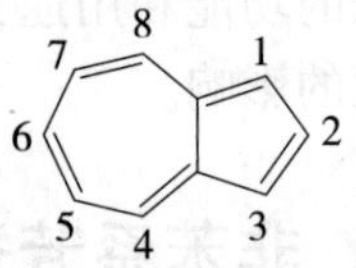

薁含有 10 个 π 电子，符合 $4n+2$ 规则，有芳香性。它是萘的同分异构体，但没有萘稳定，当它隔绝空气加热到 350℃ 时，转化为萘。

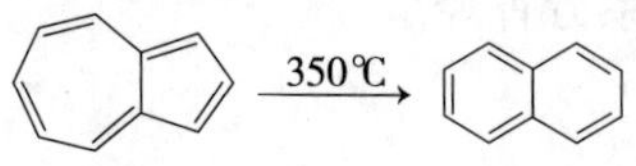

薁　　　　　　萘

薁有明显的极性，七元环显正电性，五元环显负电性。

这种结构使两个环都成为 6 电子体系，趋于稳定，其芳香性表现在能发生亲电取代反应。例如，薁的酰基化反应主要发生在 1，3 位。

4. 大环非苯系芳香烃——轮烯

具有交替单双键的单环多烯烃称为轮烯，环内有几个碳原子就叫几轮烯。轮烯主要有[10]轮烯、[14]轮烯和[18]轮烯。

[10]轮烯、[14]轮烯，环内 π 电子数分别为 10、14，都符合 $4n+2$ 规则，但它们轮内氢原子较拥挤，有斥力，不能很好共平面，因此[10]轮烯、[14]轮烯没有芳香性。

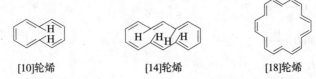

[10]轮烯　　　　　　　　[14]轮烯　　　　　　　　[18]轮烯

[18]轮烯分子中有 18 个 π 电子，也符合 4n+2 规则，经 X 射线衍射证明，环中碳碳键键长几乎相等，整个分子基本处于同一平面，具有一定芳香性。

可见轮烯如果具有芳香性，必须满足三个条件：①π 电子数符合 4n+2 规则；②环上所有碳原子共平面或接近共平面；③环内氢原子间没有或很少有空间排斥作用。

随着化学学科的发展，芳香性概念也在不断地变化发展。由难加成、易取代和环的稳定性，演变到 Hückel 规则，也很难对芳香性下一个准确无误的定义。随着现代物理实验技术的发展，¹H NMR 化学位移成为表征芳香性最常用的标准，芳香性化合物具有反磁性的环流，即化合物的质子与苯的质子一样，有处于低场的化学位移。

习　　题

1. 写出分子式为 C_9H_{12} 的单环芳烃的所有异构体的构造式，并命名之。
2. 写出下列化合物的构造式。
   (1) 对二硝基苯　　　　　(2) 间溴苯乙烯　　　　　(3) 邻羟基苯甲酸
   (4) 1,3,5-三甲苯　　　　(5) 2,4,6-三硝基甲苯　　(6) 2-硝基对甲苯磺酸
   (7) 三苯甲烷　　　　　　(8) 反-二苯基乙烯　　　　(9) 顺-1-苯基-2-丁烯
   (10) α-硝基萘　　　　　　(11) β-萘磺酸　　　　　　(12) 邻苯二甲酸酐
3. 命名下列化合物。

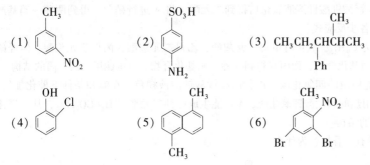

4. 完成下列反应。

(1)

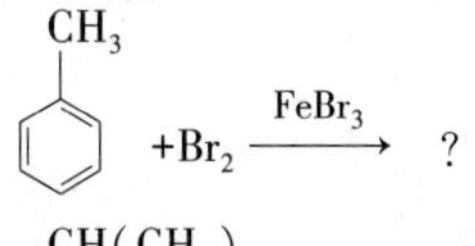

(2)

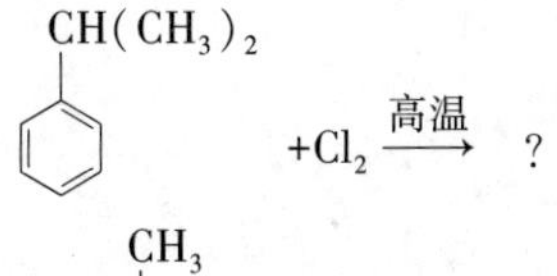

(3)

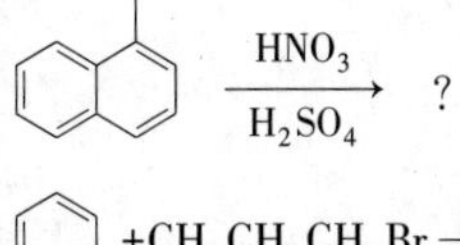

(4)

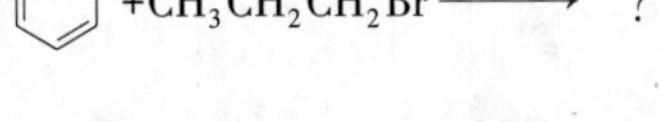

105

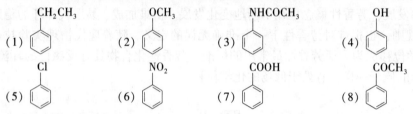

(5) [benzene] + $(CH_3CO)_2O$ $\xrightarrow{AlCl_3}$?

(6) [phenylcyclohexane] + $KMnO_4$ $\xrightarrow[\triangle]{H^+}$?

(7) [benzene] + $CH_3CH_2\overset{\overset{\text{O}}{\|}}{C}Cl$ $\xrightarrow{AlCl_3}$? $\xrightarrow[\text{浓 HCl}]{Zn-Hg}$?

(8) [benzene] $\xrightarrow[HF,\ AlCl_3]{(CH_3)_2C=CH_2}$? $\xrightarrow[C_2H_5Cl]{AlCl_3}$? $\xrightarrow[H_2SO_4]{K_2Cr_2O_7}$?

5. 将下列化合物进行一次硝化，用箭头表示硝基进入的主要位置。

(1) [苯环, CH₂CH₃]　　(2) [苯环, OCH₃]　　(3) [苯环, NHCOCH₃]　　(4) [苯环, OH]

(5) [苯环, Cl]　　(6) [苯环, NO₂]　　(7) [苯环, COOH]　　(8) [苯环, COCH₃]

6. 由甲苯合成下列化合物。

(1) O_2N—[苯环]—COOH

(2) [苯环, COOH, Cl]

(3) Br—[苯环]—CH_2Cl

(4) [苯环, CH₃, Br, Br, NO₂]

(5) [苯环, COOH, SO₃H]

(6) [苯环, CH₃, Cl, COCH₃]

7. 分子式为 C_9H_{12} 的芳烃 A，用高锰酸钾酸性溶液氧化后得到二元酸。将 A 进行硝化，得到两种一硝基产物。请推断 A 的结构，并写出各步反应式。

8. 甲、乙、丙三种芳烃分子式同为 C_9H_{12}，氧化时甲得一元羧酸，乙得二元羧酸，丙得三元羧酸。但经硝化时，甲和乙分别得到两种一硝基化合物，而丙只得到一种一硝基化合物。试推测甲、乙、丙的结构。

9. 化合物 A，分子式为 $C_{16}H_{16}$，能使溴的四氯化碳及冷稀的高锰酸钾溶液褪色。在温和条件下催化加氢，A 能与等物质的量的氢加成。用热的高锰酸钾氧化时，A 仅能生成一种二元酸 $C_6H_4(CO_2H)_2$，其一硝化取代产物只有一种，试推测 A 的结构。

10. 判断下列化合物或离子哪些具有芳香性？为什么？

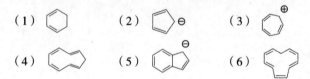

(1) [环己二烯]　　(2) [环戊二烯负离子]　　(3) [环庚三烯正离子]

(4) [环壬四烯]　　(5) [茚负离子]　　(6) [环壬四烯]

第九章　有机化合物的波谱分析

有机化合物的结构确定，是研究其性质、合成方法及改进它的前提条件。因此，测定有机化合物的结构，是研究有机化学的首要任务。过去，主要用化学方法来测定有机化合物的结构，工作繁杂、费时、费力。例如，对胆固醇结构式的测定，用了近四十年的时间，后经X射线衍射法证明还有某些错误。直到20世纪50年代，由于光谱学的发展，为有机化合物的结构测定带来了很大的方便，不但样品用量极少，而且在较短时间内能正确地测定有机化合物的结构。

现代波谱分析仪器已成为目前研究有机化合物不可缺少的工具。最广泛的波谱手段是核磁共振谱（NMR）、红外光谱（IR）、紫外光谱（UV）和质谱（MS），被称为有机化学中的"四大谱"。本章对这四大谱的基础知识只做简要介绍。

9.1　核磁共振谱

核磁共振现象是美国两位物理学家 Felix Bloch 和 Edward Purcell 在 1946 年发现的，1952年他们获得诺贝尔物理学奖。核磁共振谱是 20 世纪 60 年代发展起来的，能测出有机化合物的细致结构，如分子中原子数目、类型乃至键合次序，是目前测定有机化合物结构的最有力工具之一。

从理论上来说，自旋量子数不等于零的原子核，例如：^1H、^{13}C、^{15}N、^{19}F 等都可以发生核磁共振。实际上目前有实用价值的只有 ^1H，称为氢谱，表示为：^1H NMR；^{13}C 称为碳谱，表示为：^{13}C NMR。氢谱由于 ^1H 质子是组成有机化合物最重要的元素，且 ^1H 在同位素中丰度最大，所以很重要。这一节核磁共振谱我们主要讨论氢谱。

9.1.1　核磁共振的基本原理

我们知道质子是带正电的粒子，同电子一样，是一个自旋球体，有两种自旋状态分别为+1/2 和−1/2，这两种自旋态能量相等，在没有外加磁场下，它本身产生磁矩（类似磁铁），不过这时磁矩在各个取向上都有，是混乱的。但一旦加上外加磁场 B_0 后排列有序，一种产生磁矩与外加磁场方向相同、能量较低称为低能态；另一种产生磁矩与外磁场方向相反，能量较高称为高能态。如图 9–1 所示。

这两种自旋态能量差 ΔE 与外加磁场强度 B_0 成正比，可用下式表示：

$$\Delta E = \gamma \frac{h}{2\pi} B_0$$

式中，h 为普朗克常数，γ 为磁旋比，对于特定原子核，γ 为一常数，这里是质子的特征常数，B_0 为外加磁场强度。

从上式可看出，两种取向的能差与外加磁场强度有关。外

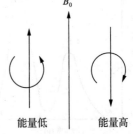

图 9–1　在外加磁场 B_0 时，质子两种自旋态

107

加磁场强度越大，能差越大，如图 9-2 所示。

不过即使在很强的外加磁场中 ΔE 的值也很小，例如：

$$B_0 = 7.05\text{T} \text{ 时}, \quad \Delta E = 0.120\text{J/mol} \text{ 或 } 300\text{MH}_z$$

相当于电磁波谱中无线电射频区的能量，这样我们在外加磁场 B_0 为 7.05T 时，连续用无线电波进行扫描，当无线电波在一定频率下能量与两个自旋态的能量差 300MH$_z$ 相等时，无线电射频的能量被样品吸收，使一部分质子自旋反转，由低能态跃迁到高能态，这种现象称为核磁共振。

这种固定外加磁场强度，改变扫描的无线电频率发生的共振称为扫频。

反过来，如果把扫描的无线电频率固定在 300MHz，连续改变磁场强度进行扫描，到磁场强度 $B_0 = 7.05\text{T}$ 时，即发生能量吸收产生核磁共振称为扫场。实验室中使用的核磁共振仪常采用扫场方式：将样品置于强磁场内，通过辐射频率发生器产生固定频率的无线电波，同时在扫描线圈通入直流电使总磁场强度稍有增加，如图 9-3 所示。当磁场强度增加到一定值时，即辐射能等于两种不同取向自旋的能量差，则发生共振吸收。信号经过放大后，记录下来得到一张核磁共振谱图，它的外形是一个吸收峰。

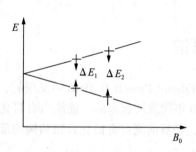

图 9-2　两种自旋态能量差 ΔE 随
外加磁场强度 B_0 的变化

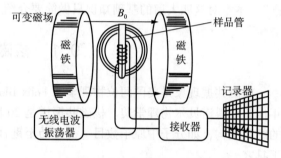

图 9-3　核磁共振仪示意图

目前常用的核磁共振仪器型号有：60MHz、90MHz、100MHz、400MHz、600MHz，兆赫数越高，分辨率越好。

9.1.2　化学位移

上面讨论的是一个独立的质子，但有机化合物中质子不是独立的，它周围还有电子，在周围电子影响下，有机化合物中各种质子的核磁共振信号位置与独立质子不同，会产生位移。

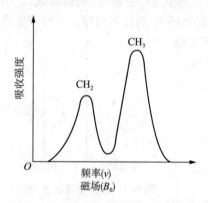

图 9-4　乙醚中质子的核磁共振信号

我们把原子核（如质子）由于化学环境所引起的核磁共振信号位置的变化称为化学位移。不同质子的化学位移不同，是由于质子所处的化学环境不同，对外界磁场的感应不同引起的。例如：我们把乙醚样品做扫场核磁共振，发现首先出现—CH$_2$—中的 H 信号，其次是—CH$_3$ 中的 H 信号，如图 9-4 所示，为什么呢？实际上无论是甲基还是亚甲基中的质子，周围都有电子，当有外加磁场存在时，电子产生对抗外加磁场的作用，这样质子所感受到的外加磁场实际上比外加磁场强度小一些，这时我们说质子受到了周围电子的屏蔽作用。

分析乙醚的结构 $CH_3CH_2OCH_2CH_3$，氧原子是吸电子基就减少了—CH_2—周围的电子云密度，也就是说—CH_3上的 H 周围的电子云密度比—CH_2—大，甲基中的氢受到电子屏蔽作用大，结果甲基上的氢在磁场强度较高处发生能级跃迁，产生核磁共振信号。所以由低到高扫场时，先出现亚甲基峰，再出现甲基峰，即质子周围电子云密度越大越易出现在高场，也就是说质子产生了化学位移。质子周围电子云密度不一样，（化学环境不一样），产生化学位移不同。

1. 化学位移的测定

化学位移是由于化学环境所引起的核磁共振信号位置的变化。在实际工作中，它的大小不是以孤立的氢核为标准，而是以一个具体的化合物为标准，测出峰与标准点的距离，就是该峰的化学位移。现在多采用四甲基硅烷[$(CH_3)_4Si$，简称 TMS]作为标准物质。

由于四甲基硅烷只有一种质子(12 个质子都相同)，只产生一个信号；不活泼，一般不会与被测样品发生化学反应；硅电负性比碳小，甲基中 H 周围电子云密度大，屏蔽效应强，它的核磁共振吸收出现在高场。这样，在有机化合物中加入少量的 TMS，绝大部分有机化合物中的质子的核磁共振吸收与它相比，都出现在低场。

通常用 δ 表示化学位移，δ 是样品和标准物质的共振频率之差除以仪器的频率 ν_o，由于数字太小，所以乘以 10^6。

$$\delta = \frac{\nu_{样} - \nu_{TMS}}{\nu_o} \times 10^6$$

这样表示的化学位移与核磁共振仪的频率无关。

在实际操作中，核磁共振仪经调试后零线处即是四甲基硅烷所产生的信号，也就是 TMS 峰的位置为零，放在谱图的最右边，其他峰的位置用 δ 值表示。这样就可以直接得到不同质子的化学位移，如图 9-5 所示。

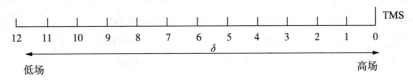

图 9-5 化学位移示意图

2. 分子结构对化学位移的影响

质子在不同化学环境中所受的屏蔽作用不同，表现为化学位移不同，反过来，根据化学位移可以推测质子周围的结构环境。分子结构对化学位移的影响分这样几种情况进行讨论：

①在 CH_3X 型化合物中，X 吸电子能力越强，质子所受屏蔽作用越小，质子信号出现在低场，化学位移越大。例如：

	CH_3F	CH_3Cl	CH_3Br	CH_3I
	卤素原子电负性增大		氢的屏蔽效应减小	
δ	4.3	3.1	2.7	2.2

屏蔽作用的影响有加和性，吸电子基越多，化学位移越大，例如：

	$CHCl_3$	CH_2Cl_2	CH_3Cl
δ	7.3	5.3	3.1

②烯烃双键上质子和芳烃上的质子所受的屏蔽作用比烷烃中质子小得多，化学位移很大，例如：

$$\text{苯}-\text{H} \qquad \begin{array}{c}H\\|\\C\end{array}=\begin{array}{c}H\\|\\C\end{array} \qquad H-C\equiv C-H \qquad H_3C-CH_3$$

$$
\begin{array}{ccccc}
\delta & 7.3 & 5.3 & 2.5 & 0.9
\end{array}
$$

由于苯环或烯烃的 π 电子环流在外加磁场下产生感应磁场是闭合的磁力线，质子所在位置所感受到的感应磁场与外加磁场方向相同，如图 9-6 所示。即相当于增加了外加磁场，因此核磁共振发生在低场，化学位移变大(有人又叫它反屏蔽作用)。

但乙炔质子正好处于电子产生的感应磁场与外加磁场方向相反的区域，所受的屏蔽效应增加，如图 9-7 所示，质子化学位移变小，没有双键上质子的化学位移大。

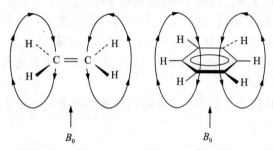

图 9-6 乙烯和苯 π 电子所产生的感应磁场

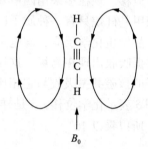

图 9-7 乙炔 π 电子所产生的感应磁场

表 9-1 列出了一些不同类型的质子的化学位移。

表 9-1 一些不同类型的质子的化学位移

质子类型	化学位移	质子类型	化学位移
RCH_3	0.9	(醇或醚)$O-C-H$	3.3~4
R_2CH_2	1.3	$R-O-H$	1~5.5[①]
R_3CH	1.5	$Ar-O-H$	4~12[①]
$C=C-H$	4.5~6.0	$RCHO$	9~10
$C\equiv C-H$	2~3	$RCOOH$	10~13[①]
$Ar-H$	6~8.5	$RCOCH(酮)$	2~2.7
$Ar-C-H$	2.2~3	$HCCOOH$	2~2.6
$C=C-C-H$	1.6~1.9	$RCOOCH$	3.7~4.1
CH_3Cl	3.1	$HCCOOR$	2~2.2
CH_3Br	2.7	RNH_2	1~5[①]
CH_3I	2.2		

注：①这些基团中氢的化学位移随测定溶液的浓度、温度及所用溶剂而改变较大。

3. 积分曲线

在 ^1H NMR 谱图中，有几组峰就表示化合物分子中有几种化学不等价质子。化学位移相同的质子，如 $CH_3CH_2OCH_2CH_3$ 中两个亚甲基中的质子，称为化学等价质子；化学位移不同的质子，如 $CH_3CH_2OCH_2CH_3$ 中甲基和亚甲基中质子，称为化学不等价质子。

化学不等价的质子每一组峰的强度，也就是峰的面积，与质子的数目成正比；反过来，由各组峰的面积比可推测各种质子的数目比(因为自旋转向的质子越多，吸收的能量越多，吸收峰的面积越大)。

峰面积大小的确定多用电子积分仪来测定,反映在谱图上就是积分曲线的高度,也就是说积分曲线阶梯的高度比等于不同化学位移质子数目之比。如图 9-8 对二甲苯的两组峰,面积比为 2:3,即苯环上质子数目与两个甲基上质子数目比为 2:3。

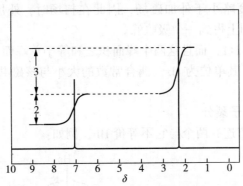

图 9-8 对二甲苯的 ^{1}H NMR 谱的积分曲线高度

9.1.3 自旋偶合和自旋裂分

有机分子中,质子旁边碳上还有质子,质子真正感受到的磁场除受周围电子云密度影响外,还要受到邻近质子的影响。如图 9-9 所示,碘乙烷中的甲基和亚甲基共振峰都不是单峰,而分别为三重峰和四重逢。这种现象是由于甲基和亚甲基上氢原子核自旋产生的微弱的感应磁场引起的,我们把分子中位置相邻的质子之间自旋的相互作用称为自旋-自旋偶合,自旋偶合使核磁共振信号分裂为多重峰,称为自旋裂分。偶合是质子与质子之间的作用,裂分是作用的结果。

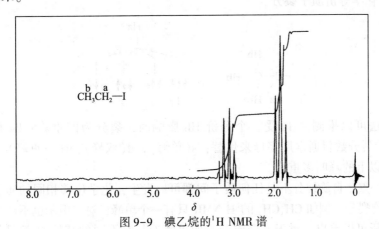

图 9-9 碘乙烷的 ^{1}H NMR 谱

1. 被一个质子裂分

如果 Ha 旁边碳原子上连有一个不等价的 Hb,例如:

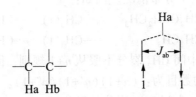

111

Ha 如果不受 Hb 的影响则得到一个单峰，但由于 Hb 的存在，Hb 有两种自旋方向，产生的磁矩可与外加磁场同向平行或反向平行，这两种机会相等。当 Hb 产生的磁矩与外加磁场同向平行时，Ha 周围的磁场强度略大于外加磁场，因此在扫场时，外加磁场强度略小于 B_0 时，Ha 发生自旋反转，在谱图上得到一个吸收峰。当 Hb 产生的磁矩与外加磁场反向平行时，Ha 周围的磁场强度略小于外加磁场，因此在扫场时，外加磁场强度略大于 B_0 时，Ha 发生自旋反转，在谱图上得到一个吸收峰。

这两个峰的面积比为 1:1，而且这两个峰面积之和等于单峰面积，裂分的距离称为两种不同质子的偶合常数 J_{ab}，其单位为 Hz，偶合常数的大小与核磁共振仪所用的频率无关，J 越大，偶合作用越强。

2. 被两个化学等价质子裂分

如果 Ha 旁边碳原子上连有两个与它不等价 Hb，例如：

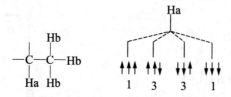

Ha 如果不受偶合是一个单峰，但实际上是三个峰，当两个 Hb 产生的磁矩和外加磁场方向相同，相当于给 Ha 增加了一个小磁场，移向低场；当两个 Hb 产生的磁矩和外加磁场方向相反，相当于给 Ha 减少了一个小磁场，移向高场；一同向、一反向，既不增加也不减少，峰不移动，这样原来 Ha 由单峰变成三重峰，峰面积比 1:2:1(中间几率大)，三个峰面积之和等于没有裂分时单峰的面积。

3. 被三个化学等价质子裂分

同样的方法可以推测，Ha 受三个等价 Hb 影响时，裂分为四重峰，四重峰面积比为 1:3:3:1。峰的裂分数目通常用字母来代替：s(单峰)，d(双峰)，t(三重峰)，q(四重峰)，一般把四重峰以上的峰叫多重峰。

值得强调一点，自旋裂分不是任何质子间都可以发生，化学位移相同的质子(等价质子)彼此不产生自旋裂分。例如 CH_3CH_3 的 ^1H NMR 只有一个单峰，对二甲苯也不产生自旋裂分。

从上面分析可以看出：对于一个质子，如果邻近与它不同的其他 H 都是等价的，数目为 n，则它被裂分为 $n+1$ 个峰，称为 $n+1$ 规则。实际应用中看核磁共振谱图，根据质子峰的裂分情况来判断相邻 C 上的质子分布情况。例如：

$$CH_3CH_2OCH_2CH_3 \qquad —CH_3(t) \quad —CH_2(q)$$
$$CH_3CH_2CH_3 \qquad —CH_3(t) \quad —CH_2(七重峰)$$

而对于 $Cl_2CHCH_2CHBr_2$ 中间 CH_2 裂分不服从 $n+1$ 规则，因两边 H 不属于等价质子，如果邻近质子不等价，裂分峰的数目为：$(n+1)(n'+1)(n''+1)$。

$Cl_2CHCH_2CHBr_2$ 中间 CH_2 裂分数目 $(1+1)(1+1)=4$ （四重峰）

112

$ClCH_2CH_2CH_2Br$ 中间 CH_2 裂分数目 $(2+1)(2+1)=9$ （九重峰）

上面所述的质子之间的偶合都属于三键偶合，就是偶合质子之间相隔三个共价键；四键偶合相隔 4 个共价键，偶合很弱，不予考虑。

另外 C $=$ C 上两个 H 原子顺式时的偶合常数与反式时不同：

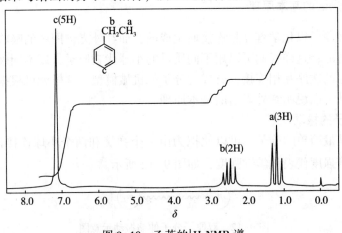

利用顺式、反式 H 偶合常数的不同，可以用核磁共振谱分析顺反异构体的构型。

9.1.4 ^{1}H NMR 谱图解析

^{1}H NMR 谱图解析时，首先看谱图中有几组峰，确定化合物分子中有几种不同质子；再由各组峰面积的积分曲线高度比，确定各种质子的数目比；最后根据每一组峰的裂分情况，确定各组质子之间的相互关系。

例 1：碘乙烷（C_2H_5I）

碘乙烷的核磁共振谱如图 9-9 所示，谱图中有两组峰，说明分子中有两种质子，这两种峰面积的积分曲线高度比为 2:3，说明两种质子数目比为 2:3。δ 值较大的一组是四重峰，应是与碘相连的碳上亚甲基上的氢，即 Ha（受碘的影响，质子周围的电子云密度较小，化学位移较大，被旁边的甲基上三个氢裂分为四重峰）；另一组 δ 值较小，是三重峰，则为甲基上氢的信号，即 Hb（离碘较远，质子周围的电子云密度相对较大，化学位移相对较小，被旁边的亚甲基上两个氢裂分为三重峰）。分析结果与给出的分子式相符，所以此化合物为碘乙烷。

例 2：乙苯（C_8H_{10}）

乙苯的核磁共振谱如图 9-10 所示。谱图上有三组峰，说明分子中有三种质子，三种峰面积的积分曲线高度比为 5:2:3。δ 值为 7.0 的单峰是苯环质子产生的，说明苯环上有 5 个氢，为一取代苯；δ 值为 2.5 分裂成四重峰，又有两个氢，说明是在苯环影响下亚甲基上的氢产生的；δ 值为 1.2 分裂成三重峰，它必须与亚甲基相连，又有三个氢，说明是甲基上的氢产生的。分析结果与给出的分子式相符，所以此化合物为乙苯。

图 9-10 乙苯的 ^{1}H NMR 谱

113

有时，不给出谱图，而给出核磁共振谱图上的信息，也可推测出化合物的分子结构。

例3：有一化合物分子式为 $C_9H_{12}O$，^1H NMR 为：δ_H 1.2(t, 3H)，3.4(q, 2H)，4.3(s, 2H)，7.2(b, 5H)。推测其结构。

解：—$CH_2OCH_2CH_3$

9.2　红外光谱

分子由于吸收红外线会发生振动能级跃迁，所产生的吸收光谱称为红外吸收光谱，简称红外光谱。测定分子结构一般使用的红外线是中红外线，波数在 $4000 \sim 625 cm^{-1}$ 之间（波数：1cm 波中所含波的数目）。

用连续不同的红外光照射样品，用波数（或波长）作横坐标，用光的透过率 T 为纵坐标表示吸收强度，得到谱图就是红外光谱图。图 9-11 为正己烷的红外光谱，图中凹处越深，透过率越小，吸收峰越大，吸收强度越大。这张正己烷红外光谱图上表示在不同位置有强度不同的吸收峰（2958、2930、1500、$1400 cm^{-1}$ 等），那么用红外光谱图分析分子结构，关键在于搞清不同位置吸收峰与分子结构的关系，通过吸收峰位置来帮助确定分子结构。

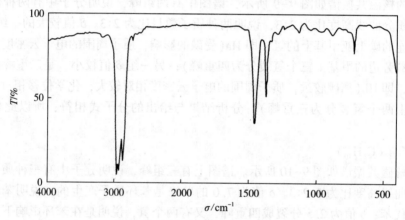

图 9-11　正己烷的红外光谱

9.2.1　红外光谱的基本原理

分子是由各种原子以化学键互相连接而生成的，而红外光谱图中的吸收带是由于分子中化学键的振动产生的，这样我们可以用不同质量的小球代表原子，以不同硬度的弹簧代表各种化学键，以一定的次序互相连接，就成为分子的机械模型。这样就可根据力学定理来处理分子的化学键振动，以说明红外光谱的基本原理。

1. 双原子分子的振动

双原子分子是最简单的分子，可以比拟为由一个弹簧和两个小球连接而成，m_1，m_2 代表原子质量，弹簧强度代表化学键强度，如图 9-12 所示。

图 9-12　双原子分子伸缩振动示意图

它的伸缩振动可按物理学上的简谐振动处理，振动频率为：

$$v = \frac{1}{2\pi c}\sqrt{k\left(\frac{1}{m_1}+\frac{1}{m_2}\right)}\ \text{cm}^{-1}$$

式中，c 为光速；k 为键的力常数；m_1、m_2 为原子质量。

将 m_1、m_2 换算成原子的相对质量 M_1、M_2，并将 π 和 c 代入，得到：

$$v = 1303\sqrt{k\left(\frac{1}{M_1}+\frac{1}{M_2}\right)}\ \text{cm}^{-1}$$

由此可见，分子振动频率随化学键强度增大而增大，随组成分子两原子质量减少而增大。

①分子振动频率随化学键强度增大而增大。一般来说，三键的振动频率高于双键，而双键高于单键，三键 k 值大约 12~18N/cm 之间；双键 8~12N/cm 之间；单键 4~6N/cm 之间。化学键越强，k 值越大，红外吸收的频率越大，波数越高。例如，碳碳三键、双键和单键的红外吸收频率分别为：

	C≡C	C＝C	C—C
$v_{伸缩}$	2150cm^{-1}	1650cm^{-1}	1200cm^{-1}

②组成化学键的原子质量越小，红外吸收的频率越大，波数越高。例如：

	C—H	C—C	C—O	C—Cl	C—Br	C—I
$v_{伸缩}$	3000cm^{-1}	1200cm^{-1}	1100cm^{-1}	800cm^{-1}	550cm^{-1}	500cm^{-1}

单键 k 值在 4~6N/cm 之间，变化不大，原子质量大小起到了决定性作用。

2. 振动的偶合

在有机分子中，同一个原子上有好几个化学键，化学键之间还会产生相互影响。例如，同一个碳原子上有两个碳氢键(H—C—H)，振动频率相等，在伸缩振动时互相之间会产生影响。

伸缩振动——分子中原子沿键轴方向的键长伸长或缩短，振动时键长变化，但键角不变。伸缩振动又分为两种：对称伸缩和不对称伸缩。对称伸缩：键长同时伸长或缩短，步调一致；不对称伸缩：一个伸长，一个缩短，如图 9-13 所示。

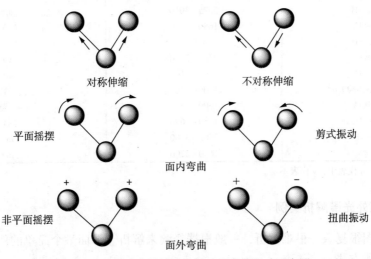

图 9-13 分子中原子伸缩振动和弯曲振动示意图

但不是所有的伸缩振动都会产生偶合作用。例如：C—C—H 由于 C—H 振动频率约 $2900cm^{-1}$，C—C 键约 $1000cm^{-1}$，波数相差较大，互相之间影响不大。

分子除伸缩振动会产生红外光谱外，还有弯曲振动。弯曲振动是指组成化学键的原子离开键轴而上下左右弯曲。弯曲振动键长不变，但键角变化，所需的能量较少，即力常数较小，所产生的吸收带在红外光谱的低频区。弯曲振动又分为面内弯曲(平面摇摆和剪式振动)和面外弯曲(非平面摇摆和扭曲振动)，如图 9-13 所示。

值得注意的是，分子中化学键的振动并不是严格的简谐振动，所以看到的红外光谱要复杂一些，有时是一些谱带而不是谱线。

9.2.2 红外光谱的两个区域

1. 官能团区

波数在 $3700\sim1500cm^{-1}$ 的高频区叫官能团区。官能团区的吸收谱带与分子的官能团有关而与整个分子的关系不大，根据未知物红外光谱图中有无某种官能团的吸收带，可以推测化合物中是否含有该官能团。官能团区吸收带多为分子中化学键伸缩振动所产生，其特点是吸收带窄，彼此很少重叠。

有机化合物中一些重要官能团，如 O—H 伸缩吸收带 $3650\sim3200cm^{-1}(s)$；C=O 伸缩吸收带 $1750\sim1690cm^{-1}(s)$。根据未知物红外光谱图中在 $3650\sim3200cm^{-1}$ 或 $1690\sim1750cm^{-1}$ 之间有无吸收带，可推测未知物是否含有羟基或羰基。

2. 指纹区

波数在 $1400\sim650cm^{-1}$ 的低频区，吸收带非常密集，像人的指纹一样，所以叫指纹区。指纹区吸收峰主要由化学键弯曲振动引起，不同化合物吸收不同，官能团随化合物不同而异，像每个人的指纹一样，都不一样。一般来说只要指纹区吸收峰相同，可以认为是同一化合物，因此可以用于有机化合物的鉴定。

表 9-2 列出了一些常见有机化合物官能团区红外光谱的特征频率。

表 9-2 一些常见有机化合物官能团区红外光谱的特征频率

基团	特征频率/cm^{-1}	强度
C—H(烷基)	$2962\sim2853$	(m-s)
=C—H	$3095\sim3010$	(m)
C=C	$1680\sim1620$	(v)
≡C—H	≈3300	(s)
C≡C	$2260\sim2100$	(v)
Ar—H	≈3030	(v)
OH(醇和酚)	$3600\sim3200$	(s, 宽)
OH(羧酸)	$3600\sim2500$	(s, 宽)
C=O	$1750\sim1690$	(s)
N—H	$3500\sim3300$	(m)
C≡N	$2600\sim2200$	(m)

注：s 代表强，m 代表中，v 代表不定。

9.2.3 红外光谱解析实例

红外光谱图很复杂，很难解析，一般根据经验来解析。下面举个简单的例子，说明解析红外光谱的一般方法。

例1 化合物的分子式为 C_7H_8，红外光谱如图 9-14 所示，推测其结构。

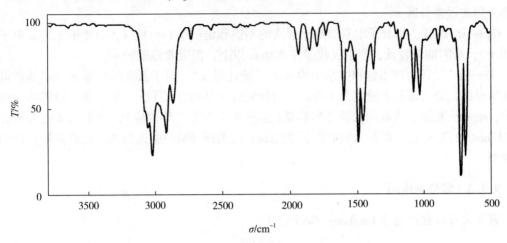

图 9-14 化合物 C_7H_8 的红外光谱

解：由分子式 C_7H_8 计算不饱和度 $\Omega = 4$，推测可能是一个芳烃。

红外光谱图中，3030cm^{-1} 处有吸收峰(苯环上 C—H 伸缩振动产生)，1603cm^{-1}、1500cm^{-1}、1460cm^{-1} 处有吸收峰(苯环骨架特征峰)，说明分子中有苯环；2960~2870cm^{-1} 处有吸收峰(烷基 C—H 伸缩振动产生)，1380cm^{-1} 处有甲基的特征峰，因此确认可能为甲苯。

9.3 紫外光谱

分子吸收紫外光后，价电子从能量较低的基态跃迁到能量较高的激发态，所产生的吸收光谱称为紫外吸收光谱，简称紫外光谱。紫外光的波长范围为 10~400nm，其中 200~400nm 的一段称为近紫外区，10~200nm 的一段称为远紫外区。由于远紫外区的紫外光易被空气中 O_2 和 CO_2 吸收，影响测定结果，因此远紫外区的研究需在真空条件下进行，又称为真空紫外区。一般的紫外光谱仪是用来研究近紫外区吸收的。

9.3.1 紫外光谱的产生

分子吸收紫外光，某些价电子发生能级跃迁，有机化合物分子中价电子主要有三种类型：单键的 σ 电子，不饱和键的 π 电子，杂原子(如氧、氮、卤素等)上的未成键 n 电子。这些基态的电子吸收不同能量的紫外光，即不同波长的紫外光，会发生不同跃迁，如图9-15所示。

与化学键有关的电子跃迁吸收光谱，主要有以下四种：

①σ→σ* 跃迁。指分子中 σ 电子由能级最低的 σ 成键轨道，跃迁至能级最高的 σ* 反键轨道，需要较高的能量，通常在 150nm 以下的紫外光照射下才能有吸收。所以只含有 σ 键的化合物如烷烃，在一般的紫外光谱仪中没有吸收峰。

②n→σ* 跃迁。指分子中的非成键电子(能级

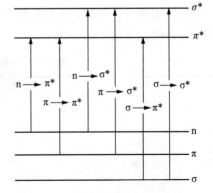

图 9-15 电子跃迁能量示意图

117

比成键电子高），如 CH_3OH 中氧上的孤对电子，跃迁到 $\sigma*$，所需能量虽比 $\sigma \to \sigma^*$ 低，但大部分仍在远紫外区。

③$n \to \pi^*$ 跃迁。指分子中有杂原子形成的不饱和键（如 $C=O$）时，杂原子上的 n 电子跃迁到 π^*，所需能量较低，产生吸收带在 200nm 以上，但吸收强度较弱。

④$\pi \to \pi^*$ 跃迁。指不饱和体系中的 π 电子跃迁到 π^*。对于孤立的双键 $\pi \to \pi^*$ 吸收峰仍在远紫外区，如乙烯最大吸收为 165nm，对研究分子结构意义不大。但共轭双键随共轭体系增大，$\pi \to \pi^*$ 跃迁，吸收向长波方向移动（这种现象称为红移效应），如丁二烯最大吸收波长 217nm，1,3,5-己三烯最大吸收波长 258nm。此类跃迁吸收强度较大，是研究最广泛的跃迁类型。

9.3.2 紫外光谱图

紫外光吸收强度遵守 Lambert—Beer 定律：
$$A = \kappa cl$$
式中，A 为吸光度，c 为溶液浓度，l 为液层厚度，κ 为摩尔吸光系数。

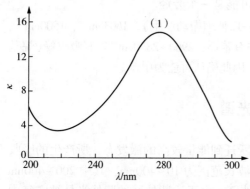

图 9-16　丙酮在环己烷溶液中的紫外光谱

使用紫外光谱仪，用不同波长的紫外光依次照射一定浓度的样品溶液，分别得到吸光度 A 或摩尔吸光系数 κ，然后以波长 λ（单位 nm）为横坐标，吸光度 A 或摩尔吸光系数 κ 为纵坐标做图，获得的紫外光吸收曲线称为紫外光谱图。如图 9-16 为丙酮在环己烷溶液中的紫外光谱。由于电子发生能级跃迁时，往往伴随着分子振动能级、转动能级的变化，所以紫外光谱图吸收带往往较宽。

一个紫外光谱图必须指明以下几点：①分子的最大吸收波长 λ_{max}；②最大摩尔吸光系数 κ；③测量时所用的溶剂。

9.3.3 紫外光谱的应用

1. 鉴定共轭体系

紫外光谱与红外光谱不同，它不能用来鉴别具体的官能团，而主要是通过分子是否有紫外吸收，来揭示它是否存在共轭体系以及共轭链的长短。表 9-3 列出了一些共轭多烯化合物的紫外吸收光谱。

表 9-3　一些共轭多烯化合物的紫外吸收光谱。

化合物	双键数目	λ_{max}/nm	κ_{max}
乙烯	1	162	15000
丁二烯	2	217	20900
己三烯	3	258	35000
二甲基辛四烯	4	296	52000
葵五烯	5	335	118000
α-羟基-β-胡萝卜色素	8	415	210000

从表中可以看出，随着共轭链的增长，吸收波长增加得很快。

2. 推测化合物是否含有相同的发色基团

能够吸收紫外光或可见光（200～800nm）的孤立官能团称为发色基团。简单的发色基团有重键的结构单位，如—C＝O、—N＝N—等。有些官能团在波长 200nm 以上没有吸收带，但它如与发色基团连在一起，能使吸收带向长波方向移动，使化合物颜色加深，这样的基团称为助色基团，如—NH$_2$、—OH 等。

根据化合物的紫外光谱，可以推测化合物是否含有相同的发色基团。例如，下列化合物（Ⅰ）和（Ⅱ）具有相同的紫外光谱，可以推测它们具有相同的发色基团（Ⅲ）。

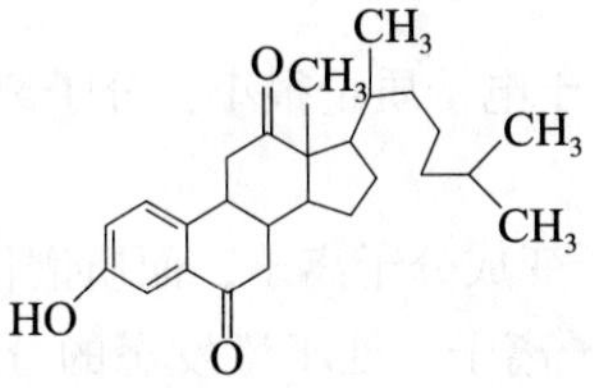

（Ⅰ） 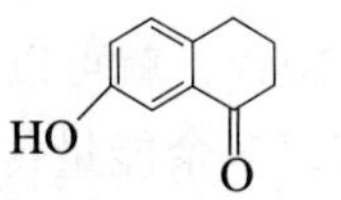   （Ⅱ） 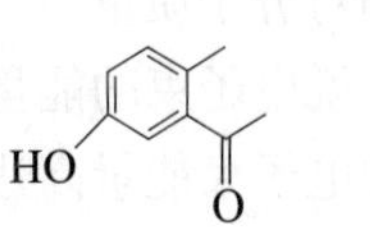   （Ⅲ）

3. 检验化合物中的微量杂质

由于紫外光谱灵敏度很高，可以检验化合物中的微量杂质。例如，检查乙醇中是否含有乙醛，只要在 270～300nm 范围内测其吸光度，如有吸收，则有乙醛（乙醛 $\lambda_{max} = 292.4$nm），反之则无。

4. 用于顺反异构体构型的测定

紫外光谱还可用于顺反异构体构型的测定。例如，顺-1,2-二苯乙烯和反-1,2-二苯乙烯 λ_{max} 分别为 280.0nm 和 295.5nm，反式异构体吸收波长高于顺式。

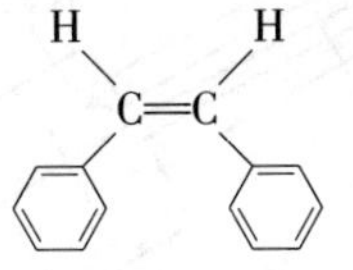

顺-1,2-二苯乙烯 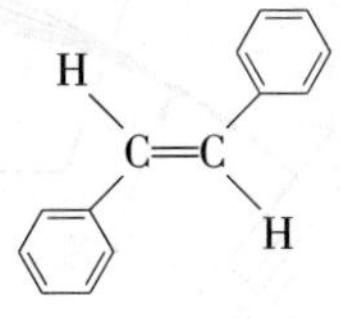   反-1,2-二苯乙烯

反-1,2-二苯乙烯，两个苯环离得较远，可以与双键在同一平面内，p 电子云对称轴互相平行，可以达到最大限度的重叠，形成的共轭体系较稳定，而顺-1,2-二苯乙烯两个苯环离得较近，不能很好共平面，p 电子云重叠程度小，共轭程度较差，因此反式吸收波长比顺式吸收波长长，以区别顺反异构体。

当分子中某一部分结构变化较大时，而其紫外光谱改变不大，因此紫外光谱的应用受到一定程度的限制。例如：

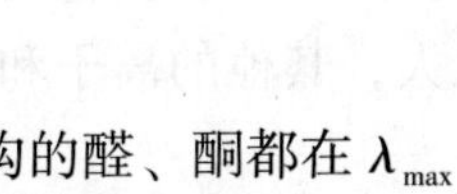

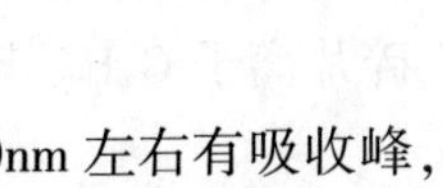

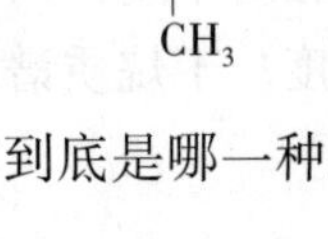

这几种结构的醛、酮都在 $\lambda_{max} = 230$nm 左右有吸收峰，但它到底是哪一种结构，紫外光谱确定不了，还需要进一步用红外光谱或核磁共振谱测定。

9.4 质　谱

9.4.1 质谱的基本原理

有机化合物的蒸气在高真空下受到能量很高的电子束的轰击，分子失去一个电子变成分子离子(带正电荷的离子)：

$$A:B + e^- \longrightarrow A:B^+ + e^-$$

气体分子　高能电子　分子离子

这样得到的分子离子实际上是正离子自由基，由于电子质量很小，分子离子的质量等于化合物的相对分子质量。

一般来说电子束的能量约为 10eV，就可以使分子变成分子离子，而质谱仪如图 9-17 所示，使用的电子束能量高达 70eV，多余能量传给分子离子。处于激发态的分子离子可继续裂解成正离子、负离子、自由基或中性分子等碎片。只有正离子流，在加速电场的作用下被加速，然后在强磁场作用下，沿着弧形轨道前进。质荷比 m/z(质量与所带电荷之比)大的正离子，轨道弯曲程度小；m/z 小的正离子，轨道弯曲程度大。这样，不同质荷比的正离子就被分开(就像白光通过棱晶分成各种单色光一样)，并依次到达收集器，通过电子放大器放大成电流以后，用记录装置记录下来。负离子、自由基或中性分子不能到达收集器。由于质谱仪中所产生的正离子主要是带一个电荷的，实际上分开的是不同质量的碎片，也可以说它揭示的是不同质量的碎片，所以才叫质谱。

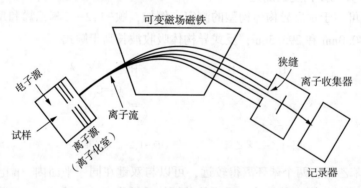

图 9-17　质谱仪示意图

9.4.2 质谱图

现代质谱仪带有电子计算机，可以把所得结果直接打印出来。图 9-18 为一张正丁烷的质谱图。

图中横坐标表示质荷比，因大多数碎片只带单位电荷，质荷比实际上等于碎片的质量。纵坐标为相对丰度，以丰度最大的峰(又称基峰)丰度为 100%，其他的峰丰度和它比较得到相对丰度。丁烷质谱图中，碎片离子 $C_3H_7^+$ 丰度最大，其他的离子和它比较得到相对丰度。

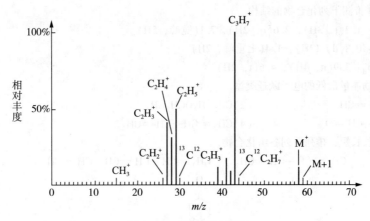

图 9-18 正丁烷质谱图

9.4.3 质谱的用途

(1)可以测得化合物的相对分子质量

分子失去一个电子所产生的正离子称为母离子峰,母离子峰又叫分子离子峰,因其质荷比就是分子的相对分子质量。分子离子峰位于质荷比较高的一端,但由于同位素的存在,分子离子峰的右边还有质荷比大于分子离子峰、丰度较小的 M+1、M+2 峰等。因质谱具有用量少、快速、准确的特点,可以精确测定有机化合物的相对分子质量,进而确定分子式。

(2)可以推测未知化合物的结构

根据化合物质谱裂分的一般规律和碎片峰的丰度可以推测被测化合物的结构。

目前,质谱也与红外、紫外和核磁一样,广泛用于有机合成、石油化工和天然产物等的研究工作中,特别是使用了色谱-质谱联用后,为混合物的分离和鉴定提供了快速、高效的分析手段。

习　题

1. 下列化合物的 ^{1}H NMR 谱图中各有几组吸收峰?

(1)丁烷　　　　　　　　(2)1-溴丁烷　　　　　　(3)1,4-二溴丁烷

(4)2,2-二溴丁烷　　　　 (5)丙烯　　　　　　　　(6)烯丙基溴

(7)顺-2-丁烯　　　　　 (8)反-2-丁烯　　　　　 (9)2-甲基-2-丁烯

2. 按化学位移 δ 值的大小,将下列每个化合物的核磁共振信号排列成序。

(1)$CH_3CH_2CH_2CH_3$　　　　(2)$CH_3CH_2OCH_2CH_3$　　　(3)Br_2CHCH_2Br

(4)$ClCH_2CH_2CH_2Br$　　　　(5)$CH_3COOCH_2CH_3$　　　(6)CH_3CHO

3. 估计下列化合物的 ^{1}H NMR 谱中各组峰的裂分情况。

(1)$CH_3CH_2CH_2CH_3$
$$\text{(2)}CH_3\overset{\text{I}}{C}HCH_3$$
(3)$BrCH_2CH_2Br$

(4)$ClCH_2CH_2CH_2Br$　　　　(5)$(CH_3)_3CCl$　　　　　(6)$C_6H_5CH_2CH_2CH_3$

4. 推测 C_4H_9Cl 的几种异构体的结构。

(1)^{1}H NMR 谱图中有几组峰,其中 $\delta_H=3.4$ 处有双重峰。

(2)有几组峰,其中 $\delta_H=3.5$ 处有三重峰。

(3)有几组峰,在 $\delta_H=1.0$ 处有三重峰,在 $\delta_H=1.5$ 处有双重峰,各相当于 3 个质子。

5. 根据^{1}H NMR 谱推测下列化合物的结构。

(1) C_8H_{10}，δ_H：1.2(t，3H)，2.6(q，2H)，7.1(宽峰，5H)。

(2) C_6H_{14}，δ_H：0.8(d，12H)，1.4(七重峰，2H)。

(3) $C_4H_6Cl_4$，δ_H：3.9(d，4H)，4.6(t，2H)。

6. 指出下列化合物能量最低的电子跃迁类型。

(1) $CH_3CH_2CH{=}CH_2$ (2) $CH_3CH_2OCH_2CH_3$

(3) $CH_2{=}CH{-}CH{=}O$ (4) $CH_2{=}CH{-}CH{=}CH_2$

7. 按紫外吸收波长长短，排列下列各组化合物。

(1) $CH_2{=}CH_2$ $CH_2{=}CH{-}CH{=}CH_2$ $CH_2{=}CH{-}CH{=}CH{-}CH{=}CH_2$

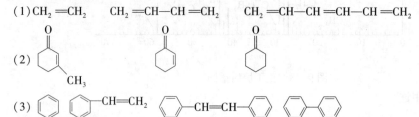

(2)

(3)

8. 确定化合物的结构。

(1) 2，3-二甲基-2-溴丁烷与$(CH_3)_3COK$ 反应后生成两个化合物：A，δ_H：1.66(s)；B，δ_H：1.1(d，6H)，1.7(s，3H)，5.7(d，2H)，2.3(七重峰，1H)，试推测 A 和 B 的结构。

(2) 一个化合物分子式为 $C_5H_{10}O$，其红外光谱在 1700cm^{-1}处有强吸收，^{1}H NMR 谱在 δ 值为 9~10 处无吸收峰。从质谱得知，其基峰 m/z 为 57，但无 m/z 为 43 和 71 的峰，试确定该化合物的结构式。

第十章 醇和酚

醇和酚可以看作是水分子中的氢原子被烃基取代的衍生物。水分子中的一个氢原子被脂肪烃基取代的是醇(R—OH)，被芳烃基取代的是酚(Ar—OH)。醇和酚都含有羟基(—OH)，也可以说羟基与饱和碳原子直接相连的称为醇，而与芳环的碳原子直接相连的称为酚。例如：

CH_3CH_2OH　　　　　　—OH　　　　　　—CH_2OH　　　　　　—OH

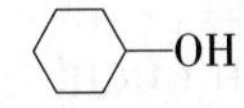

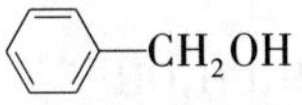

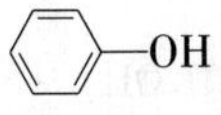

乙醇　　　　　　环己醇　　　　　　苯甲醇(苄醇)　　　　　　苯酚

10.1 醇的结构、分类和命名

10.1.1 醇的结构

醇分子中氧原子的外层电子为 sp^3 杂化，其中两对未共用电子对占据两个 sp^3 杂化轨道，余下两个未占满的 sp^3 杂化轨道分别与 H 及 C 结合，H—O—C 键角接近 $109°28'$，甲醇分子的键长和键角如下所示：

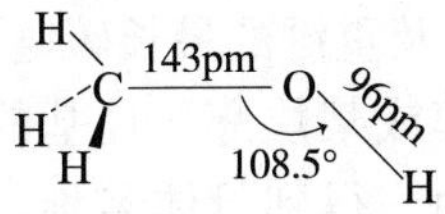

由于氧的电负性比碳强，所以醇分子有极性，与水相近。

10.1.2 醇的分类

醇的分类方法很多。

根据和羟基相连的烃基不同，分为：脂肪醇(包括饱和醇和不饱和醇)、脂环醇和芳香醇。例如：

$CH_3CH_2CH_2OH$　　　　　$CH_2=CHCH_2OH$　　　　　—OH　　　　　—CH_2OH

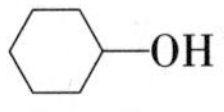

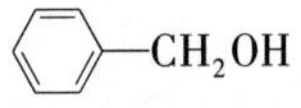

正丙醇(饱和脂肪醇)　　　烯丙醇(不饱和脂肪醇)　　　环己醇(脂环醇)　　　苯甲醇或苄醇(芳香醇)

n-propyl alcohol　　　　　　allyl alcohol　　　　　cyclohexyl alcohol　　　　benzyl alcohol

根据和羟基相连的碳原子种类不同，分为：伯醇(1° 醇)、仲醇(2° 醇)和叔醇(3° 醇)。例如：

$CH_3CH_2CH_2CH_2OH$

$CH_3CH_2\underset{\underset{OH}{|}}{C}HCH_3$

$CH_3\underset{\underset{OH}{|}}{\overset{\overset{CH_3}{|}}{C}}CH_3$

正丁醇(伯醇)　　　　　仲丁醇(仲醇)　　　　　叔丁醇(叔醇)

n-butyl alcohol　　　　*sec*-butyl alcohol　　　　*t*-butyl alcohol

123

根据羟基的数目不同，分为：一元醇、二元醇和多元醇。例如：

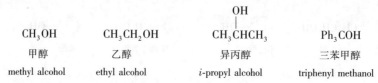

CH$_3$CH$_2$OH	CH$_2$—OH | CH$_2$—OH	CH$_2$—OH | CH—OH | CH$_2$—OH
乙醇（一元醇）	乙二醇（二元醇）	丙三醇（三元醇）
ethyl alcohol	ethylene glycol	glycerol

10.1.3 醇的命名

简单的一元醇，根据和羟基相连的烃基来命名：烃基名称加上"醇"字。例如：

CH$_3$OH	CH$_3$CH$_2$OH	OH | CH$_3$CHCH$_3$	Ph$_3$COH
甲醇	乙醇	异丙醇	三苯甲醇
methyl alcohol	ethyl alcohol	*i*-propyl alcohol	triphenyl methanol

复杂一元醇常采用系统命名法：选择连有羟基的最长碳链作主链，按主链所含碳原子个数叫作某醇；编号由接近羟基的一端开始；羟基的位置用与它连接的碳原子的序号来表示，写在醇的名字之前。例如：

CH$_3$CH$_2$CH$_2$CH$_2$OH	CH$_3$ | CH$_3$CHCH$_2$OH	OH CH$_2$CH$_3$ | | CH$_3$—CH—CH—CH$_2$—CH$_2$—CH$_3$
1-丁醇	2-甲基-1-丙醇（异丁醇）	3-乙基-2-己醇
1-butanol	2-methyl-1-propanol	3-ethyl-2-hexanol

不饱和醇的命名：选择含有羟基及重键的最长碳链为主链，从离羟基最近的一端开始编号，根据主链碳原子数目称为某烯醇或某炔醇。羟基的位置用阿拉伯数字表示放在醇字前面，重键位置编号放在烯或炔字前面，得到母体名称，在母体名称前加上取代基位置和名称。例如：

CH$_3$ OH | | CH$_3$C=CHCH$_2$CHCH$_3$	CH$_3$C≡CCH$_2$OH
5-甲基-4-己烯-2-醇	2-丁炔-1-醇
5-methyl-4-hexen-2-ol	2-butynol

多元醇命名：选择尽可能多的羟基的碳链为主链，羟基数目写在醇字前面。例如：

HOCH$_2$CH$_2$OH	HOCH$_2$CH$_2$CH$_2$OH	OH | HOCH$_2$CHCH$_3$
乙二醇	1,3-丙二醇	1,2-丙二醇
1,2-ethanediol	1,3-propanediol	1,2-propanediol

10.2　醇的性质

10.2.1 醇的物理性质

饱和一元醇中，C$_4$ 以下的醇为流动液体，C$_5$ ~ C$_{11}$ 的醇为不好闻的油状液体，高于十二

124

个碳原子的醇为无臭无味的蜡状固体。

醇的沸点比相对分子质量相近的非极性有机物高，如甲醇(相对分子质量 32)的沸点为 65℃，而乙烷(相对分子质量 30)的沸点为-88.6℃。这不但因为醇是极性分子，而主要是因为醇分子的羟基之间可以通过氢键缔合起来：

这样，使醇由液态变为气态时，除了需克服偶极-偶极间的作用力外，还需克服氢键的作用力，因此醇的沸点较高。相同碳数醇的沸点，直链的比支链的高，支链越多沸点越低，支链的存在阻碍分子靠近减小氢键作用。例如：丁醇沸点 117.8℃，异丁醇沸点 108℃，仲丁醇沸点 99.5℃，叔丁醇沸点 82.3℃。此外，羟基的数目增加，则形成氢键的数目增多，沸点更高。

低级醇如甲醇、乙醇、丙醇等，可与水形成氢键而能与水以任意比例混溶。正丁醇在水中溶解度降至 7.5%，随着碳原子数目的增多，烃基的影响逐渐增大，醇的溶解度越来越小，高级醇和烷烃一样几乎完全不溶于水。多元醇中，随羟基的数目增多，可形成更多的氢键，溶解度增大。表 10-1 列出了某些醇的物理常数。

表 10-1　某些醇的物理常数

名称	结构式	熔点/℃	沸点/℃	相对密度(d_4^{20})	溶解度/(g/100g 水)
甲醇	CH_3OH	-97.0	65.0	0.7914	∞
乙醇	CH_3CH_2OH	-115.0	78.5	0.7893	∞
正丙醇	$CH_3CH_2CH_2OH$	-126.5	97.4	0.8035	∞
异丙醇	$CH_3CH(OH)CH_3$	-88.5	82.4	0.7855	∞
正丁醇	$CH_3CH_2CH_2CH_2OH$	-89.5	117.8	0.8098	7.9
仲丁醇	$CH_3CH(OH)CH_2CH_3$	-115.0	99.5	0.8018	12.5
异丁醇	$(CH_3)_2CHCH_2OH$	-108.0	108.0	0.8018	9.5
叔丁醇	$(CH_3)_3COH$	25.5	82.3	0.7887	∞
正戊醇	$CH_3(CH_2)_4OH$	-79.0	137.3	0.8144	2.7
正己醇	$CH_3(CH_2)_5OH$	-46.7	158.0	0.8136	0.59
环己醇	⬡—OH	25.9	161.0	0.9624	3.6
烯丙醇	$CH_2{=}CHCH_2OH$	-129.0	97.1	0.8540	∞
苄醇	⬡—CH_2OH	-15.3	205.3	1.0419	约 4.0
乙二醇	$HOCH_2CH_2OH$	-11.5	198.0	1.1088	∞
丙三醇	$HOCH_2CHCH_2OH$ | OH	20.0	290.0(分解)	1.2613	∞

10.2.2 醇的波谱性质

醇的红外光谱中，羟基有特殊的吸收峰，不同环境的羟基吸收峰不同。游离羟基(在稀溶液中的醇)在 $3650 \sim 3590 cm^{-1}$ 之间有尖峰；分子间有氢键的羟基在 $3400 \sim 3200 cm^{-1}$ 之间有强而宽的吸收峰；分子内有氢键的羟基则在 $3500 \sim 3450 cm^{-1}$ 之间有尖峰。图 10-1 为 2-己醇的红外光谱图。

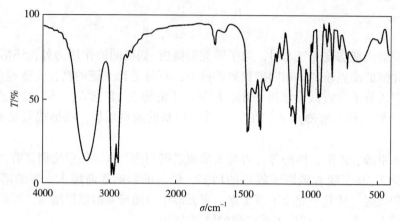

图 10-1 2-己醇的红外光谱

醇质子的核磁共振谱中，通常羟基质子不与邻近质子发生自旋-自旋偶合，产生一个单峰，羟基质子(O—H)的化学位移由于受氢键影响，范围变化较大，为 $1 \sim 5.5$ 之间。与羟基直接相连的碳原子上的 H 化学位移为 $3.3 \sim 4.0$ 之间。图 10-2 为乙醇的核磁共振谱。

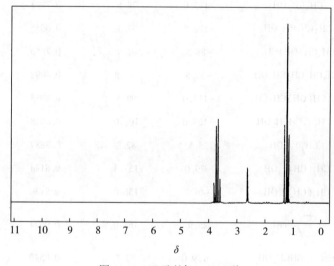

图 10-2 乙醇的 ^{1}H NMR 谱

10.2.3 醇的化学性质

一元醇的化学性质主要由官能团羟基决定，反应主要发生在羟基和羟基所在的碳原子上，O—H 键断表现为酸性，C—O 键断表现为取代、消除等。

1. 酸碱反应

(1)酸性

一元醇和水相似，都含有一个与氧原子结合的氢，这个氢表现了一定程度的酸性，但由于烷基的给电子效应，醇中氧原子上电子密度比水中的高，所以醇的酸性比水还弱（但比炔氢强）。不同类型醇的酸性大小次序为：伯醇>仲醇>叔醇。例如：

$$C_2H_5OH>(CH_3)_2CHOH>(CH_3)_3COH$$
$$pK_a \qquad 15.9 \qquad\qquad 18 \qquad\qquad 19.2$$

醇的酸性很弱，只能与钠、钾、镁、铝等活泼金属作用放出氢气，形成醇金属。

$$ROH+Na \longrightarrow RONa+\frac{1}{2}H_2\uparrow$$
$$\text{醇钠}$$

$$2ROH+Mg \longrightarrow (RO)_2Mg+H_2\uparrow$$
$$\text{醇镁}$$

各种醇与金属钠反应的次序如下：甲醇>伯醇>仲醇>叔醇，这与其酸性是一致的。由于醇的酸性比水弱，所以 RO^-（烷氧基）的碱性比 HO^- 强，因此醇金属遇水则分解成醇和金属氢氧化物。

$$RONa+HOH \longrightarrow ROH+NaOH$$

利用醇和金属钠反应较水缓和，可以把实验室废弃的金属钠先用乙醇或异丙醇分解，然后加水处理掉。

(2)碱性

醇与水的另一相似之处是，醇分子中羟基氧原子上有孤对电子，能从强酸中接受质子形成𨦡盐（RO^+H_2）或称氧𨦡离子或质子化的醇。例如：

$$ROH+HCl \Longleftrightarrow R\overset{+}{O}H_2+Cl^-$$
$$\text{质子化的醇}$$

另外，低级醇还能与无水氯化钙形成络合物，如 $CaCl_2\cdot4CH_3OH$、$CaCl_2\cdot4C_2H_5OH$ 等，这种络合物中的醇叫作结晶醇，因此不能用无水氯化钙干燥低级醇。

2. 醇与酸的反应

醇与酸（包括无机酸中的含氧酸和有机酸）失水所得的产物称为酯。与无机酸中的无氧酸作用的产物不叫酯而叫卤代烃。

(1)与硝酸、硫酸反应

醇与无机含氧酸形成的酯称为无机酸酯，例如醇与浓硝酸作用可得硝酸酯。

$$ROH+HONO_2 \Longleftrightarrow RONO_2+H_2O$$
$$\text{硝酸酯}$$

多数硝酸酯受热后，能因猛烈分解而爆炸，因此某些硝酸酯是常用的炸药。

硫酸为二元酸，它可与醇分别生成酸性硫酸酯和中性硫酸酯。

$$CH_3OH+HOSO_2OH \Longleftrightarrow CH_3OSO_2OH+H_2O$$
$$\text{硫酸氢甲酯(酸性硫酸酯)}$$

$$CH_3OH+CH_3OSO_2OH \Longleftrightarrow CH_3OSO_2OCH_3+H_2O$$
$$\text{硫酸二甲酯(中性硫酸酯)}$$

硫酸二甲酯是常用的甲基化试剂(向有机分子中引入甲基的试剂),是无色液体,剧毒。

(2)醇与氢卤酸反应

醇与氢卤酸反应生成卤代烃。

$$ROH+HX \longrightarrow RX+H_2O$$

这是实验室制备卤代烷常用的方法,此反应与醇的结构和氢卤酸都有关。如果醇相同,氢卤酸的反应活性为:HI>HBr>HCl。如果氢卤酸相同,醇的反应活性为:叔醇>仲醇>伯醇。例如:叔丁醇与浓盐酸室温下一起振荡就可以转变为叔丁基氯。

$$(CH_3)_3COH+HCl(浓) \rightleftharpoons (CH_3)_3CCl+H_2O$$

叔醇与氢卤酸的反应按单分子历程(S_N1)进行。首先,质子化的醇解离为碳正离子及水分子,然后碳正离子与 Cl^- 结合成卤代烃。

$$CH_3-\overset{\overset{CH_3}{|}}{\underset{\underset{CH_3}{|}}{C}}-OH + HCl \rightleftharpoons CH_3-\overset{\overset{CH_3}{|}}{\underset{\underset{CH_3}{|}}{C}}-\overset{+}{O}H_2 + Cl^-$$

$$CH_3-\overset{\overset{CH_3}{|}}{\underset{\underset{CH_3}{|}}{C}}-\overset{+}{O}H_2 \overset{慢}{\rightleftharpoons} CH_3-\overset{\overset{CH_3}{|}}{\underset{\underset{CH_3}{|}}{\overset{+}{C}}} + H_2O$$

$$CH_3-\overset{\overset{CH_3}{|}}{\underset{\underset{CH_3}{|}}{\overset{+}{C}}} + Cl^- \overset{快}{\longrightarrow} CH_3-\overset{\overset{CH_3}{|}}{\underset{\underset{CH_3}{|}}{C}}-Cl$$

伯醇与氢卤酸反应按 S_N2 历程进行,且需加热或使用催化剂才能反应。加 HBr 通常用 NaBr 和 H_2SO_4 代替;HI 通常用 KI 和 H_3PO_4 代替;加 HCl 通常用 $ZnCl_2$ 作催化剂。例如:

$$CH_3CH_2CH_2CH_2OH \xrightarrow[\triangle]{NaBr,\ H_2SO_4} CH_3CH_2CH_2CH_2Br$$

$$CH_3CH_2CH_2CH_2OH \xrightarrow{H^+} CH_3CH_2CH_2CH_2-\overset{+}{O}H_2 \xrightarrow[S_N2]{Br^-} CH_3CH_2CH_2CH_2Br$$

某些特定结构的醇在按单分子历程进行反应时,烷基会发生重排,从而得到与原来醇中碳架不同的卤代烃。例如:

$$CH_3-\overset{\overset{CH_3}{|}}{\underset{\underset{CH_2OH}{|}}{C}}H-CH_3 \xrightarrow{HCl} CH_3-\overset{\overset{CH_3}{|}}{\underset{\underset{Cl}{|}}{C}}-\overset{\overset{}{}}{\underset{\underset{CH_3}{|}}{C}}H-CH_3$$

这是由于质子化的醇解离后产生的二级碳正离子不如三级碳正离子稳定,所以它易于重排为更稳定的三级碳正离子,从而得到上述产物:

$$CH_3-\overset{\overset{CH_3}{|}}{\underset{\underset{\overset{+}{C}H_2OH_2}{|}}{C}}H-CH_3 \longrightarrow CH_3-\overset{\overset{CH_3}{|}}{\underset{\underset{CH_3}{|}}{C}}\overset{+}{C}H-CH_3 \longrightarrow CH_3-\overset{\overset{CH_3}{|}}{\underset{\underset{CH_3}{|}}{\overset{+}{C}}}-CH-CH_3$$

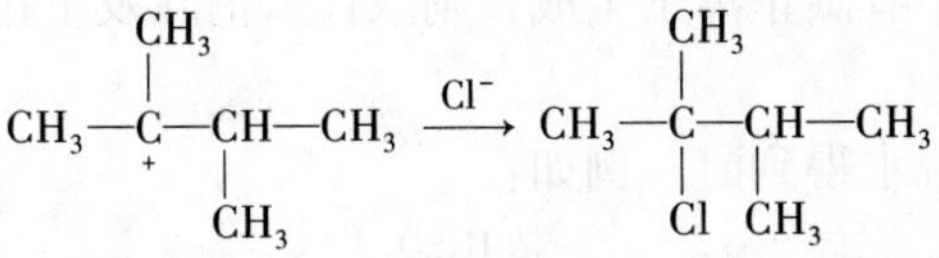

$$CH_3-\overset{\underset{\displaystyle CH_3}{|}}{\underset{+}{C}}-CH-CH_3 \xrightarrow{Cl^-} CH_3-\overset{\underset{\displaystyle Cl}{|}}{\underset{}{C}}-\overset{}{\underset{}{CH}}-CH_3$$

六个碳及六个碳以下的低级伯、仲、叔醇可以用 Lucas 试剂(无水 $ZnCl_2$ 与浓盐酸配成的溶液)鉴别。六碳以下的伯、仲、叔醇,可以溶于 Lucas 试剂,生成的氯代烃不溶解,显出浑浊,不同结构的醇反应的速率不一样,根据生成浑浊的时间不同,可以推测反应物为哪一种醇。叔醇立刻出现分层,仲醇静置片刻才变浑浊,而伯醇需要加热才能出现浑浊。

3. 醇的脱水反应

醇与强酸共热则发生脱水反应。有两种不同的脱水方式:分子内脱水和分子间脱水。

(1)分子内脱水

在烯烃的制备中已介绍了醇在浓硫酸、浓磷酸等脱水剂作用下,分子内脱去一分子水得到烯烃,遵守札依采夫(Saytzeff)规律。与氢卤酸脱卤化氢的不同之处是:醇在酸催化下脱水,即使伯醇也是按单分子历程(E1 历程)进行的,即质子化的醇解离出碳正离子,然后β-碳原子上的 H 消除而得到烯烃:

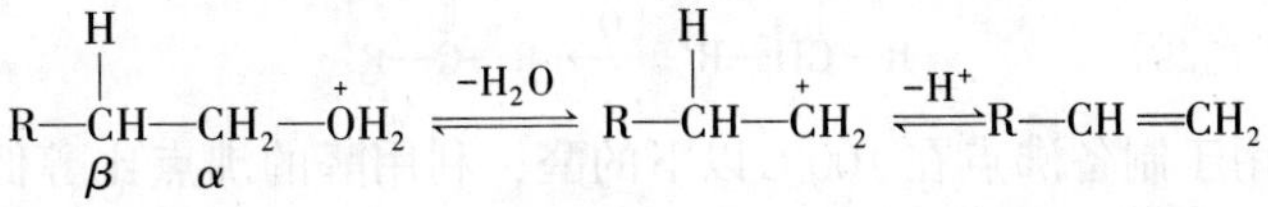

$$R-\underset{\beta}{CH}-\underset{\alpha}{CH_2}-\overset{+}{O}H_2 \underset{}{\overset{-H_2O}{\rightleftharpoons}} R-CH-\overset{+}{C}H_2 \overset{-H^+}{\rightleftharpoons} R-CH=CH_2$$

醇脱水由于通过碳正离子中间体进行,因此伯、仲、叔醇脱水的难易程度是:叔醇>仲醇>伯醇。某些醇在脱水时,由于碳正离子发生重排而生成不同烯烃的混合物。例如:

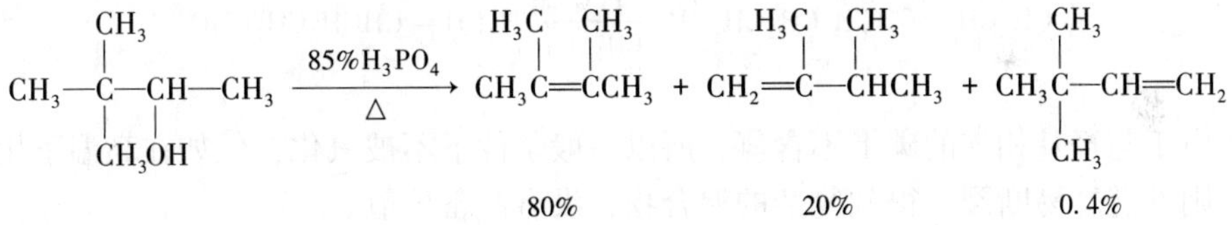

80%　　　　　　20%　　　　　　0.4%

由于上述产物的生成,进一步说明反应是按单分子历程进行的。其过程为:

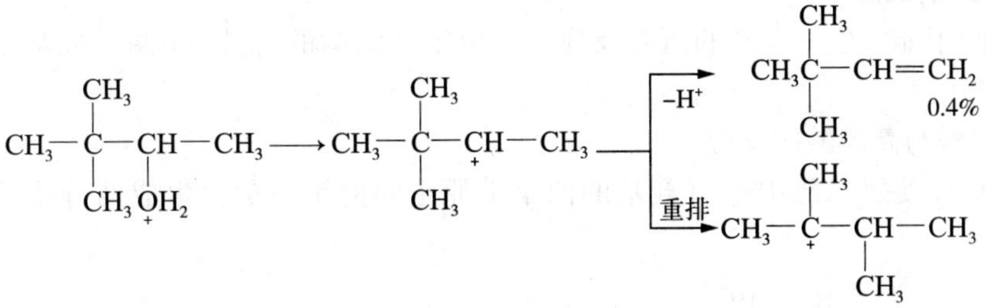

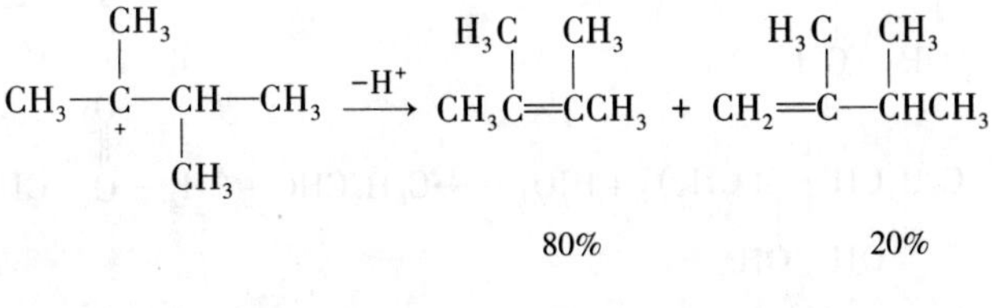

80%　　　　　　20%

可见，如果反应过程中有碳正离子生成，则取代、消除及重排可能同时发生。

（2）分子间脱水

两分子醇发生分子间脱水得到醚。例如：

$$C_2H_5OH + HOC_2H_5 \xrightarrow[140℃]{\text{浓 } H_2SO_4} C_2H_5OC_2H_5 + H_2O$$

与乙醇的分子内脱水相比，只是反应温度较低。其反应过程如下：

$$CH_3CH_2OH \xrightarrow{H^+} CH_3CH_2\!-\!\overset{+}{O}H_2 \xrightarrow[-H_2O]{C_2H_5\overset{..}{O}H} CH_3CH_2O\overset{+}{C}H_2CH_3 \xrightarrow{-H^+} C_2H_5OC_2H_5$$
H

如果使用两种不同的醇反应，则得到三种醚的混合物，无制备价值。所以醇分子间脱水只适用于制备简单的醚，即两个烷基相同的醚。

4. 醇的氧化

伯醇用氧化剂氧化生成醛，醛容易进一步氧化成酸，仲醇能顺利氧化成酮。常用的氧化剂有高锰酸钾、酸性重铬酸钾的溶液等。

$$RCH_2OH \xrightarrow{[O]} RCHO \xrightarrow{[O]} RCOOH$$

$$\underset{\overset{|}{OH}}{R\!-\!CH\!-\!R'} \xrightarrow{[O]} \underset{\overset{\|}{O}}{R\!-\!C\!-\!R'}$$

伯醇氧化可以用于制备沸点在 100℃ 以下的醛，利用醛的沸点比醇低，反应中可以蒸出醛，从而防止其被氧化成为酸，但产率仍然很低，在合成中应用有限。近年来开发的温和氧化剂，如 CrO_3 与吡啶盐酸盐的络合物(简称 PCC)，在二氯甲烷溶液中，可以将醇氧化停留在醛的阶段，且如果醇分子中含有 C=C 也不受影响。例如：

$$CH_3CH=CHCH_2CH_2CH_2OH \xrightarrow[CH_2Cl_2]{PCC} CH_3CH=CHCH_2CH_2CHO$$
90%

叔醇由于与羟基相连的碳上不含氢，所以一般条件下不被氧化，但如在高温下用强氧化剂氧化，则碳链容易断裂，得到复杂的混合物，没有制备价值。

伯醇或仲醇在金属 Ag 或 Cu 催化剂作用下脱氢，也可以得到醛、酮(见醛、酮的制备)。

5. 邻二醇的反应

邻二醇除了能发生一元醇的所有反应外，由于其结构的特殊性(两个羟基相邻)，还能发生一些反应。

（1）邻二醇与高碘酸的反应

高碘酸可以使邻二醇中连有羟基的两个碳原子间的键断裂，生成两分子羰基化合物。例如：

$$\underset{\overset{|}{OH}\ \overset{|}{OH}}{\overset{H}{R}\!-\!\overset{|}{C}\!-\!\overset{R'}{\underset{|}{C}}\!-\!R' + HIO_4} \longrightarrow \underset{\text{醛}}{RCHO} + \underset{\text{酮}}{R'\!-\!\overset{\overset{O}{\|}}{C}\!-\!R'} + HIO_3 + H_2O$$

$$\underset{\overset{|}{OH}\ \overset{|}{OH}}{C_6H_5CH\!-\!C(CH_3)_2 + HIO_4} \longrightarrow C_6H_5CHO + CH_3\!-\!\overset{\overset{O}{\|}}{C}\!-\!CH_3$$

不仅含有相邻羟基的化合物可以发生上述反应，而且 α-羟基醛或 α-羟基酮也都可以被高碘酸氧化，反应物分子中的羰基被氧化为羧基或 CO_2。

$$R-C-\!\!\!\!-\!CH-R' \xrightarrow{HIO_4} RCOOH + R'CHO$$
$$\underset{O}{}\quad\underset{OH}{}$$

$$R-CH-\!\!\!\!-\!CH-\!\!\!\!-\!CHO \xrightarrow{2HIO_4} RCHO + HCOOH + HCOOH$$
$$\underset{OH}{}\quad\underset{OH}{}$$

其实，只要有相邻羟基或羰基就可以和高碘酸反应，每断开一个碳碳键需 1 分子高碘酸。反应的产物，只要在断键的碳原子上加上—OH，每断开一个键就加一个—OH，再脱去水即可得出正确的结论。

邻二醇和高碘酸的反应是定量完成的，因此通过反应中消耗高碘酸的量，以及反应的产物，可以推测二元醇、多元醇或 α-羟基醛或酮的结构。

（2）邻二醇与金属氢氧化物的反应

邻二醇或多元醇可以和许多金属氢氧化物螯合。例如，甘油的水溶液中加入新沉淀的氢氧化铜生成蓝色的可溶性甘油铜，这可区别于一元醇。

$$\begin{array}{l} CH_2-OH \\ CH-OH \\ CH_2-OH \end{array} + Cu(OH)_2 \longrightarrow \begin{array}{l} CH_2-O \\ \qquad\qquad Cu \\ CH-O \\ CH_2-OH \end{array}$$

（3）邻二叔醇重排

邻二叔醇在酸催化下碳架发生重排转为 Pinacol 酮的反应，又称为片呐醇重排。例如：

$$CH_3-\underset{\substack{OH\ OH}}{\overset{\substack{CH_3\,CH_3}}{C-C}}-CH_3 \xrightarrow{H^+} CH_3-\underset{\substack{CH_3}}{\overset{\substack{CH_3\ O}}{C-C}}-CH_3$$

反应过程为：

$$CH_3-\underset{\substack{OH\ OH}}{\overset{\substack{CH_3\,CH_3}}{C-C}}-CH_3 \xrightarrow{H^+} CH_3-\underset{\substack{OH\ \overset{+}{O}H_2}}{\overset{\substack{CH_3\,CH_3}}{C-C}}-CH_3 \xrightarrow{-H_2O} CH_3-\underset{\substack{\overset{..}{O}H}}{\overset{\substack{CH_3\,CH_3}}{C-\overset{+}{C}}}-CH_3$$

$$\longrightarrow CH_3-\underset{\substack{+OH\ CH_3}}{\overset{\substack{CH_3}}{C-C}}-CH_3 \xrightarrow{-H^+} CH_3-\underset{\substack{O\ CH_3}}{\overset{\substack{CH_3}}{C-C}}-CH_3$$

10.3　一元醇的制法

一元醇的制法主要有烯烃的水合、硼氢化氧化、卤代烃水解、羰基化合物的还原以及格氏试剂制醇等方法。其中烯烃的水合、硼氢化氧化、卤代烃水解在前面章节已介绍过，这里主要介绍羰基化合物的还原以及格氏试剂制醇。

10.3.1 羰基化合物的还原

醛、酮、羧酸和酯都含有羰基，它们都能还原成醇。

1. 醛、酮还原成醇

醛、酮可以用 $NaBH_4$、$LiAlH_4$ 还原成醇。$NaBH_4$ 作还原剂可以在甲醇或乙醇溶液中进行，它是中等强度的还原剂；$LiAlH_4$ 作还原剂时，用无水乙醚作溶剂，它是强还原剂，二者都不还原双键。例如：

$$CH_3O-\!\!\!\bigcirc\!\!\!-CHO \xrightarrow[CH_3OH]{NaBH_4} CH_3O-\!\!\!\bigcirc\!\!\!-CH_2OH$$

$$CH_3CH{=\!=}CHCHO \xrightarrow[干乙醚]{(1)LiAlH_4} \xrightarrow{(2)H_2O} CH_3CH{=\!=}CHCH_2OH$$

$$C_6H_5CH_2\overset{\overset{O}{\|}}{C}CH_3 \xrightarrow[干乙醚]{(1)LiAlH_4} \xrightarrow{(2)H_2O} C_6H_5CH_2\overset{\overset{OH}{|}}{C}HCH_3$$

醛还原得到伯醇，酮还原得到仲醇。醛、酮催化加氢也能得到相应的醇，但有 $C{=\!=}C$ 时，双键也能催化加氢。

2. 羧酸和酯还原成醇

羧酸很难还原，要用强还原剂 $LiAlH_4$ 才能还原，且 $LiAlH_4$ 的用量较多，比还原醛、酮用得多。$NaBH_4$ 不能还原羧酸。例如：

$$\bigcirc\!\!\!-COOH \xrightarrow[干乙醚]{(1)LiAlH_4} \xrightarrow{(2)H_2O} \bigcirc\!\!\!-CH_2OH$$

羧酸酯也要用强还原剂 $LiAlH_4$ 才能还原，也不能用 $NaBH_4$ 还原羧酸酯。例如：

$$\bigcirc\!\!\!-COOC_2H_5 \xrightarrow[干乙醚]{(1)LiAlH_4} \xrightarrow{(2)H_2O} \bigcirc\!\!\!-CH_2OH+C_2H_5OH$$

另外，羧酸酯还可以用金属钠的乙醇溶液还原。

10.3.2 格氏试剂合成醇

羰基化合物和格氏试剂反应生成新的 C—C 键，加水水解后生成醇。

$$\overset{\delta^+}{\underset{}{>}}\!\!\!\overset{\delta^-}{C}{=}O + \overset{\delta^-}{R}\overset{\delta^+}{MgX} \longrightarrow \underset{R}{>\!\!-OMgX} \xrightarrow[H^+]{H_2O} \underset{R}{>\!\!-OH}$$

这种方法可以制备各种各样的醇，使用不同的羰基化合物可以得到不同类型的醇。

1. 与甲醛反应

格氏试剂与甲醛反应产物为伯醇，比格氏试剂多一个碳的伯醇。

$$RMgX+H\overset{\overset{O}{\|}}{C}H \xrightarrow{Et_2O} RCH_2OMgX \xrightarrow[H^+]{H_2O} RCH_2OH$$

2. 与甲醛以外的醛反应

格氏试剂与甲醛以外的醛反应得到仲醇，仲醇碳数等于醛的碳数加上格氏试剂碳数。

132

$$RMgX + \underset{\underset{R'}{|}}{\overset{\overset{O}{\|}}{R'CH}} \xrightarrow{Et_2O} \underset{\underset{R'}{|}}{RCHOMgX} \xrightarrow[H^+]{H_2O} \underset{\underset{R'}{|}}{RCHOH}$$

3. 与酮反应

格氏试剂与酮反应产物为叔醇。

$$RMgX + \underset{\underset{R'}{|}}{\overset{\overset{O}{\|}}{R'CR''}} \xrightarrow{Et_2O} \underset{\underset{R'}{|}}{\overset{\overset{R''}{|}}{RCOMgX}} \xrightarrow[H^+]{H_2O} \underset{\underset{R'}{|}}{\overset{\overset{R''}{|}}{RCOH}}$$

4. 与环氧乙烷反应

格氏试剂与环氧乙烷反应得到增长两个碳链的伯醇。

$$RMgX + H_2C\overset{O}{\overbrace{\quad\quad}}CH_2 \xrightarrow{Et_2O} RCH_2CH_2OMgX \xrightarrow[H^+]{H_2O} RCH_2CH_2OH$$

值得一提的是，乙醛与格氏试剂反应也得到增长两个碳链的醇，是仲醇。

10.4 酚

10.4.1 酚的结构

苯酚是最简单的酚，在其分子中氧原子是 sp^2 杂化，两个 sp^2 杂化轨道分别与一个碳原子和一个氧原子形成两个 σ 键，另一个 sp^2 杂化轨道则被一对孤电子对占据。还有一对孤电子对占据在未杂化的 p 轨道上，此孤电子对和苯环的大 π 键形成 p-π 共轭体系，结果氧原子上的 p 电子云向苯环转移，因此苯酚中 C—O 键键长比醇短，且偶极矩方向与醇相反，由氧指向碳。

10.4.2 酚的命名

酚的命名一般是在酚字前面加上芳环的名称作母体，再加上其他取代基的名称和位置，有时羟基也做取代基。例如：

苯酚	邻甲基苯酚	α-萘酚	β-萘酚
phenol	o-methylphenol	α-naphthol	β-naphthol

邻苯二酚	间苯二酚	连苯三酚	邻羟基苯甲醛
1,2-苯二酚	1,3-苯二酚	1,2,3-苯三酚	（水杨醛）
1,2-benzenediol	1,3-benzenediol	1,2,3-benzenetriol	salicylaldehyde

10.4.3　酚的物理性质

酚因含有羟基，能形成分子间氢键，所以沸点较高。除少数烷基酚是液体外，多数酚都是结晶固体。纯净的酚一般无色，但由于酚容易被空气中的氧氧化而带有不同程度的黄或红色。酚能溶于乙醇、乙醚、苯等有机溶剂，苯酚、甲苯酚等能部分溶于水。羟基增多，水溶性加大。一些酚的物理常数见表 10-2。

表 10-2　一些酚的物理常数

名称	熔点 / ℃	沸点 / ℃	溶解度/(g/100g 水)
苯酚	40.6	181.7	8.2(15℃)
邻甲苯酚	30.9	191.0	2.5
间甲苯酚	11.5	202.2	0.5
对甲苯酚	34.8	201.9	1.8
邻苯二酚	105.0	245.0	45.1(20℃)
间苯二酚	111.0	281.0	147.3(12.5℃)
对苯二酚	173.4	285.0	6.0(15℃)
1,2,3-苯三酚	133.0	309.0	易溶
1,2,4-苯三酚	140.0	—	易溶
1,3,5-苯三酚	218.9	—	1.13
α-萘酚	96.0(升华)	288.0	不溶
β-萘酚	123.0~124.0	295.0	0.07

10.4.4　酚的光谱性质

酚的红外光谱具有芳环和羟基的特点。酚羟基在 $3650 \sim 3200 cm^{-1}$ 之间有强而宽的吸收峰；酚的 C—O 键在 $1250 \sim 1200 cm^{-1}$ 之间有吸收峰。核磁共振谱中，酚羟基质子的化学位移为 $4.5 \sim 8.0$。

10.4.5　酚的化学性质

酚中羟基与苯环形成大的 p-π 共轭体系，由于氧的电子云向苯环转移，质子更易离去，使酚的酸性增强。由于氧的给电子共轭作用使苯环上的电子云密度增高，结果使苯环上更易发生亲电取代反应。

1. 酸性

由于酚解离生成的苯氧基负离子，负电荷可以分散到苯环上，使其稳定性增加，因而酚的酸性比醇强。苯酚能溶于 NaOH、Na_2CO_3 而不溶于 $NaHCO_3$，$pK_a = 10.0$。

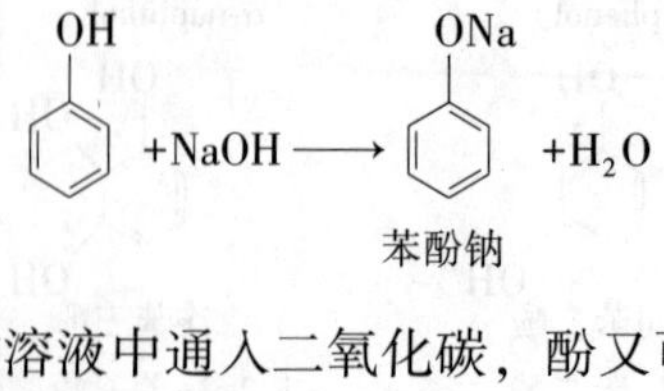

OH　+NaOH ⟶ ONa　+H₂O
苯酚钠

酚的酸性比碳酸弱，向酚钠溶液中通入二氧化碳，酚又可以游离出来。利用此反应可以把酚同其他有机物分离，达到提纯酚的目的。

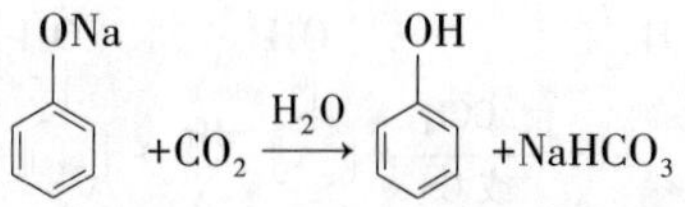

$$\text{C}_6\text{H}_5\text{ONa} + CO_2 \xrightarrow{H_2O} \text{C}_6\text{H}_5\text{OH} + NaHCO_3$$

酚在碱性溶液中与卤代烃、酰卤作用，可以得到酚醚或酚酯。

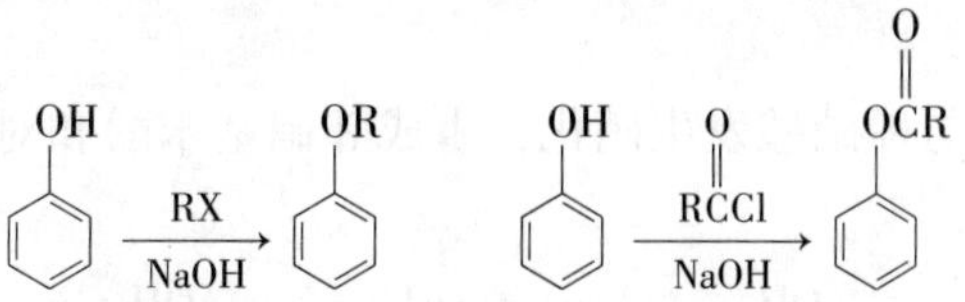

$$\text{ArOH} \xrightarrow[NaOH]{RX} \text{ArOR} \qquad \text{ArOH} \xrightarrow[NaOH]{RCCl} \text{ArOCR}$$

苯甲醚和苯乙醚也可以用硫酸二甲酯或硫酸二乙酯制备。例如：

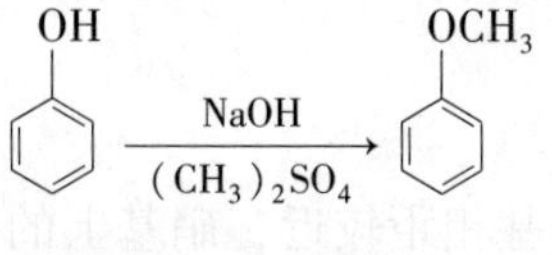

$$\text{C}_6\text{H}_5\text{OH} \xrightarrow[(CH_3)_2SO_4]{NaOH} \text{C}_6\text{H}_5\text{OCH}_3$$

如果苯环上连有吸电子基团时，使氧氢之间的电子云向苯环上移动，氧氢之间的电子云密度减小，更易解离出氢离子，从而使酸性增强。相反，当苯环上连有供电子基团时，使氧氢之间的电子云密度增大，氧氢之间的共价键增强，难解离出氢离子，表现为酸性减弱。例如：

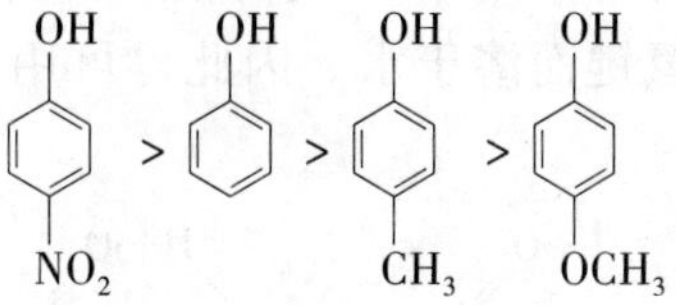

对硝基苯酚 > 苯酚 > 对甲苯酚 > 对甲氧基苯酚

2. 与三氯化铁的显色反应

具有烯醇式结构(羟基直接连在双键碳原子上)的化合物，大多能与三氯化铁的水溶液显色。酚类具有类似烯醇式的结构，多数酚能与三氯化铁产生红、绿、蓝、紫等不同的颜色，这种显色反应主要用来鉴别酚或烯醇式结构的存在。不同酚所产生的颜色见表10-3。

表10-3　不同酚与三氯化铁反应所显颜色

苯酚	对甲苯酚	间甲苯酚	对苯二酚	邻苯二酚	间苯二酚	连苯三酚	α-萘酚	β-萘酚
蓝紫色	蓝色	蓝紫色	暗绿色	深绿色	蓝紫色	淡棕红色	紫红色	绿色

3. 芳环上的取代反应

酚中由于羟基的氧原子与苯环形成 p-π 共轭体系，羟基总的电子效应是供电子作用，使得芳环上电子云密度增大，芳环的活性增大，所以酚比苯更容易发生亲电取代反应，如卤化、硝化、磺化等。

（1）卤化

苯酚的水溶液与溴水在室温下立刻反应，生成2,4,6-三溴苯酚白色沉淀。此反应非常灵敏，现象明显，可用于苯酚的定性鉴别和定量测定。

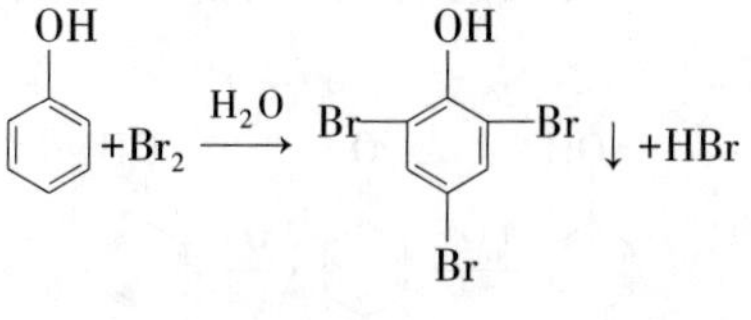

$$\text{C}_6\text{H}_5\text{OH} + Br_2 \xrightarrow{H_2O} \text{2,4,6-三溴苯酚} \downarrow + HBr$$

酚在 CS_2、CCl_4、1,2-二氯乙烷等非极性溶液中进行溴化，并控制溴的用量，则可得到一溴代苯酚。例如：

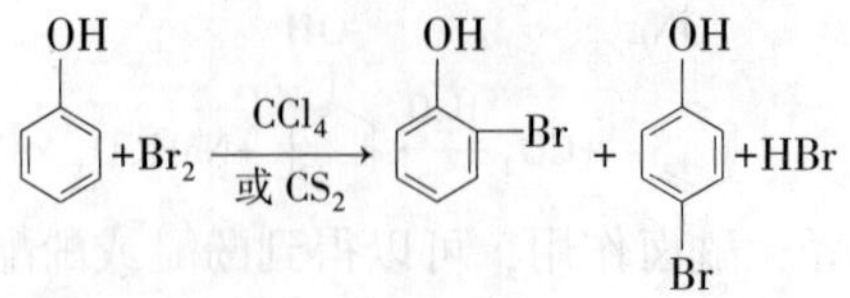

（2）硝化

苯酚在室温下就可以与稀硝酸发生硝化，生成邻硝基苯酚和对硝基苯酚的混合物，但由于苯酚易氧化，产率较低。

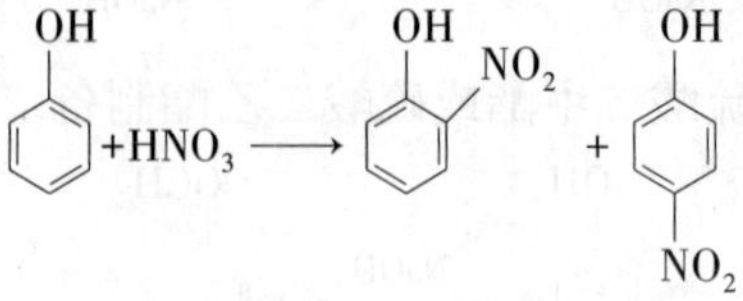

邻硝基苯酚分子中的羟基与硝基相距较近，硝基上的氧可以与羟基中的氢形成分子内的氢键而构成一个环，这样构成的环叫螯合环。

邻硝基苯酚由于形成分子内氢键，不再与水分子形成氢键，不溶于水，沸点（214℃）相对较低；而对硝基苯酚不能形成分子内氢键，却能形成分子间氢键，沸点（279℃）较高，也能与水形成氢键而溶于水。因此，可用水蒸气蒸馏的方法把两种异构体分开。

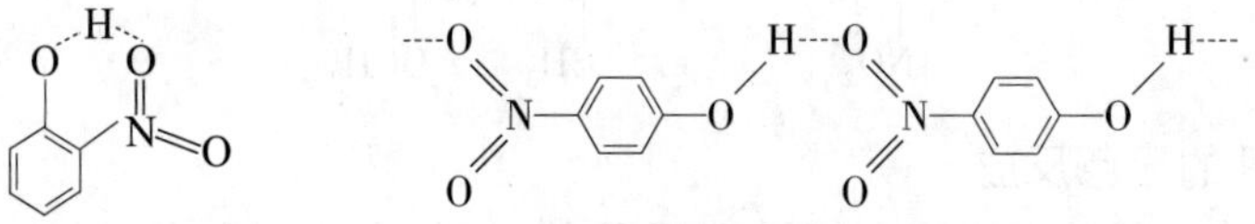

（3）磺化

室温下苯酚与浓硫酸发生磺化反应，得到邻、对羟基苯磺酸混合物。在100℃，用稀硫酸磺化主要得到对羟基苯磺酸。

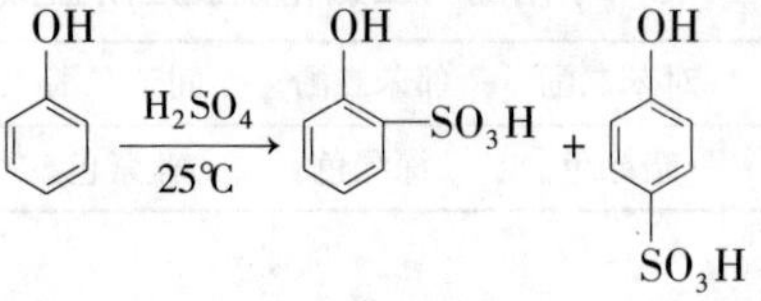

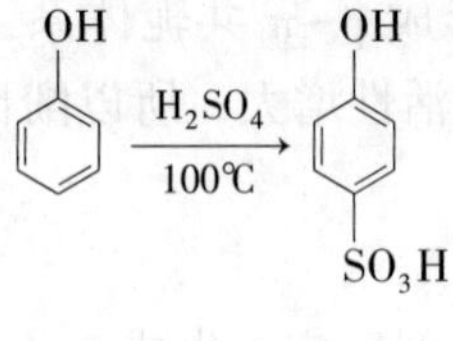

4. 氧化

酚比醇容易被氧化，空气中的氧就能将酚氧化。例如，苯酚和对苯二酚氧化生成对苯醌。

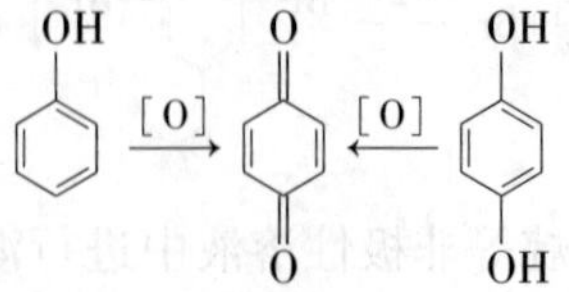

对苯醌

136

具有对苯醌或邻苯醌结构的物质都是有色的，这便是酚常带有颜色的原因。

10.5　重要的醇和酚

10.5.1　重要的醇

1. 甲醇（CH_3OH）

甲醇最早是由木材干馏得到的，因此又称为木醇。甲醇是无色易燃的液体，沸点 65℃，能与水互溶，毒性较大，误饮或吸入其蒸气，均可引起中毒症状，据报道误饮 10mL 即可导致眼睛失明，30mL 即可死亡。目前工业上甲醇是由 CO 和 H_2（合成气）在催化剂存在下，加热、加压制得。

$$CO+2H_2 \xrightarrow[\text{20MPa, 300℃}]{ZnO-Cr_2O_3-CuO} CH_3OH$$

把甲烷和氧气混合，在加热、加压下通过铜管也可以得到甲醇：

$$CH_4+O_2 \xrightarrow[\text{10MPa, 200℃}]{Cu} CH_3OH$$

甲醇和水不能形成共沸物，因此可以用分馏的方法除去大部分水，再用金属镁处理，除去微量的水，可得到无水甲醇。

甲醇在工业上主要用于制备甲醛，作为油漆的溶剂和甲基化试剂，还可以代替汽油用作燃料等。

2. 乙醇（C_2H_5OH）

乙醇是酒精的主要成分，因此又称为酒精。乙醇也是无色易燃的液体，沸点 78.5℃，能与水及大多数有机溶剂互溶。乙醇和氯化钙能形成络合物 $CaCl_2 \cdot 4C_2H_5OH$，因此乙醇不能（甲醇也不能）用氯化钙进行干燥。

几千年前人们就知道用发酵的方法制酒，发酵是通过微生物进行的一种生物化学方法，至今糖类发酵仍是制酒精的重要方法之一。工业上大量生产乙醇是用石油裂解气中的乙烯作原料，通过直接水合或间接水合得到。普通酒精含 95.6% 乙醇，能与水（其余 4.4%）形成共沸物，因此分馏的方法不能得到无水乙醇。在实验室中要得到无水乙醇，先加入生石灰回流后进行蒸馏可得到 99.5% 的乙醇，再用金属镁处理可得到无水乙醇。另外，加入分子筛吸收其中的水分，也可以得到无水乙醇。

乙醇是有机合成工业的重要原料，也是常用的有机溶剂。75% 的乙醇杀菌消毒的效果最好，因此作为医用酒精。无水乙醇可以加在汽油中作汽车燃料，是一种具有发展潜力的可再生能源。

白酒的主要成分是乙醇和水，少量乙醇对人体的作用是先兴奋、后麻醉，大量饮入乙醇对人体有毒害，一般人体血液中乙醇含量达到 0.2% 就会引起酒醉，超过 0.3% 就会引起中毒。

3. 乙二醇（$HOCH_2CH_2OH$）

乙二醇是最简单最重要的二元醇，为黏稠状的无色液体，沸点 198℃，能与水、乙醇、丙酮互溶。其工业制法是由乙烯氧化成环氧乙烷，再水解得到。

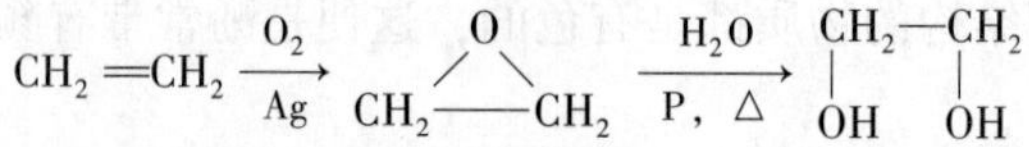

$$CH_2 = CH_2 \xrightarrow[Ag]{O_2} CH_2 \overset{O}{-} CH_2 \xrightarrow[P, \triangle]{H_2O} \underset{OH}{CH_2} - \underset{OH}{CH_2}$$

乙二醇是合成涤纶等高分子化合物的重要原料，也是常用的高沸点溶剂，冬季还可作为汽车散热器的防冻剂，乙二醇的硝酸酯是一种炸药。

4. 丙三醇（$HOCH_2CHOHCH_2OH$）

丙三醇又称为甘油，为无色、无味的黏稠液体，沸点290℃（分解），能与水互溶，具有强烈的吸水性，不溶于有机溶剂。

甘油可以从油脂水解得到，是肥皂工业的副产物，工业上还可用丙烯作原料合成。

甘油常用于化妆品、皮革、烟草和食品中作保湿剂，还可用作合成树脂的原料。硝化甘油(三硝酸甘油酯)受到震动或撞击即爆炸，是炸药的主要成分。另外它还具有扩张冠状动脉的作用，是缓解心绞痛的药物。

10.5.2　重要的酚

1. 苯酚（C_6H_5OH）

苯酚又称为石炭酸。纯净的苯酚是有特殊气味的无色棱形晶体，熔点40.6℃，在空气中放置逐渐被氧化而呈微红色。室温时稍溶于水，在65℃以上可与水互溶，易溶于乙醇、乙醚、苯等有机溶剂。

苯酚有毒，尽量避免吸入，对皮肤也有强烈的腐蚀作用。但具有杀菌能力，可与熟石灰混合用作厕所、阴沟等的消毒剂。

苯酚是有机合成的重要原料，多用于制造塑料、胶黏剂、医药、农药、染料等，用途非常广泛。在工业上苯酚可以从煤焦油中分离得到，但由于数量有限，不能满足工业发展的需要，目前苯酚主要由合成方法制得，主要有异丙苯氧化法、磺化碱熔、氯苯水解等几种方法。

（1）异丙苯氧化法

异丙苯通入空气，经催化氧化得到过氧化物，过氧化物在稀硫酸作用下分解成苯酚和丙酮。

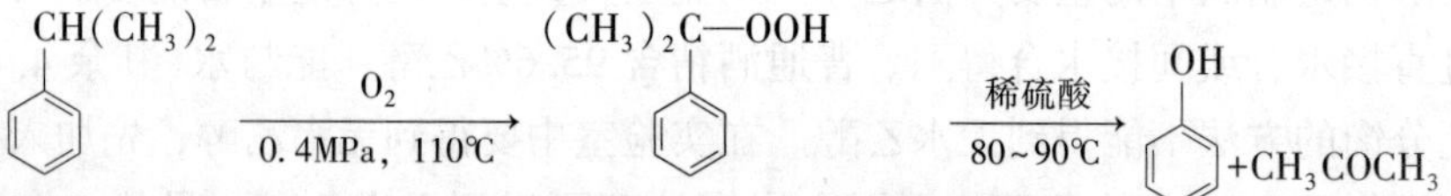

异丙苯 $\xrightarrow[0.4MPa, 110℃]{O_2}$ 异丙苯过氧化氢(过氧化氢异丙苯) $\xrightarrow[80\sim90℃]{稀硫酸}$ OH $+CH_3COCH_3$

此法制苯酚，得到的丙酮也是重要的化工原料，异丙苯可来源于石油化工产品，因而经济上是适当合理的。

（2）磺化碱熔法

苯通过磺化得到苯磺酸，苯磺酸用亚硫酸钠中和后，与氢氧化钠一起加热熔融生成苯酚钠，经酸化即得到苯酚。

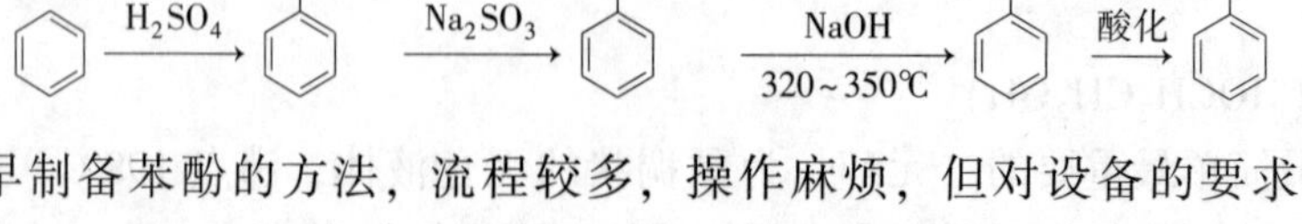

$\xrightarrow{H_2SO_4}$ SO_3H $\xrightarrow{Na_2SO_3}$ SO_3Na $\xrightarrow[320\sim350℃]{NaOH}$ ONa $\xrightarrow{酸化}$ OH

此法是较早制备苯酚的方法，流程较多，操作麻烦，但对设备的要求不高，产率却较高。

138

（3）氯苯水解法

氯苯在较高的温度、一定压力和催化剂存在下，用过热水蒸气水解得到苯酚和氯化氢。

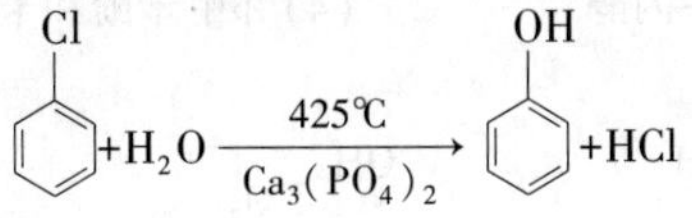

$$\text{Cl-C}_6\text{H}_5 + \text{H}_2\text{O} \xrightarrow[\text{Ca}_3(\text{PO}_4)_2]{425℃} \text{C}_6\text{H}_5\text{OH} + \text{HCl}$$

2. 苯二酚

苯二酚有邻位、间位和对位三种异构体：

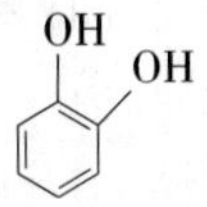

邻苯二酚 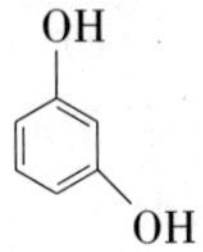　　　　　间苯二酚 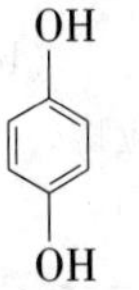　　　　　对苯二酚

邻苯二酚又称为儿茶酚或焦儿茶酚，对苯二酚又称为氢醌，它们的衍生物多存在于植物中。三种苯二酚都是固体，能溶于水、乙醇和乙醚中。间苯二酚常用于合成染料、树脂黏合剂等。邻苯二酚和对苯二酚易被弱氧化剂氧化为醌，所以主要用作还原剂。例如，对苯二酚能把感光后的溴化银还原为金属银，是照相用的显影剂。

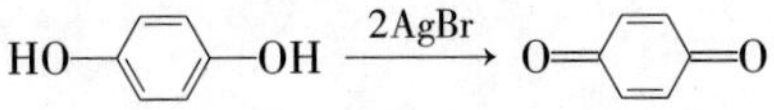

$$\text{HO-C}_6\text{H}_4\text{-OH} \xrightarrow{2AgBr} \text{O=C}_6\text{H}_4\text{=O}$$

同样的原因，对苯二酚还可以用作高分子材料的阻聚剂(防止高分子单体因氧化剂的存在而聚合)等。

习　　题

1. 用系统命名法命名下列化合物。

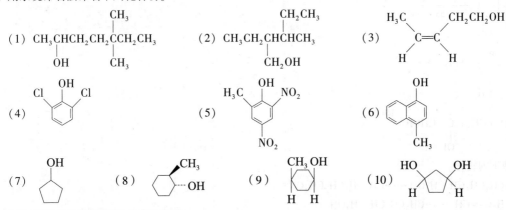

(1) $CH_3CHCH_2CH_2CHCH_2CH_3$
$\quad\quad\;$ OH $\quad\quad\quad\quad$ CH$_3$

(2) $CH_3CH_2CH\overset{|}{C}HCH_3$
$\quad\quad\quad\quad$ CH$_2$OH ，带CH$_2$CH$_3$

(3) （结构式）

(4) （结构式）

(5) （结构式）

(6) （结构式）

(7) （结构式）

(8) （结构式）

(9) （结构式）

(10) （结构式）

2. 写出下列化合物的构造式或构型式。

（1）叔丁醇　　　（2）2-甲基-2-丙烯醇　　　（3）3-戊烯-1-醇　　　（4）1-甲基环丙醇
（5）（E）-4-庚烯-2-醇　　（6）间甲苯酚　　（7）5-硝基-1-萘酚　　（8）苦味酸

3. 比较下列碳正离子的稳定性。

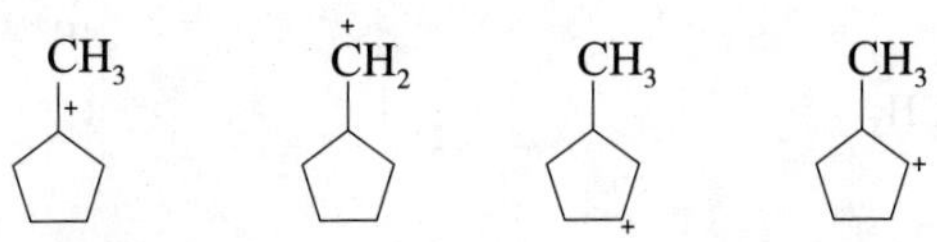

（结构式）

4. 区别下列各组化合物。

(1) 环己醇和环己烷　　　　　　　　　　(2) 1,3-丁二烯和 3-丁烯-1-醇

(3) 1-丁醇、2-丁醇和 2-甲基-2-丙醇　　(4) 邻甲苯酚和苄醇

5. 按酸性强弱排列顺序。

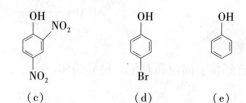

（a）　　　　　　　（b）　　　　　　　（c）　　　　　　　（d）　　　　　　　（e）

6. 写出反应的主要产物或反应物。

(1) $CH_3CH_2CH_2OH + Na \longrightarrow$

(2) $(CH_3)_2CHCH_2OH + HI \longrightarrow$

(3) $CH_3CH_2CH_2\underset{\underset{OH}{|}}{C}HCH_3 \xrightarrow[\triangle]{H_2SO_4}$

(4) $CH_3CH_2CH_2OH \xrightarrow{\ I_2\ }{P}$

(5) $CH_3\underset{\underset{OH}{|}}{C}HCH_3 + SOCl_2 \longrightarrow$

(6) $CH_3CH_2CH_2OH \xrightarrow[H^+]{KMnO_4}$

(7) $CH_3\underset{\underset{OH}{|}}{C}HCH_3 \xrightarrow[H_2SO_4]{K_2CrO_7}$

(8) [环己醇] $\xrightarrow[55\sim60℃]{50\%HNO_3,\ V_2O_5}$

(9) [对甲苯酚] $+ Br_2 \longrightarrow$

(10) $(CH_3)_2\underset{\underset{OH}{|}}{C}-\underset{\underset{OH}{|}}{C}HCH_3 \xrightarrow{HIO_4}$

7. 完成下列转化。

(1) $CH_3CH_2CH_2CH_2OH \longrightarrow CH_3CH_2CH_2CH_2CN$

(2) $H_2C=CH_2 \longrightarrow CH_3CH_2CH_2CH_2OH$

(3) $CH_3CH_2CH_2OH \longrightarrow H_3C-C\equiv CH$

(4) $CH_3CH_2CH=CH_2 \longrightarrow CH_3CH_2CH_2CH_2OH$

(5) [环戊醇] $\longrightarrow$ [环戊酮]

(6) $C_6H_5CHO \longrightarrow C_6H_5\underset{\underset{OH}{|}}{C}HCH_3$

(7)

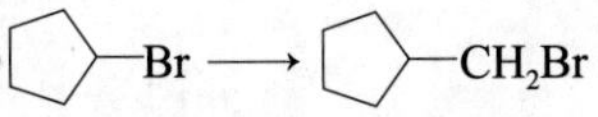

(8)

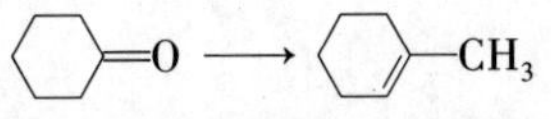

8. 通过反应机理，解释下列反应结果。

(1)

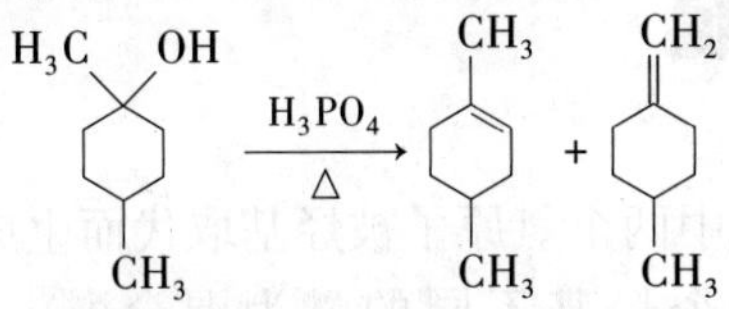

(2) 当 HBr 水溶液与 3-丁烯-2-醇起反应时，不仅产生 3-溴-1-丁烯，还产生 1-溴-2-丁烯。

9. 分别由苯及甲苯合成 2-苯基乙醇。

10. 推测结构。

(1) 某化合物分子式为 $C_5H_{12}O$（A），在酸催化下，易失水成 B，B 用冷的 $KMnO_4$ 小心氧化得到 $C_5H_{12}O_2$（C），C 与高碘酸作用得到 CH_3CHO 和 CH_3COCH_3。试写出 A 的可能结构及各步反应。

(2) 化合物 A 和 B，分子式都是 $C_{10}H_{12}O$，两者都不溶于水、稀酸和稀碱，但能使溴的四氯化碳溶液褪色。A 及 B 经高锰酸钾强烈氧化都生成对甲氧基苯甲酸，经催化氢化后，也得到同一化合物，试推断 A、B 的结构式。

第十一章　醚

醚可以看作醇分子间脱水的产物，也可以说水分子中两个氢原子被烃基取代而生成的化合物。通式 ROR′，两个烃基相同的醚为简单醚，两个烃基不同的醚为混合醚，例如：CH_3OCH_3（二甲醚）为简单醚，$CH_3OCH_2CH_3$（甲基乙基醚）为混合醚，其中 C—O—C 键叫作醚键。氧原子与碳原子共同构成环状结构形成的醚为环醚。例如：

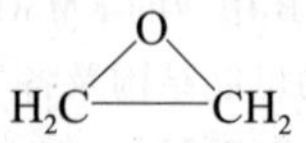

环氧乙烷 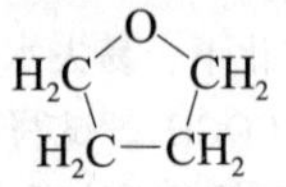　　　　　四氢呋喃（THF） 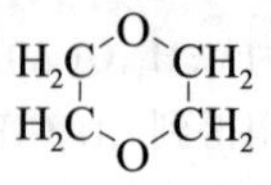　　　　1,4-二氧六环

相应的醚与醇为官能团异构。

11.1　醚的结构、命名和物理性质

11.1.1　醚的结构

醚分子中的氧原子为 sp^3 杂化，与水类似，其中两个杂化轨道分别与两个碳形成两个 σ 键，余下两个杂化轨道各被一对孤电子对占据，因此醚可以作为路易斯碱，接受质子形成锌盐，也可与水、醇等形成氢键。醚键 C—O—C 键角近似等于 110°，醚分子结构为 V 字形，分子中 C—O 键是极性键，故分子有极性。例如最简单的醚——甲醚结构如下：

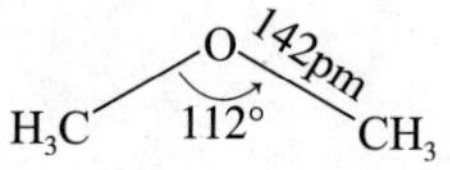

而在含有芳基的醚中（主要指氧直接连在苯环上），如苯甲醚 ∠COC = 121°，接近 sp^2 杂化键角，这种醚中氧原子可以看作 sp^2 杂化，未杂化的 p 轨道上的孤对电子对与苯环中的 π 电子组成 p-π 共轭体系，因此苯环 C—O 键键长变短。

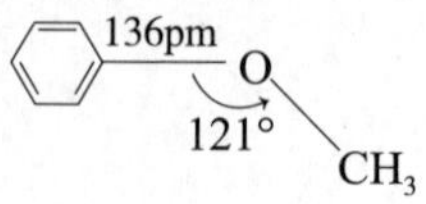

11.1.2　醚的命名

醚的命名，对于结构简单的醚多用习惯命名法，在两个烃基之间加上"醚"字，如果是两个烃基相同的简单醚，"二"字和"基"字往往省略；两个烃基不同的混合醚，烃基小的放在前面，但芳烃基一般放在烷基前面。例如：

$CH_3CH_2OCH_2CH_3$　　　　$CH_3OC(CH_3)_3$　　　　$CH_3OCH_2CH=CH_2$

（二）乙（基）醚　　　　　甲基叔丁基醚　　　　　　甲基烯丙基醚

diethyl ether　　　　　methyl tertbutyl ether　　　　methyl allyl ether

| 苯甲醚 | 苯烯丙醚 | 二苯醚 |
| phenyl methyl ether | allyl phenyl ether | diphenyl ether |

对于结构复杂的醚，常采用系统命名法，将 RO- 或 ArO- 当作取代基，以烃为母体命名。脂肪醚是以较长的碳链作为母体，将含碳数较少的烃基与氧连在一起，叫做烷氧基；烃基中有一个是芳香环的，则以芳香环为母体。例如：

CH₃CH₂CHCH₂CH₃ 的 OCH₃	CH₃OCH₂CH₂OCH₃	H₃CO—⬡—CH=CHCH₃
3-甲氧基戊烷	1,2-二甲氧基乙烷	对甲氧基丙烯基苯
3-methoxypentane	1,2-dimethoxyethane	p-methoxy-propenylbenzene

对于环醚，一般称为环氧某烃，例如：

H₂C—CH₂ (O)	H₂C—CHCH₃ (O)	CH₃HC—CHCH₃ (O)
环氧乙烷	1,2-环氧丙烷	2,3-环氧丁烷
epoxyethane	1,2-epoxyproane	2,3-epoxybutane

有的环醚按杂环化合物命名，例如前面提到的四氢呋喃和1,4-二氧六环。

11.1.3 醚的物理性质

大多数醚为无色、易挥发、易燃烧的液体，有香味。由于分子中没有与氧原子直接相连的氢，所以醚分子间不能形成氢键，因此其沸点和相对密度都比相应的醇、酚低。醚的沸点与相对分子质量相近的烷烃接近，例如乙醚相对分子质量74，其沸点为34.5℃；戊烷相对分子质量72，其沸点为36.1℃。

由于醚分子中含有电负性较大的氧原子，所以醚有极性，且氧原子可与水或醇等形成氢键，醚在水中的溶解度比烷烃大，并能溶于许多极性或非极性有机溶剂中。高级醚由于烃基增大，不溶于水。有些醚，例如四氢呋喃由于环的固定作用，与水形成氢键更容易，因此与水互溶。

醚能溶解许多有机物，并且反应活性非常低，常用作有机反应溶剂。表11-1列出了一些醚的物理常数。

表 11-1 一些醚的物理常数

名称	结构式	熔点/℃	沸点/℃	相对密度(d_4^{20})
甲醚	CH_3OCH_3	-141.5	-25.0	0.6660
乙醚	$C_2H_5OC_2H_5$	-116.0	34.5	0.7138
正丙醚	$(CH_3CH_2CH_2)_2O$	-122.0	91.0	0.7360
异丙醚	$(CH_3)_2CHOCH(CH_3)_2$	60.0	68.0	0.7350
正丁醚	$(CH_3CH_2CH_2CH_2)_2O$	-97.9	142.0	0.7690
二苯醚	$C_6H_5OC_6H_5$	28.0	257.9	1.0748
苯甲醚	$C_6H_5OCH_3$	-37.3	155.5	0.9940
环氧乙烷	H_2C—CH_2 (O)	-111.0	14.0	0.8824(10℃)
四氢呋喃	(O)	-108.0	67.0	0.8892

11.1.4 醚的光谱性质

醚的红外光谱图中，在 1200~1050cm^{-1} 之间 C—O—C 有强烈吸收峰。醚的核磁共振谱图中，与氧直接相连的碳上的质子(—CH—O—)化学位移为 3.4~4.0。图 11-1、图 11-2 分别为正丙醚的核磁共振谱图及红外光谱图。

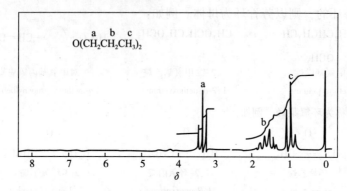

图 11-1 正丙醚的^{1}H NMR 谱

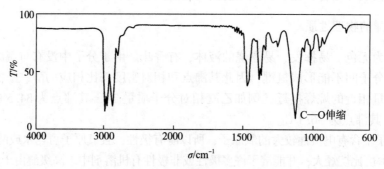

图 11-2 正丙醚的红外光谱

11.2 醚的化学性质和制法

醚是比较稳定的化合物，它对碱、金属钠、氧化剂和还原剂都十分稳定。但由于 C—O 键为极性键，在一定的条件下，醚也能发生一些反应。

11.2.1 醚的化学性质

1. 醚的碱性

醚中氧原子有孤对电子，能接受质子形成𬭩盐，因此能溶于冷的、浓的、强的无机酸中。醚的这一性质可以用于区别饱和烃和醚以及卤代烃和醚，但不能用于区别醚和醇。

$$R-O-R \underset{}{\overset{H^+}{\rightleftharpoons}} R-\overset{+}{\underset{H}{O}}-R$$

值得一提的是醚接受质子的能力很弱，必须与浓强酸才能生成𬭩盐。而且这一反应是可逆的，加冰水稀释则分解而又析出醚，醚层水层分开。

醚还可以借助氧原子上的未共用电子对与缺电子试剂，如三氟化硼、三氯化铝、格氏试剂等形成络合物。例如：

$$R_2O: + BF_3 \longrightarrow R_2O:BF_3$$

$$R_2O: + AlCl_3 \longrightarrow R_2O:AlCl_3$$

$$2R_2O: + R'MgX \longrightarrow R' - \underset{\underset{\overset{\displaystyle ..}{\overset{\displaystyle O}{R}}}{\overset{\overset{\displaystyle R}{\overset{\displaystyle ..}{O}}}{\overset{\displaystyle |}{Mg}}} - X$$

2. 醚链的断裂

在加热的情况下，浓酸如 HI、HBr 等能使醚键断裂，氢碘酸的作用比氢溴酸强，因此醚键断裂常用氢碘酸。醚与氢碘酸作用生成碘代烷与醇：

$$R-O-R'+HI \overset{\triangle}{\longrightarrow} RI+R'OH$$

生成的醇可进一步与过量氢碘酸作用生成碘代烷：

$$R'OH+HI \longrightarrow R'I+H_2O$$

伯烷基醚与氢碘酸作用时，醚先结合质子成锌盐，第二步 I⁻ 亲核试剂先进攻位阻小的基团(S_N2 反应机理)，这一步决定了混合醚中烃基小的先生成卤代烷。例如：

$$CH_3CH_2CH_2OCH_3 \overset{HI}{\longrightarrow} CH_3CH_2CH_2-\underset{H}{\overset{+}{O}}-CH_3 \overset{I^-}{\underset{S_N2}{\longrightarrow}} CH_3CH_2CH_2OH + CH_3I$$

叔烷基醚则发生 S_N1 历程，生成叔卤代烷。例如：

$$CH_3-\underset{CH_3}{\overset{CH_3}{\underset{|}{\overset{|}{C}}}}-O-CH_3 \overset{HI}{\longrightarrow} CH_3-\underset{CH_3}{\overset{CH_3}{\underset{|}{\overset{|}{C}}}}-\underset{H}{\overset{+}{O}}-CH_3 \overset{CH_3OH}{\longrightarrow} CH_3-\underset{CH_3}{\overset{CH_3}{\underset{|}{\overset{|}{C}}}}+ \quad I^- \quad CH_3-\underset{CH_3}{\overset{CH_3}{\underset{|}{\overset{|}{C}}}}-I$$

如果醚中有一个烃基是芳烃基，如苯甲醚，则反应生成碘甲烷与苯酚(酚氧键，由于有 p-π 共轭，很难断裂)，苯酚不再与氢碘酸作用。

$$\text{〈苯环〉}-O-CH_3 +HI \longrightarrow \text{〈苯环〉}-OH +CH_3I$$

由于反应是定量完成的，所以通过测定生成碘甲烷的量，则可推算分子中甲氧基的含量。

3. 过氧化物的形成

某些与氧相连的碳原子上连有氢的醚，在空气中放置，会慢慢氧化生成过氧化物，如乙醚在试剂瓶中放置时，瓶中存留的少量空气，即能将它氧化而产生过氧化物。过氧化物中含有与过氧化氢相似的—O—O—键。

$$CH_3CH_2-O-CH_2CH_3 \overset{O_2}{\longrightarrow} CH_3CH_2-O-\underset{\underset{O-O-H}{|}}{CH}CH_3$$

过氧化物不稳定，在受热、震动或受到摩擦等情况下，非常容易爆炸。在蒸馏乙醚时，乙醚被蒸出后，蒸馏瓶中留存有高沸点的过氧化物，若继续加热，便能猛烈爆炸。因此在使用乙醚之前，一定要检查是否含有过氧化物存在。一般可取少量乙醚与碘化钾的乙酸溶液一起振摇，如有过氧化物存在，碘化钾就被氧化成碘而显黄色，然后可进一步用淀粉试纸检验。除去过氧化物的方法是：将乙醚用还原剂(如硫酸亚铁、亚硫酸钠等)处理，从而保证安全。另外，储存乙醚时，应放在棕色瓶中。

11.2.2 醚的制法

1. Williamson(威廉逊)合成法

用醇金属(通常用醇钠)与卤代烃等进行亲核取代反应来制备混合醚的方法称为威廉逊合成法。

$$RONa+R'X \longrightarrow ROR'+NaX$$

例如合成乙丙醚，可以采用以下两种方法：

$$CH_3CH_2I+NaOCH_2CH_2CH_3 \longrightarrow CH_3CH_2OCH_2CH_2CH_3$$

$$CH_3CH_2ONa+ICH_2CH_2CH_3 \longrightarrow CH_3CH_2OCH_2CH_2CH_3$$

但不是制备任何一个混合醚，任意一个烃基为卤代烷、另一个烃基为醇钠都可以。例如，在制备甲基叔丁基醚时，只能用碘甲烷和叔丁醇钠反应，而不能用叔丁基碘和甲醇钠反应(因三级卤代烷易发生消除生成烯烃)。

$$\underset{\underset{CH_3}{|}}{\overset{\overset{CH_3}{|}}{CH_3-C}}-ONa+CH_3I \longrightarrow \underset{\underset{CH_3}{|}}{\overset{\overset{CH_3}{|}}{CH_3-C}}-O-CH_3$$

$$\underset{\underset{CH_3}{|}}{\overset{\overset{CH_3}{|}}{CH_3-C}}-I+NaOCH_3 \longrightarrow \underset{\underset{CH_3}{|}}{CH_3-C}=CH_2$$

如果是制备含有苯基的混合醚，应用酚钠和卤代烷反应(因卤代苯不活泼)，实际在应用过程中，酚与卤代烷在碱性试剂中加热即可。

$$C_6H_5ONa+CH_3CH_2Br \longrightarrow C_6H_5OCH_2CH_3$$

$$C_6H_5OH+CH_3CH_2Br \xrightarrow{NaOH} C_6H_5OCH_2CH_3$$

可见在制备混合醚时选择哪一个烃基为卤代烷、哪一个烃基为醇钠很重要。

2. 醇分子间脱水

醇分子间脱水在醇的性质中已介绍，此法只适合于制备简单醚，混合醚产物复杂，有好几种。如果混合醚中一个烃基是伯烷基，另一个是叔烷基也可以用这种方法，但使用的伯醇必须过量。例如：

$$(CH_3)_3COH+C_2H_5OH \xrightarrow[70℃]{H_2SO_4} (CH_3)_3COC_2H_5$$

3. 醇与烯烃的加成

在酸性催化剂存在下醇与烯烃反应生成醚，类似烯烃水合，符合马氏规则。例如：

$$(CH_3)_2C=CHCH_3+CH_3OH \xrightarrow[H_2O]{H_2SO_4} \underset{\underset{OCH_3}{|}}{(CH_3)_2C}-CH_2CH_3$$

11.3　环　醚

11.3.1　环氧乙烷

环氧乙烷是最简单的环醚，为无色气体，能溶于乙醚中。其分子的键长和键角如下：

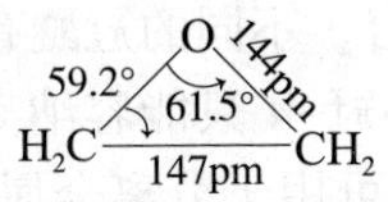

环氧乙烷张力能为 $114.1kJ \cdot mol^{-1}$，同环丙烷一样，是张力很大的三元环，所以活性远远高于开链的醚，具体表现在它在中性、碱性、酸性条件下都可以开环，开环时碳氧键断裂。

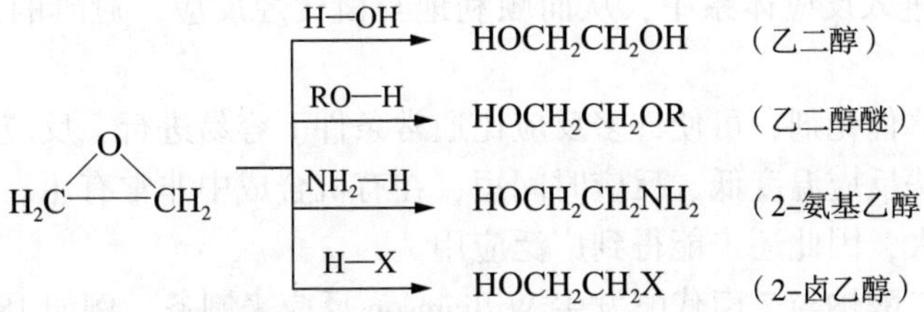

环氧乙烷与醇作用的产物乙二醇醚具有醇和醚的双重性质，可与非极性及极性物质互溶，所以是良好的溶剂。常用的有乙二醇乙醚、乙二醇甲醚、乙二醇丁醚等，它们都用作硝酸纤维、树脂、喷漆等的溶剂。乙醇胺类化合物可用作溶剂或乳化剂。

环氧乙烷除可与上述物质作用外，还可与格氏试剂反应(见醇的制法)。

环氧乙烷可由乙烯与氧在银的催化下制得。

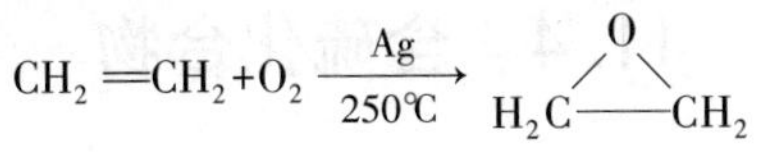

11.3.2　冠醚

冠醚是含有多个氧原子 C_4、C_5、C_6 以至更多的大环醚，是 20 世纪 70 年代发展起来的具有特殊络合性能的化合物，其结构单元为：$+OCH_2CH_2+_n$。

例如：

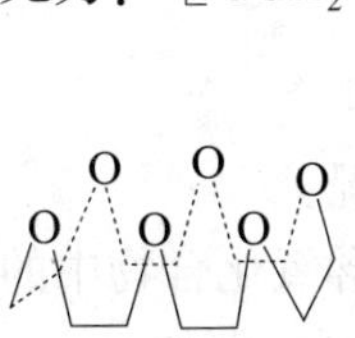

1,4,7,10,13,16-六氧杂环十八烷

环中每两个碳原子间隔一个氧原子，由于其结构形似皇冠，故称冠醚。冠醚的系统命名较复杂，使用不方便，一般采用特殊的命名法：X-冠-Y 表示，X 表示环上所有原子的数目，Y 表示环上氧原子的数目。例如：

18-冠-6	苯并 15-冠 -5	二苯并 18-冠 -6
18-crown-6	benzo-15-crown-5	dibenzo-18-crown-6

冠醚分子呈环形，有其特殊的结构，即分子中间有一个空隙。由于环中有氧原子，氧原子有未共用电子对，可与金属离子络合。不同的冠醚有不同大小的空隙，可以容纳不同大小的金属离子，形成配离子。例如：12-冠-4 只能容纳离子半径较小的 Li^+；18-冠-6 则可以与离子半径较大的 K^+ 络合，因此冠醚可用于分离金属离子。冠醚的另一个重要用途是在有机合成中作为相转移催化剂，加快反应速率。例如，KCN 与卤代烃反应，由于 KCN 不溶于有机溶剂，KCN 与卤代烃的反应在有机溶剂中不容易进行，加入 18-冠-6 反应立刻进行。其原因是，由于冠醚可以溶于有机溶剂，K^+ 通过与冠醚络合进入反应体系中，CN^- 通过与 K^+ 之间的作用，也进入反应体系中，从而顺利地与卤代烃反应，冠醚的这种作用称为相转移催化作用。

冠醚作为相转移催化剂，可使许多反应比通常条件下容易进行、反应选择性强、产品纯度高，比传统的方法反应温度低、反应时间短，在有机合成中非常有用。但是由于冠醚比较昂贵，毒性也非常大，因此还未能得到广泛应用。

冠醚可由聚乙二醇钠与二卤代醚发生 Williamson 反应来制备。例如 18-冠-6 的合成：

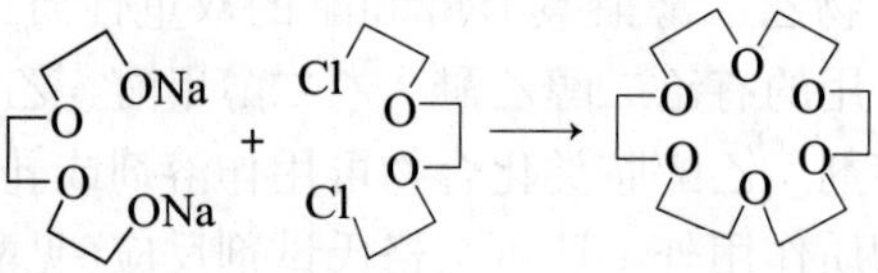

11.4　含硫化合物

硫原子和氧原子在同一主族内，结构相似，因此硫原子可以形成系列相当于各类含氧化合物的含硫化合物。例如：

ROH(醇)	ArOH(酚)	ROR(醚)	ROOR(过氧化物)
RSH(硫醇)	ArSH(硫酚)	RSR(硫醚)	RSSR(二硫化物)

11.4.1　含硫化合物的命名

含硫化合物的命名可以分三种情况：

①像硫醇、硫酚和硫醚可以看作含氧化合物中的氧原子被硫原子置换而成，命名时在相应的含氧化合物类名前加上"硫"字即可。例如：

CH_3SH	CH_3SCH_3	$C_6H_5CH_2SH$	C_6H_5SH
甲硫醇	甲硫醚	苄硫醇	苯硫酚
methanthiol	dimethyl sulfide	benzthiol	benzenethiol

②对于结构比较复杂的化合物，—SH(巯基)、—SR(烷硫基)可以看作取代基。例如：

HSCH$_2$COOH	CH$_3$CHCH$_2$OH $\vert$ SH	CH$_3$CHSCH$_2$CH$_2$CH$_3$ $\vert$ CH$_3$
巯基乙酸	2-巯基丙醇	1-异丙硫基丁烷
mercaptoacetic acid	2-mercapto-1-propanol	1-(i-propanethio)butane

③一些高价硫化合物，如亚砜、砜、磺酸等也是在类名前加上相应的烃基。例如：

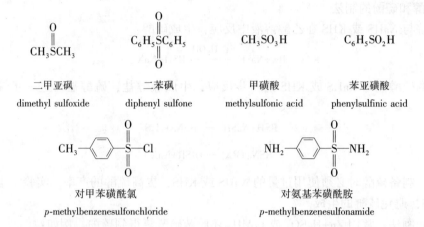

$\underset{\underset{O}{\parallel}}{CH_3SCH_3}$	$\underset{\underset{O}{\parallel}}{\overset{\overset{O}{\parallel}}{C_6H_5SC_6H_5}}$	CH$_3$SO$_3$H	C$_6$H$_5$SO$_2$H
二甲亚砜	二苯砜	甲磺酸	苯亚磺酸
dimethyl sulfoxide	diphenyl sulfone	methylsulfonic acid	phenylsulfinic acid

对甲苯磺酰氯	对氨基苯磺酰胺
p-methylbenzenesulfonchloride	p-methylbenzenesulfonamide

11.4.2　硫醇和硫酚

1. 硫醇和硫酚的物理性质

除了甲硫醇在室温下为气体外，其他硫醇和硫酚都是液体或固体。硫醇和硫酚因有极性，不易形成氢键，因此硫醇的沸点比相对分子质量相近的烷烃高，比相对分子质量相近的醇低。硫酚的沸点比相应的酚低。硫醇因不易与水形成氢键，在水中的溶解度比相应的醇低。相对分子质量较低的硫醇都有毒，因硫的含量较高而具有难闻的臭味，随着相对分子质量的增加，烃基增大，臭味逐渐变小，九个碳原子以上的硫醇具有令人愉快的气味。

2. 硫醇和硫酚的反应

(1)酸性

由于硫化氢的酸性比水强，因此它的取代物硫醇和硫酚的酸性比相应的醇和酚强。乙硫醇的 pK_a=10.6，与苯酚差不多，因此乙硫醇能溶于氢氧化钠水溶液，反应式如下：

$$C_2H_5SH+NaOH \longrightarrow C_2H_5SNa+H_2O$$

苯硫酚的 pK_a=7.8 比碳酸强，所以硫酚能溶于碳酸氢钠水溶液，而苯酚不溶。

$$C_6H_5SH+NaHCO_3 \longrightarrow C_6H_5SNa+CO_2+H_2O$$

(2)与金属卤化物反应

硫醇和硫酚与金属卤化物反应生成硫醇、硫酚的重金属盐。例如：

$$2C_6H_5SH+HgCl_2 \longrightarrow (C_6H_5S)_2Hg+2HCl$$
苯硫酚汞

硫醇、硫酚的重金属盐都不溶于水，可以从尿液排除，因此硫醇、硫酚可以作为重金属中毒的解毒剂。

(3)氧化

硫醇和硫酚在弱氧化剂(如碘或双氧水)作用下，进行温和氧化得到二硫化物，在强氧化剂作用下则生成磺酸。例如：

$$2CH_3CH_2SH + I_2 + NaOH \longrightarrow CH_3CH_2SSCH_2CH_3 + 2NaI + 2H_2O$$

$$C_6H_5SH \xrightarrow{HNO_3} C_6H_5SO_3H$$

—S—S—键对于维持蛋白质分子的特殊结构有重要作用。

3. 硫醇和硫酚的制法

卤代烷与 NaHS 或 KHS 在乙醇溶液中反应，生成硫醇：

$$RX + NaSH \xrightarrow{C_2H_5OH} RSH + NaX$$

生成的硫醇能与 NaHS 或 KHS 进一步反应，生成硫醇盐，硫醇盐再进一步烷基化得到硫醚：

$$RSH + NaSH \longrightarrow RSNa + H_2S$$

$$RSNa + RX \longrightarrow RSR + NaX$$

因此，制备硫醇时必须使用过量的 NaHS 或 KHS，提高硫醇的产率。实验室也常用硫脲代替 NaHS，避免硫醚的生成。

硫酚的制法：常用 $Zn + H_2SO_4$ 或 $LiAlH_4$ 还原苯磺酰氯得到硫酚。例如：

$$C_6H_5SO_2Cl \xrightarrow{Zn + H_2SO_4} C_6H_5SH$$

苯磺酰氯可以用苯和氯磺酸反应得到。

11.4.3 硫醚

硫醚是有特殊气味的无色液体，其沸点比相应的醚高。由于与水难形成氢键，因此硫醚不溶于水，而易溶于醇、醚等有机溶剂。

1. 硫醚的反应

（1）亲核性

硫醚由于硫原子半径较大、电负性较小，所以有较强的亲核性。它与硫酸反应生成锍盐，与卤代烷反应生成三烷基锍盐：

$$RSR + H_2SO_4 \Longleftrightarrow R_2\overset{+}{S}HHSO_4^-$$

$$RSR + RX \underset{\triangle}{\overset{}{\Longleftrightarrow}} R_3\overset{+}{S}X^-$$

三烷基锍盐加热又分解为硫醚和卤代烷。

（2）氧化反应

硫醚在 $30\%H_2O_2$ 溶液中氧化为亚砜，亚砜会继续氧化成砜。例如：

$$CH_3SCH_3 \xrightarrow{H_2O_2} \overset{\overset{O}{\parallel}}{CH_3SCH_3} \xrightarrow{H_2O_2} \overset{\overset{O}{\parallel}}{\underset{\underset{O}{\parallel}}{CH_3SCH_3}}$$

甲硫醚　　　二甲亚砜（DMSO）　　　二甲砜

（3）催化加氢

硫醚催化加氢可生成烷烃。

150

$$RSR' \xrightarrow[Ni]{2H_2} RH + R'H + H_2S$$

2. 硫醚的制备

对称硫醚常用卤代烷和硫化钠反应得到。

$$2RX + Na_2S \longrightarrow RSR + 2NaX$$

不对称硫醚用卤代烷和硫醇盐反应得到，类似 Williamson 合成醚的方法。

$$RX + R'SNa \longrightarrow RSR' + NaX$$

习　题

1. 写出下列化合物的构造式。

　　(1)苯基叔丁基醚　　(2)乙基乙烯基醚　　(3)甲基烯丙基醚　　(4)甲基丙烯基醚

　　(5)异丙硫醇　　　　(6)间甲苯硫酚　　　(7)苯甲硫醚　　　(8)对甲苯磺酸

2. 用系统命名法命名下列化合物。

　　(1)$CH_3CH_2CHCH_2CH_3$　　　　　　(2)$CH_3CH_2OCHCH_2CH_2CH_3$

　　　　　　　OCH_3　　　　　　　　　　　　　　　　　CH_3

　　(3)CH_3CH_2O—⬡　　　　　　　(4)H_3CO—⬡—$CH{=}CHCH_3$

　　(5)$C_2H_5OCH_2CH(CH_3)_2$　　　(6)$CH_3OCH_2CH_2OCH_3$

3. 区别下列各组化合物。

　　(1)乙醚和己烷　　　(2)烯丙基丙基醚和二丙基醚

4. 写出下列反应的产物。

　　(1)$CH_3CH_2CH_2OCH_3 + HBr(1:1) \longrightarrow$　?

　　(2)$n{-}C_4H_9OC_4H_9{-}t + HI(1:1) \longrightarrow$　?

　　(3)⬡（含O的环）CH_3 $+HI(过量) \longrightarrow$　?

　　(4)⬡OCH_3 $+HBr(过量) \longrightarrow$　?

　　(5)⬡OCH_3 $CH_2CH_2OCH_3$ $+HI(过量) \longrightarrow$　?

　　(6)△O $+ H_2O \longrightarrow$?

　　(7)$(CH_3)_2CHONa + CH_3CH_2Br \longrightarrow$　?

　　(8)$H_3C{-}\underset{\underset{CH_2}{|}}{\overset{\overset{CH_3}{|}}{C}}{-}\overset{CH_3}{C} + NaOC_2H_5 \longrightarrow$　?

5. 解释甲基丁基醚与氢碘酸反应，最初生成的产物为碘甲烷和丁醇，而甲基叔丁基醚则生成甲醇和叔丁基碘，为什么？

6. 由指定原料合成。

    (1) 由丙醇合成丙基异丙基醚

    (2) 由乙烯合成正丁基醚

    (3) 由 3-甲基-1-丁烯合成 $(CH_3)_2CHOCH_2OCH_3$

    (4) 由 C_4 或 C_4 以下原料合成：

$$CH_2CH_2CH_2\overset{\overset{\displaystyle CH_3}{\displaystyle |}}{\underset{\underset{\displaystyle CH_3}{\displaystyle |}}{C}}OCH_2CH=CH_2$$

7. 推测结构。

    (1) 将金属钠加到叔丁醇中，当钠消耗完之后，把溴乙烷加到所生成的混合物中，处理反应混合物得到 A，分子式为 $C_6H_{14}O$。如使金属钠与乙醇反应，然后加入叔丁基溴，产生一种气体 B，处理留下的反应的混合物，得到唯一的有机化合物是乙醇，写出所有反应方程式，并推出 A、B 的结构。

    (2) 化合物 A、B、C，分子式都为 C_8H_9OBr。它们都不溶于水，但能溶于冷的浓 H_2SO_4，当用 $AgNO_3$ 处理时只有 B 产生沉淀。这三个化合物都不与稀 $KMnO_4$ 和 Br_2 / CCl_4 相作用。进一步研究它们的化学性质，则得到下列结果：

用热的碱性 $KMnO_4$ 氧化：

A $\longrightarrow$ D$(C_8H_7O_3Br)$，一个酸

B $\longrightarrow$ E$(C_8H_8O_3)$，一个酸

C $\longrightarrow$ 无反应

用热的浓 HBr 处理：

A $\longrightarrow$ F(C_7H_7OBr)

B $\longrightarrow$ G(C_7H_7OBr)

C $\longrightarrow$ H(C_6H_5OBr)，经鉴定为邻溴苯酚

E $\longrightarrow$ I$(C_7H_7O_3)$，经鉴定为水杨酸

对羟基苯甲酸 $\xrightarrow{(CH_3)_2SO_4,\ NaOH}$ $\xrightarrow{HCl}$ J$(C_8H_8O_3)$

J+Br_2 $\xrightarrow[\triangle]{Fe}$

试问从 A 到 J 的结构？并写出各步反应式。

第十二章 醛和酮

醛和酮是指分子中含有羰基的化合物。羰基在链端的称为醛 RCHO，–CHO 称为醛基。例如：

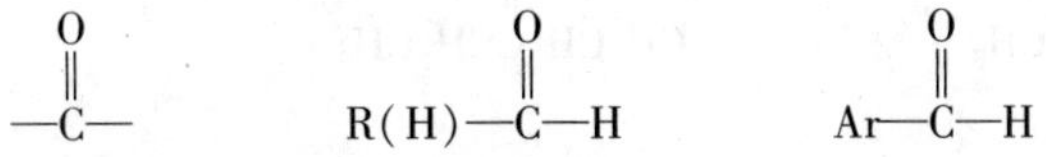

$$\underset{\text{羰基}}{-\overset{\displaystyle O}{\overset{\|}{C}}-} \qquad \underset{\text{脂肪醛}}{R(H)-\overset{\displaystyle O}{\overset{\|}{C}}-H} \qquad \underset{\text{芳香醛}}{Ar-\overset{\displaystyle O}{\overset{\|}{C}}-H}$$

羰基所连接的两个基团都是烃基的称为酮 RCOR，酮中的羰基称为酮羰基。例如：

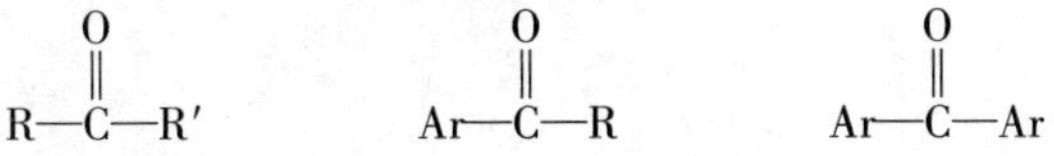

$$\underset{\text{脂肪酮}}{R-\overset{\displaystyle O}{\overset{\|}{C}}-R'} \qquad \underset{\text{芳香酮}}{Ar-\overset{\displaystyle O}{\overset{\|}{C}}-R} \qquad \underset{\text{芳香酮}}{Ar-\overset{\displaystyle O}{\overset{\|}{C}}-Ar}$$

羰基与脂肪烃基相连的是脂肪醛、酮，与芳香环直接相连的是芳香醛、酮，与不饱和烃基相连的是不饱和醛、酮。醛、酮性质非常活泼，可以发生多种多样的有机反应，在有机合成中非常重要，对有机合成有重大影响。饱和一元醛、酮的通式：$C_nH_{2n}O$，含有一个不饱和度。

12.1 一元醛、酮的结构、命名和物理性质

12.1.1 一元醛、酮的结构

甲醛、乙醛和丙酮分子中的键长、键角如下：

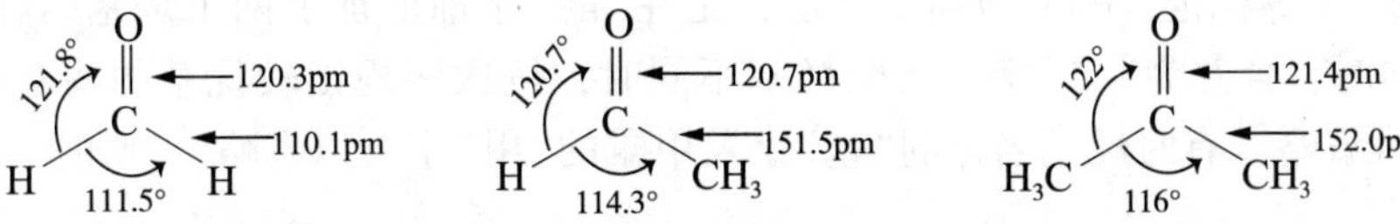

从键角看出羰基双键碳原子为 sp^2 杂化，余下一个未杂化的 p 轨道与氧原子的一个 p 轨道重叠生成 π 键，由于氧的电负性较大，电子云偏向氧，因此羰基有极性，易发生亲核加成。

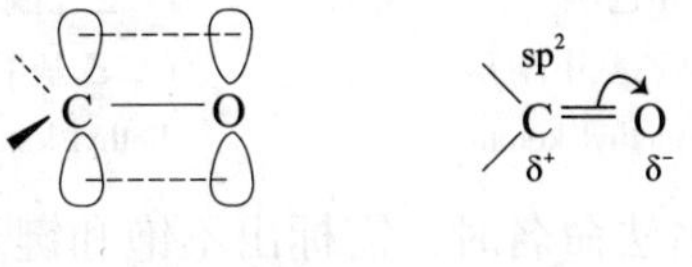

12.1.2 一元醛、酮的命名

用系统命名法命名脂肪醛时，选择含有醛基的最长碳链作主链，编号由醛基的碳原子开始，由于羰基总在碳原子的第一位，所以羰基不用标位。例如：

HCHO	CH₃CHO	CH₂CH₂CH₂CHO	
甲醛	乙醛	丁醛	4-甲基戊醛
methanal	ethanal	butanal	4-methylpentanal

对于酮也是选择含有羰基的最长碳链作主链，由靠近羰基的一端开始编号。命名时酮羰基位置要用阿拉伯数字标出。例如：

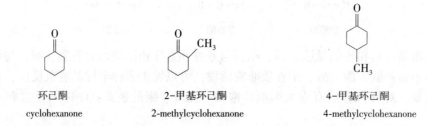

2-戊酮	3-戊酮	4-甲基-2-戊酮
2-pentanone	3-pentanone	4-methyl-2-pentanone

其中，2-戊酮和3-戊酮互为官能团位置异构体。羰基如果在环内是脂环酮，名称称为环某酮。例如：

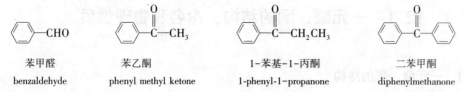

环己酮	2-甲基环己酮	4-甲基环己酮
cyclohexanone	2-methylcyclohexanone	4-methylcyclohexanone

芳香醛、酮命名时，芳环作为取代基。例如：

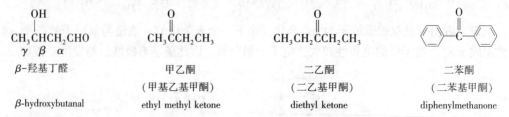

苯甲醛	苯乙酮	1-苯基-1-丙酮	二苯甲酮
benzaldehyde	phenyl methyl ketone	1-phenyl-1-propanone	diphenylmethanone

结构简单的醛、酮也可采用普通命名法。在普通命名法中，与醛基相连的碳叫 α-碳，然后依次以 β、γ 等标记；酮的习惯命名法，是在"酮"字前面加上两个烃基名称来命名的，两个烃基相同时，合并为"二"字，两个烃基不同时，按次序规则较优基团写在后面。命名时"二"字不可省略，有时烃基名称的"基"字及甲酮的"甲"字可以省略。例如：

$$\underset{\gamma\ \ \ \beta\ \ \ \alpha}{\overset{\overset{\displaystyle OH}{|}}{CH_3CHCH_2CHO}}$$

β-羟基丁醛	甲乙酮	二乙酮	二苯酮
	（甲基乙基甲酮）	（二乙基甲酮）	（二苯基甲酮）
β-hydroxybutanal	ethyl methyl ketone	diethyl ketone	diphenylmethanone

不饱和醛、酮按照系统命名法命名时，需标出不饱和键及羰基的位置，编号由距羰基最近的一端开始。含有 C=C、C≡C 的醛、酮，分别称为烯醛、烯酮、炔醛和炔酮。例如：

CH₃CH=CHCHO   CH₃C≡CCH₂COCH₃

2-丁烯醛   4-己炔-2-酮

2-butenal   4-hexyn-2-one

154

12.1.3 一元醛、酮的物理性质

除甲醛是气体外，十二个碳原子以下的脂肪醛、酮是液体，高级脂肪醛、酮和芳香酮多为固体。醛、酮有极性，沸点比相对分子质量相当的烃或醚高，但醛、酮分子之间不能形成氢键，沸点比相应醇低得多。醛、酮羰基氧原子可以作为受体与水分子形成氢键，所以低级醛、酮能溶于水。甲醛、乙醛、丙酮能与水互溶，高级醛、酮由于烃基增大在水中溶解度变小，多数微溶或不溶于水，但易溶于一般有机溶剂。某些醛、酮有特殊的香气，可用于调制化妆品和食品的香精。

脂肪族醛、酮密度小于1，芳香族醛、酮密度大于1，表12-1列出了某些醛、酮的物理常数。

表 12-1　某些醛、酮的物理常数

名称	熔点/℃	沸点/℃	相对密度(d_4^{20})	溶解度/(g/100g 水)
甲醛	-92.0	-21.0	0.8150	很大
乙醛	-121.0	20.8	0.7834	∞
丙醛	-81.0	48.8	0.8058	20
丁醛	-99.0	75.7	0.8170	4
苯甲醛	-26.0	178.6	1.0415	0.33
丙烯醛	-86.5	53.0	0.8410	∞
丙酮	-95.35	56.2	0.7899	∞
丁酮	-86.3	79.6	0.8054	35.3
2-戊酮	-77.8	102	0.8089	不溶
3-戊酮	-39.8	101.7	0.8138	4.7
环己酮	-16.4	155.6	0.9478	微溶
苯乙酮	20.5	202.6	1.0281	微溶
二苯酮	49.0	306.0	1.0976	不溶

12.1.4 醛、酮的光谱性质

醛和酮的红外光谱在 $1750\sim1660cm^{-1}$ 之间有一个非常强的羰基特征吸收峰，这个区域没有其他吸收带，这是鉴别羰基最有效的方法之一。不同醛、酮羰基吸收峰略有差别，这与其相连的邻近基团有关，共轭醛、酮或芳香醛、酮吸收向长波方向移动，在 $1660\sim1700cm^{-1}$ 波数之间。表12-2列出了各类醛酮的羰基在 IR 谱中的吸收位置，脂肪醛的波数最高。

表 12-2　各类醛、酮的羰基在 IR 谱中的吸收位置

醛	IR 吸收/cm^{-1}	酮	IR 吸收/cm^{-1}
RCHO	1740~1720	RCOR	1725~1700
ArCHO	1715~1695	ArCOR	1700~1680
RCH=CHCHO	1705~1680	ArCOAr	1670~1660
		RCOCH=CHR	1685~1665

图 12-1 为丁醛的红外光谱。

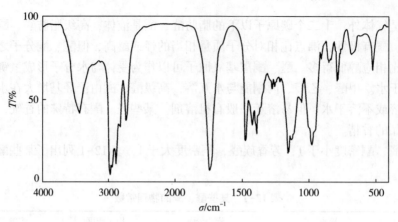

图 12-1   丁醛的红外光谱

醛、酮的核磁共振谱中，醛基质子的化学位移为 9~10，羰基 α-碳上的质子化学位移为 2.0~2.5 之间。

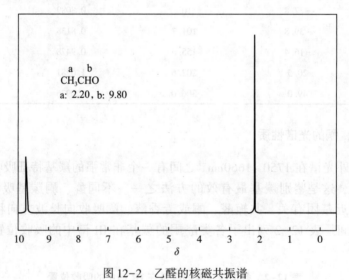

图 12-2 为乙醛的核磁共振谱。

图 12-2   乙醛的核磁共振谱

12.2   醛、酮的化学性质

醛、酮非常活泼，可以发生很多化学反应，主要有羰基和 α 活泼 H 的反应，具体描述如下：

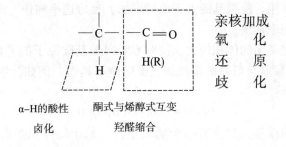

$$\begin{array}{c} \text{亲核加成} \\ \text{氧} \quad \text{化} \\ \text{还} \quad \text{原} \\ \text{歧} \quad \text{化} \end{array}$$

α-H的酸性　　酮式与烯醇式互变
卤化　　羟醛缩合

12.2.1　羰基上的亲核加成反应

醛、酮分子中所含的羰基碳氧双键是一个极性不饱和键，易受亲核试剂进攻发生加成反应，这种由亲核试剂进攻发生的加成反应，称为亲核加成反应。表示为：

$$\underset{\delta^+}{\diagup}C=\underset{\delta^-}{O}+Nu^- \rightleftharpoons \diagup C\underset{Nu}{\overset{O^-}{\diagdown}}$$

在加成过程中，亲核试剂可以从羰基所在平面的两侧进攻羰基碳原子，能与羰基进行亲核加成的试剂很多，可以是含 C、N、O 或 S 的一些亲核试剂。

1. 与氢氰酸的加成

醛、脂肪族甲基酮和八个碳以下的脂环酮与氢氰酸作用，得到 α-羟基腈。

$$R-\overset{O}{\overset{\|}{C}}-H(CH_3) + H-CN \rightleftharpoons R-\underset{H(CH_3)}{\overset{OH}{\underset{|}{C}}}-CN$$

羰基与氢氰酸的加成，是增长碳链的方法之一，也是制备 α-羟基酸的一种方法。不过氢氰酸挥发性大，且有剧毒，使用不方便，实验室常使用氰化钠与无机酸代替。例如：

$$CH_3\overset{O}{\overset{\|}{C}}CH_3 \xrightarrow[H_2SO_4]{NaCN} CH_3-\underset{CH_3}{\overset{OH}{\underset{|}{C}}}-CN$$

在研究羰基化合物与氢氰酸加成反应的过程中，发现如果在反应体系中加入少量碱，能大大加快反应速率，但如果加入酸，则使反应速率减慢。实验事实说明，羰基化合物与氢氰酸加成反应，起决定作用的是 CN^-。氢氰酸是一个弱酸，加碱能增加 CN^- 的浓度，加酸能抑制 HCN 的电离，减少 CN^- 的浓度，而 CN^- 正是这个反应的亲核试剂，其反应机理描述如下：

$$HCN \underset{H^+}{\overset{OH^-}{\rightleftharpoons}} H^+ + CN^-$$

$$\underset{\delta^+}{\diagup}=\underset{\delta^-}{O}+CN^- \rightleftharpoons \diagup C\underset{CN}{\overset{O^-}{\diagdown}} \xrightarrow{H^+} \diagup C\underset{CN}{\overset{OH}{\diagdown}}$$

由于反应的起始步骤是 CN^- 向羰基碳原子进攻，所以羰基碳原子上正电荷越多，所连的烃基体积越小，反应越容易进行。例如，三氯乙醛、氯乙醛和乙醛与氢氰酸加成反应速率如下：

$$Cl_3CCHO > ClCH_2CHO > CH_3CHO$$

氯原子的吸电子作用，使羰基碳上正电荷增加，反应速率加快。即有利于羰基正电荷增加的因素，会使反应速率加快。

如果羰基碳上所连基团的体积较大，便对 CN⁻ 向羰基碳原子的进攻产生位阻作用（体积效应），即位阻越大，羰基与氢氰酸亲核加成反应速率越慢。例如，甲醛、乙醛和丙酮与氢氰酸加成反应速率如下：

$$HCHO>CH_3CHO>CH_3COCH_3$$

一般来说，醛中的羰基至少连有一个氢原子，氢原子的体积是所有原子或基团中最小的，因此所有的醛都可以与氢氰酸起加成反应。对于酮来说，羰基连有两个烃基，最小的烃基是甲基，所以至少是含有一个甲基的酮（甲基酮）才可能与氢氰酸顺利加成。而芳香酮则不发生此反应。

含碳的亲核试剂除了氢氰酸外，格氏试剂也可与羰基发生亲核加成，这在醇的制备中已经介绍了。

2. 与氨的衍生物的加成消除

氨与一般的醛、酮反应比较困难，只有甲醛容易，甲醛与氨聚合生成六亚甲基四胺（俗称乌洛托品）。而氨的某些衍生物如芳伯胺、羟胺、肼、苯肼、2,4-二硝基苯肼以及氨基脲等，都能与醛、酮反应，分别生成席夫碱、肟、腙、苯腙、2,4-二硝基苯腙和缩氨脲等。可以用一个通式表示：

$$R_2C{=}O+H_2N{-}Y\longrightarrow R_2C{=}N{-}Y$$

经过多方面研究，认为这类反应的反应机理是加成消除过程，表示为：

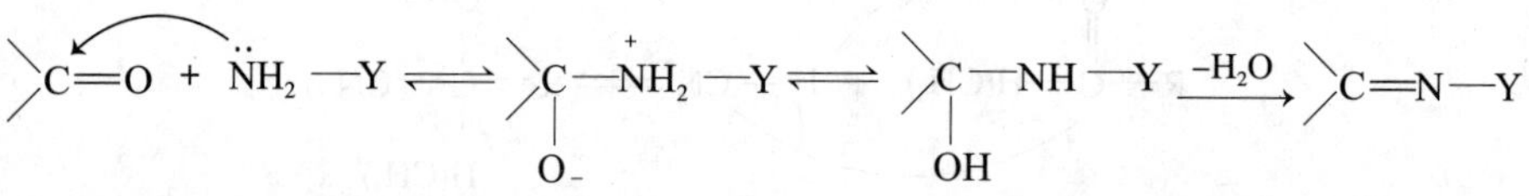

氨基中的氮原子以未共用电子对进攻羰基碳原子，形成一个不稳定的中间体，此中间体一旦形成，氢离子立刻由氮移至氧上，形成醇胺。最后醇胺失去一分子水，形成碳氮双键。

羰基化合物与各种氨的衍生物加成缩合产物的名称及结构分别为：

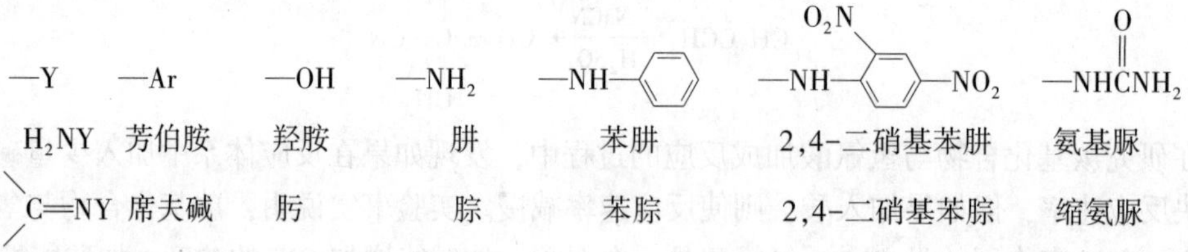

上述氨的衍生物，其亲核性较弱，反应一般需在乙酸（pH＝4～5）的催化下进行，酸的作用是增加羰基碳上的正电荷，有利于亲核试剂的进攻。

$$C{=}O\ +H^+\Longrightarrow\ C^+{-}OH$$

但如果在反应中加入过量强酸，则强酸与氨上未共用电子对结合，使氨基失去亲核性，反应难以进行。

醛、酮与羟胺、肼、苯肼、氨基脲等的加成缩合产物都是很好的结晶，产率也较高，易于提纯，在稀酸的作用下又都能分解为原来的醛、酮，所以可以利用该类反应来分离、提纯醛、酮。同时缩合产物各具有一定的熔点，与已知的缩合产物比较可以鉴别醛、酮。

158

3. 与醇的加成

在干燥氯化氢的作用下，一分子醇可以与一分子醛或酮中的羰基加成，生成不稳定的半缩醛或半缩酮。

$$R-\underset{\substack{| \\ H(R')}}{\overset{\overset{\displaystyle O}{\|}}{C}}-H(R') + H-OR'' \xrightarrow{\text{无水氯化氢}} R-\underset{\substack{| \\ H(R')}}{\overset{\overset{\displaystyle OH}{|}}{C}}-OR''$$

半缩醛或半缩酮还有一个羟基，在无水酸存在下，继续与另一分子醇发生脱水反应，形成稳定的缩醛或缩酮。

$$R-\underset{\substack{| \\ H(R')}}{\overset{\overset{\displaystyle \boxed{OH}}{|}}{C}}-OR'' + \boxed{H}-OR'' \xrightarrow{\text{无水氯化氢}} R-\underset{\substack{| \\ H(R')}}{\overset{\overset{\displaystyle OR''}{|}}{C}}-OR'' + H_2O$$

醛与过量的醇在无水酸催化下即可变成缩醛，相比较而言，缩酮的生成就困难一些，但若使用 1, 2-乙二醇生成环状缩酮可以增加缩酮的生成量。例如：

$$CH_3CHO \xrightarrow[CH_3OH]{\text{无水 HCl}} CH_3CH\overset{\displaystyle OH}{\underset{\displaystyle OCH_3}{{}}} \xrightarrow[CH_3OH]{\text{无水 HCl}} CH_3CH\overset{\displaystyle OCH_3}{\underset{\displaystyle OCH_3}{{}}}$$

乙醛缩二甲醇

$$CH_3\overset{\overset{\displaystyle O}{\|}}{C}CH_3 \xrightarrow[HOCH_2CH_2OH]{\text{无水 HCl}} CH_3\overset{\overset{\displaystyle O\quad O}{\diagdown\diagup}}{C}CH_3$$

丙酮缩乙二醇

缩醛或缩酮可以看作同碳二元醇的醚，性质与醚也相似，对碱、氧化剂、还原剂都非常稳定。与醚不同之处，它在稀酸中易水解为原来的醛、酮，利用缩醛、缩酮的这种可逆性，在有机合成中常常用于保护羰基。例如，从不饱和醛合成醛酸，不能直接氧化，若直接氧化醛基也会氧化成羧基，所以，必须进行羰基保护，反应完成后，再将其水解脱去保护基团。

$$(CH_3)_2C\!=\!CHCH_2CH_2CHO \xrightarrow[CH_3OH]{\text{无水 HCl}} (CH_3)_2C\!=\!CHCH_2CH_2CH\overset{\displaystyle OCH_3}{\underset{\displaystyle OCH_3}{{}}}$$

$$\xrightarrow{KMnO_4} HOOCCH_2CH_2CH\overset{\displaystyle OCH_3}{\underset{\displaystyle OCH_3}{{}}} \xrightarrow[H_2O]{HCl} HOOCCH_2CH_2CHO$$

4. 与亚硫酸氢钠的加成

与氢氰酸一样，饱和亚硫酸氢钠只能与醛、脂肪族甲基酮和八个碳以下的脂环酮进行加成反应，得到白色晶体 α-羟基磺酸钠。

$$R-\underset{\substack{| \\ H(CH_3)}}{\overset{\overset{\displaystyle O}{\|}}{C}}-H(CH_3) + NaHSO_3 \rightleftharpoons R-\underset{\substack{| \\ H(CH_3)}}{\overset{\overset{\displaystyle ONa}{|}}{C}}-SO_3H \rightleftharpoons R-\underset{\substack{| \\ H(CH_3)}}{\overset{\overset{\displaystyle OH}{|}}{C}}-SO_3Na$$

由于硫的亲核性强于氧，进攻试剂是亚硫酸根负离子而不是氧，生成的中间体含有强酸基团磺酸基，分子内很快进行强酸置换弱酸的反应，得到 α-羟基磺酸钠。

α-羟基磺酸钠与酸或碱共热，又可得到原来的醛和酮，因此这个反应可以用于分离、提纯醛、酮。不同结构的醛、酮和亚硫酸氢钠反应的活性顺序，与醛、酮和氢氰酸的反应一样。

5. 羰基亲核加成的立体化学

如果羰基与两个不同的原子或原子团相连（例如乙醛），其羰基碳就是前手性的。因为这个羰基碳本身虽然不是手性碳，但经过亲核加成后，在此碳原子上引入了一个与前两个基团不同的基团后，此碳原子便成为手性碳。亲核试剂由羰基所在的平面两侧进攻机会是均等的，因此得到一对对映体。

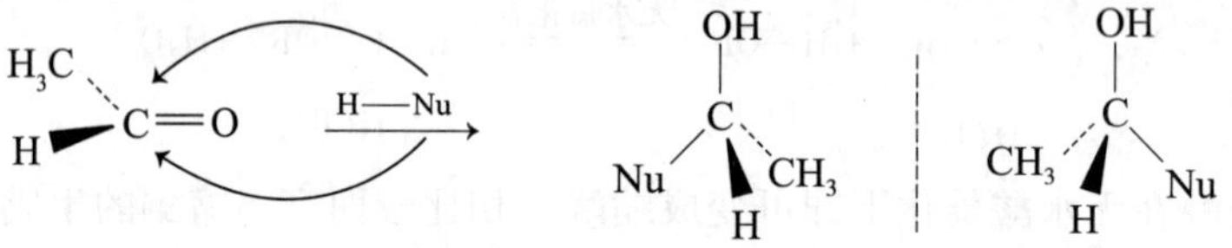

12.2.2 醛、酮的还原和氧化

1. 还原

醛经催化氢化被还原为伯醇，酮经催化氢化被还原为仲醇。

$$R\text{—}CHO + H_2 \xrightarrow{\text{Ni}} R\text{—}CH_2OH$$

用催化氢化的方法还原羰基化合物时，若分子中有 $C\!=\!C$、$C\!\equiv\!C$ 不饱和键，不饱和键也能被还原。但若使用硼氢化钠、氢化锂铝等金属氢化物作还原剂，只将羰基还原为羟基，而不影响 $C\!=\!C$ 或 $C\!\equiv\!C$。例如：

$$CH_3CH\!=\!CHCHO + H_2 \xrightarrow{\text{Ni}} CH_3CH_2CH_2CH_2OH$$

$$CH_3CH\!=\!CHCHO \xrightarrow{\text{NaBH}_4} CH_3CH\!=\!CHCH_2OH$$

羰基化合物不仅可以用上述方法还原为醇，而且用一些特殊试剂，如在芳香烃一章介绍的在锌-汞齐浓盐酸作用下，羰基可被还原为亚甲基成为烃。

2. 氧化

醛和酮最主要的区别是对氧化剂的敏感性不同。醛不同于酮，醛中的羰基碳上还有一个氢原子，醛很容易被氧化为相应的羧酸，酮则不易被弱氧化剂氧化。因此，可以用弱氧化剂来区别醛和酮，常用的是 Tollens（土伦）试剂、Fehling（菲林）试剂。

Tollens 试剂是硝酸银的氨溶液，银离子可将醛氧化为羧酸，本身被还原为金属银，在容器内壁形成银镜，所以这个反应也叫银镜反应。

$$RCHO + 2Ag(NH_3)_2OH \xrightarrow{\triangle} RCOONH_4 + 2Ag\downarrow + H_2O + 3NH_3$$

Fehling 试剂是由酒石酸钾钠和硫酸铜的碱溶液配制而成。作为氧化剂的是二价铜离子，反应时，二价铜离子被还原为氧化亚铜呈砖红色沉淀，在容器内壁形成铜镜，这个反应也叫铜镜反应。

$$RCHO+2Cu^{2+}+NaOH+H_2O \xrightarrow{\triangle} RCOONa+2Cu_2O\downarrow+4H^+$$

酮不能发生这两个反应，即不能产生银镜和铜镜。除此之外，Schiff（品红醛）试剂与醛类反应溶液显紫色，也可用于醛类的鉴别。而且只有甲醛和 Schiff 试剂作用后，加入浓硫酸后，紫色不退去，其他醛紫色褪去，据此可鉴别甲醛和其他醛。

酮虽不被弱氧化剂氧化，但在强氧化剂如高锰酸钾、硝酸等作用下，羰基两侧碳原子间的键可分别断裂，生成小分子的羧酸，所以一般酮的氧化反应没有制备价值。但环己酮由于具有环状的对称结构，在硝酸作用下氧化成己二酸，是工业上制备己二酸的方法。

$$\text{（环己酮）}O \xrightarrow[V_2O_5]{HNO_3} HOOC(CH_2)_4COOH$$

3. Cannizzaro（坎尼扎罗）反应

Cannizzaro 反应是指没有 α-H 的醛在浓碱溶液中，一分子氧化成羧酸，另一分子还原成醇的反应，即醛自身氧化还原，类似无机化学上的歧化反应，所以也称为醛的歧化反应。例如：

$$2HCHO \xrightarrow{浓\ NaOH} HCOONa+CH_3OH$$

$$2\text{（苯基）}-CHO \xrightarrow{浓\ NaOH} \xrightarrow{H^+} \text{（苯基）}-COOH + \text{（苯基）}-CH_2OH$$

如果是甲醛和其他没有 α-H 的醛在浓碱溶液中，则总是甲醛被氧化为酸，其他醛则被还原为醇，这也称为交错的 Cannizzaro 反应。例如：

$$HCHO+\text{（苯基）}-CHO \xrightarrow{浓\ NaOH} \xrightarrow{H^+} HCOOH+\text{（苯基）}-CH_2OH$$

12.2.3 醛、酮的 α 活泼氢的反应

醛、酮分子中与羰基直接相连的碳称为 α-碳原子，α-碳上的氢称为 α-氢（α-H），α-H 由于受羰基影响较活泼，可以发生许多反应，例如 α-H 的卤代、羟醛缩合等。

1. 酮式-烯醇式平衡

由于羰基中氧原子的电负性强，α-H 与其他饱和碳原子上的氢相比，酸性有所增强。例如：乙烷的 $pK_a=40$；乙醛的 $pK_a=17$，丙酮的 $pK_a=20$，以丙酮为例加以说明。

丙酮 α-H 可以以 H^+ 的形式解离，并转移到羰基的氧上，形成烯醇式异构体，烯醇式中羟基上的氢有酸性，因此其酸性增强。丙酮存在酮式和烯醇式的平衡，但平衡时一般主要以酮式为主。

$$\underset{}{CH_3-\overset{O}{\overset{\|}{C}}-CH_3} \rightleftharpoons \underset{}{CH_3-\overset{OH}{\overset{|}{CH}}=CH_2}$$

酸、碱都有利于烯醇式的生成。碱可以夺取 α-H，产生碳负离子，α-C 上的负电荷可以转移到氧上，形成烯醇负离子（氧有较强的电负性，带负电更稳定）。

$$CH_3-\overset{O}{\overset{\|}{C}}-CH_2-H + B: \longrightarrow \underset{碳负离子}{CH_3-\overset{O}{\overset{\|}{C}}-\bar{C}H_2} \rightleftharpoons \underset{烯醇负离子}{CH_3-\overset{O^-}{\overset{|}{C}}=CH_2}$$

实际上负电荷分散于三个原子之间，可用下式表示：

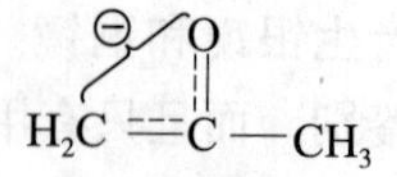

$$CH_2 = C - CH_3$$

由于负电荷的分散作用，而使碳负离子得到稳定。羰基化合物的许多反应是通过碳负离子进行的。

酸可以促进羰基化合物的烯醇化，是由于氢离子与氧结合后，更增加了羰基的吸电子效应，而使 α-H 容易解离。

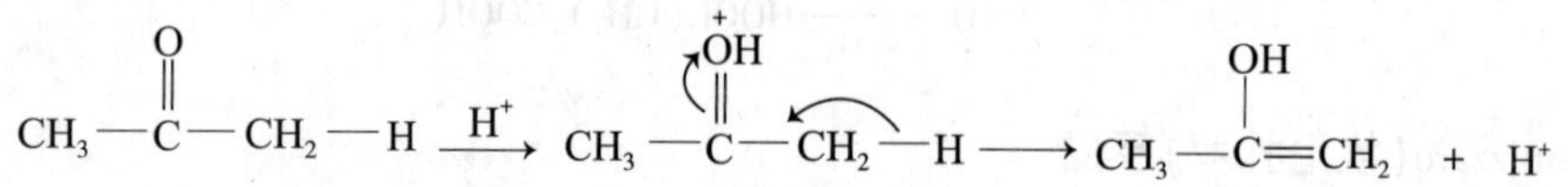

$$CH_3 - C - CH_2 - H \xrightarrow{H^+} CH_3 - C - CH_2 - H \longrightarrow CH_3 - C = CH_2 + H^+$$

虽然酸碱催化过程不一样，但加酸或加碱易于烯醇化，对羰基 α-碳上 H 反应都有很大影响。并不是所有醛、酮烯醇含量都很少，有些特殊结构的醛、酮烯醇式含量较多。例如，2,4-戊二酮，由于形成烯醇式结构后有氢键及共轭体系的生成，使其烯醇式含量高于酮式结构。其实，2，4-戊二酮中间亚甲基上的氢受两边羰基的影响，非常活泼。

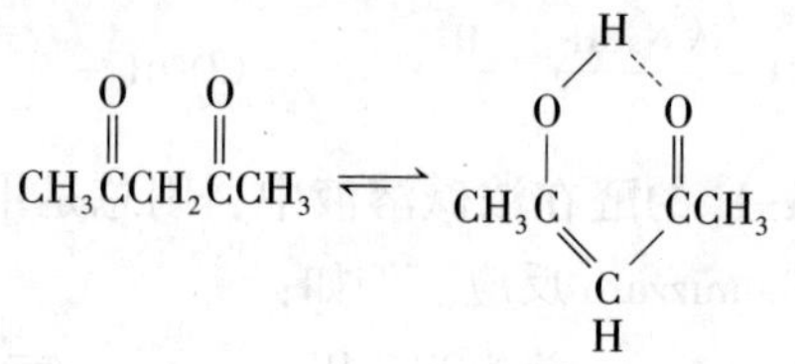

$$CH_3CCH_2CCH_3 \rightleftharpoons$$

2. 卤代及卤仿反应

醛或酮的 α-H 能被卤素取代，生成 α-卤代醛或酮。例如，苯乙酮在水溶液中就可被溴取代，生成 α-溴代苯乙酮。

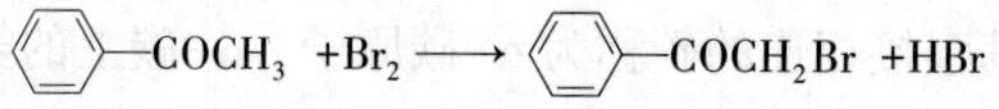

$$\bigcirc - COCH_3 + Br_2 \longrightarrow \bigcirc - COCH_2Br + HBr$$

反应是通过烯醇式进行的：

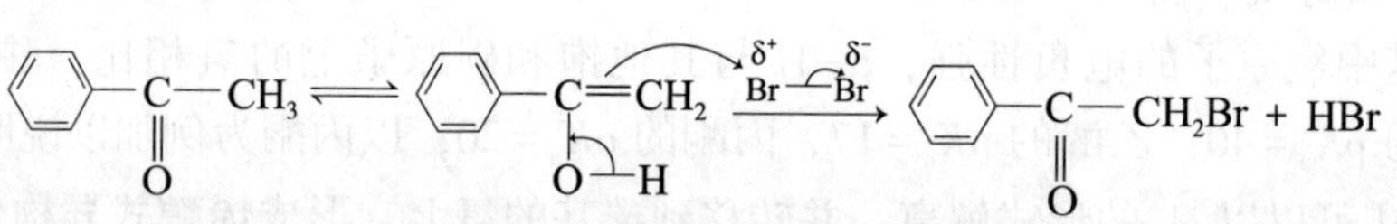

$$\bigcirc - C - CH_3 \rightleftharpoons \bigcirc - C = CH_2 \xrightarrow{Br-Br} \bigcirc - C - CH_2Br + HBr$$

如果不加酸，反应引发后产生的 HBr 可催化使羰基烯醇化，反应速率加快，称为自动催化反应。酸催化形成一卤代酮后，由于卤素的吸电子作用，氧上的电子云密度降低，结合质子的能力减弱，不容易形成烯醇式，因此在酸催化下没有取代的醛、酮卤化速率比取代的要快，反应可以停留在一卤代酮的阶段。产生的 α-卤代酮有催泪作用。

卤代反应也可以被碱催化。碱催化的卤代反应，是通过烯醇负离子进行的：

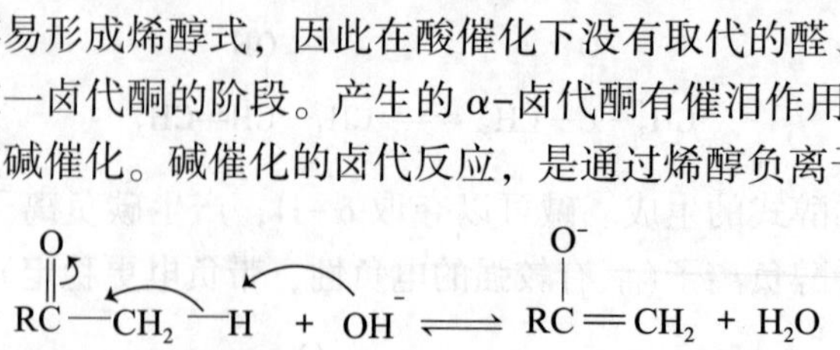

$$RC - CH_2 - H + OH^- \rightleftharpoons RC = CH_2 + H_2O$$

$$RC = CH_2 + X - X \rightleftharpoons RC - CH_2 - X + X^-$$

生成的一卤代酮，由于卤素的吸电子作用，使余下的 α-H 酸性更强，更容易形成烯醇负离子，进一步卤代，即会继续生成二卤代、三卤代产物，卤原子越多 α-H 的酸性越大，越易形成烯醇盐，所以碱催化下的醛、酮卤代很难停留在一元取代的阶段。如果 α-碳为甲基，则三个氢都可以被卤素取代。例如，丙酮与碘在氢氧化钠水溶液中作用，可得 1,1,1-三碘丙酮。

$$CH_3-\overset{\overset{O}{\|}}{C}-CH_3 \xrightarrow[NaOH]{I_2} CH_3-\overset{\overset{O}{\|}}{C}-CI_3$$

由于三个碘的吸电子诱导效应，使羰基碳原子上的正电荷加强，在碱性溶液中很容易与 OH⁻ 结合形成氧负离子中间体，然后碳碳键断裂形成乙酸盐及三碘甲烷：

$$CH_3-\overset{\overset{O}{\|}}{C}-CI_3 \rightleftharpoons CH_3-\overset{\overset{O^-}{|}}{\underset{OH}{C}}CI_3 \longrightarrow CH_3-\overset{\overset{O}{\|}}{C}-OH + {}^-CI_3$$

$$CH_3-\overset{\overset{O}{\|}}{C}-OH + {}^-CI_3 \longrightarrow CH_3-\overset{\overset{O}{\|}}{C}-O^- + CHI_3$$

其他甲基酮与丙酮一样，在氢氧化钠溶液中与卤素反应，最终产物是少一个碳的羧酸钠与三卤甲烷(卤仿)，所以这类反应称为卤仿反应。卤仿反应中最重要的是碘仿反应，因碘仿是不溶于水的黄色固体，且有特殊气味，反应如有碘仿生成很容易看出，因此通过碘仿反应可以鉴别甲基酮。

碘在氢氧化钠溶液中形成碘化钠及次碘酸钠，次碘酸钠有氧化性，可将醇氧化为羰基化合物，因此除乙醛和甲基酮可以发生碘仿反应外，能氧化成甲基酮的醇也可以发生碘仿反应。能发生碘仿反应的化合物及官能团有：

$$CH_3\overset{\overset{O}{\|}}{C}-H \qquad CH_3\overset{\overset{O}{\|}}{C}- \qquad CH_3CH_2OH \qquad CH_3\overset{\overset{OH}{|}}{CH}-$$

另外，卤仿反应还可以用来制备少一个碳的羧酸。

3. 羟醛缩合

在稀碱溶液中，两分子有 α-H 的醛互相结合，生成 β-羟基醛的反应称为羟醛缩合。用式子表示为：

$$2RCH_2CHO \xrightarrow{HO^-} RCH_2\overset{\overset{OH}{|}}{\underset{\underset{H}{|}}{C}}\overset{}{\underset{\underset{R}{|}}{CH}}CHO$$

例如，乙醛和丁醛分别在稀碱溶液中进行羟醛缩合反应如下：

$$CH_3\overset{\overset{O}{\|}}{CH} + H-CH_2\overset{\overset{O}{\|}}{CH} \underset{H_2O}{\overset{NaOH}{\rightleftharpoons}} CH_3\overset{\overset{OH}{|}}{CH}-CH_2\overset{\overset{O}{\|}}{CH}$$

β-羟基丁醛

163

$$2CH_3CH_2CH_2CHO \xrightarrow[H_2O]{NaOH} CH_3CH_2CH_2\overset{\overset{\displaystyle OH}{|}}{\underset{\underset{\displaystyle CH_2CH_3}{|}}{\underset{\underset{\displaystyle H}{|}}{C}}}-CH\,CHO$$

2—乙基-3-羟基己醛

反应过程以乙醛缩合为例加以说明。首先一分子乙醛在碱作用下失去一个 α-H 生成碳负离子，碳负离子作为亲核试剂，与另一分子乙醛的羰基进行加成，形成氧负离子，氧负离子再由水分子中夺取 H⁺，得到 β-羟基醛。

$$CH_3CHO \xrightleftharpoons{OH^-} {}^-CH_2CHO \xrightleftharpoons{\overset{O}{\overset{\|}{CH_3CH}}} CH_3\overset{\overset{\displaystyle O^-}{|}}{CH}-CH_2CHO \xrightleftharpoons{H_2O} CH_3\overset{\overset{\displaystyle OH}{|}}{CH}-CH_2\overset{O}{\overset{\|}{CH}}$$

此反应是可逆的，即羟醛缩合产物在稀碱溶液中又分解为原来的醛。酮中羰基碳原子的正电性不如醛中的强，所以酮在同样条件下发生缩合较为困难。但如使用特殊设备，将产物不断从平衡体系中移去，则可使酮大部分转化为 β-羟基酮。例如，丙酮缩合：

$$2H_3C\overset{O}{\overset{\|}{C}}-CH_3 \xrightleftharpoons{OH^-} H_3C\overset{\overset{\displaystyle CH_3}{|}}{\underset{\underset{\displaystyle OH}{|}}{C}}-CH_2\overset{O}{\overset{\|}{C}}-CH_3$$

在碱或酸性溶液中加热，β-羟基醛或酮中的 α-H 氢能与羟基失水形成 α，β-不饱和醛或酮。例如：

$$CH_3\overset{\overset{\displaystyle OH}{|}}{CH}-CH_2\overset{O}{\overset{\|}{CH}} \xrightarrow[\triangle]{OH^-或H^+} CH_3CH=CHCHO$$

随着醛或酮相对分子质量的加大，生成 β-羟基醛或酮的速率越来越慢，需要提高温度或碱的浓度，这样就使羟基醛或酮脱水，最后产物为 α，β-不饱和醛或酮。例如，苯乙酮与叔丁醇铝一起加热得到 α，β-不饱和酮：

$$2C_6H_5\overset{O}{\overset{\|}{C}}CH_3 \xrightarrow[100℃]{[(CH_3)_3CO]_3Al} C_6H_5\overset{\overset{\displaystyle}{}}{\underset{\underset{\displaystyle CH_3}{|}}{C}}=CH\overset{O}{\overset{\|}{C}}C_6H_5$$

羟醛缩合反应也是增长碳链的方法之一。

如果以两种不同的醛进行缩合反应，产物为四种不同 β-羟基醛的混合物，没有制备价值。但如果两种醛中有一种是不含 α-H 的醛，则往往可得到收率较好的某一种产物。例如，苯甲醛与乙醛反应：

$$\bigcirc\!\!-CHO + CH_3CHO \xrightleftharpoons{KOH \atop H_2O} \bigcirc\!\!-\overset{\overset{\displaystyle}{}}{\underset{\underset{\displaystyle OH}{|}}{CH}}CH_2CHO \xrightarrow[-H_2O]{\triangle} \bigcirc\!\!-CH=CHCHO$$

肉桂醛

乙醛作为亲核试剂与苯甲醛中羰基加成，再经失水即可得肉桂醛。其中乙醛自身缩合的产物较少。

另外，二羰基化合物起分子内的缩合反应，生成环状化合物，可用于 5~7 元环的化合物的合成。例如：

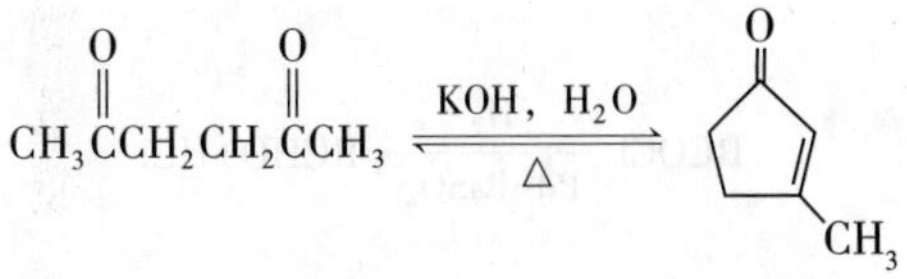

$$CH_3CCH_2CH_2CCH_3 \xrightarrow[\triangle]{KOH, H_2O} \text{(structure)}$$

（顶部为反应式，左侧为 2,5-己二酮结构，右侧为 3-甲基-2-环戊烯酮结构）

12.3　一元醛、酮的制法

一元醛、酮的制法很多，前面已介绍了不少，例如烯烃臭氧化还原水解、炔烃水合、芳烃酰基化及醇的氧化等，这里再介绍几种重要的方法。

12.3.1　氧化和脱氢

1. 醇的氧化和脱氢

工业上常用催化脱氢和氧化的方法制备低级醛、酮。将醇蒸气和空气混合后，通过加热的催化剂（常用催化剂是铜、银），醇即氧化成醛或酮。例如：

$$CH_3OH + \frac{1}{2}O_2 \xrightarrow[250℃]{Ag} HCHO + H_2O$$

$$CH_3CH_2OH + \frac{1}{2}O_2 \xrightarrow[270\sim300℃]{Cu} CH_3CHO + H_2O$$

$$\underset{\displaystyle CH_3CHCH_3}{\overset{\displaystyle OH}{|}} + \frac{1}{2}O_2 \xrightarrow[300℃]{Cu} CH_3CCH_3 + H_2O$$

反应过程可能是先脱去氢，生成的氢与空气中的氧结合生成水，放出大量的热，直接供给脱氢反应，促使反应进行，这种方法又称为氧化脱氢法。

2. 芳烃的氧化

与苯环直接相连的碳上的氢原子由于受苯环影响，容易被氧化，得到芳香醛或芳香酮。例如，甲苯用二氧化锰和硫酸作氧化剂得到苯甲醛，但氧化剂不能过量，要分批加入并迅速搅拌，防止生成的醛继续氧化。

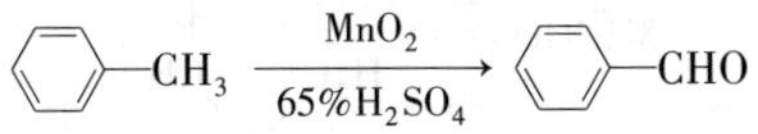

$$\text{(苯)}-CH_3 \xrightarrow[65\%H_2SO_4]{MnO_2} \text{(苯)}-CHO$$

工业上，常用烷基苯催化氧化制备芳香醛或芳香酮。例如，乙苯用空气催化氧化得到苯乙酮：

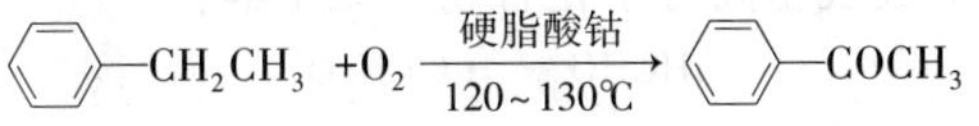

$$\text{(苯)}-CH_2CH_3 + O_2 \xrightarrow[120\sim130℃]{硬脂酸钴} \text{(苯)}-COCH_3$$

12.3.2　芳环甲酰化

芳环酰基化可以得到芳香酮，但甲酰氯（HCOCl）不稳定，常用 CO 和干燥的 HCl 代替甲酰氯，在三氯化铝催化下引入甲酰基，得到苯甲醛，这一反应是特殊的酰基化，又称为 Gattermann-Koch（加特曼-科克）合成法。

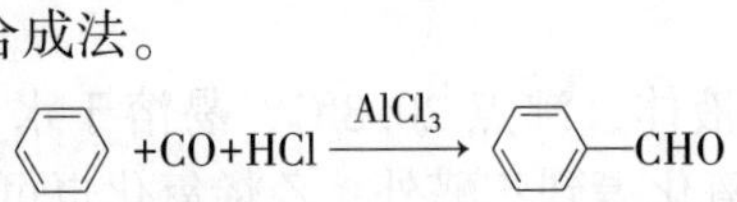

$$\text{(苯)} + CO + HCl \xrightarrow{AlCl_3} \text{(苯)}-CHO$$

12.3.3　羧酸衍生物的还原

酰氯、酯等羧酸衍生物通过控制还原可以得到相应的醛。例如，酰氯通过硫酸钡毒化的钯为催化剂，加氢得到醛：

$$RCOCl \xrightarrow[\text{Pd-BaSO}_4]{H_2} RCHO+HCl$$

12.4 重要的醛、酮

12.4.1 重要的醛

1. 甲醛

甲醛是无色、难闻的对黏膜有刺激性的气体，沸点-21℃，易溶于水。因甲醛有凝固蛋白质的作用，所以具有杀菌和防腐的能力。40%甲醛水溶液（常含有8%甲醇）称为福尔马林，在生物学上常用来保存动物标本，在医药和农业上广泛用作消毒剂。甲醛在水溶液中主要以水合甲醛的形式存在：

$$HCHO+H_2O \rightleftharpoons H_2C\begin{matrix} OH \\ \\ OH \end{matrix}$$

水合甲醛

这是由于在甲醛分子中，羰基碳原子连的两个氢原子不但位阻较小，而且羰基碳上的电子云密度也相对较低，很容易与水进行加成得到水合物。

工业上甲醛由甲醇催化氧化制备：

$$CH_3OH+\frac{1}{2}O_2 \xrightarrow[250\sim300℃]{Cu} HCHO+H_2O$$

甲醛非常容易聚合，在不同条件下生成不同的聚合物。气体甲醛在常温下自动由三个分子聚合成环状三聚甲醛，60%的甲醛水溶液加入少量硫酸煮沸蒸馏也得到三聚甲醛：

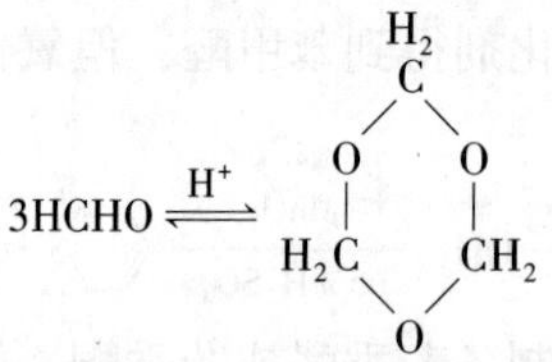

$$3HCHO \rightleftharpoons$$

三聚甲醛

多个甲醛也可以聚合形成线型高分子化合物多聚甲醛：

$$n\text{HCHO} \longrightarrow (CH_2O)_n$$

甲醛的浓溶液经长期放置便能出现多聚甲醛的白色沉淀，常在福尔马林中加入少量甲醇防止甲醛聚合。多聚甲醛在少量硫酸催化下加热，可以解聚放出甲醛，因此甲醛常以这种多聚体的形式保存，在使用时再解聚。

甲醛的主要用途是制造聚甲醛树脂、酚醛树脂、脲醛树脂等。

2. 乙醛

乙醛是具有刺激性臭味的液体，沸点20.8℃，易溶于水、乙醇、乙醚等有机溶剂。工业上除了乙炔加水、乙醇催化氧化得到乙醛外，乙烯氧化也可以得到乙醛：

$$CH_2=CH_2 + \frac{1}{2}O_2 \xrightarrow{PdCl_2,\ CuCl_2} CH_3CHO$$

166

乙醛也能聚合成环状的三聚体或四聚体，三聚乙醛在稀硫酸中加热可以解聚而放出乙醛。乙醛主要用来合成乙酸、乙酸酐、季戊四醇和三氯乙醛等。三氯乙醛是制备医药、农药等的重要原料。

3. 苯甲醛

苯甲醛是芳香醛的代表，无色液体，沸点 178.6℃，有苦杏仁气味，工业上称为苦杏仁油。苯甲醛可用前面所述的甲苯控制氧化、芳环甲酰化等方法制得。它除了具有醛的一般化学性质和没有 α-活泼氢醛的化学性质外，在空气中放置能慢慢被氧化为苯甲酸，还可以发生特殊反应安息香缩合，即苯甲醛在催化剂存在下，加热发生双分子缩合，生成二苯羟乙酮，又称为安息香，所以这个反应称为安息香缩合，也叫苯偶姻缩合。

$$2 \bigcirc\!\!-CHO \xrightarrow[\triangle]{V_{B_1},\ C_2H_5OH,\ H_2O} \bigcirc\!\!-\underset{OH}{CH}-\underset{O}{C}-\bigcirc$$

苯偶姻

此反应早期使用的催化剂是剧毒的氰化物，很不方便，近年来改用维生素 B_1（V_{B_1}），操作安全、价廉易得，效果良好。

苯甲醛多用于制造香料、染料及其他芳香族化合物。

12.4.2 重要的酮

1. 丙酮

丙酮是最简单的酮，无色液体，沸点 56.2℃，与水、乙醇、乙醚等互溶，并能溶解多种有机物，是常用的有机溶剂。丙酮的制备方法有许多种，前面介绍的异丙苯氧化法制苯酚，同时得到丙酮，异丙醇氧化去氢得到丙酮；用特种微生物使淀粉经丙酮-丁醇发酵制取丙酮；丙烯氧化也可以得到丙酮。

$$CH_3CH\!\!=\!\!CH_2 + \frac{1}{2}O_2 \xrightarrow{PdCl_2,\ CuCl_2} CH_3COCH_3 + CH_3CH_2CHO$$
$$\qquad\qquad\qquad\qquad\qquad\qquad 92\% \qquad\quad 2\%\sim4\%$$

丙酮与氢氰酸的加成生成 α-羟基腈，α-羟基腈在浓硫酸作用下与甲醇一起加热，则发生脱水并酯化得到甲基丙烯酸甲酯。

$$CH_3COCH_3 + HCN \rightleftharpoons CH_3\underset{OH}{\overset{CH_3}{C}}CN \xrightarrow[H_2SO_4,\ \triangle]{CH_3OH} CH_2\!\!=\!\!\overset{CH_3}{C}\!\!-COOCH_3$$

甲基丙烯酸甲酯

甲基丙烯酸甲酯是有机玻璃的单体，分子中含有 C=C，在催化剂作用下，可以聚合成高分子化合物——有机玻璃。

丙酮和苯酚反应得到双酚 A：

$$\bigcirc\!\!-OH + CH_3COCH_3 \xrightarrow{H^+} HO\!\!-\!\!\bigcirc\!\!-\underset{CH_3}{\overset{CH_3}{C}}\!\!-\!\!\bigcirc\!\!-OH$$

双酚 A

此外，丙酮作为溶剂还广泛用于火药、人造纤维和油漆等工业。

2. 环己酮

环己酮沸点 155.6℃，可由环己醇氧化或脱氢制得，也可以用空气氧化环己烷而制得。

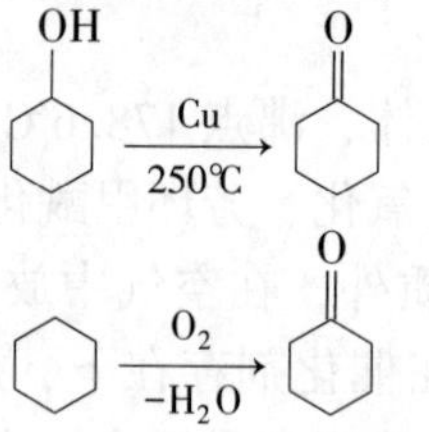

在工业上，环己酮可用作溶剂，还用于制备己二酸和己内酰胺。

12.5 α，β-不饱和醛、酮和醌

12.5.1 α，β-不饱和醛、酮的亲核加成

不饱和醛、酮分子中，碳碳双键位于羰基 α-和 β-碳原子之间，称为 α，β-不饱和醛、酮。在 α，β-不饱和醛、酮中，碳碳双键与碳氧双键之间构成共轭体系：

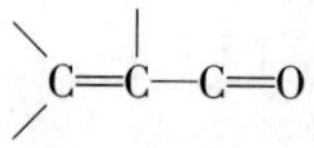

α，β-不饱和醛、酮与亲核试剂反应时，亲核试剂既能加在羰基碳氧双键上，生成1,2-加成产物，又能类似共轭二烯进行共轭加成，生成 1,4-加成产物。例如：

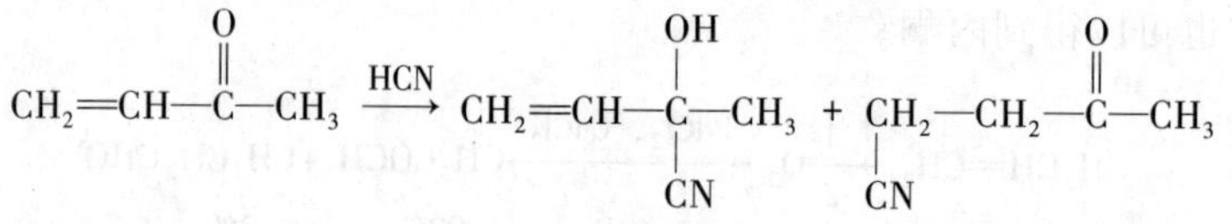

1,2-加成产物　　　　1,4-加成产物(主)

1,4-加成产物是 1,4-亲核加成经重排后得到的：

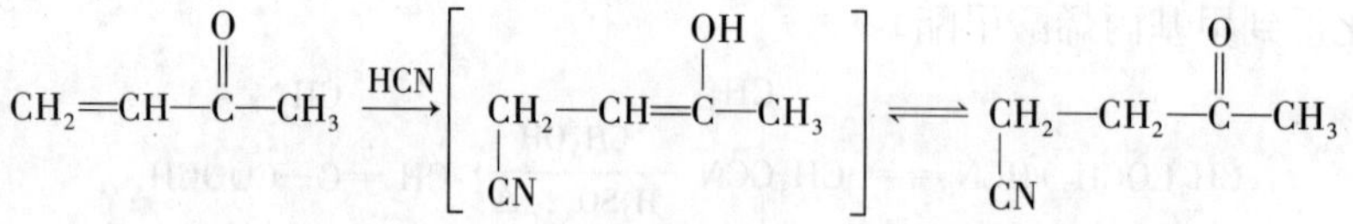

由 1,4-加成反应的最终产物看，相当于氢氰酸对 α，β-不饱和羰基化合物中的 C ═C 的加成。

醛、酮的结构和亲核试剂的大小及碱性对主要生成 1,2-加成产物还是 1,4-加成产物都有影响。一般醛基空间位阻小，比酮羰基更容易得到 1,2-加成产物。弱碱性亲核试剂主要生成 1,4-加成产物，上述酮与氢氰酸加成产物主要为 1,4-加成产物；强碱性亲核试剂主要生成 1,2-加成产物，例如：

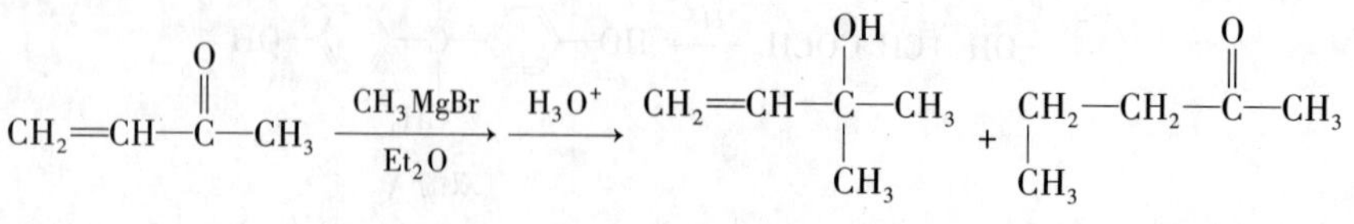

72%　　　　20%

12.5.2 醌

1. 命名与结构

醌是一类特殊环状的不饱和二酮，最简单的醌是邻苯醌和对苯醌，此外还有各种萘醌、蒽醌等。例如：

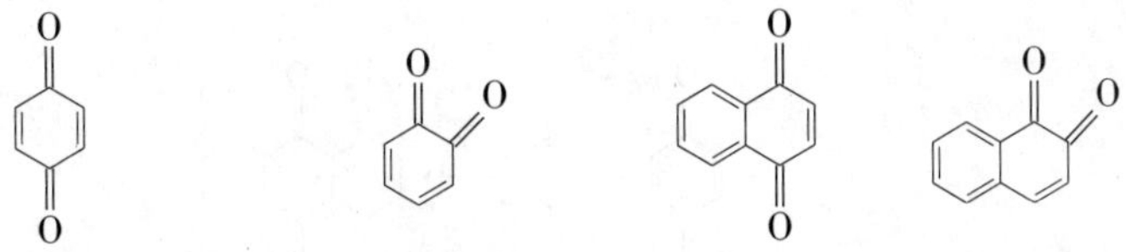

1,4-苯醌(对苯醌)　　1,2-苯醌(邻苯醌)　　1,4-萘醌　　1,2-萘醌

由上面的结构可以看出，醌型结构是两个 C═O 和两个或两个以上 C═C 共轭。具有较大共轭体系的化合物都有颜色，所以醌都是有色的物质，对位醌多呈黄色，邻位醌则常为红色或橙色。

2. 醌的制法

醌可以由芳香族化合物氧化得到。例如，苯胺和对苯二酚氧化都得到对苯醌：

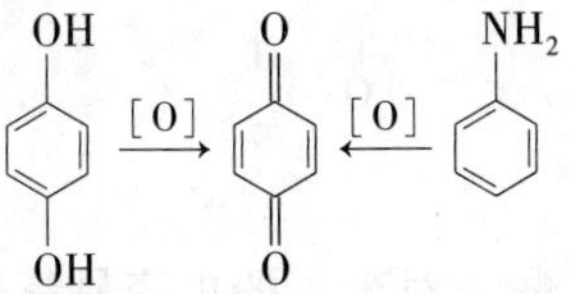

某些芳烃氧化后得到相应的醌。例如，工业上氧化蒽得到蒽醌：

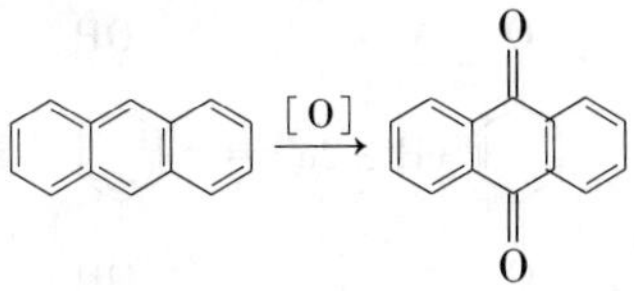

3. 醌的化学性质

醌虽然由芳香族化合物氧化得到，但它不属于芳香族化合物，没有芳香族化合物的特性。它们具有烯烃和羰基化合物的典型反应，可以进行羰基、碳碳双键及共轭加成等多种加成反应。

(1)羰基的加成

醌中的羰基能与某些亲核试剂加成。例如，对苯醌能分别与一分子或两分子羟胺加成得到一肟或二肟。

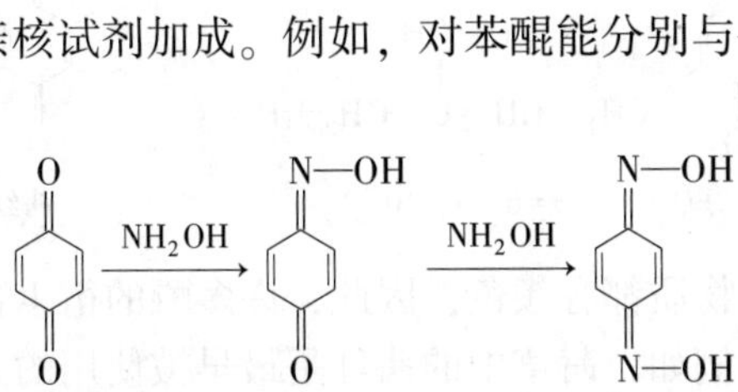

(2)碳碳双键的加成

醌中的碳碳双键可以和卤素、卤化氢等亲电试剂加成。例如，对苯醌与氯加成可得二氯或四氯化合物。

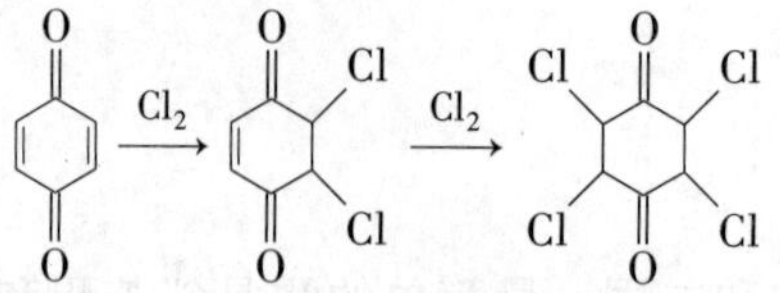

碳碳双键还可以作为亲双烯体发生 D-A 反应。例如：对苯醌与 1,3-丁二烯反应可以得到多环化合物。

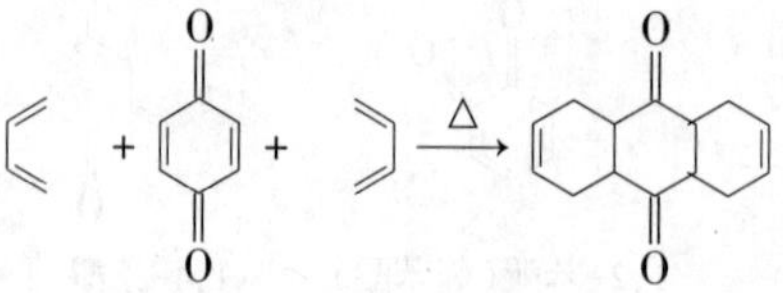

(3)1,4-加成

醌中羰基与碳碳双键共轭，可以与氢卤酸、氢氰酸等发生 1,4-加成。例如：对苯醌与氢氰酸加成，生成 2-氰基-1,4-苯二酚。

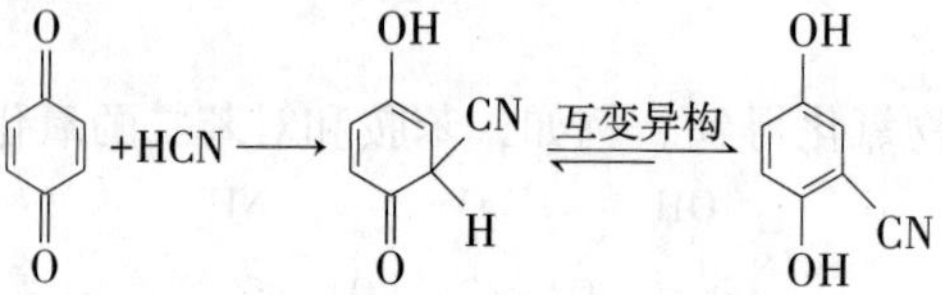

(4)还原

对苯醌很容易被还原为对苯二酚，对苯二酚也容易氧化为对苯醌。在电化学上，利用对苯醌和对苯二酚二者之间氧化还原的可逆性制成氢醌电极，并可用来测定氢离子浓度。

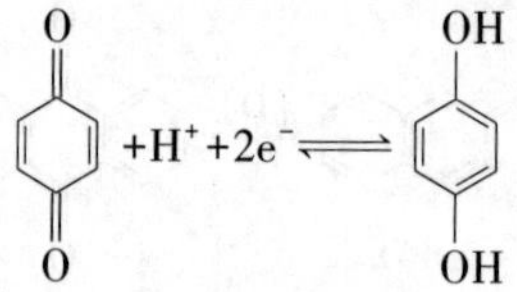

具有醌型结构的辅酶 Q，是所有需氧生物体内氧化还原过程中极为重要的物质。它通过苯醌与氢醌间的氧化还原过程在生物体内转移电子，由异戊二烯单位组成的侧链的作用是促进脂肪溶解。

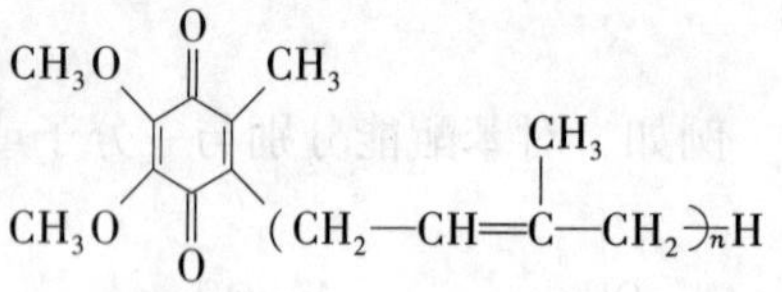

另外，具有醌式结构的物质都有颜色，因此，许多醌的衍生物是重要的染料中间体。自然界也存在一些醌类色素。例如，茜草中的茜红是最早被使用的天然染料之一。

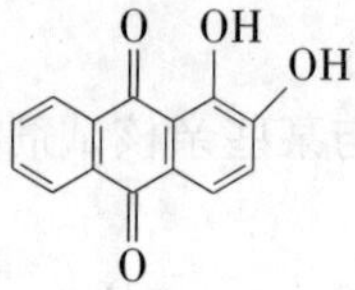

习　题

1. 命名下列化合物。

(1) $(CH_3)_2CHCHO$

(2) C_6H_5CHCHO
　　　$\overset{|}{CH_3}$

(3) $CH_3CCH_2CH_3$
　　　$\overset{O}{\underset{\|}{}}$

170

(4) $CH_3CH_2\overset{\displaystyle O}{\overset{\displaystyle \|}{C}}\underset{\displaystyle CH_3}{\overset{\displaystyle |}{C}}HCH_3$ (5) $CH_3CH=CHCHO$ (6) ![benzene]—CH_2CHO

(7) ![benzene ring with CHO and OCH₃]   (8) ![cyclohexanone]   (9) ![benzene]—$COCH_3$ (10) ![benzophenone]

2. 区别下列各组化合物。

(1) 丙醇、异丙醇、丙醛和丙酮   (2) 戊醛、2-戊酮和环戊酮

3. 写出下列反应的产物。

(1) ![cyclohexanone]O $\xrightarrow[\text{二缩乙二醇}]{\text{NH}_2\text{NH}_2,\ \text{NaOH}}$?

(2) ![cyclohexanone]O $\xrightarrow{C_6H_5MgBr}$? $\xrightarrow[\text{H}^+]{\text{H}_2\text{O}}$?

(3) $CH_3CH_2COCH_3+NH_2OH \longrightarrow$?

(4) $Cl_3CCHO+H_2O \longrightarrow$?

(5) $2CH_3CH_2CHO \xrightarrow{\text{稀 NaOH}}$?

(6) $(CH_3)_3CCHO \xrightarrow{\text{浓 NaOH}}$?

(7) ![cyclohexanone]=O $+(CH_3)_2C(CH_2OH)_2 \xrightarrow{\text{无水 HCl}}$?

(8) $CH_3CHO+HCHO \xrightarrow{\text{稀 NaOH}}$?

(9) $CH_2=CHCHO+HCN \longrightarrow$?

(10) $C_6H_5CHO+CH_3COCH_3 \xrightarrow[\triangle]{\text{稀 NaOH}}$?

4. 完成下列转化。

(1) $CH_3CH_2OH \longrightarrow CH_3\underset{\displaystyle OH}{\overset{\displaystyle |}{C}}HCOOH$

(2) $HC\equiv CH \longrightarrow CH_3CH_2CH_2CH_2OH$

(3) ![cyclohexanone]=O $\longrightarrow$![cyclohexene]=CH_2

(4) $CH_3CHO \longrightarrow CH_2=CH-CH=CH_2$

(5) $CH_3CH=CHCHO \longrightarrow CH_3\underset{\displaystyle OH}{\overset{\displaystyle |}{C}}H-\underset{\displaystyle OH}{\overset{\displaystyle |}{C}}HCHO$

(6) $CH_3CHO \longrightarrow$![dioxane ring with H₃C and CH₃]

5. 判断题

(1) 下列化合物中能发生碘仿反应的是(   )。

A. ![cyclohexane with CH₃ and OH]

B. ![benzene]—$COCH_2CH_3$

C. ![cyclohexane with CH—CH₃ and OH]

D. $CH_3CH_2CH_2OH$

(2)下列化合物中能发生歧化反应的是(　　)。

A. $CH_3CH_2CH_2CHO$ 　　　　　　　　　B. $CH_3COCH_2CH_3$

C. $C_6H_5CH_2CHO$ 　　　　　　　　　　D. $(CH_3)_3CCHO$

(3)下列各组化合物的亲核加成活性次序是：①(　　)②(　　)③(　　)。

①a. 甲醛　b. 乙醛　c. 苯甲醛　d. 苯乙酮

A. d>c>b>a 　　　B. c>a>d>b 　　　C. a>d>c>b 　　　D. a>b>c>d

②a. 乙醛　b. 丙酮　c. 苯乙酮　d. 二苯甲酮

A. d>c>b>a 　　　B. c>a>d>b 　　　C. a>d>c>b 　　　D. a>b>c>d

③a. Cl_3CCHO　b. $ClCH_2CHO$　c. CH_3COCH_3　d. CH_3CHO

A. d>c>b>a 　　　B. c>a>d>b 　　　C. a>d>c>b 　　　D. a>b>d>c

(4)下列化合物中最易形成水合物的(　　)，最难形成水合物的(　　)。

A. CF_3CHO 　　　　　B. CH_3CHO 　　　　　C. CH_3CH_2CHO

D. $CH_3CH_2COCH_3$　　　E. $CH_3COCH(CH_3)_2$

6. 写出下列反应的机理。

(1) $C_6H_5CHO + C_6H_5COCH_3 \xrightarrow[\triangle]{NaOH} C_6H_5CH=CHCOC_6H_5$

(2) $CH_3COCH_2CH_2COCH_3 \xrightarrow[\triangle]{NaOH}$

7. 写出下列合成的中间产物和试剂。

8. 一种芳香醛和丙酮在碱作用下生成分子式为 $C_{12}H_{14}O_2$ 的 A，A 经碘仿反应生成 $C_{11}H_{12}O_3$ 的 B；B 经催化加氢可生成 C。B、C 被氧化后都生成 $C_9H_{10}O_3$ 的化合物 D，D 经 HBr 处理后则生成邻羟基苯甲酸。试写出 A~D 的结构式。

9. 分子式为 $C_6H_{12}O$ 的 A，能与苯肼作用但不发生银镜反应。A 经催化氢化得分子式为 $C_6H_{14}O$ 的 B，B 与浓硫酸共热得 $C(C_6H_{12})$。C 经臭氧化还原水解得 D 与 E，D 能发生银镜反应，但不起碘仿反应，而 E 则可发生碘仿反应而无银镜反应。写出 A~E 的结构式。

10. 化合物 A 和 B，分子式都为 $C_9H_{10}O$，A 不能进行碘仿反应，A 的 IR 表明在 $1690cm^{-1}$ 处有一强峰，A 的 ^1H NMR 谱如下：δ 为 1.2(三重峰 3H)，3.0(四重峰 2H)，7.7(多重峰 5H)。B 可以进行碘仿反应，它的 IR 表明在 $1705cm^{-1}$ 处有一强峰，^1H NMR 谱如下：δ 为 2.0(单峰 3H)，3.5(单峰 2H)，7.1(多重峰 5H)。请写出 A 和 B 的结构。

11. 化合物 A 的分子式为 $C_6H_{12}O_3$，其 IR 谱在 $1710cm^{-1}$ 处有强吸收峰，A 有碘仿反应，不与吐仑试剂作用。如将 A 与稀 HCl 一起煮沸，能得到化合物 B，B 与吐仑试剂可生成银镜。A 的 ^1H NMR 谱中 δ 为 2.1(单峰 3H)，2.6(双峰 2H)，3.2(单峰 6H)，4.7(三重峰 1H)，试推测 A 和 B 的结构。

172

第十三章 羧酸

分子中含有羧基(—COOH)的有机化合物称为羧酸。它可以看作是烃分子中的氢原子被羧基取代而生成的化合物，羧酸的通式可表示为：R—COOH(R=H 为甲酸)。羧基是羧酸的官能团。

13.1 羧酸的分类、命名和物理性质

13.1.1 羧酸的分类

羧酸的种类繁多，根据分子中羧基所连接的烃基不同可分为：脂肪族羧酸、脂环族羧酸和芳香族羧酸。例如：

$$CH_3—\overset{\overset{\displaystyle O}{\|}}{C}—OH$$

乙酸(脂肪酸)

acetic acid

环己基甲酸(脂环酸)

cyclohexanecarboxylic acid

苯甲酸(芳香酸)

benzoic acid

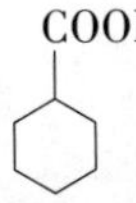

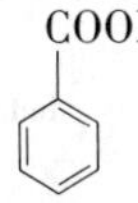

根据烃基是否饱和，分为饱和羧酸和不饱和羧酸。例如：

CH_3CH_2COOH

丙酸(饱和酸)

propionic acid (saturated acid)

$CH_3(CH_2)_7CH═CH(CH_2)_7COOH$

油酸(9-十八碳烯酸)(不饱和酸)

oleic acid(9-octadecenoic acid)(unsaturated acid)

根据分子中所含羧基的数目不同，又可分为一元酸、二元酸和多元酸。例如：

HOOC—COOH

草酸(oxalic acid)

$$\begin{array}{c} CH_2COOH \\ | \\ HO—C—COOH \\ | \\ CH_2COOH \end{array}$$

柠檬酸(citric acid)

13.1.2 羧酸的命名

许多羧酸是从天然产物中得到的，因此常根据来源命名。例如甲酸(HCOOH)最初是由蒸馏蚂蚁而得到，所以也叫做蚁酸；乙酸是食醋的主要成分(约含 5%的乙酸)，所以也叫做醋酸；乙二酸又叫草酸，因为大部分草本植物中都含有乙二酸的盐。其他，如柠檬酸、苹果酸、琥珀酸、安息香酸等都是根据它们的最初来源命名的，高级一元羧酸是由脂肪中得到的，因此开链的一元羧酸又叫做脂肪酸。

脂肪酸系统命名时，选择分子中含羧基的最长碳链做主链，根据主链上碳原子的数目称为某酸，自羧基开始给主链碳原子编号，侧链与重键的表示方法与烃基相同。例如：

$$CH_3CH_2CH_2COOH$$

丁酸

butanoic acid

$$\overset{5}{C}H_3\overset{4}{C}H-\overset{3}{C}H\overset{2}{C}H_2\overset{1}{C}OOH$$
$$\quad\;\;\; |\quad\;\; |$$
$$\quad\;\; CH_3\; CH_3$$

3,4-二甲基戊酸

3,4-dimethylpentanoic acid

$$\overset{4}{C}H_3\overset{3}{C}=\overset{2}{C}H\overset{1}{C}OOH$$
$$\quad\;\; |$$
$$\quad\; CH_3$$

3-甲基-2-丁烯酸(β-甲基-α-丁烯酸)

3-methyl-2-butenoic acid

$$\overset{4}{C}H\equiv\overset{3}{C}\overset{2}{C}H\overset{1}{C}OOH$$
$$\qquad\quad |$$
$$\qquad\quad Cl$$

2-氯-3-丁炔酸(α-氯-β-丁炔酸)

2-chloro-3-butynoic acid

羧酸常用希腊字母标明位次。与羧基直接相连的碳原子为 α，其余依次为 β、γ、δ……等，距羧基最远的为 ω 位。例如，α-丁烯酸就是 2-丁烯酸（$CH_3CH=CHCOOH$）。另外对于较长碳链的烯酸，常常用符号"Δ"表示烯键的位次，把双键碳原子的位次写在"Δ"的右上角。例如，油酸可写为 Δ^9-十八碳烯酸。

脂肪族二元羧酸的命名是取分子中含有两个羧基的最长碳链做主链，称为某二酸。例如：

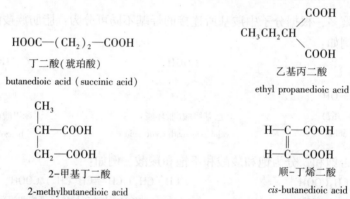

$$HOOC—(CH_2)_2—COOH$$

丁二酸（琥珀酸）

butanedioic acid (succinic acid)

乙基丙二酸

ethyl propanedioic acid

2-甲基丁二酸

2-methylbutanedioic acid

顺-丁烯二酸

cis-butanedioic acid

脂环族羧酸和芳香族羧酸，可看作是脂肪酸的脂环或芳环取代物来命名。例如：

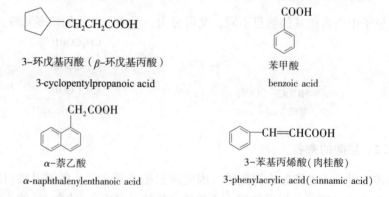

3-环戊基丙酸（β-环戊基丙酸）

3-cyclopentylpropanoic acid

苯甲酸

benzoic acid

α-萘乙酸

α-naphthalenylenthanoic acid

3-苯基丙烯酸（肉桂酸）

3-phenylacrylic acid (cinnamic acid)

13.1.3 羧酸的物理性质

饱和一元脂肪酸中，甲酸、乙酸和丙酸具有强烈酸味和刺激性，直链的含有 4~9 个碳原子的是具有腐败恶臭的油状液体，动物的汗液和奶油发酸变坏的气味就是因为存在游离丁酸的缘故。含 10 个以上碳原子的高级脂肪酸是蜡状固体，挥发性很低，无气味，多元酸和芳香酸在常温下都是结晶固体。

饱和一元羧酸的沸点随相对分子质量的增加而升高，沸点甚至比相对分子质量相近的醇还高。例如，甲酸与乙醇的相对分子质量相同，但甲酸的沸点为 100.7℃，而乙醇的沸点为 78.5℃。这是因为羧酸分子间可以形成两个比较稳定的氢键而相互缔合，形成双分子缔合的二聚体。根据电子衍射等方法，测得甲酸分子的二聚体结构如下：

直链饱和一元羧酸的熔点随分子中碳原子数目的增加呈锯齿状变化，即含偶数碳原子羧酸的熔点比相邻两个奇数碳原子羧酸的熔点高。例如：

	甲酸	乙酸	丙酸	丁酸	戊酸
熔点/℃	8.4	16.6	−20.8	−4.26	−59

这是因为在晶体中，含偶数碳原子的羧酸有较高的对称性，可使羧酸的晶格更紧密地排列，分子之间具有较大的吸引力，熔点较高。

羧酸分子中羧基是亲水基团，与水可以形成氢键。低级羧酸(甲酸、乙酸、丙酸)能与水以任意比混溶；随相对分子质量的增加憎水性烃基愈来愈大，在水中的溶解度迅速减小，最后与烷烃的溶解度相近。癸酸以上的高级脂肪酸都不溶于水，而溶于有机溶剂。低级二元酸也可溶于水，随着碳链的增长，溶解度降低，芳香酸在水中的溶解度甚微。表 13-1 列出了一些羧酸的物理常数。

表 13-1　一些羧酸的物理常数

化合物	结构式	熔点/℃	沸点/℃	溶解度/(g/100mL)	pK_{a1}	pK_{a2}
甲酸(蚁酸)	HCOOH	8.4	100.7	∞	3.75	
乙酸(醋酸)	CH_3COOH	16.6	117.9	∞	4.76	
丙酸(初油酸)	CH_3CH_2COOH	−20.8	140.99	∞	4.87	
丁酸(酪酸)	$CH_3(CH_2)_2COOH$	−4.26	163.5	∞	4.81	
异丁酸	$(CH_3)_2CHCOOH$	−46.1	153.2	2.0	4.85	
戊酸	$CH_3(CH_2)_3COOH$	−59.0	186.05	4.47	4.82	
2,2-二甲基丙酸	$(CH_3)_3CCOOH$	−51.0	174.0		5.02	
己酸	$CH_3(CH_2)_4COOH$	−2.0	205.0	1.08	4.84	
辛酸	$CH_3(CH_2)_6COOH$	16.5	239.0	0.07	4.89	
癸酸	$CH_3(CH_2)_8COOH$	31.5	270.0	0.015	4.84	
十六酸(软脂酸)	$CH_3(CH_2)_{14}COOH$	63.0		不溶	6.46	
十八酸(硬脂酸)	$CH_3(CH_2)_{16}COOH$	71.0	360.0(分解)	不溶		
丙烯酸	$CH_2=CHCOOH$	13.0	141.6		4.26	
乙二酸(草酸)	HOOCCOOH	189.0		8.6	1.27	5.34
己二酸	HOOC-$(CH_2)_4$-COOH	151.0		1.5	4.48	5.52
苯甲酸	C_6H_5COOH	121.7	249.0	0.34	4.20	

高级脂肪酸具有润滑性。通过对长链脂肪酸的 X 射线研究，证明了这些分子中碳链按锯齿形排列，两个分子间羧基以氢键缔合，缔合的双分子有规则地一层一层排列，每一层中

间是相互缔合的羧基，吸引力很强，而层与层之间是以引力微弱的烃基相毗邻，相互之间容易滑动。

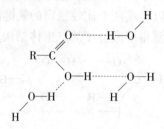

13.1.4　羧酸的波谱性质

羧酸的红外光谱中，C=O 吸收谱带大约在 1710～1760cm^{-1} 范围内，精确位置取决于测试时羧酸的物理状态。在纯液态或固态(二聚体)时，其吸收峰在 1710cm^{-1} 左右，是一宽谱带；在稀溶液(CCl_4)中，其 C=O 吸收峰在 1760cm^{-1}，吸收峰较窄。—OH 吸收峰在 2500～3000cm^{-1} 范围内，是一个强的宽谱带。另外，1210～1320cm^{-1} 的 C—O 的伸缩振动和约为 1400cm^{-1} 以及约为 920cm^{-1} 处强而宽的 O—H 弯曲振动吸收峰也是羧酸的特征吸收。图13-1 为丙酸的红外光谱。

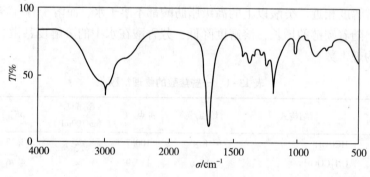

图 13-1　丙酸的红外光谱

羧酸的核磁共振谱中，羧基上的质子由于羧基的诱导作用，屏蔽作用大大降低，化学位移出现在低场，δ_H 在 10～12 之间；羧基 α 碳上的质子 δ_H 在 2～2.6 之间。图13-2 为 2-甲基丙酸的核磁共振谱。

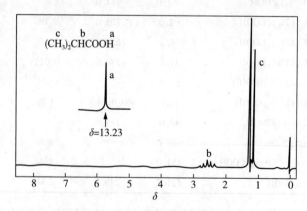

图 13-2　2-甲基丙酸的核磁共振谱

13.2 羧酸的化学性质

从羧酸的结构可以看出，羧基结构中既存在羰基（C＝O），又存在羟基（—OH），似应表现出羰基和羟基的性质，但实际上，羧基与羰基试剂（如 H_2NOH 等）不发生反应，羧酸的酸性也比醇强得多。因此，对于羧基的结构必须从羰基和羟基的相互影响来考虑。

在羧酸分子中，羧基碳原子以 sp^2 杂化轨道分别与烃基和两个氧原子形成三个 σ 键，这三个 σ 键在同一平面上，键角大约为120°。碳原子还余下一个 p 轨道与羰基氧原子的一个 p 轨道相互重叠形成一个 π 键。同时，羧基的 π 键和羟基氧原子上的孤对电子形成 p-π 共轭体系。

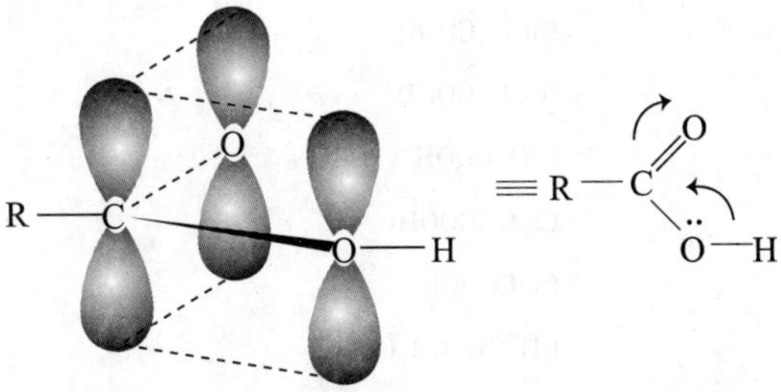

由于 p-π 共轭效应的影响，使得键长趋向于平均化。用物理方法测定甲酸中 C＝O 和 C—OH 的键长表明，羧酸中 C＝O 键的键长为 123pm，比普通羰基的键长（120pm）略长；C—OH 键中碳氧键长 136pm，比醇分子中的 C—O 单键键长（143pm）短些。这既说明羧酸分子中两个碳氧键是不同的，同时也说明羧酸中羰基与羟基之间产生了相互影响。

由于 p-π 共轭效应，使 C＝O 基团失去了典型的羰基性质，也是由于 p-π 共轭，—OH 基团上的氧原子的电子云向羰基移动，使 O—H 间电子云更靠近氧原子，增强了 O—H 键的极性，有利于氢原子的离解，使羧酸的酸性比醇强。

根据羧酸的结构，它可以发生如下反应：

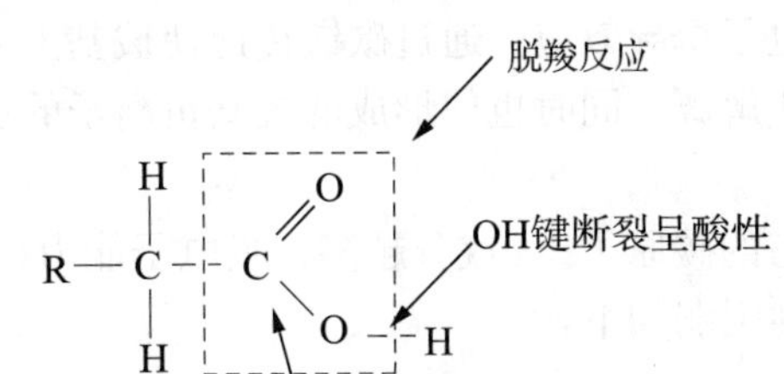

13.2.1 羧酸的酸性

羧酸是弱酸，能与碱或金属氧化物等反应生成盐和水。

$$RCOOH+NaOH \longrightarrow RCOONa+H_2O$$
$$2RCOOH+CaO \longrightarrow (RCOO)_2Ca+H_2O$$

羧酸的 K_a 愈大（或 pK_a 值愈小），酸性则愈强。除了甲酸的 pK_a 值为 3.75 外，大多数无取代基的羧酸的 pK_a 值一般在 4.76~5 的范围内，因此羧酸是弱酸。但比碳酸（pK_a=6.38）和苯酚（pK_a=10）的酸性强些。羧酸可以和碳酸盐反应，而苯酚不能，利用这一性质可以区别羧酸和苯酚。

羧酸酸性的强弱与其分子结构密切相关。在羧酸分子中与羧基直接或间接相连的取代基，对羧酸的酸性都有不同程度的影响。

1. 脂肪族取代羧酸的酸性

对于脂肪族取代羧酸，任何能使羧酸负离子比酸更加稳定的因素应增强其酸性，反之，则酸性减弱。表 13-2 列出了几种卤代羧酸的 pK_a 值。

表 13-2　几种卤代酸的 pK_a 值

名称	结构式	pK_a
乙酸	CH_3COOH	4.76
一氟乙酸	FCH_2COOH	2.57
一氯乙酸	$ClCH_2COOH$	2.87
一溴酸	$BrCH_2COOH$	2.90
一碘乙酸	ICH_2COOH	3.16
二氯乙酸	$Cl_2CHCOOH$	1.25
三氯乙酸	Cl_3CCOOH	0.66
丁酸	$CH_3CH_2CH_2COOH$	4.82
α-氯丁酸	$CH_3CH_2CHClCOOH$	2.86
β-氯丁酸	$CH_3CHClCH_2COOH$	4.41
γ-氯丁酸	$ClCH_2CH_2CH_2COOH$	4.70

从表中比较几种卤代乙酸的 pK_a 值可以看出，卤素的电负性越强，吸电子诱导效应（常用-I 表示）越强，酸性越强；卤素的数目越多，酸性越强；卤素离羧基越近，酸性越强，氯原子在羧基 γ 位时，影响已经很小，说明诱导效应是随碳链的增长而迅速减弱。除卤素具有吸电子效应外，常见的硝基、氰基、羧基等电负性大的原子或原子团也有-I 效应，其相对强度如下：$—NO_2>—CN>—COOH>—F$。

由于这些基团具有吸电子诱导效应，通过碳链传递使羧基上 O—H 键的电子云更靠近氧原子，氢容易以质子的形式解离，同时也使形成的羧基负离子的负电荷更为分散，稳定性增加，因此酸性增强。

对于烃基上不同杂化态的碳原子，s 成分越多，吸电子能力越强，即-I 效应越强，因此丙炔酸、丙烯酸和丙酸酸性强弱如下：

$$CH\equiv CCOOH>CH_2=CHCOOH>CH_3CH_2COOH$$

具有供电子效应（常用+I 表示）的原子或原子团使羧酸负离子不稳定，即使羧酸酸性减弱，供电子效应主要是烷基，其相对强度如下：

$$—C(CH_3)_3>—CH(CH_3)_2>—CH_2CH_3>—CH_3$$

这就说明了为什么一元脂肪族羧酸中，甲酸的酸性最强。

2. 芳香族取代羧酸的酸性

对于芳香族取代羧酸，情况较复杂，因为取代基与苯环相连，不但存在诱导效应，而且存在共轭效应，分三种情况进行讨论。

（1）取代基在羧基对位 R—〈　〉—COOH

当取代基 R 为—OH、—OCH$_3$、—NH$_2$ 时，p-π 供电子共轭效应大于吸电子诱导效应，使其酸性比苯甲酸弱；当取代基为—Cl、—Br、—I 时，由于卤素一族电负性较大，吸电子诱导效应大于共轭效应，结果使其酸性比苯甲酸强；当取代基为—NO$_2$、—CN 时，共轭效应和电子效应一致都是吸电子的，均使酸性增强。

（2）取代基在羧基间位

取代基在羧基间位，共轭效应受到限制，只考虑诱导效应。例如，对硝基苯甲酸酸性（$pK_a = 3.42$）比间硝基苯甲酸（$pK_a = 3.50$）强些，是因为硝基在对位既有吸电子的诱导效应，又有吸电子的共轭效应，而在间位只有吸电子的诱导效应。

（3）取代基在羧基邻位

取代基在羧基邻位，不但要考虑诱导效应、共轭效应，还要考虑体积效应等因素，情况更为复杂。不过，大部分邻位取代基都使酸性增强。表 13-3 列出了一些常见取代苯甲酸的 pK_a 值。

表 13-3　一些常见取代苯甲酸的 pK_a 值

基团	邻	间	对	基团	邻	间	对
—H	4.2	4.2	4.2	—Cl	2.94	3.83	3.97
—NH$_2$	4.95	4.36	4.86	—Br	2.84	3.81	3.97
—OH	2.98	4.08	4.57	—CN	3.14	3.64	3.54
—OCH$_3$	4.09	4.08	4.47	—NO$_2$	2.17	3.5	3.42

3. 二元酸的酸性

二元羧酸分子中有两个羧基，分两步离解：

$$HOOC(CH_2)_nCOOH \underset{}{\overset{K_{a_1}}{\rightleftharpoons}} H^+ + HOOC(CH_2)_nCOO^- \underset{}{\overset{K_{a_2}}{\rightleftharpoons}} H^+ + {}^-OOC(CH_2)_nCOO^-$$

二元羧酸的酸性比一元羧酸酸性强，这是因为羧基（—COOH）的作用和卤素类似，也是吸电子基团（-I 效应），能使另一个羧基的离解增强。但当一个羧基离解后生成—COO$^-$，使第二个羧基离解比较困难。例如：草酸（COOH）$_2$ $pK_{a1} = 1.27$，$pK_{a2} = 4.27$。若两个羧基相距较远，则 pK_{a1}、pK_{a2} 相差不大。例如，戊二酸：$pK_{a1} = 4.34$，$pK_{a2} = 5.41$。

13.2.2　羧基上羟基的取代反应

羧基上的—OH 原子团可以被卤原子（—X）、酰氧基（RCOO—）、烷氧基（—OR）以及氨基（—NH$_2$）等一系列原子或基团取代生成羧酸的衍生物。

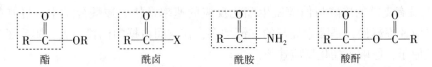

酯　　　　酰卤　　　　酰胺　　　　酸酐

1. 成酯反应

羧酸与醇在酸的催化作用下，加热反应生成酯，称为酯化反应。

$$\underset{O}{R-\overset{\parallel}{C}-OH} + R'OH \underset{\triangle}{\overset{H^+}{\rightleftharpoons}} \underset{O}{R-\overset{\parallel}{C}-OR'} + H_2O$$

酯化反应是可逆的（逆反应称为水解反应），且反应速率很慢，在没有催化剂存时，即使在加热回流的情况下，也需要很长时间才能达到平衡。为了提高酯的产率，使平衡向生成物的方向移动，可采取以下措施：①增加反应物的浓度。例如，在乙醇和乙酸的酯化反应中，当乙酸和乙醇的物质的量比为 1:10 时，反应达到平衡后，将有 97% 的乙酸转化为酯；②除去反应体系中生成的水。在酯化过程中使用油水分离器等方法，随时将生成的水蒸出除去，使平衡不断向成酯的方向移动，可以提高产率。

酯化反应可用两种图示来表示：

$$R-\overset{O}{\overset{\|}{C}}-\boxed{OH+H}-OR' \longrightarrow R-\overset{O}{\overset{\|}{C}}-OR'+H_2O \qquad (I)$$

$$R-\overset{O}{\overset{\|}{C}}-O\boxed{H+HO}-R' \longrightarrow R-\overset{O}{\overset{\|}{C}}-OR'+H_2O \qquad (II)$$

在式（I）中是酸的酰氧键断裂，而在（II）中是醇的烷氧键断裂。到底是按式（I）还是按式（II）进行的？通过实验可以证明，大多数情况下反应是按式（I）进行的，例如，用含有 ^{18}O 同位素的醇与酸作用，生成含有 ^{18}O 的酯，这说明羧酸提供羟基，醇提供氢原子。

$$R-\overset{O}{\overset{\|}{C}}-OH +H-{}^{18}OR' \longrightarrow R-\overset{O}{\overset{\|}{C}}-{}^{18}OR'+H_2O$$

为什么是酰氧键断裂？可以通过酸催化作用下的酯化反应历程来说明。反应时，酸的氢离子首先和羧酸中的羧基形成锌盐，这样就使羧基的碳原子带有更高的正电性，有利于亲核试剂醇的进攻，然后失去一分子水，再失去氢离子，即生成酯。

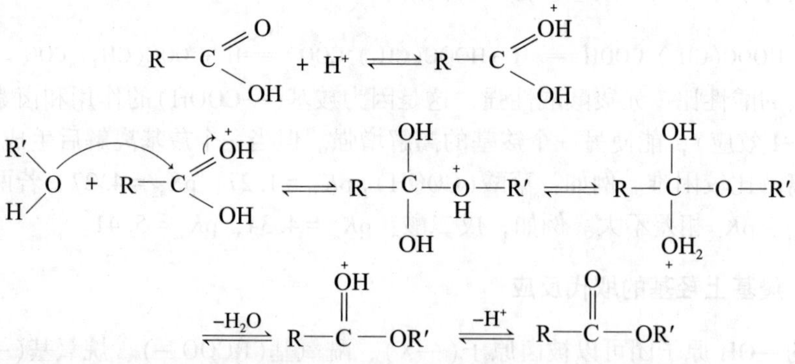

决定反应速率的一步与酸和醇的浓度及结构都有关，因此属于 S_N2 反应。一般说来，α-碳原子上没有支链的羧酸与伯醇发生酯化反应的速率最快。羧酸分子中，烃基的结构越大，酯化反应速率越慢，是因为烃基的支链增多，在空间占据的位置越大，阻碍了亲核试剂进攻羧基碳原子，影响了酯化反应速率。

叔醇由于在酸的催化下易生成稳定的碳正离子，进行酯化时，发生烷氧键断裂，反应按照式（II）进行。

$$R_3C-OH+H^+ \rightleftharpoons R_3C^+ +H_2O$$

碳正离子与羧酸生成锌盐，再脱去质子生成酯。

$$R'-\overset{O}{\overset{\|}{C}}-OH +R_3C^+ \rightleftharpoons R'-\overset{O}{\overset{\|}{C}}-\overset{+}{\underset{H}{O}}-CR_3$$

$$R'\overset{\displaystyle O}{\underset{\displaystyle H}{-}}\overset{+}{C}-O-CR_3 \rightleftharpoons R'-\overset{\displaystyle O}{C}-O-CR_3 +H^+$$

2. 成酰卤反应

羧酸与三卤化磷(PX_3)、五卤化磷(PX_5)或亚硫酰氯($SOCl_2$)作用,羟基可被卤素取代而生成酰卤。与醇不同,HX 不能使羧酸生成酰卤。

$$3R-\overset{\displaystyle O}{C}-OH +PCl_3 \longrightarrow 3R-\overset{\displaystyle O}{C}-Cl +H_3PO_3 \qquad (I)$$

$$R-\overset{\displaystyle O}{C}-OH +PCl_5 \longrightarrow R-\overset{\displaystyle O}{C}-Cl +POCl_3+HCl \qquad (II)$$

三氯氧磷(沸点107℃)

$$R-\overset{\displaystyle O}{C}-OH +SOCl_2 \longrightarrow R-\overset{\displaystyle O}{C}-Cl +SO_2+HCl \qquad (III)$$

酰氯很活泼,容易水解,因此通常用蒸馏法将产物分离。如制备低沸点酰氯(如乙酰氯,沸点52℃),可用(I)法合成,用蒸馏法可与亚磷酸分离。如制备高沸点酰氯(如苯甲酰氯,沸点197℃),则用(II)法合成,可先蒸去三氯氧磷。(III)法为亚硫酰氯法,副产物是气体,对两种情况都适用。

3. 成酸酐反应

羧酸在脱水剂(如五氧化二磷)作用下或加热失水而生成酸酐(甲酸失水生成一氧化碳)。

$$R-\overset{\displaystyle O}{C}-OH + R-\overset{\displaystyle O}{C}-OH \xrightarrow[\triangle]{P_2O_5} R-\overset{\displaystyle O}{C}-O-\overset{\displaystyle O}{C}-R$$

这个反应的产率很低,一般是将羧酸与乙酸酐共热,生成较高级的酸酐。

$$2RCOOH+(CH_3CO)_2O \xrightleftharpoons{\triangle} (RCO)_2O+2CH_3COOH$$

具有五元环或六元环的酸酐可由二元羧酸加热,分子内失水而得。例如,邻苯二甲酸酐可由邻苯二甲酸加热得到。

酸酐还可以通过酰卤与羧酸盐共热制备,通常用来制备混合酸酐。

$$RCOONa+R'COCl \xrightarrow{\triangle} R\overset{\displaystyle O}{C}-O-\overset{\displaystyle O}{C}R' +NaCl$$

4. 成酰胺反应

向羧酸中通入氨气或加入碳酸铵,可以得到羧酸的铵盐,铵盐受热失水便生成酰胺。

$$CH_3COOH+NH_3 \longrightarrow CH_3COONH_4 \xrightarrow{\triangle} CH_3CONH_2+H_2O$$

13.2.3 α-氢原子的取代反应

羧基和羰基一样,能使 α-氢活化。但羧基的致活作用比羰基小得多,这是因为羧基中的羟基与羰基形成 p-π 共轭体系后，羧基碳原子的正电性可从羟基氧原子上的孤对电子得到部分补偿，从而减弱了 α- 氢原子的活泼性。羧酸 α- H 的卤代要在光、碘、硫或红磷等催化剂存在下逐步取代。

$$RCH_2COOH + Br_2 \xrightarrow{\text{红磷}} \underset{\underset{Br}{|}}{R}CHCOOH + HBr$$

若仍存在 α- H 和过量的卤素单质，可进一步发生 α- H 的卤代反应，直至所有的 α- H 都被卤素原子取代。

$$\underset{\underset{Br}{|}}{R}CHCOOH + Br_2 \xrightarrow{\text{红磷}} \underset{\underset{Br}{|}}{\overset{\overset{Br}{|}}{R}}CCOOH + HBr$$

红磷的作用是首先生成三卤化磷，如溴代时生成 PBr_3，然后三卤化磷再与羧酸作用生成酰卤，由于—CO—X 比—COOH 吸电子能力强，酰卤的 α-H 卤代要比羧酸容易得多，α-溴代酰卤再与过量的羧酸反应生成 α-溴代酸。这个总反应称为赫尔-佛尔哈德-泽临斯基（Hell-Volhard-Zelinsky）反应，由于这个反应具有专一性，只在 α-位卤代并容易发生，在合成上相当重要。

$$P + Br_2 \longrightarrow PBr_3$$

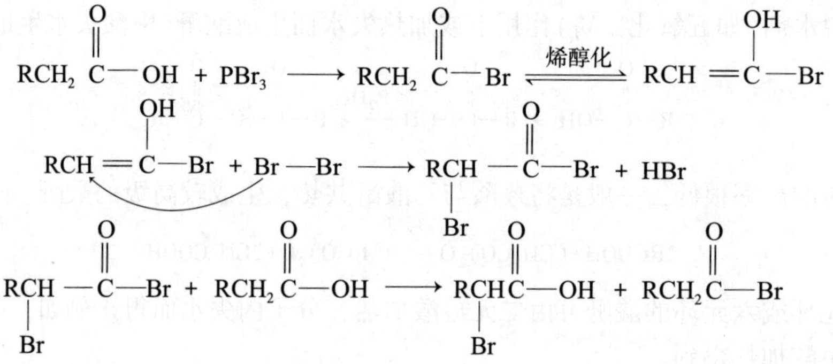

13.2.4 还　原

羧基中羰基由于受到羟基的影响，很难被一般的还原剂或催化氢化法还原，但可被强还原剂氢化铝锂（$LiAlH_4$）还原成醇。

$$\overset{\overset{O}{\|}}{R}C{-}OH \xrightarrow{LiAlH_4} RCH_2OH$$

用氢化铝锂还原羧酸，不但产率高、还原条件温和（室温下就能进行），而且还原不饱和羧酸时不会影响双键。

$$CH_2{=}CHCH_2COOH \xrightarrow{LiAlH_4} \xrightarrow[H_2O]{H^+} CH_2{=}CHCH_2CH_2OH$$

近年来由 H. C. Brown 发现的更快又可定量还原羧酸的方法是用乙硼烷（B_2H_6）在四氢呋喃中，将脂肪酸和芳香酸还原成伯醇，而且其他可还原的基团（如—C≡N、—NO_2 等）不受影响。例如：

$$\underset{\substack{\parallel \\ O}}{RC}-OH \xrightarrow[\text{THF, 0℃}]{B_2H_6} RCH_2OH$$

$$N\!\!\equiv\!\!C\!\!-\!\!\text{⟨benzene⟩}\!\!-\!\!COOH \xrightarrow[\text{THF, 0℃}]{B_2H_6} N\!\!\equiv\!\!C\!\!-\!\!\text{⟨benzene⟩}\!\!-\!\!CH_2OH$$

13.2.5　二元酸的热解反应

二元羧酸可以发生羧基所具有的一切反应，但某些反应取决于两个羧基间的距离。二元羧酸受热后，由于两个羧基的位置不同，有时发生失水反应，有时发生脱羧反应。

1,2-和1,3-二羧酸受热发生脱羧反应。例如，乙二酸和丙二酸受热很容易脱羧，这是由于羧基是吸电子基团，使羧基的脱羧反应容易进行。

$$\begin{array}{c}COOH\\|\\COOH\end{array} \xrightarrow{\triangle} HCOOH + CO_2\uparrow$$

$$\begin{array}{c}COOH\\|\\CH_2\\|\\COOH\end{array} \xrightarrow{\triangle} CH_3COOH + CO_2\uparrow$$

1,4-和1,5-二酸受热后不发生脱羧作用，而发生失水，形成稳定的五元或六元环状酸酐。例如，丁二酸和戊二酸与脱水剂(如乙酸酐)共热：

$$\begin{array}{c}CH_2-\underset{\substack{\parallel\\O}}{C}-OH\\|\\CH_2-\underset{\substack{\parallel\\O}}{C}-OH\end{array} \xrightarrow{\triangle} \begin{array}{c}CH_2-\underset{\substack{\parallel\\O}}{C}\\| \qquad O\\CH_2-\underset{\substack{\parallel\\O}}{C}\end{array} + H_2O$$

$$\begin{array}{c}CH_2-\underset{\substack{\parallel\\O}}{C}-OH\\|\\CH_2\\|\\CH_2-\underset{\substack{\parallel\\O}}{C}-OH\end{array} \xrightarrow{\triangle} \begin{array}{c}CH_2-\underset{\substack{\parallel\\O}}{C}\\| \qquad\\CH_2 \qquad O\\|\\CH_2-\underset{\substack{\parallel\\O}}{C}\end{array} + H_2O$$

1,6-和1,7-二酸受热后既发生失羧作用，又发生失水，生成环酮。例如，己二酸和庚二酸与乙酸酐共热：

$$\begin{array}{c}CH_2-CH_2-COOH\\|\\CH_2-CH_2-COOH\end{array} \xrightarrow[-CO_2,\ -H_2O]{\triangle} \begin{array}{c}CH_2-CH_2\\| \qquad\qquad C=O\\CH_2-CH_2\end{array}$$

$$\begin{array}{c}CH_2-CH_2-COOH\\|\\CH_2\\|\\CH_2-CH_2-COOH\end{array} \xrightarrow[-CO_2,\ -H_2O]{\triangle} \begin{array}{c}CH_2-CH_2\\|\qquad\qquad\\CH_2 \qquad\quad C=O\\|\qquad\qquad\\CH_2-CH_2\end{array}$$

13.3 羧酸的制备

羧酸广泛存在于自然界中。自然界中的羧酸大多以酯的形式存在于油、脂、蜡中，它们都是脂肪族羧酸，油、脂、蜡水解后可以得到多种脂肪酸的混合物。除油、脂、蜡外，自然界还存在有许多特殊的羧酸(或其酯)，例如，存在于单宁中的没食子酸，松香中的松香酸，胆汁中的胆甾酸以及动植物激素如赤霉酸、前列腺素等。

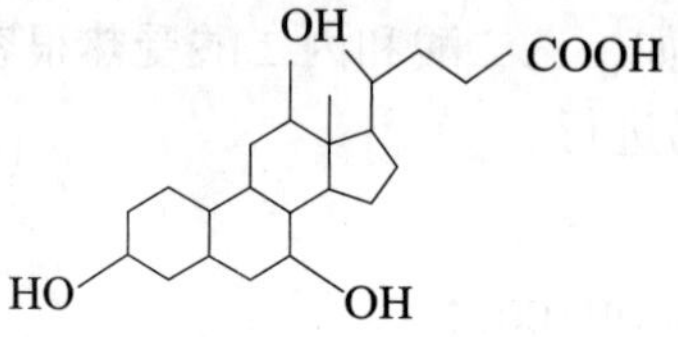

胆甾酸 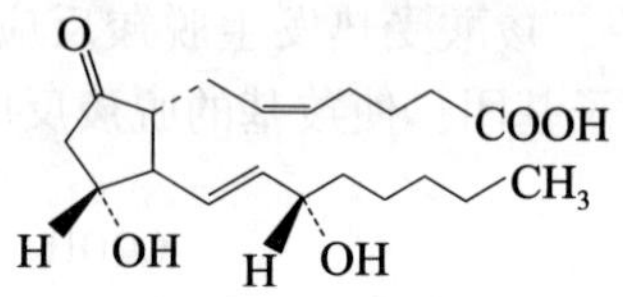   前列腺素（PGE₂）

羧酸在工业化生产和实验室中可以通过以下方法制得。

13.3.1 氧化法

1. 烃的氧化

脂肪烃氧化成脂肪酸，由于产物复杂而意义不大。常用烷基苯氧化制取苯甲酸，这在前面已经介绍，这里不再赘述。

2. 伯醇或醛的氧化

伯醇或醛氧化可得相应的酸，常用的氧化剂有：$K_2Cr_2O_7 + H_2SO_4$、$CrO_3 + $ 冰乙酸、$KMnO_4$、HNO_3 等。

$$RCH_2OH \xrightarrow{[O]} RCHO \xrightarrow{[O]} RCOOH$$

不饱和醇或醛也可以氧化生成相应的羧酸，但须选用适当弱的氧化剂，以防止不饱和键被氧化。

$$CH_3CH=CHCHO \xrightarrow[{[O]}]{AgNO_3,\ NH_3} CH_3CH=CHCOOH$$

另外，前面介绍的甲基酮(或甲基仲醇)在碱溶液中卤化成三卤甲酮，后者在碱液中很快分解成卤仿和羧酸盐，这一方法用于合成不饱和酸很成功，未观察到卤素与烯键的竞争反应。

13.3.2 腈的水解

腈由一级或二级卤代烷和氰化钠反应制得。腈类化合物在酸或碱催化下可水解生成羧酸。

$$R-X + NaCN \longrightarrow R-CN$$

$$R-CN + H_2O \begin{array}{l} \xrightarrow{H^+} R-COOH \\ \xrightarrow{OH^-} R-COO^- \end{array}$$

13.3.3 格氏试剂与二氧化碳反应

将二氧化碳通入冷却的格氏试剂的乙醚溶液中，格氏试剂能与极化了的二氧化碳加成，待二氧化碳不再被吸收后，将得到的混合物酸化，即可得到比格氏试剂多一个碳原子的羧酸。

$$R-MgX + O\!\!=\!\!\overset{\delta^+}{C}\!\!=\!\!O \longrightarrow R-\overset{\overset{\textstyle O}{\|}}{C}-OMgX \xrightarrow{H_2O} R-COOH$$

13.4 重要的羧酸

13.4.1. 脂肪族羧酸

1. 甲酸

甲酸俗称蚁酸，存在于蜂类、某些蚁类的分泌物中，同时也广泛存在于植物界，如荨麻、松叶中。工业上用一氧化碳和粉状氢氧化钠在 $120\sim125℃$ 和 $0.6\sim0.8MPa$ 下作用制得甲酸的钠盐，然后再用硫酸酸化制得。

$$CO + NaOH \xrightarrow[0.6\sim0.8MPa]{120\sim125℃} HCOONa \xrightarrow{H_2SO_4} HCOOH$$

甲酸是无色而有强烈刺激性的液体，沸点 $100.7℃$，它的腐蚀性极强，使用时要避免与皮肤接触。甲酸是最简单的羧酸，它的结构比较特殊，分子中的羧基和氢原子相连，它既具有羧基的结构，同时又具有醛基的结构，因而表现出与它的同系物不同的一些特性。

$$H-\overset{\overset{\textstyle O}{\|}}{C}-OH$$

甲酸分子中有醛基，因此具有还原性。甲酸能发生银镜反应，也能使高锰酸钾溶液褪色，它的酸性显著地比其他饱和一元羧酸强，这些反应常用于甲酸的定性鉴别。

甲酸与浓硫酸等脱水剂共热分解生成一氧化碳和水，这是实验室制备一氧化碳的方法。

$$HCOOH \xrightarrow[60\sim80℃]{H_2SO_4} CO + H_2O$$

甲酸在工业上用作还原剂和橡胶的凝聚剂，也用来合成染料及酯类、精制织物和纸张，在医药上还可以作为消毒剂。

2. 乙酸

乙酸俗名醋酸，是食醋的主要成分，普通的醋约含 5% 乙酸。乙酸为无色有刺激性液体，沸点 $117.9℃$，熔点 $16.6℃$，易冻结成冰状固体，故称为冰醋酸。乙酸能与水以任意比混溶，常用的乙酸是含有 $36\%\sim37\%$ 乙酸的水溶液。

人们很早就知道用发酵法来制取醋，它是人类使用最早的酸。醋是在酵母菌作用下，受空气氧化而制得。

$$CH_3CH_2OH \xrightarrow[\text{[O]}]{\text{酵母菌，空气}} CH_3COOH$$

目前工业上大规模生产乙酸采用的是乙烯或乙炔合成乙醛，乙醛在二氧化锰催化下，用空气或氧气氧化成乙酸。

$$CaC_2 \xrightarrow{H_2O} HC\!\!\equiv\!\!CH \xrightarrow[H_2O]{Hg^{2+}-H_2SO_4} CH_3CHO \xrightarrow[65\sim70℃,\ 0.6\sim0.8MPa]{O_2,\ MnO_2} CH_3COOH$$

乙酸是重要的化工原料，可以合成许多有机物，例如，乙酸纤维、乙酸酐、乙酸酯是染料工业、香料工业、制药业、塑料工业等不可缺少的原料。

3. 高级一元羧酸

高级一元羧酸都以甘油酯的形式存在于动、植物的油脂中，常见的高级饱和一元羧酸和高级不饱和一元羧酸有硬脂酸、软脂酸、油酸、亚油酸等。硬脂酸是十八酸，它的钠盐是肥皂；亚油酸是十八碳-9,12-二烯酸，亚油酸在人体内具有降低血浆中胆固醇的作用，在医学上可以防治血脂过高症。

13.4.2. 脂肪族二元羧酸

1. 乙二酸

乙二酸俗称草酸，常以钾盐或钙盐的形式存在于多种植物中。工业上生产采用将甲酸钠快速加热到 400℃，得到草酸钠，再用稀硫酸酸化而得到草酸。

$$
2HCOONa \xrightarrow{400℃} \begin{array}{c} COONa \\ | \\ COONa \end{array} \xrightarrow{H_2SO_4} \begin{array}{c} COOH \\ | \\ COOH \end{array}
$$

常见的草酸含有两分子结晶水，当加热到 100~105℃ 会失去结晶水得到无水草酸，熔点为 189℃，易溶于水，不溶于乙醚等有机溶剂。

草酸很容易被氧化成二氧化碳和水，在定量分析中常用草酸来标定高锰酸钾溶液。草酸可以与许多金属生成可溶性的配离子，因此可用来除去铁锈或蓝墨水的痕迹。

2. 丁烯二酸

丁烯二酸具有顺反异构体：

$$
\begin{array}{c} H-C-COOH \\ \| \\ HOOC-C-H \end{array} \qquad\qquad \begin{array}{c} H-C-COOH \\ \| \\ H-C-COOH \end{array}
$$

反丁烯二酸，熔点：300~302℃   顺丁烯二酸，熔点：139~140℃

反丁烯二酸比顺丁烯二酸稳定，它们具有不同的物理性质，但它们的化学性质基本相同，只有在与分子空间排列有关的反应中才显出不同。例如顺式容易生成酸酐，而反式在较激烈的条件下转变为顺式后才生成酸酐。

$$
\begin{array}{c} H-C-COOH \\ \| \\ HOOC-C-H \end{array} \xrightarrow{\triangle} \begin{array}{c} H-C-COOH \\ \| \\ H-C-COOH \end{array} \longrightarrow \begin{array}{c} H-C-C \diagdown \\ \| \qquad O \\ H-C-C \diagup \\ \qquad\quad O \end{array}
$$

这两种顺反异构体在一定条件下可以相互转化，特别是在有酸、碱存在时，顺式容易转变成反式，反式则不易转变成顺式，在紫外线的照射下生成两种异构体的混合物。

顺丁烯二酸酐的最大用途是合成增强塑料及涂料的重要原料，它在工业上是由苯催化氧化或由石油裂解气中 C_4 馏分氧化而制得。

13.4.3. 芳香族羧酸

1. 苯甲酸

苯甲酸是最简单的芳香酸。苯甲酸与苄醇形成的酯类存在于天然树脂与安息香胶内，所以苯甲酸俗称安息香酸。苯甲酸是白色结晶，熔点 121.7℃，微溶于水，苯甲酸的酸性比一般脂肪族羧酸的酸性强。工业上制取苯甲酸的方法，是将甲苯催化氧化。

苯甲酸是有机合成的原料，可以制取染料、香料、药物等。其钠盐是温和的防腐剂，可用于药剂或食品的防腐，现因其毒性，已逐渐被无毒的山梨酸等取代。

2. 苯二甲酸

苯二甲酸有邻、间和对位三种异构体，其中以邻位和对位在工业上最为重要。邻苯二甲酸是白色晶体，不溶于水，加热至231℃就熔融分解，失去一分子水而生成邻苯二甲酸酐。

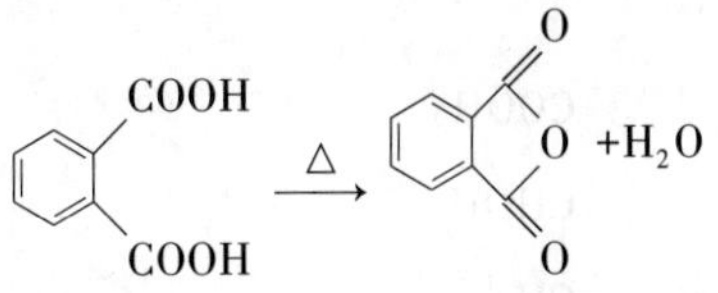

邻苯二甲酸酐(熔点131℃)

邻苯二甲酸及其酸酐用于制造染料、树脂、药物和增塑剂。如邻苯二甲酸二甲酯，有驱蚊作用，是防蚊油的主要成分；邻苯二甲酸氢钾是标定碱标准溶液的基准试剂，常用于无机定量分析。对苯二甲酸也是白色晶体，微溶于水，是合成聚酯树脂(涤纶)的主要原料。

13.5 取代羧酸

13.5.1 取代羧酸的分类和命名

1. 分类

羧酸中烃基或芳环上的氢原子被其他原子或基团取代生成的化合物称作取代羧酸。取代羧酸按取代基的种类分为卤代酸、羟基酸、羰基酸和氨基酸等。例如：

$\underset{\displaystyle X}{\underset{|}{CH_2}}COOH$ 卤代酸

$CH_3\underset{\displaystyle OH}{\underset{|}{CH}}COOH$ 羟基酸

$CH_3\underset{\displaystyle O}{\underset{\|}{C}}CH_2COOH$ 羰基酸

$\underset{\displaystyle NH_2}{\underset{|}{CH_2}}COOH$ 氨基酸

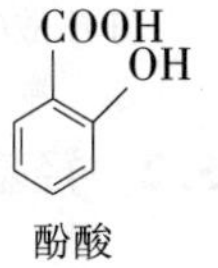

酚酸

取代酸同时具有两种或两种以上官能团，属于复合官能团化合物。它们不仅具有羧基和其他官能团的一些化学性质，并且还有这些官能团之间相互作用和相互影响而产生的一些特殊性质。这也说明了分子中各基团并不是孤立的，而是在一定的化学结构中相互联系、相互影响。这里只介绍羟基酸、羰基酸等取代酸。

2. 命名

取代羧酸的命名以羧酸作为母体，分子中的卤素、羟基、氨基、羰基等官能团作为取代基。取代基在分子主链上的位置以阿拉伯数字或希腊字母表示，取代基在羧酸碳链另一端可用 ω-表示。有些取代酸是天然产物，所以还有根据来源命名的俗名。

(1)羟基酸

羟基酸是以羟基作取代基、羧酸作母体来命名的。例如：

$CH_3\underset{\displaystyle OH}{\underset{|}{CH}}COOH$

2-羟基丙酸(α-羟基丙酸，俗名：乳酸)

$\underset{\displaystyle OH}{\underset{|}{CH_2}}CH_2CH_2CH_2COOH$

5-羟基戊酸(δ-羟基戊酸)

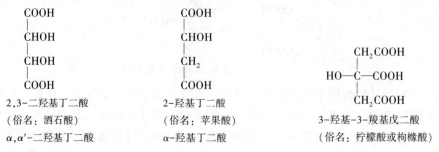

2-羟基苯甲酸(邻羟基苯甲酸, 俗称: 水杨酸)

3,4-二羟基苯甲酸(俗名: 原儿茶酸)

在脂肪族取代二元羧酸中, 碳链的编号可以从两端开始, 同时进行, 直到相遇为止。例如:

COOH
|
CHOH
|
CHOH
|
COOH

2,3-二羟基丁二酸
(俗名: 酒石酸)
α,α'-二羟基丁二酸

COOH
|
CHOH
|
CH₂
|
COOH

2-羟基丁二酸
(俗名: 苹果酸)
α-羟基丁二酸

$$CH_2COOH$$
$$HO—C—COOH$$
$$CH_2COOH$$

3-羟基-3-羧基戊二酸
(俗名: 柠檬酸或枸橼酸)

(2)羰基酸

羰基酸命名时取含羰基和羧基的最长碳链作主链, 称为某醛酸或某酮酸。例如:

$$\overset{O}{\underset{}{HCCOOH}}$$
乙醛酸

$$\overset{O}{\underset{}{HCCH_2COOH}}$$
丙醛酸

$$\overset{O}{\underset{}{CH_3CCOOH}}$$
丙酮酸(α-酮基丙酸)

$$\overset{O}{\underset{}{CH_3CCH_2COOH}}$$
3-丁酮酸(乙酰乙酸)

$$\overset{O}{\underset{}{CH_3CCH_2CH_2COOH}}$$
4-戊酮酸(γ-戊酮酸)

$$\overset{O}{\underset{}{CH_3(CH_2)_7CCOOH}}$$
2-癸酮酸(α-癸酮酸)

13.5.2 羟基酸

羧酸分子中, 烃基上的氢原子被羟基取代而生成的化合物, 叫羟基酸。羟基酸可分为醇酸和酚酸两类。

1. 醇酸

醇酸一般为固体或糖浆状黏稠液体。在水中的溶解度比相应的羧酸大, 低级的醇酸易溶于水, 难溶于有机溶剂, 挥发性较低。此外, 许多醇酸都具有旋光性。醇酸具有醇和酸的典型化学性质, 但由于两个官能团的相互影响而具有一些特殊的性质。

(1)酸性

醇酸分子中, 羟基是一个吸电子基, 通过诱导效应使羧基的离解度增加, 羟基距离羧基越近, 酸性就越强。

(2)氧化反应

醇酸中羟基可以被氧化生成醛酸或酮酸。α-羟基酸中的羟基比醇中的羟基更易被氧化。

$$HO—CH_2—COOH \xrightarrow{[O]} H—\overset{O}{\overset{\|}{C}}—COOH \xrightarrow{[O]} HOOC—COOH$$

羟基乙酸　　　　　　乙醛酸　　　　　　乙二酸

188

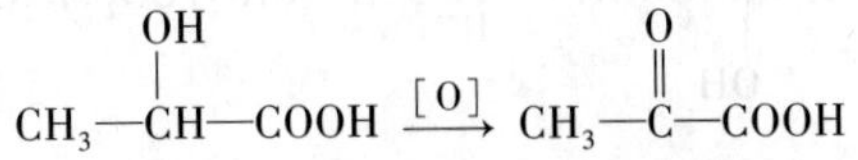

$$CH_3-\underset{\underset{\displaystyle OH}{|}}{C}H-COOH \xrightarrow{[O]} CH_3-\underset{\underset{\displaystyle O}{\|}}{C}-COOH$$

丙酮酸

（3）脱水反应

醇酸受热后而发生脱水反应，随着羧基和羟基的相对位置不同而生成不同的产物。α-醇酸受热时发生两个分子间脱水，而生成六元环的交酯。

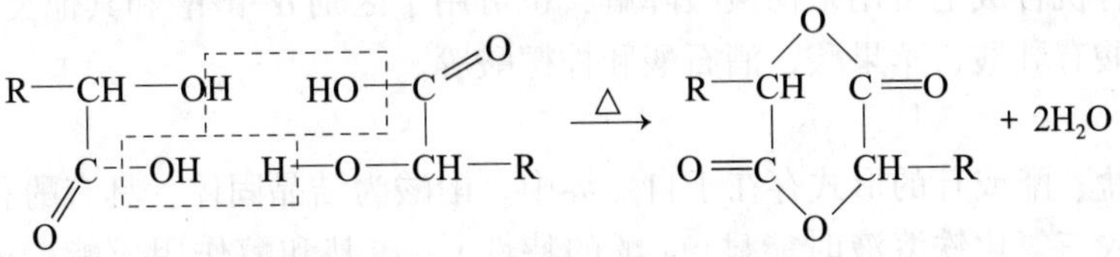

交酯多为结晶物质，和其他酯类一样，与酸或碱溶液共热时，容易发生水解又变成原来的醇酸。

β-醇酸受热时，非常容易发生脱水作用，生成 α，β-不饱和羧酸。

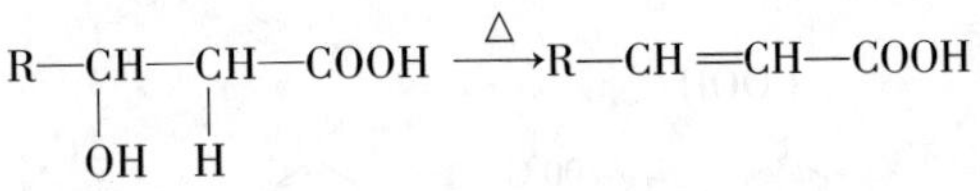

$$R-\underset{\underset{\displaystyle OH}{|}}{C}H-\underset{\underset{\displaystyle H}{|}}{C}H-COOH \xrightarrow{\triangle} R-CH=CH-COOH$$

γ-醇酸极易失去水，在室温时就发生分子内脱水生成五元环的内酯。

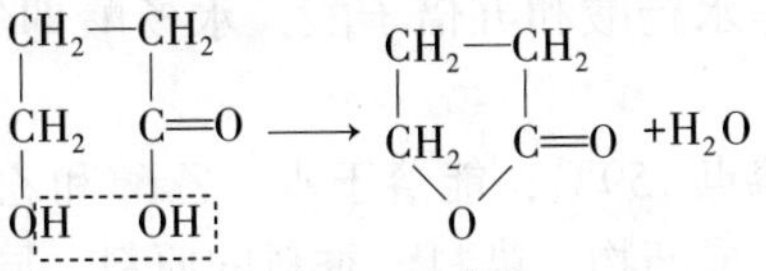

γ-丁内酯

γ-醇酸不易得到，因为游离出来的酸在室温下立即就失水而生成内酯。γ-内酯是稳定的中性化合物，与热碱溶液作用能水解而生成原来的醇酸盐。

δ-醇酸脱水生成六元环的 δ-内酯，但不如 γ-醇酸那样容易，需要在加热条件下进行。

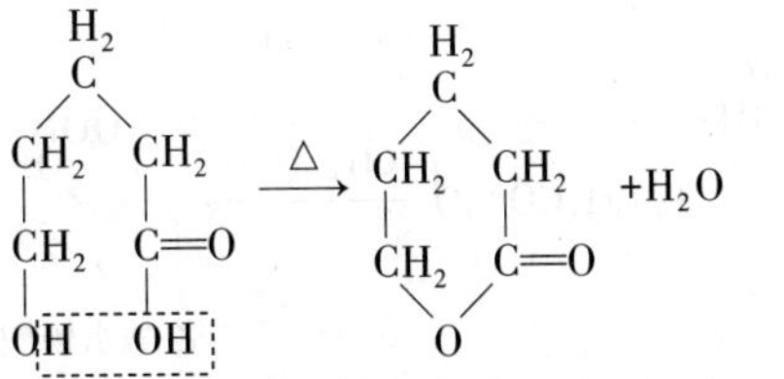

δ-戊内酯

由于五元环和六元环较稳定，也较易形成，因此 γ- 和 δ-内酯也极易形成。当羟基和羧基相距四个以上碳原子时，内酯的生成就更加困难。

（4）分解反应

α-醇酸与稀硫酸或酸性高锰酸钾溶液加热，分解为醛、酮和甲酸：

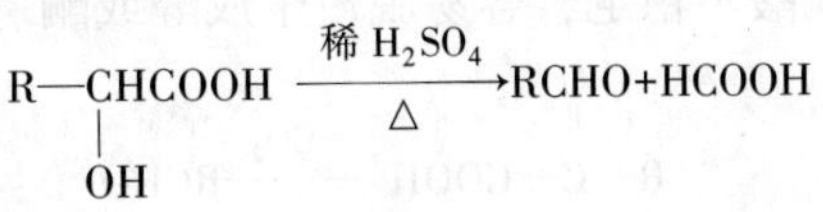

$$R-\underset{\underset{\displaystyle OH}{|}}{C}HCOOH \xrightarrow[\triangle]{稀\,H_2SO_4} RCHO+HCOOH$$

$$R-\underset{\underset{OH}{|}}{CH}COOH \xrightarrow[H^+]{KMnO_4} R-CHO+CO_2+H_2O$$

用浓硫酸处理，则分解为醛、酮、一氧化碳及水。

$$R-\underset{\underset{OH}{|}}{CH}COOH \xrightarrow[\triangle]{浓\ H_2SO_4} R-CHO+CO+H_2O$$

此反应在有机合成上可用来使羧酸降解，也可用于区别 α-醇酸和其他类型的醇酸。

重要的醇酸有乳酸、苹果酸、酒石酸和柠檬酸等。

2. 酚酸

酚酸多以盐、酯或苷的形式存在于自然界中。酚酸为结晶固体，具有酚和芳酸的一般性质。例如，加入三氯化铁溶液时能显色（酚的特性）、羧基和醇作用成酯（羧酸的特性）等。当酚酸中的羟基与羧基处于邻位或对位时，受热容易脱羧，这是它们的一个特性。例如：

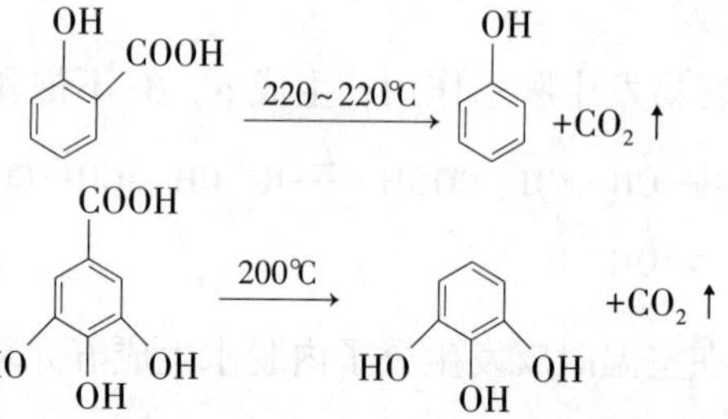

比较重要的酚酸化合物是水杨酸和五倍子酸，水杨酸即邻羟基苯甲酸，五倍子酸即3,4,5-三羟基苯甲酸。

水杨酸，为白色晶体，熔点159℃，能溶于水、乙醇和乙醚，加热可升华，它具有酚和羧酸的一般性质。水杨酸是合成药物、染料、香料的原料，同时具有杀菌、解热、镇痛和抗风湿的作用，由于它对胃肠有刺激作用，不能内服，只作外用治疗某些皮肤病。

乙酰水杨酸，俗称阿司匹林（Aspirin），具有退热、镇痛和抗风湿痛的作用，而且对胃的刺激作用小，故常用于治疗发烧、头痛、关节痛、活动性风湿病等。它与非那西丁、咖啡因等合用称为复方阿司匹林，简称 APC。由水杨酸与乙酐在乙酸中加热到80℃进行酰化而制得：

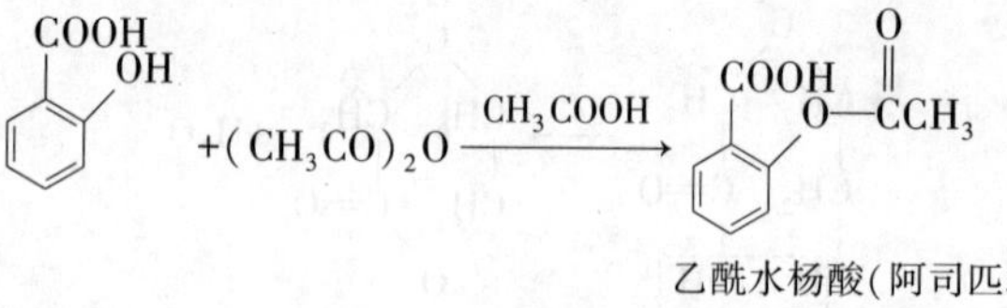

乙酰水杨酸（阿司匹林）

乙酰水杨酸为白色结晶，熔点135℃，味微酸，无臭，难溶于水，溶于乙醇、乙醚、氯仿。在干燥空气中稳定，但在湿空气中易水解为水杨酸和乙酸，所以应密闭在干燥处储存。

13.5.3 羰基酸

羧酸分子的烃基含羰基的化合物称为羰基酸。羰基酸分子中羰基是醛基的称为醛酸，是酮基的称为酮酸。α-和β-酮酸不稳定，容易脱羧生成醛或酮。

$$R-\underset{\underset{}{\overset{O}{\parallel}}}{C}-COOH \xrightarrow{-CO_2} RCHO$$

190

$$\underset{\substack{\| \\ O}}{R-C}-CH_2COOH \xrightarrow{-CO_2} \underset{\substack{\| \\ O}}{R-C}-CH_3$$

丙酮酸是最简单的酮酸。因最早从酒石酸制得，故俗称焦性酒石酸。乳酸氧化可制得丙酮酸。

$$CH_3-\underset{\substack{| \\ OH}}{CH}-COOH \xrightarrow{[O]} CH_3-\underset{\substack{\| \\ O}}{C}-COOH$$

丙酮酸是无色、有刺激性臭味的液体，沸点 165℃（分解）。易溶于水、乙醇和醚，除有一般羧酸和酮的典型性质外，还具有 α-酮酸的特殊性质。在一定条件下，丙酮酸可以脱羧或脱去一氧化碳（即脱羰），分别生成乙醛或乙酸。例如，丙酮酸和稀硫酸共热发生脱羧作用，得到乙醛和二氧化碳，但是与浓硫酸共热则发生脱羰作用，得到乙酸和一氧化碳。

$$CH_3-\underset{\substack{\| \\ O}}{C}-COOH \xrightarrow[\triangle]{稀 H_2SO_4} CH_3CHO+CO_2$$

$$CH_3-\underset{\substack{\| \\ O}}{C}-COOH \xrightarrow[\triangle]{浓 H_2SO_4} CH_3COOH+CO$$

这是因为 α-酮酸中羰基和羧基直接相连，由于氧原子具有较强的电负性，使得羰基和羧基碳原子间的电子云密度较低，这个碳碳键就容易断裂，所以丙酮酸可脱羧或脱羰。

丙酮酸极易被氧化，使用弱氧化剂如 Fe^{2+} 与 H_2O_2 也能使丙酮酸氧化分解成乙酸，并放出二氧化碳。

$$CH_3-\underset{\substack{\| \\ O}}{C}-COOH \xrightarrow[Fe^{2+}+H_2O_2]{[O]} CH_3COOH+CO_2$$

在同样的条件下，酮和羧酸都难以发生上述反应，这是 α-酮酸的特有反应。

习　题

1. 用系统命名法命名下列化合物。

   a. $(CH_3)_2CHCOOH$ b. $CH_3CH=CHCOOH$ c. CH_3CHCH_2COOH
                                                                 $\overset{|}{Br}$

   d. $HOOCC=CCOOH$ e. $HOOCCHCH_2COOH$ f. $CH_3CCH_2CH_2COOH$
                  $\overset{|}{H}$ $\overset{|}{H}$ $\overset{|}{OH}$ $\overset{\|}{O}$

g. （邻羟基苯甲酸 COOH / OH）   h. （苯-CH=CHCOOH）   i. （萘-CH_2COOH）

2. 写出下列化合物的结构式。

  （1）蚁酸　　　（2）草酸　　　（3）乳酸　　　（4）水杨酸
  （5）硬脂酸　　（6）软脂酸　　（7）酒石酸　　（8）柠檬酸

3. 试以方程式表示乙酸与下列试剂的反应：

  （1）乙醇　（2）三氯化磷　（3）五氯化磷　（4）氨　（5）碱石灰热熔

4. 将下列各组化合物按酸性增强的顺序排列。

（1）a. $CH_3CH_2CHBrCO_2H$ b. $CH_3CHBrCH_2CO_2H$ c. $CH_3CH_2CH_2CO_2H$

d. $CH_3CH_2CH_2CH_2OH$ e. C_6H_5OH f. H_2CO_3

g. Br_3CCO_2H h. H_2O

（2）a. 苯甲酸   b. 对硝基苯甲酸   c. 间硝基苯甲酸   d. 2，4-二硝基苯甲酸

e. 对甲基苯甲酸   f. 对甲氧基苯甲酸

5. 用简单化学方法鉴别下列各组化合物。

a. $\begin{matrix} COOH \\ | \\ COOH \end{matrix}$ 与 $\begin{matrix} CH_2COOH \\ | \\ CH_2COOH \end{matrix}$ b. $(CH_3)_2CHCH=CHCOOH$ 与 ⬠—COOH

c. [苯环] COOH 与 [苯环] COOH₃   d. [苯环] COOH 与 [苯环] OH 与 [苯环] CH=CH₂

6. 如何将己醇、己酸和对甲苯酚的混合物分离得到各种纯的组分？

7. 完成下列转化。

a. ⬡=O ⟶ ⬡ 含 COOH, OH   b. $CH_3CH_2CH_2Br \longrightarrow CH_3CH_2CH_2COOH$

c. $(CH_3)_2C=CH_2 \longrightarrow (CH_3)_3CCOOH$ d. $(CH_3)_2CHOH \longrightarrow (CH_3)_2C-COOH$ 含 OH

e. $CH\equiv CH \longrightarrow CH_3COOC_2H_5$ f. $CH_3CH_2COOH \longrightarrow CH_3(CH_2)_3COOH$

g. $CH_3COOH \longrightarrow CH_2(COOC_2H_5)_2$ h. $CH_3CH(COOC_2H_5)_2 \longrightarrow CH_3CH_2COOH$

i. [结构式] ⟶ [结构式]   j. [苯环] ⟶ [苯环]—COOH, Br

8. 化合物 A，分子式为 $C_4H_6O_4$，加热后得到分子式为 $C_4H_4O_3$ 的 B，将 A 与过量甲醇及少量硫酸一起加热得分子式为 $C_6H_{10}O_4$ 的 C。B 与过量甲醇作用也得到 C。A 与 $LiAlH_4$ 作用后得分子式为 $C_4H_{10}O_2$ 的 D。写出 A、B、C、D 的结构式以及它们相互转化的反应式。

9. 分子式为 $C_6H_{12}O$ 的化合物 A，氧化后得 B（$C_6H_{10}O_4$）。B 能溶于碱，若与脱水剂乙酸酐一起蒸馏则得化合物 C。C 能与苯肼作用，用锌汞齐及浓盐酸处理得化合物 D，D 的分子式为 C_5H_{10}。写出 A、B、C、D 的结构式。

第十四章 羧酸衍生物

羧酸分子中羧基上的羟基被其他原子或原子团(—X、—OOCR、—OR、—NH₂)取代生成羧酸衍生物——酰卤、酸酐、酯和酰胺等。

14.1 羧酸衍生物的分类、命名和物理性质

14.1.1 羧酸衍生物的分类

羧酸衍生物根据羟基被取代的原子或原子团不同分为：酰卤、酸酐、酯和酰胺等。酰卤是羧酸分子中羟基被卤原子取代后的生成物；酸酐是羟基被酰氧基(RCOO—)取代，也可以说是两个羧酸分子间脱水后的生成物，两个相同的羧酸分子脱水后生成单纯酸酐(烃基 R、R′相同)，两个不同的羧酸分子脱水后生成混酐(烃基 R、R′不同)；酯有无机酸酯和有机酸酯两类，前者如硫酸氢乙酯、三硝酸甘油酯等，它们均可看作是无机酸和醇之间脱水后的生成物，有机酸酯是羟基被烷氧基取代，也可以说是羧酸和醇的脱水产物；酰胺是羧酸分子中的羟基被氨基(—NH₂)或烃氨基(—NHR，—NR₂)取代后的生成物。它们的通式分别为：

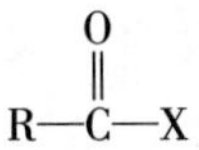

酰卤 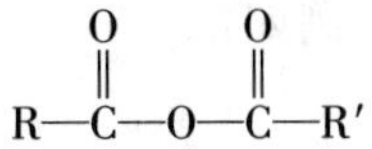　　　　酸酐 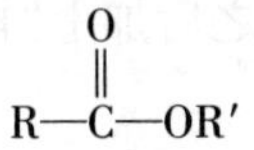　　　　　酯 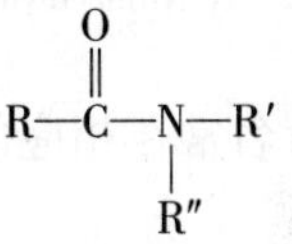　　　酰胺(R，R′可为氢或烃基)

14.1.2 羧酸衍生物的命名

羧酸衍生物中酰卤和酰胺是根据相应的酰基的名称来命名的，常见的酰基有：

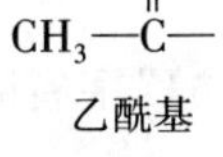

乙酰基　　　　　苯甲酰基　　　　　丙烯酰基
acetyl　　　　　benzoyl　　　　　acryloyl

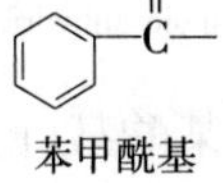

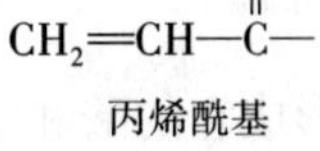

酰卤的命名是酰基的名称加上卤素的名称，并将酰基的"基"字省略。例如：

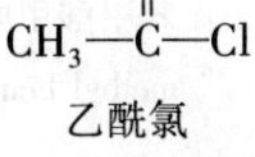

乙酰氯　　　　　苯甲酰氯　　　　　丙烯酰溴
acetyl chloride　benzoyl chloride　acryloyl bromide

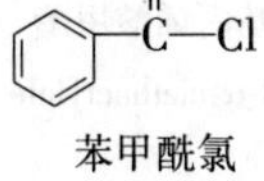

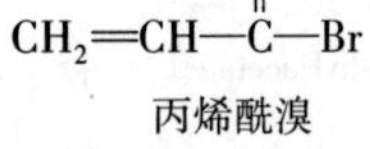

酰胺的命名法与酰卤相似，是酰基的名称加上"胺"字。例如：

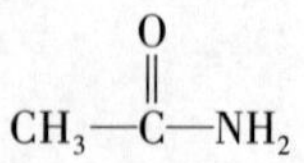

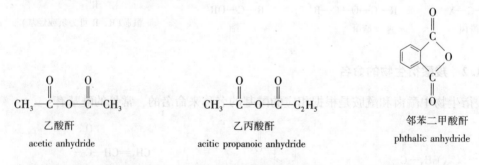

CH$_3$—C(=O)—NH$_2$
乙酰胺
acetamide

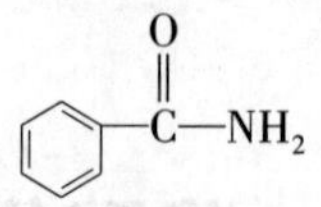

C$_6$H$_5$—C(=O)—NH$_2$
苯甲酰胺
benzoamide

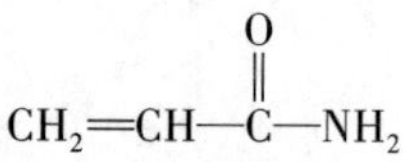

CH$_2$=CH—C(=O)—NH$_2$
丙烯酰胺
acryloamide

如果分子为含有（ —C(=O)—NH— ）基团的环状结构的酰胺，称为内酰胺。例如：

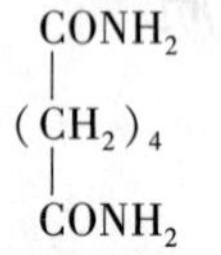

CONH$_2$
(CH$_2$)$_4$
CONH$_2$
己二酰胺
hexanediamide

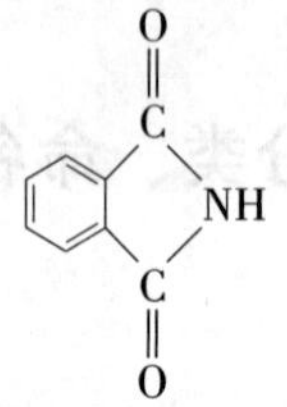

邻苯二甲酰亚胺
phthalic imidine

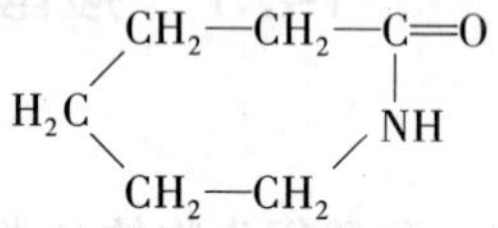

H$_2$C⟨CH$_2$—CH$_2$ / CH$_2$—CH$_2$⟩C=O—NH
己内酰胺
hexanelactam

若氮原子上有取代基，则在名称前面加"N—某基"，例如：

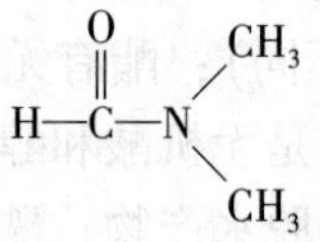

H—C(=O)—N(CH$_3$)$_2$
N,N-二甲基甲酰胺
N,N-dimethylformamide

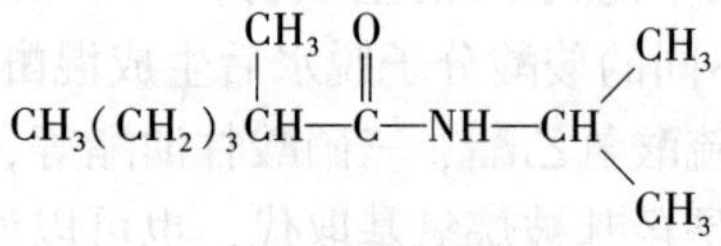

CH$_3$(CH$_2$)$_3$CH(CH$_3$)—C(=O)—NH—CH(CH$_3$)$_2$
N-异丙基-2-甲基己酰胺
N-isopropyl-2-methylhexanamide

酸酐的命名常在相应的羧酸名称之后加上"酐"字。例如：

CH$_3$—C(=O)—O—C(=O)—CH$_3$
乙酸酐
acetic anhydride

CH$_3$—C(=O)—O—C(=O)—C$_2$H$_5$
乙丙酸酐
acitic propanoic anhydride

邻苯二甲酸酐
phthalic anhydride

酯是按照形成它的酸和醇来命名而称为某酸某(醇)酯，一般将"醇"字省略。

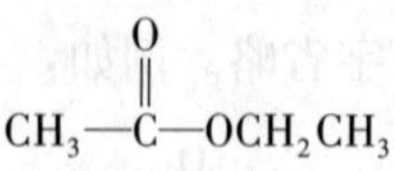

CH$_3$—C(=O)—OCH$_2$CH$_3$
乙酸乙酯
ethyl acetate

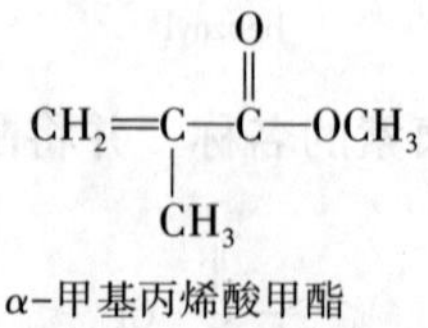

CH$_2$=C(CH$_3$)—C(=O)—OCH$_3$
α-甲基丙烯酸甲酯
methyl-α-methacrylate

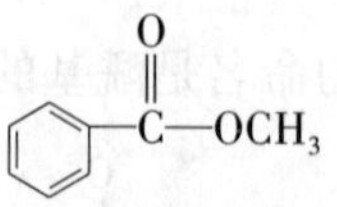

C$_6$H$_5$—C(=O)—OCH$_3$
苯甲酸甲酯
methyl benzoate

多元醇的酯的命名，通常将多元醇的名称放在前面，酸的名称放在后面，称为某醇某酸酯。例如：

$$CH_2-O-\overset{\overset{\displaystyle O}{\|}}{C}-H$$
$$CH_2-O-\overset{\overset{\displaystyle O}{\|}}{C}-H$$

乙二醇二甲酸酯

ethane-1,2-diyl diformate

$$CH_2-O-\overset{\overset{\displaystyle O}{\|}}{C}-CH_3$$
$$CH-O-\overset{\overset{\displaystyle O}{\|}}{C}-CH_3$$
$$CH_2-O-\overset{\overset{\displaystyle O}{\|}}{C}-CH_3$$

丙三醇三乙酸酯(甘油三乙酸酯)

propane-1,2,3-triyl triacetate

14.1.3 羧酸衍生物的物理性质

低级酰氯和酸酐都是具有刺激性气味的液体，高级酸酐为固体，没有气味。而低级酯却具有芳香气味，广泛存在于植物的花、果中。例如乙酸异戊酯有香蕉的香味，戊酸异戊酯有苹果香味。十四碳以下的甲酯和乙酯都为液体。油脂是高级脂肪酸的甘油酯，是生命不可缺少的物质。除甲酰胺外，酰胺大部分为白色固体。

酰卤和酯的沸点较相应的羧酸低，这是由于酰卤和酯分子中没有羟基，不能形成氢键的缘故。酸酐的沸点比相对分子质量相近的羧酸低，但常较相应的羧酸高。酰胺分子之间由于存在氢键，达到高度的缔合作用，使酰胺的沸点比相应的羧酸为高，氨基上的氢原子被烃基取代后，由于缔合程度减小，因而使沸点降低，两个氢原子都被取代时，沸点降低更多。

酯在水中的溶解度较小，但能溶于一般的有机溶剂。低级酰胺能溶于水，随着相对分子质量的增大而溶解度逐渐减小。液体酰胺是有机物及无机物的优良非质子性溶剂，最常用的是 N，N-二甲基甲酰胺(DMF)，它能与水以任意比混溶，不但可以溶解有机物，也可以溶解无机物，是一种性能极为优良的溶剂。表 14-1 列出了一些羧酸衍生物的物理常数。

表 14-1 一些羧酸衍生物的物理常数

化合物	熔点/℃	沸点/℃	化合物	熔点/℃	沸点/℃
乙酰氯	-112	51	乙酸乙酯	-83	77
丙酰氯	-94	80	乙酸丁酯	-77	126
丁酰氯	-89	102	乙酸异戊酯	-78	142
苯甲酰氯	-1	197	苯甲酸乙酯	-32.7	213
乙酸酐	-73	140	丙二酸二乙酯	-50	199
丙酸酐	-45	169	乙酰乙酸乙酯	-45	180.4
丁二酸酐	119.6	261	甲酰胺	3	200(分解)
顺丁烯二酸酐	60	202	乙酰胺	82	221
苯甲酸酐	42	360	丙酰胺	79	213

化合物	熔点/℃	沸点/℃	化合物	熔点/℃	沸点/℃
邻苯二甲酸酐	131	284	丁酰胺	116	216
甲酸甲酯	-100	30	苯甲酰胺	130	290
甲酸乙酯	-80	54	N,N-二甲基甲酰胺	-61	153
乙酸甲酯	-98	57.5	邻苯二甲酰亚胺	238	升华

14.1.4 羧酸衍生物的波谱性质

醛、酮、羧酸、酰卤、酸酐、酯和酰胺都含有羰基，因此在红外光谱中都显示出强的羰基特征吸收峰。醛、酮的羰基吸收峰在 $1705\sim1740cm^{-1}$ 之间，羧酸衍生物由于连接基团的影响使羰基伸缩振动扩大到 $1550\sim1928cm^{-1}$ 范围内。从诱导效应来说吸电子基团降低了双键的极性，增加羰基的极性，使吸收峰波数增高；而共轭效应，由于供电子作用而使羰基的双键极性降低，使吸收峰向低波数移动。

$$\begin{array}{c} \overset{\ddot{O}}{\underset{X}{R-C}} \qquad \overset{O}{\underset{NH_2}{R-C}} \\ \text{-I效应使波数升高} \qquad \text{+C效应使波数降低} \end{array}$$

酸酐、酰卤的羰基伸缩振动频率比酮高得多，酯中羰基的伸缩振动频率略高于酮，这是因为氧和卤素的诱导效应强于共轭效应的缘故。而酰胺的羰基伸缩振动频率低于酮，是由于氮原子的电负性较小，吸电子能力较弱，但有较强的 p-π 共轭的原因。

酸酐的 C=O 伸缩振动在 $1800\sim1750cm^{-1}$ 和 $1860\sim1800cm^{-1}$，是两个强吸收峰，这两个峰相隔 $60cm^{-1}$ 左右；酰卤的伸 C=O 缩振动在 $1800cm^{-1}$ 区域；酯的 C=O 伸缩振动稍高于酮，在 $1735\sim1750cm^{-1}$，酯在 $1500\sim1300cm^{-1}$ 区域内有两个强的 C—O 伸缩振动吸收峰，可区别于酮，酯没有 O—H 谱带，可区别于羧酸。

酰胺的红外光谱中，C=O 伸缩振动低于酮的羰基吸收峰，在 $1650\sim1690cm^{-1}$ 处；此外，还有 N—H 伸缩振动有两个吸收峰，约在 $3500cm^{-1}$ 和 $3400cm^{-1}$ 处。同时，由于 N—H 的弯曲振动，在 $1600cm^{-1}$ 和 $1640cm^{-1}$ 有两个特征吸收峰。

羧酸衍生物的核磁共振谱中，羰基 α-碳原子上的质子具有类似的化学位移，δ_H 在 $2\sim3$ 之间。酯中烷基上的质子的化学位移比羰基 α-碳原子上的质子化学位移大，δ_H 在 $3.7\sim4.1$ 之间。酰胺中氮原子上的质子的化学位移，δ_H 在 $5\sim8$ 之间，吸收峰较典型宽和矮。

14.2 羧酸衍生物的化学性质

羧酸衍生物都含有羰基，羰基给亲核试剂进攻提供了一个目标，羧酸衍生物所发生的典型反应是亲核取代反应。酰卤和酸酐的化学性质十分活泼，比卤代烷活泼得多，这是由于酰基上的碳原子既是羰基碳原子，同时又连有电负性大的卤素或氧原子，使酰基上的碳原子正电性加强，有利于水、氨、醇等亲核试剂的进攻。

相比较而言，酰胺氨基共轭效应大于诱导效应，反应活性较低，尤其是取代酰胺反应活性更低。羧酸衍生物的反应活性：酰卤>酸酐>酯>酰胺>取代酰胺。

14.2.1 水解

酰卤、酸酐、酯和酰胺都能和水发生水解反应，生成相应的羧酸。

$$
\underset{\overset{\|}{\underset{}{R-C-X}}}{\overset{O}{}} + H_2O \longrightarrow \underset{\overset{\|}{\underset{}{R-C-OH}}}{\overset{O}{}} + HX
$$

$$
\underset{\overset{\|}{\underset{}{R-C-O-C-R'}}}{\overset{O\ \ \ \ \ O}{}} + H_2O \longrightarrow \underset{\overset{\|}{\underset{}{R-C-OH}}}{\overset{O}{}} + \underset{\overset{\|}{\underset{}{HO-C-R'}}}{\overset{O}{}}
$$

$$
\underset{\overset{\|}{\underset{}{R-C-OR'}}}{\overset{O}{}} + H_2O \underset{\text{酯化}}{\overset{\text{水解}}{\rightleftharpoons}} \underset{\overset{\|}{\underset{}{R-C-OH}}}{\overset{O}{}} + R'-OH
$$

$$
\underset{\overset{\|}{\underset{}{R-C-NH_2}}}{\overset{O}{}} + H_2O \longrightarrow \underset{\overset{\|}{\underset{}{R-C-OH}}}{\overset{O}{}} + NH_3
$$

羧酸衍生物的水解反应分两步进行，首先是亲核试剂(H_2O)在羰基碳上发生亲核加成，形成一个四面体(中间体)，然后再消除一个负离子，总的结果是亲核取代。以酰氯为例，反应机理如下：

酰卤的水解速率最快，乙酰氯与水剧烈反应，并放出大量的热；乙酸酐则与热水较易作用；酯的水解反应是酯化反应的逆反应，在没有催化剂(H^+或OH^-)存在时进行得很慢，酸或碱可以加速水解反应的进行；酰胺则在酸或碱催化下加热到沸腾才能水解。

酯的水解机理研究得较多，现简要介绍如下。

1. 碱催化水解

酯在碱存在下，水解反应变为不可逆。这是由于水解产物与碱作用生成羧酸盐，使反应进行到底，酯的碱性水解反应称为皂化反应。

$$
\underset{\overset{\|}{\underset{}{R-C-OR'}}}{\overset{O}{}} + H_2O \underset{\text{酯化}}{\overset{\text{水解}}{\rightleftharpoons}} \underset{\overset{\|}{\underset{\underset{NaOH}{\big|}}{R-C-OH}}}{\overset{O}{}} + R'-OH
$$
$$
\xrightarrow{} RCOONa
$$

酯的碱性水解是由亲核试剂(OH^-)进攻酯基上带有部分正电荷的碳原子。水解速率依赖于酯的浓度和OH^-的浓度。

$$v = k[\text{RCOOR}'][\text{OH}^-]$$

用含有同位素^{18}O的酯水解证明反应是按酰氧键断裂的方式进行的。

$$
\underset{\overset{\|}{\underset{}{CH_3-C-^{18}OC_2H_5}}}{\overset{O}{}} + OH^- \longrightarrow \underset{\overset{\|}{\underset{}{CH_3-C-O^-}}}{\overset{O}{}} + C_2H_5-^{18}OH
$$

197

酯的碱性水解机理可表示为：

$$HO^- + \underset{R}{\overset{O}{\underset{|}{\overset{\|}{C}}}}-OR' \underset{快}{\overset{慢}{\rightleftharpoons}} HO-\underset{R}{\overset{O^-}{\underset{|}{\overset{|}{C}}}}-OR' \underset{慢}{\overset{快}{\rightleftharpoons}} R\overset{O}{\overset{\|}{C}}OH + R'O^- \longrightarrow RCOO^- + R'OH$$

亲核性强的 OH^- 首先进攻羰基碳原子，形成四面体负离子中间体，然后消除 $R'O$—为羧酸。酯的水解反应，表面上是一个羰基碳上的亲核取代反应，实际上是一个加成消除过程，决定反应速率的步骤是第一步亲核加成反应。因此，酯的碱性条件下水解与羰基亲核加成类似，羰基碳上正电荷越多，水解反应越容易；酯的体积越大，水解反应越慢、越困难。

酯的碱性水解历程简写为 $B_{AC}2$（碱催化，酰氧键断裂，双分子历程）。反应最后一步是不可逆的，因为生成的羧酸根（$RCOO^-$）有较强的 p-π 共轭效应，其碱性比烷氧基负离子要弱得多，不可能夺取醇中的质子，从而使反应变为不可逆，得到的产物是羧酸盐。酯的碱性水解可以进行到底，因此，酯的水解常用碱催化。

2. 酸催化水解

在酸性条件下，酯的水解反应为：

$$RCOOR' + H_2O \underset{}{\overset{HCl}{\rightleftharpoons}} R-\overset{O}{\overset{\|}{C}}-OH + R'OH$$

酯的酸性水解绝大多数是双分子反应，并且是酰氧键断裂，简写为 $A_{AC}2$（酸催化，酰氧键断裂，双分子历程）。水解历程如下：

$$R-\underset{OR'}{\overset{O}{\overset{\|}{C}}} + H^+ \underset{快}{\overset{快}{\rightleftharpoons}} R-\underset{OR'}{\overset{\overset{+}{OH}}{\overset{\|}{C}}} \underset{快}{\overset{慢+H_2O}{\rightleftharpoons}} R-\underset{OR'}{\overset{OH}{\underset{|}{\overset{|}{C}}}}-\overset{+}{O}H_2 \underset{快}{\overset{快}{\rightleftharpoons}} R-\underset{\underset{+}{HOR'}}{\overset{OH}{\underset{|}{\overset{|}{C}}}}-OH$$

$$\underset{慢}{\overset{快-R'OH}{\rightleftharpoons}} R-\underset{OH}{\overset{\overset{+}{OH}}{\overset{\|}{C}}} \underset{快}{\overset{快}{\rightleftharpoons}} R-\underset{OH}{\overset{O}{\overset{\|}{C}}} + H^+$$

在酸催化下，酯中羰基氧原子质子化，质子化后的羰基碳原子的亲电性增强，使羰基碳原子更容易受到水分子的进攻，形成四面体正离子中间体，再通过质子转移，最后消除醇和质子便得到羧酸。

一些特殊结构的酯水解时也可以是烷氧键断裂。叔丁酯在酸性水解时，由于 $(CH_3)_3C^+$ 比较容易生成，所以是按烷氧键断裂单分子历程进行的，简写为 $A_{Al}1$（酸催化，烷氧键断裂，单分子历程）。

$$R-\underset{}{\overset{O}{\overset{\|}{C}}}-OC(CH_3)_3 + H^+ \underset{快}{\overset{快}{\rightleftharpoons}} R-\underset{\underset{H}{|}}{\overset{O}{\overset{\|}{C}}}-\overset{+}{O}C(CH_3)_3 \underset{快}{\overset{慢}{\rightleftharpoons}} R-\overset{O}{\overset{\|}{C}}-OH + (CH_3)_3C^+$$

$$(CH_3)_3C^+ + H_2O \underset{快}{\overset{快}{\rightleftharpoons}} (CH_3)_3C-\underset{\underset{H}{|}}{\overset{+}{O}}-H \underset{快}{\overset{快}{\rightleftharpoons}} (CH_3)_3C-OH + H^+$$

14.2.2 醇解

酰卤、酸酐和酯都能进行醇解，生成酯。

$$\underset{O}{\overset{\parallel}{R-C}}-X + R'OH \longrightarrow \underset{O}{\overset{\parallel}{R-C}}-OR' + HX$$

$$\underset{O}{\overset{\parallel}{R-C}}-\underset{O}{\overset{\parallel}{O-C}}-R + R'OH \longrightarrow \underset{O}{\overset{\parallel}{R-C}}-OR' + \underset{O}{\overset{\parallel}{R-C}}-OH$$

$$\underset{O}{\overset{\parallel}{R-C}}-OR + R'OH \longrightarrow \underset{O}{\overset{\parallel}{R-C}}-OR' + R-OH$$

酰卤和酸酐可直接与醇作用得到酯，制备一般用其他方法难以制备的酯。例如酚酯不能直接由羧酸和酚反应制备，就可以通过酰卤来制备。

$$C_6H_5{\overset{O}{\overset{\parallel}{C}}}-Cl + HO-C_6H_5 \longrightarrow C_6H_5{\overset{O}{\overset{\parallel}{C}}}-O-C_6H_5$$

酯的醇解需在酸或醇钠的催化下才能进行，生成新的酯和醇，这种反应称为酯交换反应。酯交换反应也是可逆的。

$$\underset{O}{\overset{\parallel}{R-C}}-OCH_3 + C_2H_5OH \underset{}{\overset{H^+}{\rightleftharpoons}} \underset{O}{\overset{\parallel}{R-C}}-OC_2H_5 + CH_3OH$$

使用过量的乙醇可使反应向右进行，相反若用乙酯和过量的甲醇作用，则可使反应向左进行。在有机合成中，当一个结构复杂的醇与某种羧酸很难直接酯化的情况下，往往先把羧酸制成甲酯或乙酯，再与复杂的醇进行酯交换反应，然后将低级醇蒸馏出来，生成所需要的酯。例如，普鲁卡因合成就利用酯交换方法：

$$H_2N-C_6H_4-COOH + C_2H_5OH \overset{H^+}{\rightleftharpoons} H_2N-C_6H_4-COOC_2H_5 + H_2O$$

$$H_2N-C_6H_4-{\overset{O}{\overset{\parallel}{C}}}OC_2H_5 + HOCH_2CH_2N(C_2H_5)_2 \rightleftharpoons H_2N-C_6H_4-{\overset{O}{\overset{\parallel}{C}}}OCH_2CH_2N(C_2H_5)_2$$

β-二乙胺基乙醇   普鲁卡因

酰胺的醇解比较困难，在有过量的醇并且有酸或碱的催化下才能生成酯。例如，醇解在强酸的作用下，由于生成的铵盐是稳定的，使醇解进行得较为完全。

$$C_6H_5{\overset{O}{\overset{\parallel}{C}}}-NH_2 + C_2H_5OH \xrightarrow[75℃，28h]{HCl} C_6H_5{\overset{O}{\overset{\parallel}{C}}}-OC_2H_5 + NH_4Cl$$

52%

14.2.3 氨解

酰卤、酸酐、酯及酰胺与氨作用，都生成酰胺。

$$\underset{O}{\overset{\parallel}{R-C}}-X + NH_3 \longrightarrow \underset{O}{\overset{\parallel}{R-C}}-NH_2 + HX$$

$$\underset{O}{\overset{\parallel}{R-C}}-\underset{O}{\overset{\parallel}{O-C}}-R + NH_3 \longrightarrow \underset{O}{\overset{\parallel}{R-C}}-NH_2 + \underset{O}{\overset{\parallel}{R-C}}-OH$$

$$\underset{O}{\overset{\parallel}{R-C}}-OR' + NH_3 \longrightarrow \underset{O}{\overset{\parallel}{R-C}}-NH_2 + R'OH$$

$$R-\overset{\overset{\displaystyle O}{\|}}{C}-NH_2 + CH_3NH_2 \cdot HCl \longrightarrow R-\overset{\overset{\displaystyle O}{\|}}{C}-NHCH_3 + NH_4Cl$$

酯的氨解不需加入酸碱等催化剂，因为氨本身就是碱，其亲核性比水强，反应在室温条件下即可进行，这是与水解、醇解不同之处，也是制备酰胺的方法。

14.2.4 还原反应

羧酸衍生物均可以用 $LiAlH_4$ 进行还原，除酰胺还原成相应的胺外，酰氯、酸酐和酯均被还原成相应的伯醇。

$$R-\overset{\overset{\displaystyle O}{\|}}{C}-Cl \xrightarrow[Et_2O]{(1)LiAlH_4} \xrightarrow{(2)H_2O} RCH_2OH$$

$$R-\overset{\overset{\displaystyle O}{\|}}{C}-\overset{\overset{\displaystyle O}{\|}}{C}-R \xrightarrow[Et_2O]{(1)LiAlH_4} \xrightarrow{(2)H_2O} 2RCH_2OH$$

$$R-\overset{\overset{\displaystyle O}{\|}}{C}-OR \xrightarrow[Et_2O]{(1)LiAlH_4} \xrightarrow{(2)H_2O} RCH_2OH + ROH$$

$$R-\overset{\overset{\displaystyle O}{\|}}{C}-N\overset{R'}{\underset{R''}{\big\langle}} \xrightarrow[Et_2O]{(1)LiAlH_4} \xrightarrow{(2)H_2O} R-CH_2-N\overset{R'}{\underset{R''}{\big\langle}}$$

此外，酯与金属钠在醇溶液中加热，也能被还原成相应的伯醇。

14.2.5 酯缩合反应

酯分子中 α-碳上的氢与醛、酮类似，被酯基活化，在某些碱性试剂存在下，与另一分子酯失去一分子醇得到 β-酮酸酯，这个反应称为克莱森(Claisen)酯缩合反应。例如：

$$CH_3\overset{\overset{\displaystyle O}{\|}}{C}OC_2H_5 + CH_3\overset{\overset{\displaystyle O}{\|}}{C}OC_2H_5 \xrightarrow{C_2H_5ONa} CH_3\overset{\overset{\displaystyle O}{\|}}{C}CH_2\overset{\overset{\displaystyle O}{\|}}{C}OC_2H_5 + C_2H_5OH$$

乙酸乙酯在醇钠作用下，发生酯缩合反应，生成乙酰乙酸乙酯。

这个反应的机理类似于羟醛缩合，首先乙酸乙酯被亲核试剂($C_2H_5O^-$)进攻失去 α-H，形成碳负离子，然后强亲核性的碳负离子进攻乙酸乙酯带有部分正电荷的羰基碳原子，发生亲核加成反应，生成一个四面体负离子中间产物。最后，形成的中间产物失去 $C_2H_5O^-$，生成乙酰乙酸乙酯。

$$C_2H_5O^- + H-CH_2\overset{\overset{\displaystyle O}{\|}}{C}-OC_2H_5 \longrightarrow C_2H_5OH + {}^-CH_2\overset{\overset{\displaystyle O}{\|}}{C}-OC_2H_5$$

$$CH_3\overset{\overset{\displaystyle O}{\|}}{C}-OC_2H_5 + {}^-CH_2\overset{\overset{\displaystyle O}{\|}}{C}-OC_2H_5 \rightleftharpoons CH_3\overset{\overset{\displaystyle O^-}{|}}{\underset{CH_2COOC_2H_5}{C}}-OC_2H_5$$

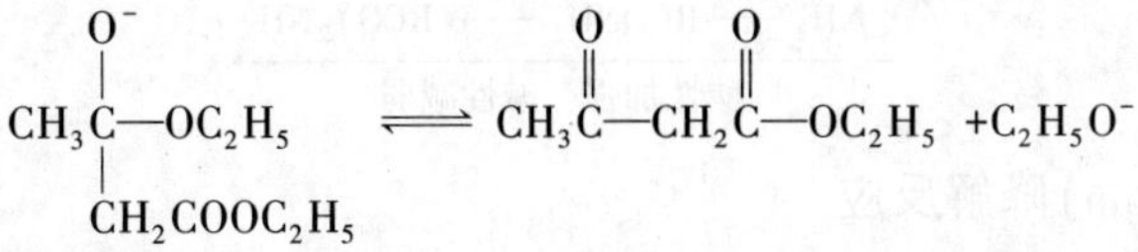

$$CH_3\overset{\overset{O^-}{|}}{\underset{\underset{CH_2COOC_2H_5}{|}}{C}}-OC_2H_5 \rightleftharpoons CH_3\overset{\overset{O}{||}}{C}-CH_2\overset{\overset{O}{||}}{C}-OC_2H_5 +C_2H_5O^-$$

实际上,酯缩合反应相当于一个酯的 α-H 被另一个酯的酰基所取代。凡是含有 α-H 的酯都有类似反应。

与羟醛缩合一样,当用两种不同的含有 α-H 的酯进行缩合反应时,可以得到四种产物,在有机合成上意义不大。但如果两个酯只有一个酯含有 α-H,控制条件缩合就能得到一个单纯产物。常用的不含 α-H 的酯有苯甲酸酯、甲酸酯和草酸酯。它们可以向其他具有 α-H 的酯的 α-位引入苯甲酰基、酯基和醛基。例如:

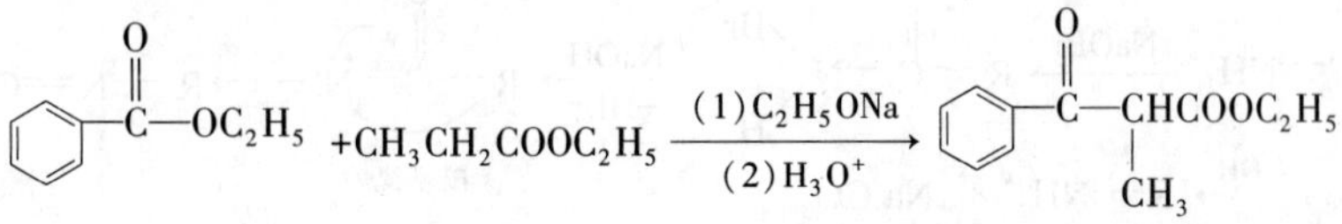

α-苯甲酰丙酸乙酯

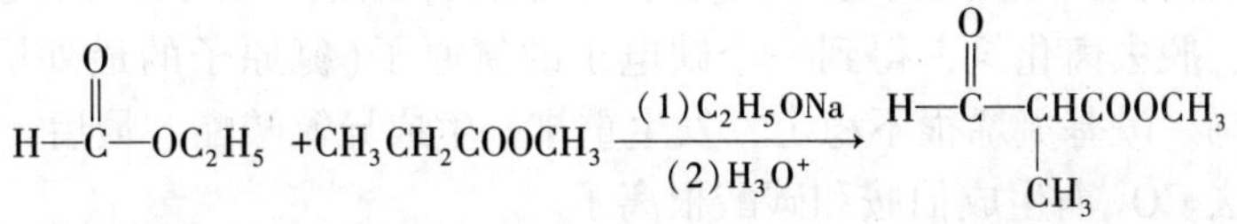

α-甲酰丙酸甲酯

酯缩合也可以在分子内进行,形成环酯,这种环化酯缩合反应又称为迪克曼(Dieckman)酯缩合反应。它是合成五元、六元碳环的一个方法。

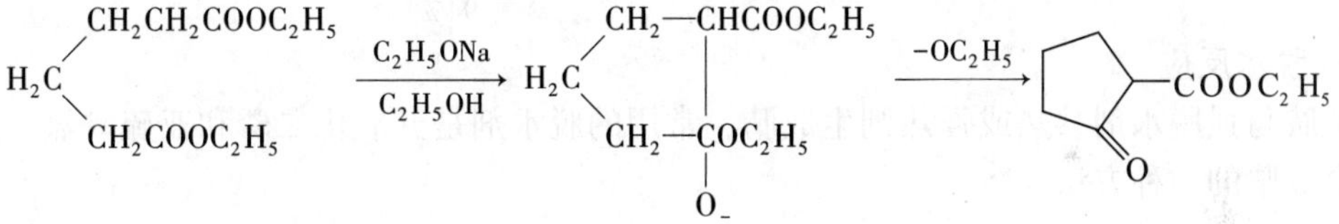

14.2.6 酰胺的特性反应

1. 酰胺的酸碱性

当氨分子中的氢原子被酰基取代后,由于氮原子上的孤对电子与碳氧双键形成 p-π 共轭,而使氮原子上的电子云密度降低,因而减弱了它接受质子的能力,故碱性大大降低。酰胺由于碱性很弱,只能与强酸作用生成盐。如果氨分子中的第二个氢原子也被酰基取代,则生成亚胺基化合物,由于受到两个酰基的影响,使得氮原子上剩余的一个氢原子容易被碱以质子的形式夺取,因此亚胺基化合物具有弱酸性,能与强碱的水溶液反应生成盐。例如,邻苯二甲酰亚胺:

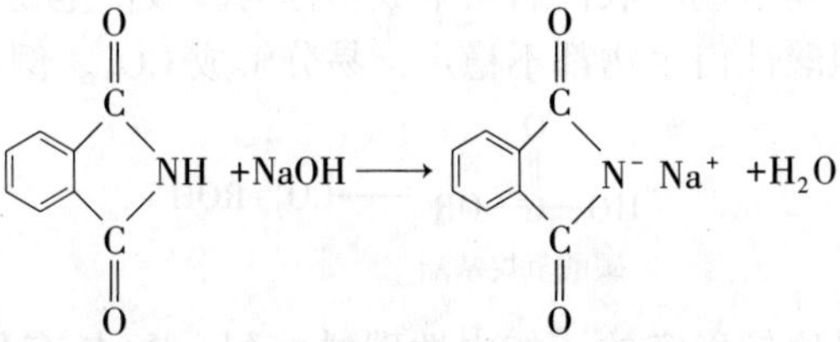

因此,当氨分子中的氢被酰基取代后,其酸碱性变化如下:

$$\underset{\text{酸性加强，碱性减弱}}{NH_3 \longrightarrow RCONH_2 \longrightarrow (RCO)_2NH}$$

2. 霍夫曼(Hofmann)降解反应

酰胺与次氯酸钠或次溴酸钠碱溶液作用时，脱去羰基生成伯胺，这是霍夫曼发现制胺的一个方法。由于在反应中碳链少了一个碳原子，所以称为霍夫曼降解反应。

$$\overset{O}{\underset{\|}{R-C-NH_2}} +NaOX+2NaOH \longrightarrow R-NH_2+Na_2CO_3+NaX+H_2O$$

以酰胺与次溴酸钠反应为例，说明此反应的反应机理。

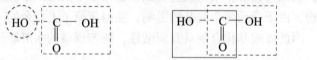

$$\xrightarrow{NaOH} R-NH_2 + Na_2CO_3$$

首先是酰胺的卤代，即氮原子上的氢原子被卤原子取代，生成 *N*-卤代酰胺中间体。然后在碱的作用下，脱去卤化氢，得到一个缺电子的氮原子(氮原子的最外层只有六个电子)的中间体酰基氮烯。酰基氮烯很不稳定，发生重排，生成异氰酸酯。最后，异氰酸酯在碱性条件下水解，脱去 CO_2 而生成伯胺和碳酸根离子。

这个反应过程虽然很复杂，但反应产率较好，产物较纯。例如：

$$\overset{O}{\underset{\|}{(CH_3)_3CCH_2C-NH_2}} \xrightarrow{NaOBr} (CH_3)_3CCH_2-NH_2$$
$$94\%$$

3. 脱水反应

酰胺与强脱水剂共热或强热则生成腈，常用的脱水剂是五氧化二磷和亚硫酰氯，这是实验室合成腈的一种方法。

$$\overset{O}{\underset{\|}{R-C-NH_2}} \xrightarrow[\triangle]{P_2O_5} RC\equiv N$$

14.3　碳酸衍生物

在结构上可以把碳酸看成羟基甲酸，或把它看成是共有一个羰基的二元酸。

$$HO + \overset{C-OH}{\underset{O}{\|}} \qquad HO + \overset{C-OH}{\underset{O}{\|}}$$

碳酸分子中的羟基被其他基团取代后的生成物称为碳酸衍生物。碳酸是二元酸，应有酸性及中性两种衍生物，但酸性衍生物都不稳定，易分解成 CO_2。例如：

$$\overset{O}{\underset{\|}{HO-C-OR}} \longrightarrow CO_2+ROH$$
碳酸氢烷基酯

中性的碳酸衍生物是比较稳定的，如中性碳酰胺(尿素)是有价值的肥料；氨基甲酸酯是很重要的一类高效低毒杀虫剂。这里介绍几个有代表性的碳酸衍生物。

14.3.1 碳酰氯(光气)

碳酰氯，又名光气，是因为碳酰氯最初是由一氧化碳和氯气在日光作用下得到。目前工业上是在活性炭催化下，加热至200℃制得：

$$CO + Cl_2 \xrightarrow[200℃]{活性炭} Cl-\overset{\overset{\displaystyle O}{\|}}{C}-Cl$$

碳酰氯在常温下为气体，沸点8.3℃，熔点-118℃，易溶于苯及甲苯。碳酰氯的毒性很强，具有酰氯的典型性质，容易发生水解、氨解和醇解。例如，它遇到潮湿空气，即渐渐水解生成二氧化碳和氯化氢，与氨作用生成尿素。

$$Cl-\overset{\overset{\displaystyle O}{\|}}{C}-Cl + H_2O \longrightarrow CO_2 + 2HCl$$

$$Cl-\overset{\overset{\displaystyle O}{\|}}{C}-Cl + 2NH_3 \longrightarrow H_2N-\overset{\overset{\displaystyle O}{\|}}{C}-NH_2 + 2HCl$$

碳酰氯与等物质的量的醇在低温时作用，生成氯甲酸酯，用过量的醇则得到碳酸酯。

$$Cl-\overset{\overset{\displaystyle O}{\|}}{C}-Cl + C_2H_5OH \longrightarrow Cl-\overset{\overset{\displaystyle O}{\|}}{C}-OC_2H_5 + HCl$$
氯甲酸乙酯

$$Cl-\overset{\overset{\displaystyle O}{\|}}{C}-OC_2H_5 + C_2H_5OH \longrightarrow C_2H_5O-\overset{\overset{\displaystyle O}{\|}}{C}-OC_2H_5$$
碳酸二乙酯

14.3.2 碳酸的酰胺

碳酸能生成两种酰胺：

$$H_2N-\overset{\overset{\displaystyle O}{\|}}{C}-OH \qquad\qquad H_2N-\overset{\overset{\displaystyle O}{\|}}{C}-NH_2$$
氨基甲酸   脲(尿素)

1. 脲(尿素)

尿素是碳酸的二元酰胺，它是碳酸最重要的衍生物。尿素最初在1773年从尿中取得，它是人类和许多动物生命活动中蛋白质新陈代谢的最终产物，成人每人每天排泄的尿液中约含30g尿素。

工业上用二氧化碳和过量的氨在加压(14~20MPa)、加热(180℃左右)下生产尿素。

$$CO_2 + NH_3 \rightleftharpoons O=\overset{\overset{\displaystyle OH}{|}}{C}-NH_2 \underset{}{\overset{NH_3}{\rightleftharpoons}} O=\overset{\overset{\displaystyle ONH_4}{|}}{C}-NH_2 \overset{-H_2O}{\rightleftharpoons} H_2N-\overset{\overset{\displaystyle O}{\|}}{C}-NH_2$$

尿素为菱状或针状结晶，熔点132.7℃，易溶于水及醇而不溶于乙醚。其化学性质主要有以下几点：

(1)弱碱性

尿素的碱性比普通酰胺强。它的水溶液不能使石蕊试液变色，只能和强酸反应生成盐。

向尿素的水溶液中加入浓硝酸，生成的硝酸脲不溶于浓硝酸，只微溶于水。

$$CO(NH_2)_2+HNO_3 \longrightarrow CO(NH_2)_2 \cdot HNO_3 \downarrow$$

(2)水解

在酸、碱的作用下，或在尿素酶的催化下，可被水解为氨和二氧化碳。

$$CO(NH_2)_2+H_2O \xrightarrow{\text{尿毒酶}} 2NH_3+CO_2$$

除人尿外，大豆中也含有大量的尿素酶。尿素在土壤中逐渐水解成铵离子，被植物吸收，成为合成植物体内蛋白质的原料。

(3)放氮反应

当尿素与次卤酸钠溶液作用时，放出氮气，这与霍夫曼降解反应相似，测量所生成的氮气的体积即可定量地测定尿液中尿素的含量。

$$CO(NH_2)_2+3NaOBr \longrightarrow CO_2\uparrow+N_2\uparrow+2H_2O+3NaBr$$

(4)缩二脲反应

将固体尿素小心加热至150~160℃，则两分子间脱去一分子氨，生成缩二脲。

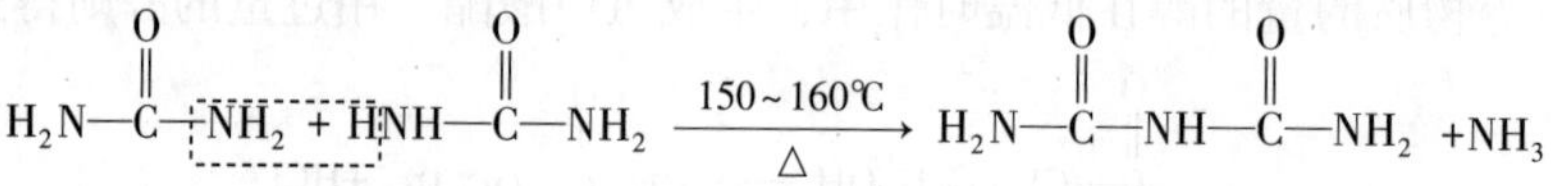

缩二脲在碱性溶液中与硫酸铜溶液作用生成紫红色，这个颜色反应称为缩二脲反应。凡是化合物含有一个以上酰胺键(即肽键：—CO—NH—)的化合物都可以发生这个颜色反应。如多肽和蛋白质分子中均存在多个肽键，所以可以用缩二脲反应来鉴别它们。

(5)酰基化

尿素和酰氯、酸酐或酯作用，生成相应的酰脲。例如，尿素与乙酰氯反应可生成乙酰脲或二乙酰脲。

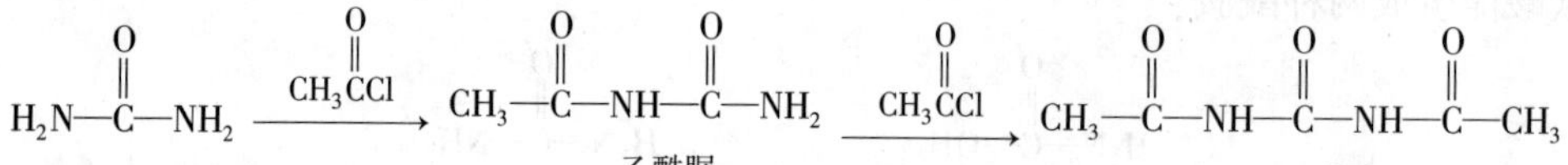

乙酰脲　　二乙酰脲

2. 氨基甲酸酯

当碳酸分子中两个羟基分别被氨基和烷氧基取代后，即得到氨基甲酸酯。

氨基甲酸酯　　*N*-取代氨基甲酸酯

氨基甲酸酯不能从碳酸直接取代得到，而是以光气为原料，先通过部分醇解再氨解，或者先部分氨解再醇解来制得。

方法1：

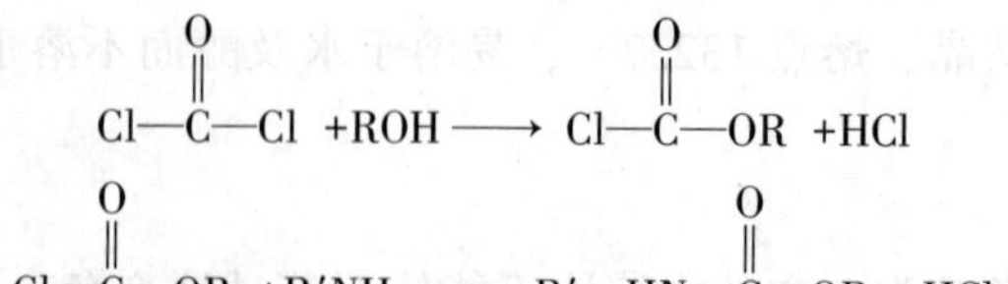

方法 2：

$$Cl—\overset{\overset{\displaystyle O}{\|}}{C}—Cl + R'NH_2 \longrightarrow R'N{=}C{=}O + 2HCl$$

$$R'N{=}C{=}O + ROH \longrightarrow R'—HN—\overset{\overset{\displaystyle O}{\|}}{C}—OR$$

氨基甲酸酯是一类具有镇静和轻度催眠作用的药物。例如，常用的催眠药——眠尔通的结构如下：

$$CH_3—\overset{\overset{\displaystyle CH_2—O—\overset{\overset{\displaystyle O}{\|}}{C}—NH_2}{|}}{\underset{\underset{\displaystyle CH_2—O—\overset{}{C}—NH_2}{|}}{C}}$$

2,2-二甲基-1,3-丙二醇-双-氨基甲酸酯

14.4　乙酰乙酸乙酯和丙二酸二乙酯

乙酰乙酸乙酯（ $CH_3COCH_2CO_2C_2H_5$ ）和丙二酸二乙酯（ $H_5C_2OOCCH_2COOC_2H_5$ ），分子中的亚甲基由于受两边吸电子基团的影响，有很高的反应活性，可以通过烃基化和酰基化转变为多种类型的有机化合物，因而在有机合成中有重要的用途。

14.4.1　乙酰乙酸乙酯

乙酰乙酸乙酯，是 β-酮酸酯的典型代表。它是一种具有清香气的无色透明液体，熔点 -45℃，沸点 180.4℃，稍溶于水，易溶于乙醇、乙醚、氯仿等有机溶剂。可由乙酸乙酯在醇钠作用下经过酯缩合作用制得。

1. 乙酰乙酸乙酯的酸性和互变异构现象

（1）活泼亚甲基上 α-氢的酸性

乙酰乙酸乙酯中的亚甲基，由于受两个羰基的影响，使得亚甲基上氢原子的酸性比一般的醛、酮、酯的酸性强。原因是失去亚甲基上氢形成的碳负离子，其负电荷可以分散到两个羰基氧上，且形成的碳碳双键与另一羰基形成共轭体系，使其稳定性比一般的醛、酮、酯形成的碳负离子更加稳定。失去亚甲基上氢的负离子可用共振式表示：

$$CH_3\overset{\overset{\displaystyle O}{\|}}{C}—\overset{-}{C}H—COC_2H_5 \leftrightarrow CH_3\overset{\overset{\displaystyle O^-}{|}}{C}{=}CH—COC_2H_5 \leftrightarrow CH_3\overset{\overset{\displaystyle O}{\|}}{C}—CH{=}\overset{\overset{\displaystyle O^-}{|}}{C}OC_2H_5$$

β-二酮类化合物中的亚甲基酸性均较强、较活泼，被称为活泼亚甲基。

（2）乙酰乙酸乙酯的互变异构

在乙酰乙酸乙酯中，若加入羰基试剂 2,4-二硝基苯肼溶液，可生成橙色的 2,4-二硝基苯腙沉淀，表明含有酮式结构。在乙酰乙酸乙酯中加入溴的四氯化碳溶液，可使溴的颜色消失，说明分子中有碳碳双键存在；它可以与金属钠反应放出氢气，生成钠的衍生物，这说明

分子中含有活泼氢；与乙酰氯作用生成酯，说明分子中有醇羟基；乙酰乙酸乙酯还能与三氯化铁水溶液作用呈紫红色，说明分子中具有烯醇式结构。根据上述实验事实，说明乙酰乙酸乙酯分子中不仅有酮式结构，也存在烯醇式结构，它是一个平衡混合物。

$$CH_3-\overset{\overset{\displaystyle O}{\|}}{C}-CH_2-\overset{\overset{\displaystyle O}{\|}}{C}-OC_2H_5 \underset{室温}{\rightleftharpoons} CH_3-\overset{\overset{\displaystyle OH}{|}}{C}=CH-\overset{\overset{\displaystyle O}{\|}}{C}-OC_2H_5$$

酮式(93%) 　　　　　　　　　　　　　　　烯醇式(7%)

乙酰乙酸乙酯的酮式和烯醇式异构体在室温时彼此互变很快，不能分离，但在低温时互变速率很慢，因此可以用低温冷冻的方法进行分离，得到纯的酮式和烯醇式化合物。

乙酰乙酸乙酯的酮式和烯醇式异构体的互变平衡，是由于在两个羰基的影响下，活泼亚甲基上的氢原子被一定程度质子化，质子在 α-碳原子和羰基氧原子之间进行可逆的重排所导致。活泼亚甲基上的氢原子主要转移到乙酰基的氧原子上，而不能转移到羧基中羰基的氧原子上。这是因为羰基氧原子的电负性更强，而羧基中羰基上氧原子由于 O—C—O 之间形成共轭而使电负性减弱。

乙酰乙酸乙酯的烯醇式含量较高，可能是由于通过分子内氢键形成一个较稳定的六元环，另一方面烯醇式中的碳氧双键与碳碳双键形成一个较大的共轭体系，发生电子的离域，从而降低了分子的能量，使得烯醇式的稳定性增大，达到动态平衡时烯醇式含量增加。

2. 乙酰乙酸乙酯的水解

乙酰乙酸乙酯的水解方式有两种：酮式水解和酸式水解。在冷的稀碱溶液中水解，酸化后加热脱羧得到丙酮，称为酮式水解；在浓碱溶液中，由于碱的浓度大，除了酯基水解外，酮羰基也发生水解，生成两分子羧酸盐，酸化后得到羧酸，所以称为酸式水解。用式子表示为：

$$CH_3COCH_2COOC_2H_5 \xrightarrow[(2)H_3O^+]{(1)稀\ NaOH} CH_3COCH_2CO_2H \xrightarrow[-CO_2]{\triangle} CH_3COCH_3$$

$$CH_3COCH_2COOC_2H_5 \xrightarrow{浓\ NaOH} 2CH_3CO_2Na \xrightarrow{H_3O^+} 2CH_3COOH$$

3. 乙酰乙酸乙酯在合成上的应用

乙酰乙酸乙酯有活泼氢可以和醇钠反应生成负离子，负离子可以和卤代烷、酰卤等反应，引入不同基团，然后再进行酮式分解或酸式分解，制备各种各样的化合物，是有机合成的重要试剂。其在有机合成上的应用举例如下。

（1）甲基酮的合成

用乙酰乙酸乙酯及其他必要的试剂合成 $CH_3\overset{\overset{\displaystyle O}{\|}}{C}-\overset{\overset{\displaystyle CH_3}{|}}{C}HCH_2CH_2CH_3$：

$$CH_3COCH_2COOC_2H_5 \xrightarrow[(2)CH_3CH_2CH_2Br]{(1)C_2H_5ONa} CH_3COCHCOOC_2H_5 \xrightarrow[(2)CH_3Br]{(1)C_2H_5ONa}$$
$$\underset{CH_2CH_3}{|}$$

$$\underset{\underset{CH_2CH_2CH_3}{|}}{\overset{\overset{CH_3}{|}}{CH_3COCCOOC_2H_5}} \xrightarrow[(2)H_3O^+]{(1)5\%NaOH} \xrightarrow[-CO_2]{\triangle} CH_3\overset{O}{\overset{||}{C}}-\underset{|}{\overset{CH_3}{CHCH_2CH_2CH_3}}$$

乙酰乙酸乙酯中活性亚甲基上的两个氢原子均可以被烷基取代，如果与二卤代烷作用，然后进行酮式水解可得二元酮或甲基环烷基酮。例如：

$$CH_3COCH_2COOC_2H_5 \xrightarrow[(2)Br(CH_2)_4Br]{(1)C_2H_5ONa} CH_3COCHCOOC_2H_5 \xrightarrow{C_2H_5ONa}$$
$$\underset{CH_2(CH_2)_3Br}{|}$$

环戊烷-COCH_3/COOC_2H_5 $\xrightarrow[(2)H_3O^+]{(1)5\%NaOH} \xrightarrow{\triangle}$ 环戊烷-COCH_3

如果乙酰乙酸乙酯与卤代酸酯或卤代酮作用，然后进行酮式水解可得到酮酸或二酮，这里就不再赘述。

(2) 羧酸的合成

用乙酰乙酸乙酯及其他必要的试剂合成 $CH_3CH_2CH_2\overset{CH_3}{\underset{|}{CH}}COOH$：

$$CH_3COCH_2COOC_2H_5 \xrightarrow[(2)CH_3CH_2CH_2Br]{(1)C_2H_5ONa} CH_3COCHCOOC_2H_5 \xrightarrow[(2)CH_3Br]{(1)C_2H_5ONa}$$
$$\underset{CH_2CH_2CH_3}{|}$$

$$\underset{\underset{CH_2CH_2CH_3}{|}}{\overset{\overset{CH_3}{|}}{CH_3COCCOOC_2H_5}} \xrightarrow[(2)H_3O^+]{(1)40\%NaOH} CH_3CH_2CH_2\overset{CH_3}{\underset{|}{CH}}COOH + CH_3COOH$$

合成羧酸时，一般常用丙二酸酯合成法，因为用乙酰乙酸乙酯合成，在进行酸式分解时总是伴随着酮式分解的发生，产率不高。

14.4.2 丙二酸二乙酯

丙二酸二乙酯为无色、具有香味的液体，沸点 199℃，微溶于水，溶于乙醇、乙醚、氯仿及苯等有机溶剂。

丙二酸二乙酯可由一氯代乙酸来合成，反应式如下：

$$ClCH_2COOH \xrightarrow[NaOH]{NaCN} NCCH_2COONa \xrightarrow[H_2SO_4]{C_2H_5OH} H_5C_2OOCCH_2COOC_2H_5$$

丙二酸二乙酯中亚甲基上的氢由于受两个酯基的影响显示酸性，非常活泼，与醇钠反应时生成碳负离子，也能进行烷基化反应，产物经水解和脱羧后生成羧酸，用这种方法可以合成 RCH_2COOH 和 $RR'CHCOOH$ 型的羧酸，在有机合成中与乙酰乙酸乙酯具有同等重要性。例如：

$$CH_2(COOC_2H_5)_2 \xrightarrow[(2)CH_3CH_2CH_2Cl]{(1)C_2H_5ONa} CH_3CH_2CH_2CH(COOC_2H_5)_2$$

$$\xrightarrow[\text{(2)}H_3O^+]{\text{(1)}NaOH,\ H_2O} CH_3CH_2CH_2CH(COOH)_2 \xrightarrow[-CO_2]{\triangle} CH_3CH_2CH_2CH_2COOH$$

$$CH_2(COOC_2H_5)_2 \xrightarrow[\text{(2)}CH_3CH_2CH_2Cl]{\text{(1)}C_2H_5ONa} CH_3CH_2CH_2CH(COOC_2H_5)_2 \xrightarrow[\text{(2)}CH_3I]{\text{(1)}C_2H_5ONa}$$

$$\underset{\underset{CH_3}{|}}{CH_3CH_2CH_2C}(COOC_2H_5)_2 \xrightarrow[\text{(2)}H_3O^+]{\text{(1)}NaOH,\ H_2O} \xrightarrow[-CO_2]{\triangle} \underset{\underset{CH_3}{|}}{CH_3CH_2CH_2CHCOOH}$$

同乙酰乙酸乙酯一样，也能发生酰基化，合成酮酸。

习 题

1. 写出下列化合物的名称。

   a. $CH_3CH_2CH_2COCl$ b. $(CH_3CH_2CH_2CO)_2O$ c. $CH_3CH_2COOC_2H_5$

   d. $HCOOCH(CH_3)_2$ e. $CH_3CON(CH_3)_2$ f. $C_6H_5COOCH_2C_6H_5$

   g. ⬡$-CONH_2$ h. ⬡$\begin{matrix}-COOCH_3\\-COOCH_3\end{matrix}$

2. 写出下列化合物的结构式。

  (1)苯甲酸异丙酯   (2)邻苯二甲酸酐   (3)对苯二甲酰氯   (4)丁二酰亚胺

  (5)氯甲酸苄酯   (6)碳酸二乙酯   (7)二乙酰脲   (8)N-甲基苯甲酰胺

3. 用简单化学方法鉴别下列各化合物。

  (1)乙酸、乙酰氯、乙酸乙酯和乙酰胺

  (2)$CH_3CH_2CH_2COCH_3$ 和 $CH_3COCH_2COCH_3$

4. 完成下列反应。

  (1)写出乙酰氯、乙酸酐分别与水、甲胺和乙醇作用的反应。

  (2)写出 $CH_3COO^{18}C_2H_5$ 酸水解和碱水解的反应。

5. 写出下列反应的主要产物。

  a. $CH_3CH_2CH_2COOC_2H_5 \xrightarrow[C_2H_5OH]{C_2H_5ONa} ?$

  b. $CH_3CH_2CH_2CONH_2 \xrightarrow[NaOH]{Br_2} ?$

  c. $\underset{\underset{CH_3}{|}}{CH_3COCHCOOC_2H_5} \xrightarrow[\text{2)}H^+,\ H_2O]{\text{1)}稀\ OH^-} ? \xrightarrow{\triangle} ?$

  d. $\underset{\underset{CH_2CO_2CH_3}{|}}{CH_3COCHCO_2CH_3} \xrightarrow[\triangle]{浓\ NaOH} ?$

  e. $\overset{O}{\underset{COOH}{\overset{||}{\bigcirc}}}\!\!\!{}^{CH_2CH_2CH_3} \xrightarrow{\triangle} ?$

  f. $\bigcirc\!\begin{matrix}COOCH_3\\COCH_3\end{matrix} \xrightarrow[稀\ H^+]{\triangle} ?$

  g. ⬡$-\underset{}{CONH_2} \xrightarrow[NaOH]{Br_2} ?$

208

h. $C_6H_5COOC(CH_3)_3 \xrightarrow[H^+]{H_2O^{18}}$

6. 比较下列各组酯类在碱性条件下水解的活性大小。

(1) a. $CH_3COOC_2H_5$ b. $CH_3CH_2COOC_2H_5$

    c. $(CH_3)_2CHCOOC_2H_5$ d. $(CH_3)_3CCOOC_2H_5$

(2) a. 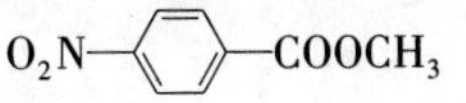 $O_2N-\!\!\!\bigcirc\!\!\!-COOCH_3$ b. 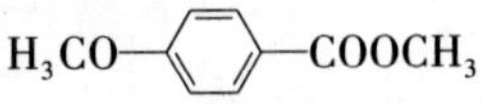 $H_3CO-\!\!\!\bigcirc\!\!\!-COOCH_3$

    c. 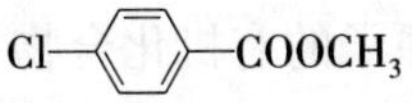 $Cl-\!\!\!\bigcirc\!\!\!-COOCH_3$ d. 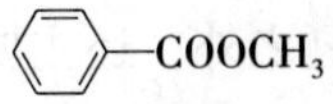 $\bigcirc\!\!\!-COOCH_3$

7. 完成下列转化。

a. $BrCH_2(CH_2)_2CH_2CO_2H \longrightarrow$ （环内酯）

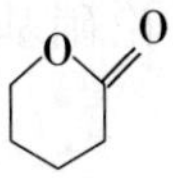

b. 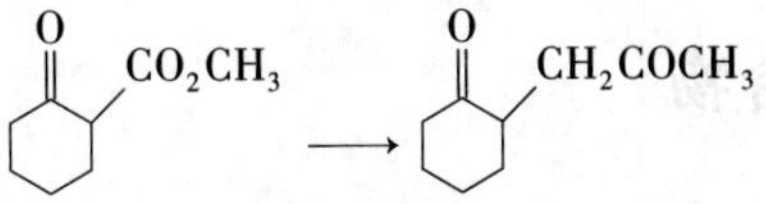 （环己酮-2-甲酸甲酯）$\longrightarrow$ （环己酮-2-丙酮基）

c. $CH_3COOH \longrightarrow CH_3CO-\square$

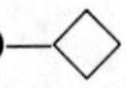

d. $CH_3COOC_2H_5 \longrightarrow$
$$CH_3CHCOOH$$
$$\quad\ |$$
$$CH_3CHCOOH$$

8. 由四个碳以下的有机原料合成下列化合物。

(1) $(CH_3)_2CCOOCH_2CH_2CH_3$
        $|$
      CH_2CH_3

(2) $CH_3CH_2CHCONHCH_2CH_3$
           $|$
         CH_3

9. 化合物 A 分子式为 $C_4H_{11}NO_2$，溶于水，不溶于乙醚，加热后失水得 B，B 和氢氧化钠水溶液煮沸，放出具有刺激性气味的气体，残余物酸化后得到酸性物质 C，C 与氢化铝锂作用后得到的物质再与浓硫酸反应，得到烯烃 D (相对分子质量 56)，D 经臭氧氧化后还原水解，得到一个酮 E 和一个醛 F。试推测 A~F 的结构。

10. 某化合物 A 的分子式为 $C_5H_6O_3$，它能与乙醇作用得到两个互为异构体的化合物 B 和 C，B 和 C 分别与 $SOCl_2$ 作用后再加乙醇，得到相同化合物 D，试推断 A、B、C、D 的可能结构。

第十五章　含氮有机化合物

组成有机化合物分子的原子除了碳、氢之外，还主要含有氮原子的有机化合物称为含氮有机化合物。含氮有机化合物的类型很多，如前面有关章节中已讨论过的腈、酰胺及胺的衍生物(羟胺、肼、脲、肟、腙、缩胺脲)等。本章主要讨论硝基化合物、胺类、重氮和偶氮化合物。

15.1　硝基化合物

15.1.1　硝基化合物的分类和命名

烃(R—H)分子中的氢原子被硝基(—NO$_2$)取代后所形成的化合物(R—NO$_2$)称为硝基化合物(nitro compounds)，硝基化合物的官能团为硝基。

根据硝基所连接烃基类型的不同，可分为脂肪族硝基化合物和芳香族硝基化合物；根据硝基所连接烃基上碳原子类型的不同可分为伯、仲、叔硝基化合物；根据分子中所含有的硝基数目不同可分为一元、二元和多元硝基化合物。

硝基化合物可看成烃类的衍生物，以烃为母体，硝基为取代基命名。例如：

CH$_3$CH$_2$NO$_2$

硝基乙烷
nitroethane

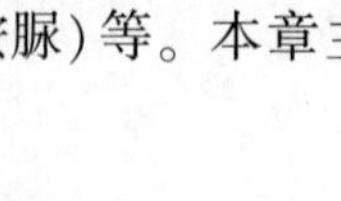

CH$_3$—CH—CH$_3$
　　　|
　　　NO$_2$

2-硝基丙烷
2-nitropropane

　　　CH$_3$
　　　|
CH$_3$—C—CH$_3$
　　　|
　　　NO$_2$

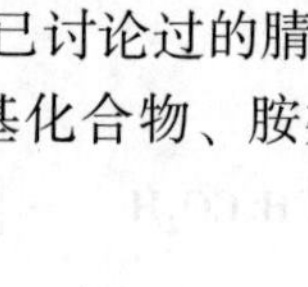

2-甲基-2-硝基丙烷
2-methyl-2-nitropropane

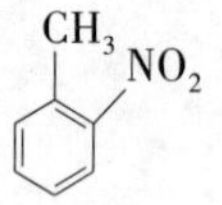

2-硝基甲苯
2-nitrotoluene

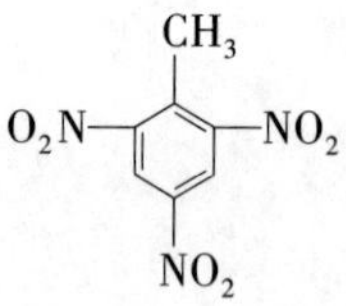

2,4,6-三硝基甲苯
2,4,6-trinitrotoluene(TNT)

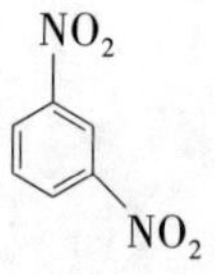

1,3-二硝基苯
1,3-dinitrobenzene

15.1.2　硝基化合物的物理性质

硝基化合物由于氮原子带正电荷使硝基成为一个强的吸电子基，分子具有较大的极性，其沸点和熔点明显高于相应的烃类，也高于相应的卤代烃。脂肪族硝基化合物一般为无色的液体。芳香族硝基化合物除了单环硝基化合物为高沸点的液体外，其他多为淡黄色固体。

硝基化合物不溶于水，但能与大多数有机物互溶，并能溶解大多数无机盐(形成络合物)，所以液体硝基化合物常用作某些有机反应的溶剂，例如傅-克反应可用硝基苯做溶剂。硝基化合物大多数具有特殊气味，个别有香味，可用作香料，例如人造麝香为芳香硝基化合物。但大多数硝基化合物具有毒性，使用时要注意防护。多元硝基化合物不稳定，见光、热或振动易爆炸分解，可用作炸药，例如三硝基甲苯(炸药 TNT)。

15.1.3 硝基化合物的化学性质

1. 脂肪族硝基化合物 α-H 的活泼性

脂肪族伯或仲硝基化合物，由于分子中硝基的强吸电子作用，使 α-H 原子的酸性增强，表现出一定的活泼性。

(1)互变异构和酸性

α-H 易转移到硝基的双键 O 原子上，而使(Ⅰ)式互变异构成(Ⅱ)式；(Ⅱ)式 N 上连接的—OH 氢原子具有酸性，能与碱作用成盐。

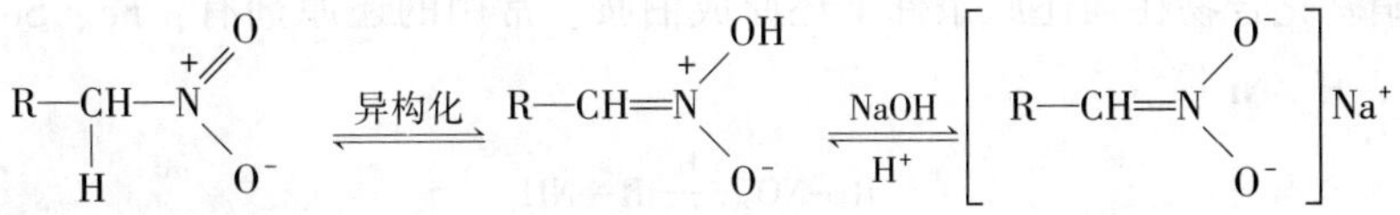

$\qquad$(Ⅰ)硝基式(假酸式)$\qquad$(Ⅱ)异硝基式(酸式)$\qquad\qquad$盐

所以含有 α-H 的脂肪族硝基化合物能溶于 NaOH 溶液，且反应可逆，形成的盐经酸化后又可恢复为原来的硝基化合物，利用这一性质可以分离和提纯含有 α-H 的脂肪族硝基化合物。

(2)与羰基化合物缩合

硝基化合物的 α-H 被碱夺取后形成碳负离子，进攻羰基碳原子并与羰基进行亲核加成反应，生成不稳定的 β-羟基硝基化合物，受热脱水成不饱和硝基化合物。

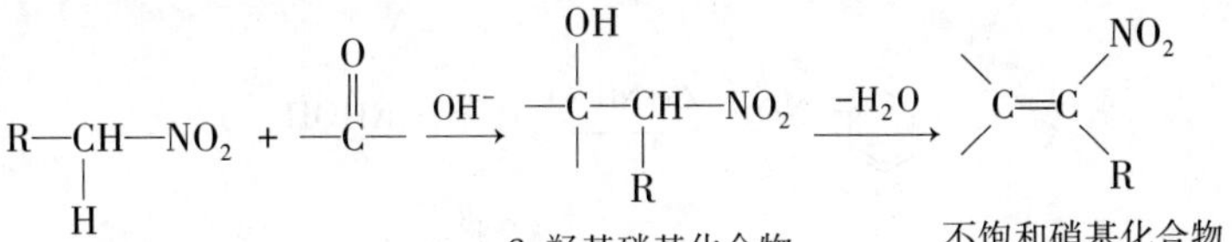

$\qquad\qquad\qquad\qquad\qquad\qquad\qquad\qquad$ β-羟基硝基化合物 $\qquad$不饱和硝基化合物

2. 硝基对芳环的影响

硝基对芳环的钝化作用及亲电取代反应只发生在间位，前面已经介绍了。这里只介绍硝基对芳环上取代基的活化作用。芳环上硝基的强吸电子作用使连接于芳环上的其他取代基表现出一定的活泼性，如增强了芳环上卤原子的活泼性、酚羟基的酸性等。

卤代苯中卤原子的活泼性很差，一般不能发生水解反应，但若在氯苯邻、对位引入硝基，由于硝基的吸电子作用，与卤原子相连的碳原子的正电性增大，有利于亲核试剂的进攻，从而能够发生水解反应。

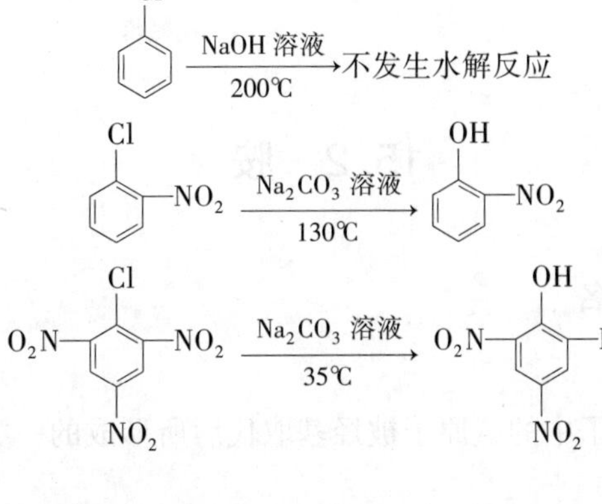

硝基的吸电子作用也增强了芳环上酚羟基的酸性。邻、对位硝基对羟基酸性的影响比间位显著，苯环上引入的硝基越多，酚羟基酸性增强也越大。

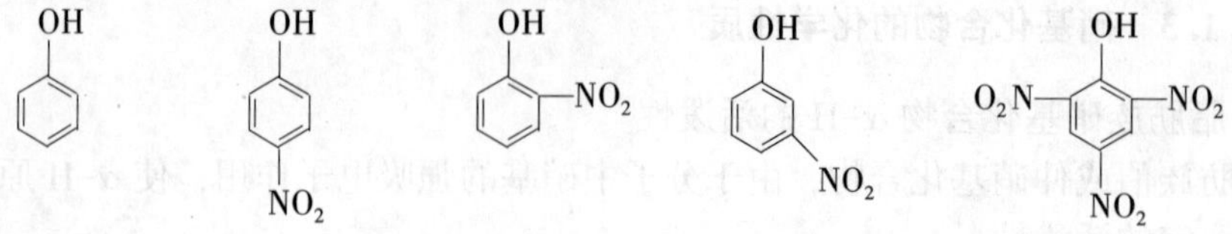

pK_a　　10.00　　　　7.16　　　　　7.21　　　　　8.00　　　　　0.80

3. 硝基的还原反应

（1）脂肪族硝基化合物

脂肪族硝基化合物在强还原条件下还原成伯胺。常用的还原剂有：Fe、Sn、Zn 和 HCl；$SnCl_2$ 和 HCl；H_2/Ni 等。

$$R—NO_2 \xrightarrow{[H]} R—NH_2$$

（2）芳香族硝基化合物

芳香族硝基化合物在酸性或中性介质中用较强的还原剂还原，最终都得到苯胺；若选用不同条件还原则得到不同的产物。例如，硝基苯在酸性、中性介质发生单分子还原，还原强度不同得到产物不同。

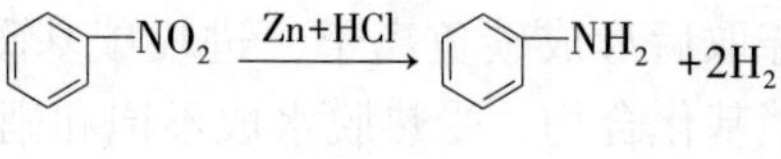

苯胲

在碱性介质中发生双分子还原，生成氢化偶氮苯或偶氮苯。

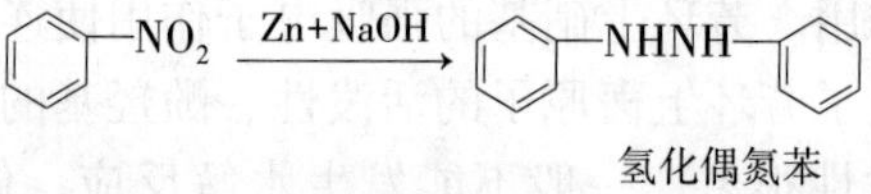

氢化偶氮苯

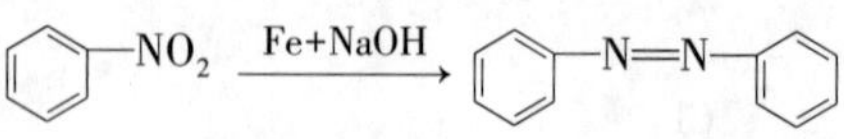

偶氮苯

15.2　胺

15.2.1　胺的分类和命名

1. 胺的分类

胺类(amines)是指氨分子中的氢原子被烃基取代后所形成的一类化合物，可看成氨的烃基衍生物。胺类化合物与生命活动有着密切的关系，构成生命的基本物质——蛋白质，就是含有氨基的一类高分子化合物。一些胺的衍生物具有生理活性，许多中药的有效成分及合成药物分子中含有氨基或取代氨基。

根据胺分子中氮原子所连接的烃基数目不同，可将胺类分为伯胺(1°胺)、仲胺(2°胺)、叔胺(3°胺)和季铵(包括季铵盐与季铵碱)。它们的通式为：

$$RNH_2 \qquad R_2NH \qquad R_3N \qquad R_4N^+X^- \qquad R_4N^+OH^-$$

伯胺 　　　　　　仲胺 　　　　　　叔胺 　　　　　季铵盐 　　　　　季铵碱

根据胺分子中氮原子所连接的烃基类型不同，可将胺分为脂肪胺和芳香胺。氨基直接与脂肪烃相连称为脂肪胺，直接与芳香烃相连称为芳香胺。根据胺分子中所含氨基数目的多少，可将胺分为一元、二元和多元胺。

2. 胺的命名

对结构较简单的脂肪胺，可以胺为母体，烃基为取代基称为"某胺"。例如：

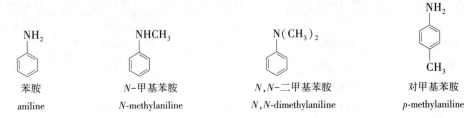

$$CH_3NH_2 \qquad\qquad (CH_3)_2NH \qquad\qquad (CH_3)_3N$$

甲胺 　　　　　　　　二甲胺 　　　　　　　三甲胺 　　　　　　　环己胺

methylamine 　　　　　dimethylamine 　　　　trimethylamine 　　　cyclohexylamine

芳胺命名则以苯胺为母体，将取代基的位次及名称放在母体名称前面。例如：

苯胺 　　　　　　　　N-甲基苯胺 　　　　　N,N-二甲基苯胺 　　　　对甲基苯胺

aniline 　　　　　　　N-methylaniline 　　　N,N-dimethylaniline 　　p-methylaniline

多元胺可根据所含烃基名称及氨基数目进行命名，例如：

$$H_2NCH_2CH_2NH_2 \qquad\qquad H_2N(CH_2)_6NH_2$$

乙二胺 　　　　　　　　　　　　　己二胺

ethanediamine 　　　　　　　　1,6-hexanediamine

结构较复杂的胺可看成烃的氨基衍生物，以烃为母体，氨基为取代基命名。例如：

$$CH_3CH_2CHCHCH_3 \qquad\qquad CH_3CHCH_2CHCH_3$$

3-甲基-2-甲氨基戊烷 　　　　　　2-甲基-4-(N,N-二甲氨基)戊烷

2-methylamino-3-methylpentane 　2-(N,N-dimethylamino)-4-methylpentane

胺盐和季铵化合物可看成铵的衍生物命名，称为"某化某铵"或"某胺某盐"。例如：

$$CH_3CH_2\overset{+}{N}H_3Cl^- \qquad\qquad (CH_3)_3\overset{+}{N}HNO_3^-$$

氯化乙铵(或乙胺盐酸盐) 　　　　　三甲基硝酸铵(或三甲胺硝酸盐)

$$(CH_3)_4\overset{+}{N}OH^- \qquad\qquad (C_2H_5)_4\overset{+}{N}I^-$$

四甲基氢氧化铵(或氢氧化四甲基铵) 　碘化四乙铵(或四乙基碘化铵)

15.2.2 胺的物理性质

1. 脂肪胺

低级脂肪胺中的甲胺、二甲胺、三甲胺和乙胺等是气体，其余低级胺是易挥发的液体，十二碳以上胺为固体。低级胺的气味与氨相似，三甲胺有鱼腥味。

具有 N—H 键的伯胺、仲胺分子间能形成氢键缔合，故其沸点比相对分子质量相近的烷烃高，但形成氢键强度不如醇，沸点比相应的醇低。叔胺不含 N—H 键，因而不能形成分子间氢键，其沸点与相对分子质量相近的烷烃相近。对碳原子数相同的胺，沸点按伯胺、仲胺、叔胺顺序依次降低(空间位阻对分子间作用力的影响)。低级胺能与水形成氢键，均溶于水，但随相对分子质量的增大，水溶性下降，高级胺不溶于水。

2. 芳胺

芳胺为无色、高沸点的液体或低熔点的固体。固体的苯胺取代物中，以对位异构体的熔点最高。芳胺一般难溶于水，易溶于有机溶剂，能随水蒸气挥发，可用水蒸气蒸馏法分离和提纯。芳胺有特殊气味，且毒性很大，液体芳胺能透过皮肤被吸收，β-萘胺及联苯胺具有强烈的致癌作用。常见胺的物理常数见表 15-1。

表 15-1　常见胺的物理常数

名　称	结构简式	熔点/℃	沸点/℃	pK_a(20~25℃)
氨	NH_3	−77.7	−33	9.3
甲胺	CH_3NH_2	−93.5	−6.3	10.6
二甲胺	$(CH_3)_2NH$	−93.0	7.4	10.7
三甲胺	$(CH_3)_3N$	−117.2	2.87	9.8
乙胺	$CH_3CH_2NH_2$	−81.0	16.6	10.7
二乙胺	$(CH_3CH_2)_2NH$	−48.0	56.3	11.1
三乙胺	$(CH_3CH_2)_3N$	−114.7	89.3	10.6
苯胺	$C_6H_5NH_2$	−6.3	184.13	4.6
N-甲基苯胺	$C_6H_5NHCH_3$	−57.0	194.0	4.8
N,N-二甲基苯胺	$C_6H_5N(CH_3)_2$	2.0	193.0	5.1
邻甲基苯胺	$o\text{-}CH_3C_6H_4NH_2$	24.4	197.0	4.4
间甲基苯胺	$m\text{-}CH_3C_6H_4NH_2$	31.5	203.0	4.7
对甲基苯胺	$p\text{-}CH_3C_6H_4NH_2$	44.0	200.0	5.1

3. 胺的光谱性质

胺的红外光谱，伯胺、仲胺都含有 N—H 键，在 3500~3300cm^{-1} 区域都有 N—H 伸缩振动吸收峰，氢键对 N—H 吸收峰的影响比对 O—H 小得多。伯胺有两个吸收峰，仲胺有一个，叔胺由于没有 N—H 键，在此区域没有吸收峰。所以可以根据红外光谱区别伯胺、仲胺和叔胺。图 15-1 为苯胺的红外光谱图。

胺的核磁共振谱中，直接与 N 原子相连的质子与醇一样由于受氢键影响，化学位移范围变化较大，为 0.5~5 之间。氨基 α-C 上的 H 受 N 原子的影响，化学位移为 2.2~2.8 之间，β-C 上的 H 受 N 影响较小，通常在 1.1~1.7 之间。图 15-2 为二乙胺的核磁共振谱。

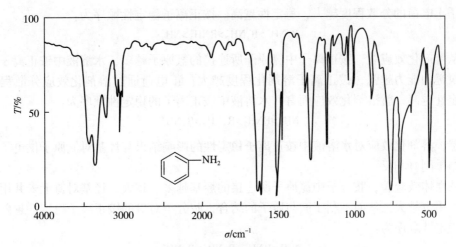

图 15-1　苯胺的红外光谱

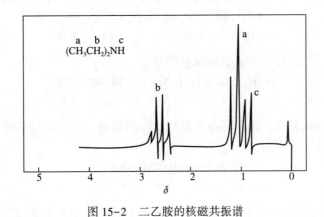

图 15-2　二乙胺的核磁共振谱

15.2.3　胺的化学性质

1. 碱性

胺分子中氮原子的一个 sp^3 杂化轨道上有一对未共用电子对，具有接受质子或提供电子对的能力，因此胺具有碱性。

$$R \overset{..}{N}H_2 + H^+ \longrightarrow R \overset{+}{N}H_3$$

水溶液中，胺与水分子中的 H^+ 结合形成铵正离子，同时离解出 OH^- 而呈现出弱碱性：

$$R \overset{..}{N}H_2 + H_2O \rightleftharpoons R \overset{+}{N}H_3 + OH^-$$

胺在水溶液中的离解程度，可用离解常数 K_b 或其负对数 pK_b 表示，K_b 越大或 pK_b 越小则碱性越强。还可用胺的共轭酸的 pK_a 来表示其碱性强弱，pK_a 越大，胺的碱性越强。

（1）脂肪胺的碱性

从水溶液中胺的离解反应式可以看出，如果铵正离子越稳定，胺分子也就越易离解，胺的碱性就越强。脂肪胺与 H^+ 所形成铵正离子的稳定性可从电性效应、溶剂化效应及立体效应等几种因素分析。

①从电性效应看，铵正离子中氮原子所连接的烃基越多，对氮原子的供电子作用越强，

铵正离子正电荷的分散程度越大，稳定性越高。铵正离子稳定性顺序为：

$$R_3NH^+ > R_2NH_2^+ > RNH_3^+ > NH_4^+$$

②从溶剂化效应看，铵正离子中氮原子所连接的氢原子越多，水溶液中铵正离子与水分子形成氢键的能力越强，铵正离子溶剂化程度越大，正电荷通过溶剂化效应分散程度也越大，稳定性越高。就溶剂化效应而言，水溶液中铵正离子的稳定性顺序为：

$$NH_4^+ > RNH_3^+ > R_2NH_2^+ > R_3NH^+$$

显然，溶剂化效应对水溶液中铵正离子稳定性的影响结果与烃基对氮原子供电子作用所产生的结果刚好相反。

③从立体效应看，胺分子中氮原子所连接的烃基越多、越大，烃基对氮上未共用电子对的屏蔽作用也越大，从而不利于胺与质子的结合，胺分子对应的铵正离子稳定性越差。铵正离子的稳定性顺序为：

$$NH_4^+ > RNH_3^+ > R_2NH_2^+ > R_3NH^+$$

综合考虑以上各种因素的影响，水溶液中甲胺、二甲胺、三甲胺的碱性顺序为：

$$(CH_3)_2NH > CH_3NH_2 > (CH_3)_3N > NH_3$$

pK_a 10.7   10.6   9.8   9.3

水溶液中乙胺、二乙胺、三乙胺的碱性顺序为

$$(C_2H_5)_2NH > (C_2H_5)_3N > C_2H_5NH_2 > NH_3$$

pK_a 11.1   10.9   10.7   9.3

在气相下测定胺的碱性，则不存在溶剂化效应的影响，只存在烃基的电性效应和立体效应，故气相中胺的碱性顺序为：

$$R_3N > R_2NH > RNH_2 > NH_3$$

(2)芳胺的碱性

芳胺在水溶液中的碱性比氨弱，是由于氮原子上的未共用电子对和苯环共轭，氮原子上的电子对离域到苯环上，从而使氮原子的电子云密度减少，降低了与质子结合的能力，芳胺的碱性随之减弱。与氮原子相连的苯环越多，碱性越弱。

$$NH_3 > PhNH_2 > Ph_2NH > Ph_3N$$

pK_a 9.3   4.6   1.0   近中性

取代芳胺的碱性强弱，取决于取代基的性质及在芳环上所处的位置。一般来说，氨基的对位有给电子基时，其碱性略增；取代基为吸电子基时，其碱性减弱。例如：

(3)铵盐的形成

胺具有碱性，在乙醚溶液中与强酸作用形成稳定的盐，铵盐遇强碱又游离出胺。可利用胺的这一性质提纯胺类化合物。

$$RNH_2 + HX \xrightarrow{\text{乙醚}} RN\overset{+}{H_3}\overset{-}{X} \downarrow \xrightarrow{NaOH} RNH_2$$

2. 烃基化反应

胺类化合物分子中氮原子上存在一对未共用电子，所以胺具有亲核性，可作为亲核试剂

与卤代烃发生 S_N2 反应，生成仲胺、叔胺和铵盐的混合物。

$$RNH_2+RX \longrightarrow R_2\overset{+}{N}H_2X^- \xrightarrow{RNH_2} R_2NH+R\overset{+}{N}H_3^-$$

$$R_2NH+RX \longrightarrow R_3\overset{+}{N}HX^- \xrightarrow{RNH_2} R_3N+R\overset{+}{N}H_3^-$$

$$R_3N+RX \longrightarrow R_4\overset{+}{N}X^-$$

反应混合物用强碱处理，铵盐转化成相应的胺，结果得到伯、仲、叔胺的混合物。通过调节原料的配比以及控制反应温度、时间等其他条件，可以得到主要为某一种胺的产物。

3. 酰化反应

(1)碳酰化反应

氮原子上具有氢原子的伯胺和仲胺可作为亲核试剂，进攻酰卤、酸酐和酯分子中缺电子的酰基碳原子而发生酰化反应生成酰胺。叔胺因氮原子上没有氢原子，不能发生此反应。

$$RNH_2+ \ \underset{\text{酰化试剂(酰卤、酸酐)}}{R'-\overset{\overset{O}{\|}}{C}-X} \ \longrightarrow \ \underset{\text{酰胺}}{R'-\overset{\overset{O}{\|}}{C}-NHR} \ +HX$$

生成的酰胺一般都为晶体，具有明确的熔点，并且在酸或碱的作用下又可水解回原来的胺，故可用于鉴别、分离提纯胺类化合物或在合成上对—NH_2 进行保护。

(2)磺酰化反应

伯胺和仲胺还能与苯磺酰氯作用，生成相应的苯磺酰胺，这一反应称为兴斯堡(Hinsberg)反应。叔胺与苯磺酰氯不能发生兴斯堡反应。

$$RNH_2+ \underset{\text{伯胺}}{\bigcirc}-SO_2Cl \longrightarrow \underset{N\text{-烃基苯磺酰胺}}{\bigcirc-SO_2NHR}$$

$$R_2NH+ \underset{\text{仲胺}}{\bigcirc}-SO_2Cl \longrightarrow \underset{N,N\text{-二烃基苯磺酰胺}}{\bigcirc-SO_2NR_2}$$

伯胺与苯磺酰氯作用生成的 N-烃基苯磺酰胺，氮原子上的氢原子由于受到磺酰基及氮原子吸电子作用的影响呈现出酸性，可与氢氧化钠成盐而溶解在氢氧化钠溶液中。仲胺与苯磺酰氯作用生成的 N,N-二烃基苯磺酰胺，氮原子上没有氢原子，不溶于氢氧化钠溶液。

$$\bigcirc-SO_2NHR +NaOH \longrightarrow \left[\bigcirc-SO_2NR \right]^- Na^+$$

伯胺和仲胺与苯磺酰氯作用，生成的苯磺酰胺在酸或碱催化作用下可水解生成原来的胺。因此，兴斯堡反应既可用于鉴别伯、仲、叔胺，又可用于分离或提纯伯、仲、叔胺的混合物。另外，苯磺酰胺为固体，有固定的熔点，也可将胺转化为相应的苯磺酰胺，通过测定相应苯磺酰胺的熔点来鉴别原来的胺。

4. 与亚硝酸反应

伯、仲、叔胺都能与亚硝酸反应，但它们各自反应的现象及结果不同。脂肪胺及芳胺与亚硝酸反应的情况也存在差异。

脂肪伯胺与亚硝酸反应生成极不稳定的重氮盐，随后立即分解放出氮气及生成醇、卤代烃、烯烃等多种产物。

$$RNH_2 + NaNO_2 + HX \longrightarrow \left[R\!-\!N\!\!\equiv\!\!\overset{+}{N}:X^- \right] \longrightarrow R^+ + X^- + N_2\uparrow$$

极不稳定

醇
卤代烃
烯烃
正碳离子重排

芳伯胺与亚硝酸在低温下反应生成较为稳定的重氮盐，受热后(5℃以上)重氮盐分解放出氮气。

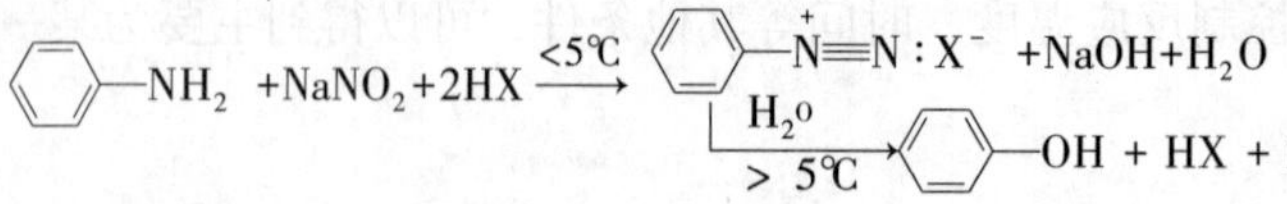

脂肪仲胺与亚硝酸反应生成黄色油状或固体状的 N-亚硝基胺。

$$R_2NH + HNO_2 \underset{\triangle}{\overset{H^+}{\rightleftharpoons}} R_2N\!-\!N\!\!=\!\!O + H_2O$$

芳仲胺与亚硝酸反应生成 N-亚硝基化合物，产物在酸性介质中发生重排，生成对硝基化合物，对硝基化合物用碱中和又恢复为 N-亚硝基化合物。这一过程呈现出颜色的变化，例如：

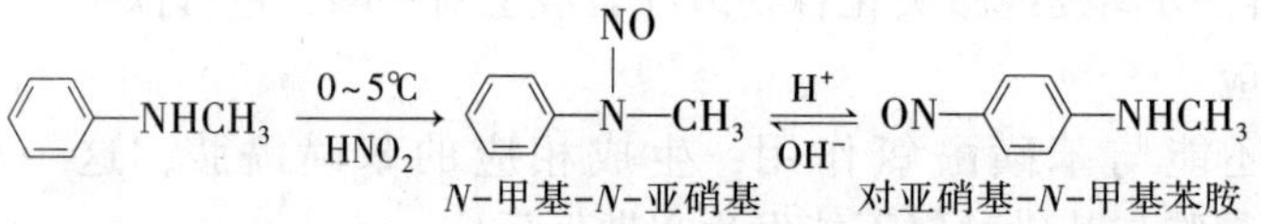

N-甲基-N-亚硝基　　　　对亚硝基-N-甲基苯胺
苯胺熔点15℃(黄色)　　熔点118℃(蓝绿色)

脂肪叔胺与亚硝酸作用生成不稳定的亚硝酸盐而溶解。

$$R_3N + HNO_2 \rightleftharpoons R_3\overset{+}{N}HNO_2^-$$

芳叔胺与亚硝酸反应生成对位亚硝基化合物，这一过程同样存在颜色变化，例如：

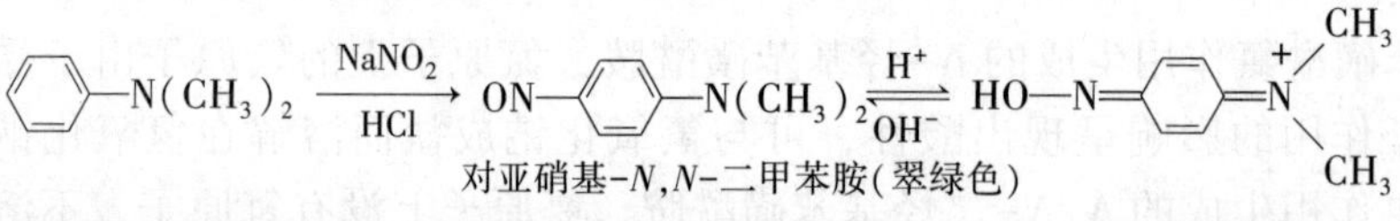

对亚硝基-N,N-二甲苯胺(翠绿色)　　　　　　　　(橘黄色)

当对位被其他基团占据时则生成邻位亚硝基化合物。

利用三种胺与亚硝酸反应的现象和结果不同，可区别脂肪族及芳香族伯、仲、叔胺。

5. 芳胺的特性

(1)氧化反应

芳伯胺、芳仲胺对氧化剂特别敏感，很容易发生氧化。纯净的苯胺是无色的，但在空气中放置后很快被氧化变成黄色，然后再变成红棕色。芳胺氧化产物较复杂，随氧化剂及反应条件的不同而不同。例如，苯胺用重铬酸氧化得到对苯醌：

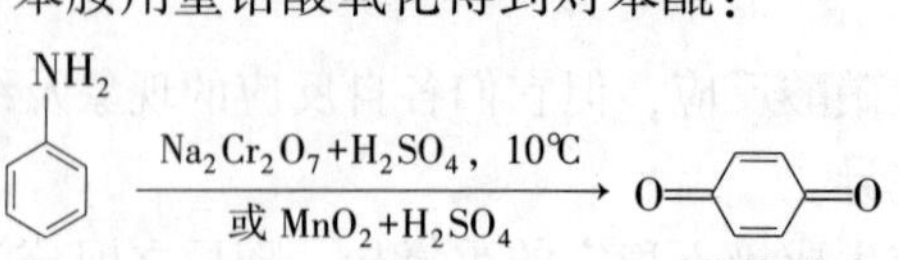

对苯醌(黄色)

218

N，N-二烷基芳胺(芳叔胺)和芳胺盐对氧化剂不那么敏感，常将芳胺转化成盐储存。

（2）苯环上的亲电取代

由于氨基是使苯环致活的基团，因此芳胺的亲电取代非常容易进行。

①卤代芳胺与卤素极易发生卤代，反应很难停留在一元取代的阶段。例如，苯胺与溴水反应立即生成2,4,6-三溴苯胺白色沉淀，反应定量完成，可用于苯胺的定量和定性分析。

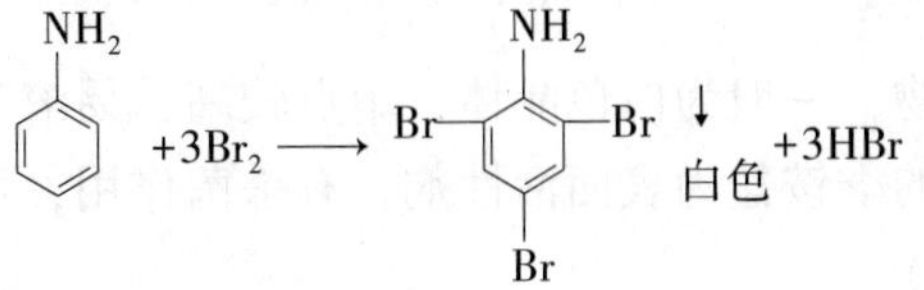

若用酰化试剂先将氨基酰化，降低苯环活性后再进行卤代，则可得到一卤代产物。

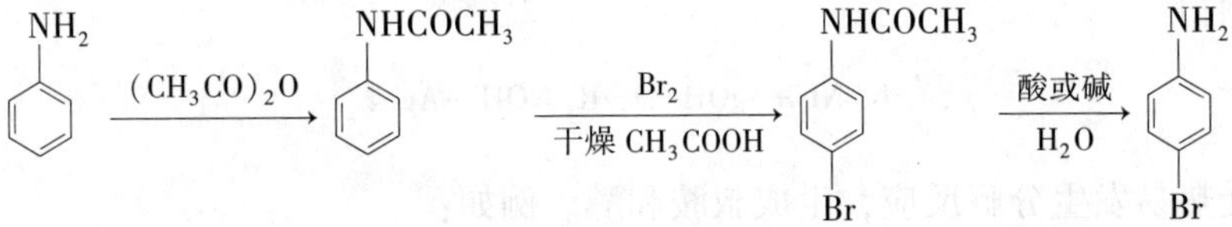

若将苯胺转化为盐后再卤代，氨基就成为间位取代基，则卤代产物为间位取代物。

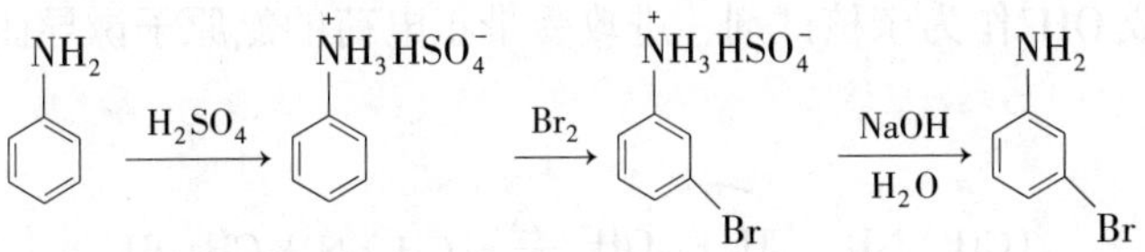

②硝化由于芳胺对氧化剂极其敏感，硝化试剂硝酸又具有很强的氧化性，因此芳胺硝化时应先将氨基酰化或转化成盐来保护氨基。例如，将苯胺转化成乙酰苯胺后，若在乙酸中用硝酸进行硝化，得到的主要为对位取代物；若在乙酸酐中用硝酸进行硝化，得到的主要为邻位取代物。

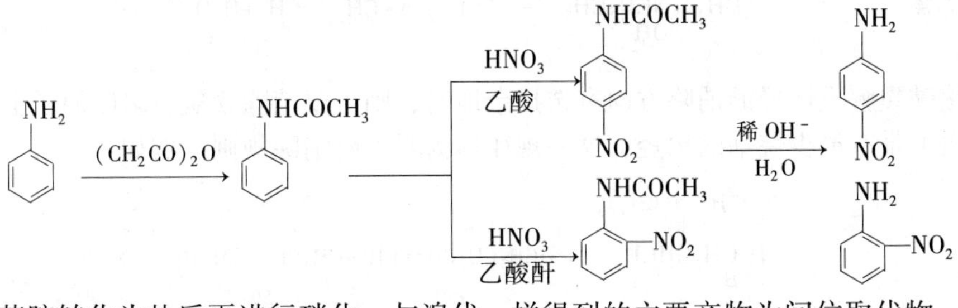

若将苯胺转化为盐后再进行硝化，与溴代一样得到的主要产物为间位取代物。

③磺化苯胺在室温下与发烟硫酸磺化生成邻、间、对位氨基苯磺酸混合物，当温度为180℃时，与浓硫酸共热则生成对位产物。

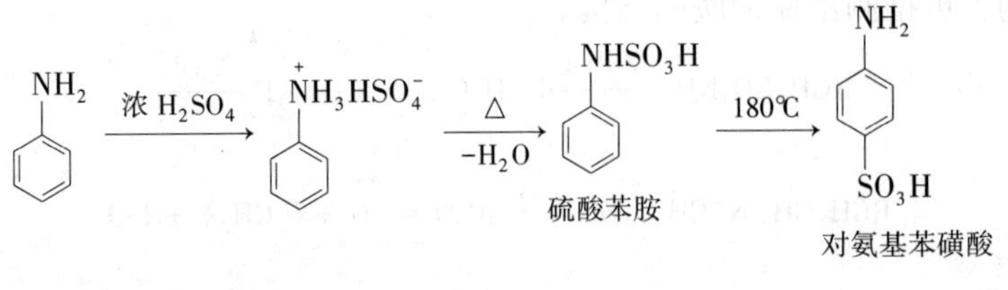

硫酸苯胺　　　　对氨基苯磺酸

6. 季铵化合物

季铵化合物包括季铵盐和季铵碱，它们都是离子型化合物，其正离子部分（R_4N^+）可看成铵正离子(NH_4^+)中的四个氢原子被烃基取代后而形成的。

（1）季铵盐（$R_4N^+X^-$）

可看成 $NH_4^+X^-$ 中的四个氢原子被烃基取代而成的衍生物，它可由叔胺与卤代烷作用而成。

$$R_3N+RX \longrightarrow R_4\overset{+}{N}X^-$$

季铵盐为离子型化合物，一般为白色晶体，熔点较高，易溶于水，不溶于乙醚等非极性有机溶剂。具有长链烃基的季铵盐为表面活性剂，有杀菌作用，可用作消毒剂。

（2）季铵碱（$R_4N^+OH^-$）

季铵碱是一种强碱，其碱性强度与氢氧化钠相当。季铵碱一般由氢氧化银和季铵盐的水溶液作用而制得。

$$R_4\overset{+}{N}I^-+AgOH \longrightarrow R_4\overset{+}{N}OH^-+AgI\downarrow$$

季铵碱受热易发生分解反应，生成叔胺和醇。例如：

$$(CH_3)_4\overset{+}{N}OH^- \overset{\triangle}{\longrightarrow} (CH_3)_3N+CH_3OH$$

以上反应可看成 OH^- 作为亲核试剂，进攻受带正电荷的氮原子诱导而带正电的甲基碳原子发生的 S_N2 反应：

$$(CH_3)_3\overset{+}{N}H\!-\!CH_3 + OH^- \overset{\triangle}{\longrightarrow} (CH_3)_3N + CH_3OH$$

含有 β-H 原子的季铵碱加热至 $100\sim200℃$ 时，OH^- 进攻并夺取 β-H，同时 C—N 键断裂发生消除反应，生成烯烃和叔胺，这一反应称为霍夫曼消除（Hofmann elimination）反应。例如：

$$(CH_3)_3\overset{+}{\underset{OH^-}{N}}CH_2\overset{\beta}{C}H_3 \overset{\triangle}{\longrightarrow} (CH_3)_3N+CH_2\!=\!CH_2+H_2O$$

当季铵碱裂解成烯烃的消除方向有选择余地时，则主要消除含氢较多碳原子上的氢，产物为双键碳上带有最少烷基的烯烃，这一规律称为霍夫曼消除规则。例如：

$$CH_3CH_2\overset{\overset{\displaystyle ^-HO\ \overset{+}{N}(CH_3)_3}{|}}{\underset{\beta}{C}}H\overset{}{\underset{\beta}{C}}H_3 \overset{\triangle}{\longrightarrow} \underset{95\%}{CH_3CH_2CH\!=\!CH_2} + \underset{5\%}{CH_3CH\!=\!CHCH_3}$$

利用霍夫曼消除反应，对一个未知胺，可用过量的碘甲烷与之作用生成季铵盐，然后转化成季铵碱，再进行热分解，从反应过程中消耗碘甲烷的摩尔数可推知原来胺的级数，再由所得烯烃的结构，可推测出原来胺的结构。

$$RCH_2CH_2NH_2 \overset{3CH_3I}{\longrightarrow} RCH_2CH_2\overset{+}{N}(CH_3)_3I^- \overset{AgOH}{\longrightarrow}$$

$$[KH-*2] \qquad RCH_2CH_2\overset{+}{N}(CH_3)_3OH^- \overset{\triangle}{\longrightarrow} RCH\!=\!CH_2+N(CH_3)_3+H_2O$$

15.2.4　胺的制备

胺的制备主要有四种方法，胺直接烃化和酰胺的霍夫曼重排前面已介绍，这里只介绍含氮化合物还原和 Gabriel 合成法。

1. 含氮化合物还原

含有 C—N、C=N 和 C≡N 的化合物还原都可以得到胺。硝基化合物的还原，前面已经介绍了，酰胺、肟和腈均可用 LiAlH₄ 还原或催化加氢得到胺。例如：

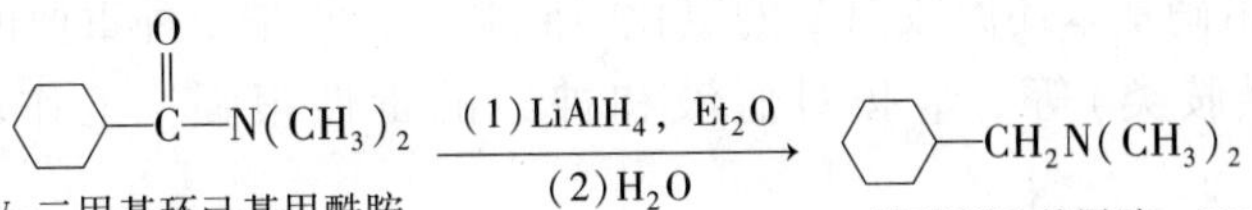

N,N-二甲基环己基甲酰胺   (1)LiAlH₄，Et₂O / (2)H₂O   N,N-二甲基环己基甲胺   88%

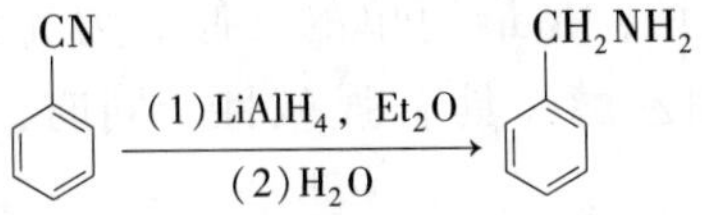

(1)LiAlH₄，Et₂O / (2)H₂O

2. Gabriel 合成法

Gabriel 合成法是指邻苯二甲酰亚胺在氢氧化钾作用下生成盐，盐与卤代烷发生 S_N2 反应，生成 N-取代酰亚胺，水解得到伯胺的反应。反应过程表示为：

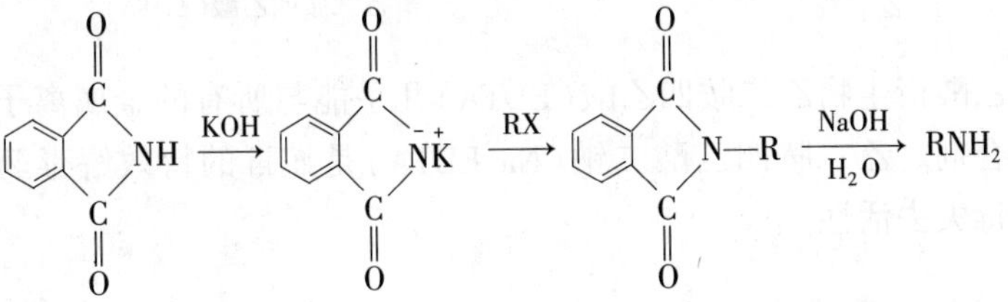

邻苯二甲酰亚胺   N-烃基邻苯二甲酰亚胺   伯胺

此法制备伯胺较纯净，例如：

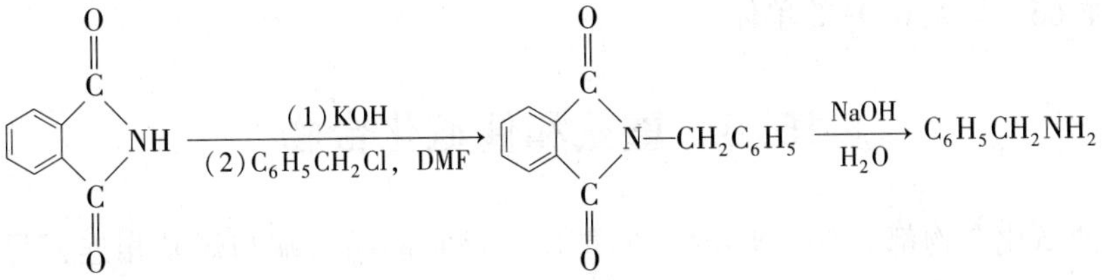

N-苄基邻苯二甲酰亚胺   苄胺

15.2.5 重要的胺

1. 甲胺

甲胺包括一甲胺、二甲胺和三甲胺三种化合物，其中，一甲胺常简称为甲胺。三者均为无色液体，有氨的气味，三甲胺还带鱼腥味。易溶于水，溶于乙醇、乙醚等，能吸收空气中的水分。一甲胺的熔点为-93.5℃，沸点-6.3℃；二甲胺的熔点为-93℃，沸点7.4℃；三甲胺的熔点为-117.2℃，沸点2.87℃。三者均呈碱性，可与酸成盐。

甲胺都是蛋白质分解时的产物，可从天然产物中发现，例如三甲胺可从甜菜碱和胆碱中分解得到。工业上由甲醇与氨反应可制得三者的混合物。同时，它们又都是重要的有机化工原料，可用于制药等。甲胺对皮肤、黏膜有刺激作用，工作场所最高容许浓度为 $10\mu g/g$。

2. 苯胺

苯胺又称"阿尼林（aniline）油"，是最简单的芳香胺。无色油状液体，但露置于空气中渐被氧化成棕色。熔点-6.3℃，沸点184.13℃，加热至370℃分解。易溶于有机溶剂，稍易溶于水。苯胺表现出典型的芳香胺性质。

工业上，可由硝基苯还原或氯苯的氨化得到苯胺，它是一种重要的化工原料，可用于合成药物（主要是磺胺类）等。苯胺对血液和神经的毒性很强，工作场所最高容许浓度为 $5\mu g/g$。

3. 乙二胺

乙二胺又称1,2-二氨基乙烷，是最简单的二胺。为无色透明黏液，有氨气味，熔点11℃，沸点117.3℃，溶于水和乙醇，具有强碱性。同时，也能刺激皮肤和黏膜，引起过敏。

$$H_2N-CH_2CH_2-NH_2$$
乙二胺

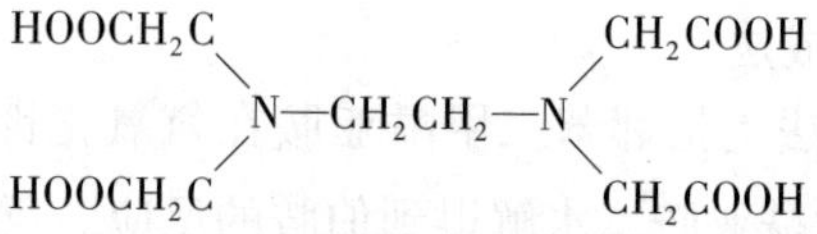

乙二胺四乙酸（EDTA）

乙二胺的四乙酸衍生物乙二胺四乙酸（EDTA）几乎能与所有的金属离子络合，是分析化学中最常用的络合剂。乙二胺四乙酸二钠（Na_2EDTA）是蛇毒的特效解毒药，因为它可与蛋白质络合，使蛇毒失去活性。

4. 己二胺

己二胺即1,6-己二胺（$H_2N-CH_2CH_2CH_2CH_2CH_2CH_2-NH_2$），为无色固体，熔点42℃。易溶于水，微溶于苯或乙醇。在空气中易变色并吸收水分及二氧化碳。工业上由己二酸与氨作用或丙烯腈电解偶联而成己二腈，再经氢化合成。是生产聚酰胺纤维（如锦纶66、锦纶610或称尼龙66、尼龙610）的单体。

15.3　重氮和偶氮化合物

重氮和偶氮化合物都含有—N＝N—官能团，该官能团一端与烃基相连，另一端与其他原子或原子团相连的化合物，称为重氮化合物；若两端都与烃基相连的化合物称为偶氮化合物。例如：

$$CH_2=N=N$$
重氮甲烷

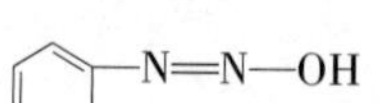

氢氧化重氮苯

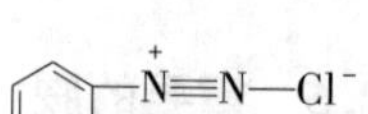

氯化重氮苯

$$CH_3-N=N-CH_3$$
偶氮甲烷

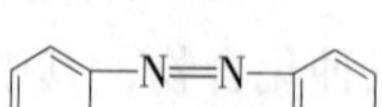

偶氮苯

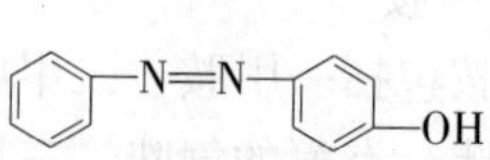

对羟基偶氮苯

15.3.1　芳基重氮盐

芳香族伯胺在强酸存在下与亚硝酸反应生成芳基重氮盐，称为重氮化反应。例如：

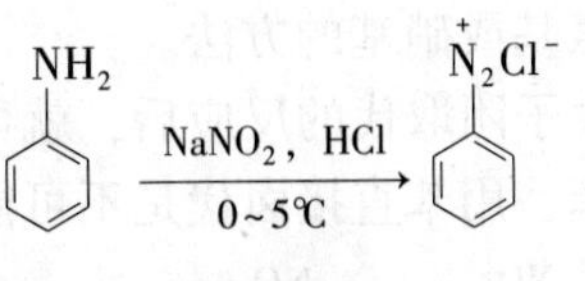

重氮化反应得到的重氮盐水溶液，一般直接用于合成，不需要分离重氮盐。重氮盐高温下分解放出氮气，所以一般制备和保存重氮盐都必须在较低温度下。纯粹的重氮盐为无色晶体，能溶于水，不溶于有机溶剂，受热或震动能发生爆炸，水溶液没有爆炸危险。

1. 芳基重氮盐的取代反应

芳基重氮盐中的重氮基在不同条件下可以被卤素、氰基、羟基、氢原子等取代生成各种不同的化合物。

（1）被卤素取代

在氯化重氮盐溶液中加入氯化亚铜的浓盐酸或溴化亚铜的浓氢溴酸溶液，然后加热，则发生取代生成氯苯或溴苯，并放出氮气；而碘由于亲核能力较强，直接加入碘化钾加热，得到碘苯。

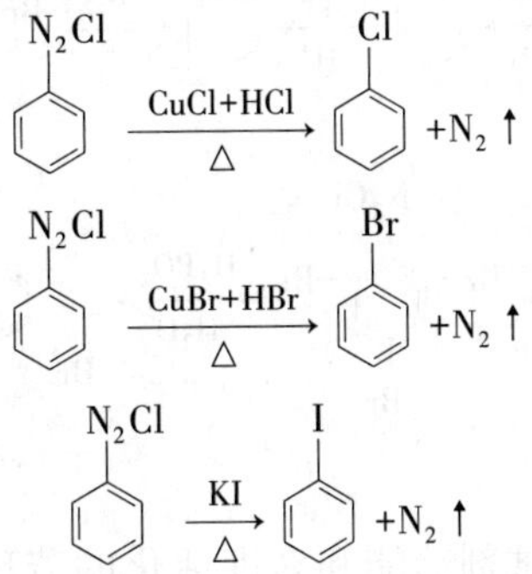

（2）被氰基取代

将氯化重氮盐溶液加入热的氰化亚铜的氰化钾溶液中，重氮基则被氰基取代生成苯腈。

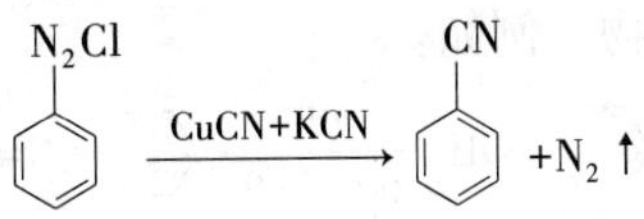

由于氰基容易水解，因此利用此反应可以从苯胺合成芳香族羧酸。

（3）被羟基取代

在重氮盐溶液中加入硝酸铜，然后再加入氧化亚铜，得到相应的酚。如：

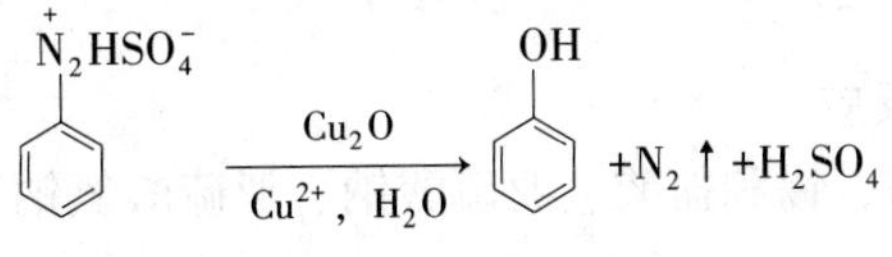

其实芳基重氮盐非常不稳定，使用亲核性较弱的硫酸介质（HSO_4^- 的亲核性弱于 Cl^-、I^-），是为了减少其他取代物的生成。

（4）被氢原子取代

芳基重氮盐与次磷酸 H_3PO_2 反应，重氮基被氢原子取代。

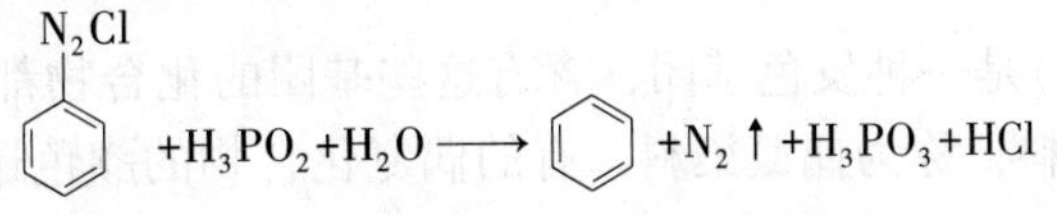

此反应提供了从苯环上除去氨基或硝基的方法。

掌握了重氮基被其他原子或原子团取代的反应后，就可以制备由直接方法得不到的芳环化合物。例如：由苯制备间溴氯苯，用苯直接卤代是不可能得到的，采用如下方法：

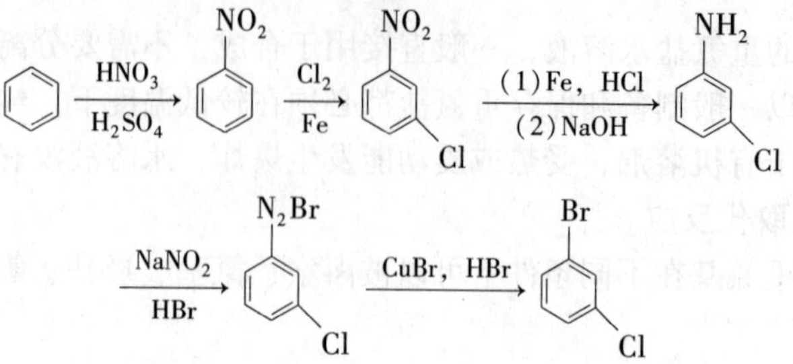

又如制备 1,3,5-三溴苯，用苯直接溴化也是不可能得到的，但如果先从苯合成苯胺，再溴化得到 2,4,6-三溴苯胺，再通过重氮化反应去掉氨基就可以得到 1,3,5-三溴苯。

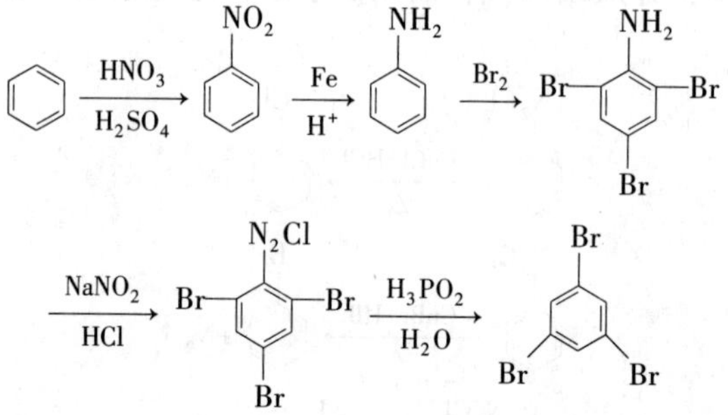

2. 芳基重氮盐的偶联反应

芳基重氮正离子是弱的亲电试剂，能和高度活化的芳环(酚类和芳胺)发生亲电取代反应，产物为偶氮化合物。

芳基重氮盐与酚类偶联在弱碱性介质中进行(pH＝7～9)，偶氮基主要进入羟基的对位，如果对位被占据，则得到邻位产物。例如：

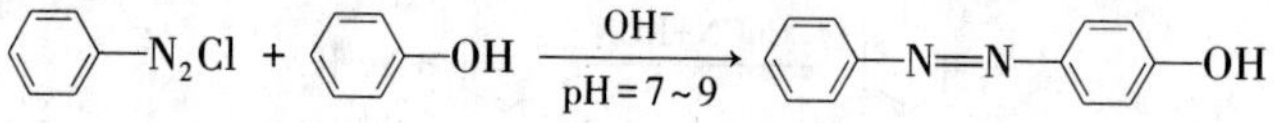

芳基重氮盐与 N,N-二烷基芳胺偶联在弱酸性介质中进行(pH＝4～7)，偶氮基主要进入二甲氨基的对位，如果对位被占据，则得到邻位产物。例如：

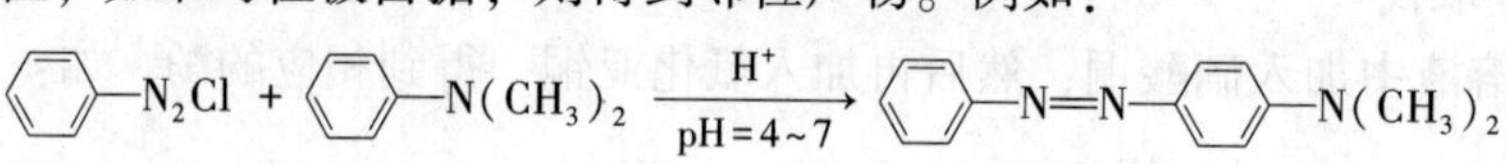

3. 芳基重氮盐的还原反应

重氮盐可以被氯化亚锡、锡和盐酸、亚硫酸钠、亚硫酸氢钠等还原剂还原成肼。例如：

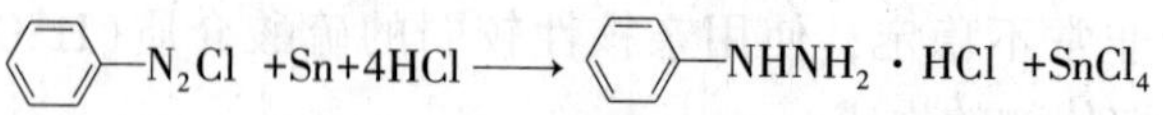

苯肼盐酸盐

15.3.2 偶氮化合物

偶氮基(—N＝N—)是一种发色基团，含有这些基团的化合物都有一定的颜色，因此许多偶氮化合物常用作染料，称为偶氮染料。有的偶氮化合物的颜色还能随水溶液 pH 值的变化而产生灵敏的变化，可用作指示剂，称为偶氮指示剂。这里以甲基橙为例说明指示剂产生颜色变化的原因。

甲基橙是一种常用的酸碱指示剂，可由对氨基苯磺酸的重氮盐与 N,N-二甲基苯胺偶合而成：

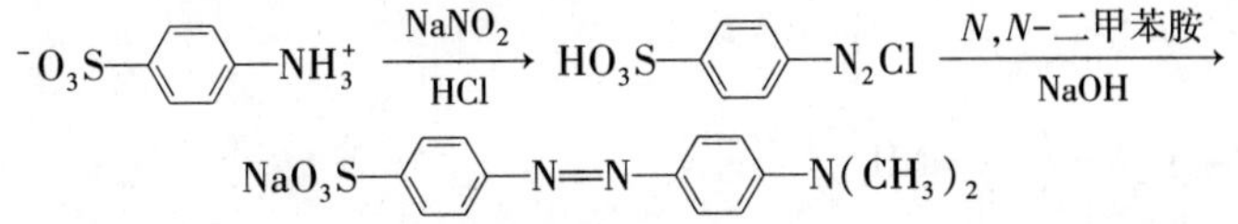

甲基橙的变色范围为 3.1~4.4。它在 pH>4.4 时显黄色，pH<3.1 时显红色，pH 值在 3.1~4.4 之间显橙色。甲基橙在不同 pH 值条件下颜色变化的原因，是由于在不同 pH 值条件下结构改变而引起的：

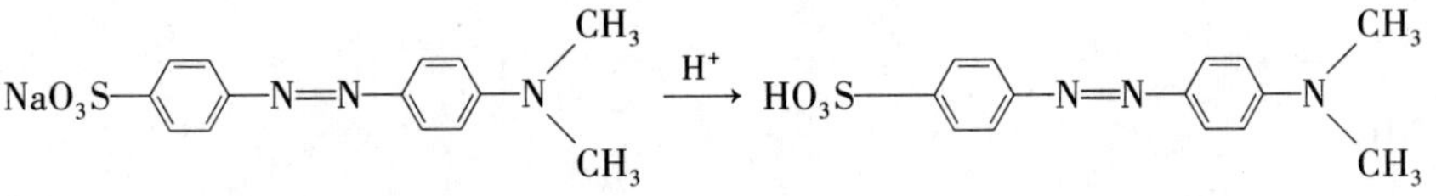

甲基橙(黄色)

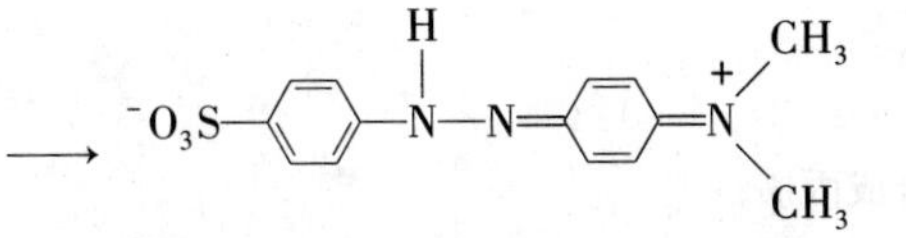

pH<3 红色(内盐型，对苯醌结构)

甲基橙在中性或碱性溶液中以偶氮苯形式存在，呈黄色；而在酸性溶液中则转化为醌式结构，而颜色也随之变为红色。因此，甲基橙指示剂可用于指示溶液的酸碱度。

习　题

1. 命名下列化合物。

　　a. $CH_3CH_2NO_2$　　　　b. 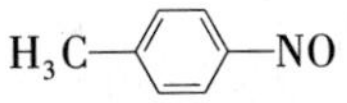 $H_3C\!-\!\!\!\!\bigcirc\!\!\!\!-NO$　　　　c. 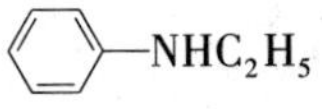 $\bigcirc\!\!\!\!-NHC_2H_5$

　　d. 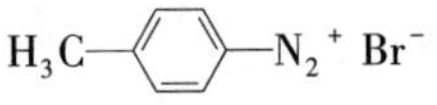 $H_3C\!-\!\!\!\!\bigcirc\!\!\!\!-N_2^+\ Br^-$　　　e. 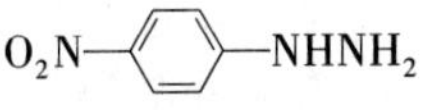 $O_2N\!-\!\!\!\!\bigcirc\!\!\!\!-NHNH_2$　　　　f. $CH_3CH_2CH_2CN$

　　g. $H_2NCH_2(CH_2)_4CH_2NH_2$　　　h. 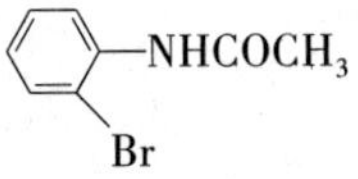 $\bigcirc\!\!\!\!-NHCOCH_3$，邻位 Br

2. 写出下列化合物的结构式。

　　(1) α-萘胺　　　　(2)1-苯基-4-氨基戊烷　　　(3)2,5-二甲基-4-二甲氨基庚烷

　　(4)氯化四甲铵　　(5)N,N-二甲基苯胺　　(6)氢氧化三乙基苄基铵

3. 用简单的化学方法鉴别下列化合物。

　　苯胺、N-甲基苯胺、N,N-二甲基苯胺

4. 设计分离下列各组混合物的流程。

　　(1)苯胺、N-甲基苯胺、N,N-二甲基苯胺

　　(2)苯酚、苯胺、苯甲酸

　　(3)环己烷、环己酮、环己胺

5. 按碱性强弱排列下列各组化合物，并说明理由。

(1) 苯胺、对甲苯胺和对硝基苯胺　　　　(2) 乙酰胺、甲胺和氨

6. 完成下列转化。

a. 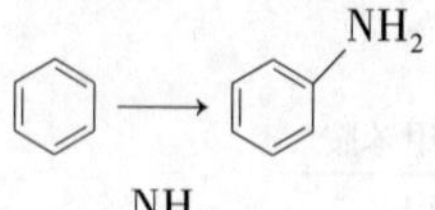 （苯）→ （苯胺 NH$_2$）

b. （苯胺 NH$_2$）→ O$_2$N—（苯环）—NH$_2$

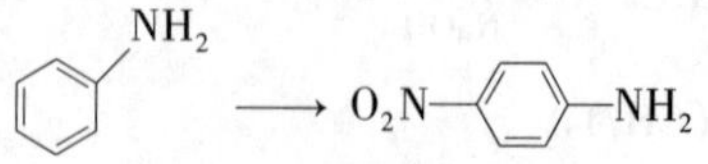

c. CH$_3$CH$_2$OH → CH$_3$CHCH$_2$CH$_3$（带NH$_2$）

d.  O$_2$N—（苯环）—CH$_3$ → O$_2$N—（苯环）—NH$_2$

e. 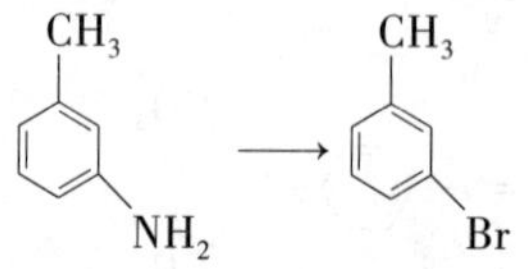 （间甲基苯胺 CH$_3$, NH$_2$）→ （间甲基溴苯 CH$_3$, Br）

f. 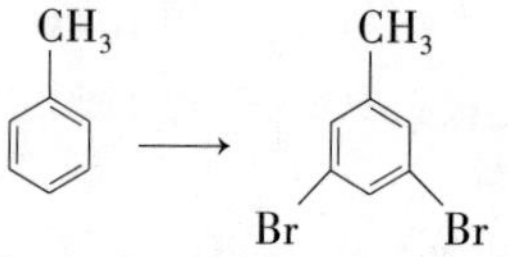 （甲苯 CH$_3$）→ （2,6-二溴甲苯 CH$_3$, Br, Br）

7. 由 Gabriel 合成伯胺的方法合成丙胺。

8. 化合物 A 的分子式为 C$_7$H$_7$O$_2$N，无碱性；A 在 Fe+HCl 条件下还原，得到 B(C$_7$H$_9$N)，B 有碱性；B 在低温下与 NaNO$_2$+HCl 作用，加热水解可放出氮气，同时生成 C(C$_7$H$_8$O)；C 与混酸发生硝化反应，只得到一种单取代产物。试写出 A、B、C 的结构式。

9. 分子式为 C$_6$H$_{15}$N 的 A，能溶于稀盐酸。A 与亚硝酸在室温下作用放出氮气，并得到几种有机物，其中一种 B 能进行碘仿反应。B 和浓硫酸共热得到 C(C$_6$H$_{12}$)，C 能使高锰酸钾退色，且反应后的产物是乙酸和 2-甲基丙酸。推测 A 的结构式，并写出推断过程。

10. 化合物 A 和 B 的分子式都是 C$_6$H$_{15}$N，用碘甲烷处理时，均形成季铵盐。将季铵盐用湿的氧化银处理再热分解，由化合物 A 所得到的季铵碱分解生成乙烯及分子式为 C$_5$H$_{13}$N 的化合物，由化合物 B 得到季铵碱则生成 1-丁烯及分子式为 C$_3$H$_9$N 的产物，试写出化合物 A 和 B 的结构式。

226

第十六章　杂环化合物

由碳原子和其他原子(杂原子)组成的环状化合物称为杂环化合物。最常见的杂原子有 O、S、N。前面学习过的内酯、内酐和内酰胺等都含有杂原子，但它们容易开环，性质上又与开链化合物相似，所以不把它们放在杂环化合物中讨论。本章只讨论具有芳香性的杂环化合物。

杂环化合物种类繁多，在自然界中分布很广。具有生物活性的天然杂环化合物对生物体的生长、发育、遗传和衰亡过程都起着关键性的作用。例如：在动、植物体内起着重要生理作用的血红素、叶绿素、核酸的碱基、中草药的有效成分——生物碱等都是含氮杂环化合物。一部分维生素、抗菌素、植物色素、许多人工合成的药物及合成染料也含有杂环。

杂环化合物的应用范围极其广泛，涉及医药、农药、染料、生物膜材料、超导材料、分子器件、储能材料等，尤其在生物界，杂环化合物几乎随处可见。

16.1　杂环化合物的分类和命名

16.1.1　杂环化合物的分类

杂环化合物根据环的多少可分为单杂环和稠杂环两大类；根据环的大小可分为五元杂环化合物和六元杂环化合物；根据杂原子数目的多少可分为含一个杂原子及两个或多个杂原子的杂环化合物；根据所含杂原子的种类分为氧杂环、氮杂环和硫杂环等。表16-1列出了常见杂环化合物的分类和名称。

16.1.2　杂环化合物的命名

杂环化合物的命名多采用英文名称的音译法。音译法是根据 IUPAC 推荐的通用名，按英文名称音译，用带"口"旁的同音汉字来表示杂环化合物。例如：

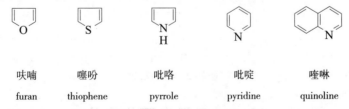

呋喃	噻吩	吡咯	吡啶	喹啉
furan	thiophene	pyrrole	pyridine	quinoline

如杂环上有取代基时，以杂环为母体，取代基位次一般从杂原子开始，依次用1,2,3,4,5…编号。含有两个或两个以上相同杂原子的单杂环编号时，把连有氢原子的杂原子编为1，并使其余杂原子的位次尽可能小；如果环上有多个不同杂原子时，按氧、硫、氮的顺序编号。例如：

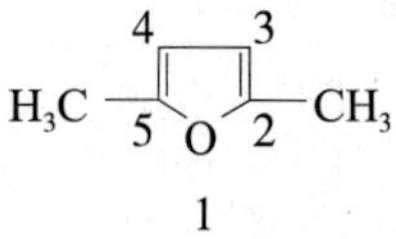

H_3C CH_3

2,5–二甲基呋喃

2,5-dimethylfuran

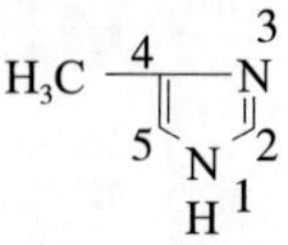

H_3C

4–甲基咪唑

4-methylimidazole

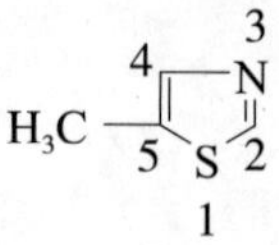

H_3C

5–甲基噻唑

5-methylthiazole

当环上只有一个杂原子时，也可用希腊字母编号，靠近杂原子的第一个位置是 α-位，依次为 β-位、γ-位等。例如：

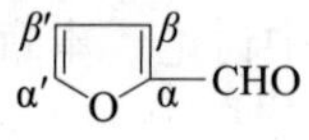

α–呋喃甲醛（2–呋喃甲醛）

2-furanldehyde

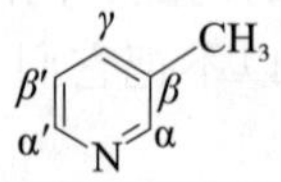

β–甲基吡啶（3–甲基吡啶）

3-methylpyridine

表 16–1　常见杂环化合物的分类和名称

类别	含一个杂原子			含两个杂原子		
五元杂环 （单环）	 呋喃 furan 	噻吩 thiophene 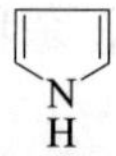	吡咯 pyrrole	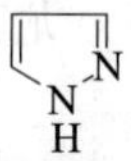 吡唑 pyrazole 	咪唑 imidazole 	噻唑 thiazole
六元杂环 （单环）		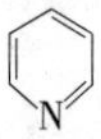 吡啶 pyridine		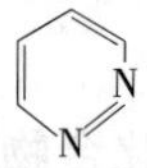 哒嗪 pyridazine 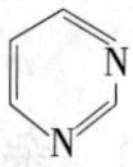	嘧啶 pyrimidine 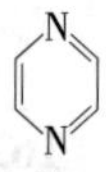	吡嗪 pyrazine
稠杂环	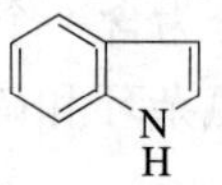 吲哚 indole 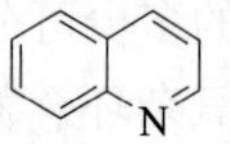	喹啉 quinoline 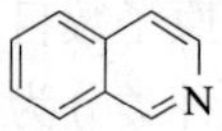	异喹啉 iso quinoline	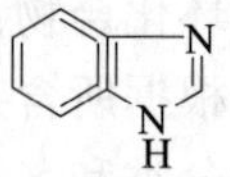 苯并咪唑 benzoimidazole 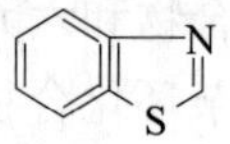	苯并噻唑 benzothiazole	

杂环还有一种命名方法，就是把杂环看作相应碳环化合物中碳原子被杂原子取代而生成的产物来命名，不常用。只对没有特定名称的杂环，才采用此方法命名。例如：

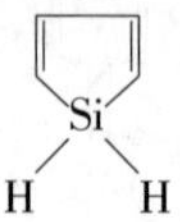

硅杂–2，4–环戊二烯

16.2　五元杂环化合物

最简单、常见的五元杂环化合物是呋喃、噻吩和吡咯，它们各含有一个杂原子。从它们的经典结构来看，都具有共轭二烯结构，但却不易起加成反应，也没有醚、硫醚、胺的典型反应，而容易发生亲电取代反应，类似苯，具有一定程度的芳香性。

16.2.1 呋喃、噻吩和吡咯的结构

呋喃、噻吩和吡咯可以看作苯环中的一个—CH=CH—链节被杂原子代替。

杂原子 O、S、N 均为 sp^2 杂化态，有一对孤电子对占据 p 轨道参与共轭，组成 π_5^6 环状共轭体系。呋喃和吡咯的大 π 键轨道结构如下，噻吩和呋喃结构相似。

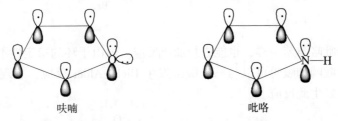

从上述结构可以看出：①呋喃、噻吩和吡咯 π 电子数符合 $4n+2$ 规则，故具有芳香性；②它们由五个原子、六个电子组成共轭体系，是一个富电子体系的芳杂环，因此亲电取代反应比苯容易；③氧、硫、氮电负性与碳不同，π 电子云分布不均匀，杂环稳定性不如苯环。

呋喃、噻吩和吡咯的离域能分别为 67kJ/mol、117kJ/mol 和 88kJ/mol，苯的离域能为 150kJ/mol，因此它们的芳香性大小次序为：

苯>噻吩>吡咯>呋喃

这是由于噻吩中硫原子电负性与碳原子相差最小，电子云分布相对均匀，因此芳香性最大；而氧原子电负性与碳相差最大，芳香性最小。为了表示呋喃、噻吩和吡咯的芳香性结构，也常用下列形式表示：

16.2.2 呋喃、噻吩和吡咯的性质

1. 亲电取代反应

呋喃、噻吩和吡咯是富电子芳杂环化合物，因此容易发生亲电取代反应，反应活性的大小次序为：

吡咯>呋喃>噻吩>苯

呋喃由于氧原子电负性较大，使共轭的电子云偏向自己，环上碳原子电子云密度小于吡咯环上碳原子，反应活性不如吡咯，噻吩硫原子虽然电负性和碳原子最接近，但它是 3p 轨道上的孤电子对参与共轭，重叠程度不够高，结果亲电反应活性降低。虽然噻吩亲电反应活性不如呋喃和吡咯，但仍比苯快得多，噻吩在室温下就能与浓硫酸发生磺化反应：

$$\boxed{S} + H_2SO_4 \longrightarrow \boxed{S}-SO_3H + H_2O$$

利用此反应，可以将含有噻吩的苯与浓硫酸一起振荡，噻吩被磺化溶于浓硫酸，与苯分离，从而除去苯中与其沸点相近的噻吩(沸点：84℃，分馏法难除去)。

呋喃、噻吩和吡咯的亲电取代反应都发生在 α-位(2-位)，当两个 α-位都有取代基时，才发生在 β-位。另外，杂环的稳定性不如苯，如在酸的作用下容易发生开环、氧化或聚合，因此对试剂、反应条件必须进行选择和控制。例如：

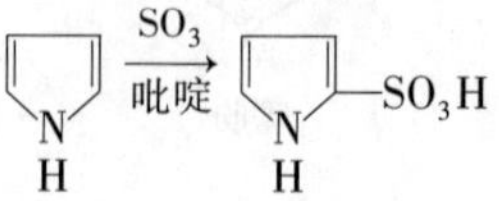

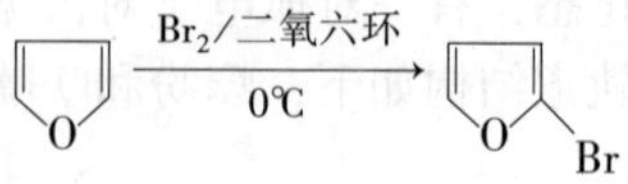

2. 加成反应

呋喃、噻吩和吡咯与苯一样，也能进行加成反应。但由于环的稳定性不同，加成反应难易也不同。例如，呋喃和噻吩可以与马来酸酐发生 Diels-Alder 反应，表现出共轭双烯的性质，而吡咯一般不发生此反应。

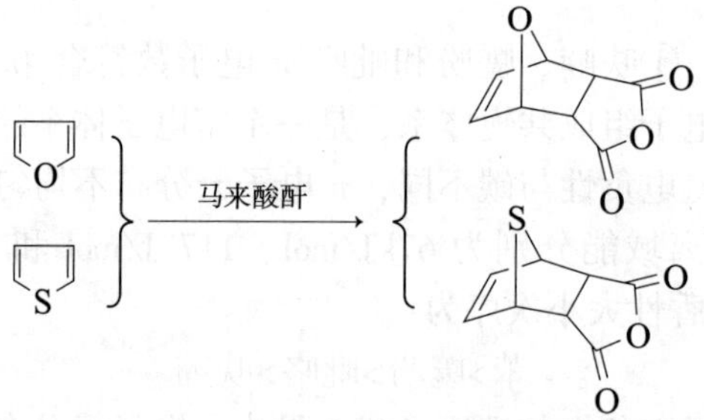

呋喃、噻吩和吡咯都能催化氢化。呋喃催化加氢最容易，并很快生成四氢呋喃，而噻吩由于含有硫，易使催化剂"毒化"失活，不能用催化氢化的方法还原，可被金属钠的乙醇溶液还原为二氢化物。

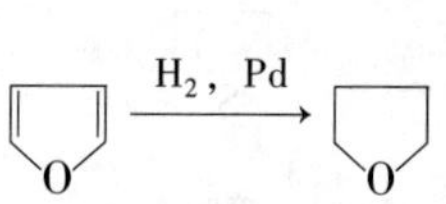

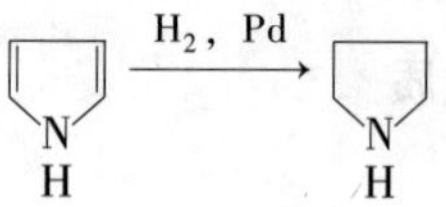

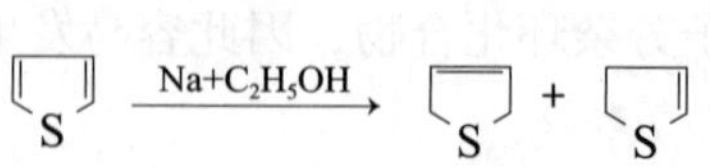

3. 鉴别反应

呋喃遇盐酸浸湿的松木片呈绿色，吡咯遇盐酸浸湿的松木片呈红色，这两个反应称为松木片反应。噻吩和吲哚醌在硫酸作用下，呈蓝色，可以用来鉴别呋喃、噻吩和吡咯。

4. 吡咯的弱碱性和弱酸性

吡咯分子中 N 上的孤电子对参与了环上共轭大 π 键的形成，电子云密度降低，与质子结合能力减弱，因此碱性很弱，比苯胺还弱得多：

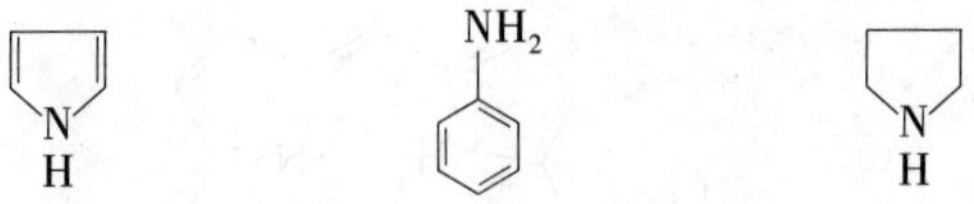

| | K_b | 2.5×10^{-14} | 3.8×10^{-10} | 2×10^{-4} |

吡咯 N 上的 H 有弱酸性，比酚弱，较醇强：

	CH_3CH_2OH		
K_a	10^{-18}	10^{-15}	10^{-10}

吡咯能与固体氢氧化钠或氢氧化钾加热成盐，而不与稀酸或弱酸成盐：

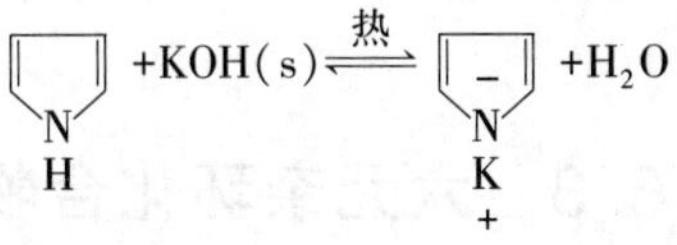

16.2.3 其他重要的五元杂环化合物

1. α-呋喃甲醛(糠醛)

α-呋喃甲醛是呋喃的重要衍生物之一，俗名糠醛。糠醛是无色透明的液体，沸点 161.7℃，能溶于醇、醚等有机溶剂，在空气中逐渐变为黄色、褐色，以致黑色。

糠醛可以由农副产品，如玉米芯、米糠、花生壳或高粱杆(均含有多聚戊糖)等用稀硫酸加热水解后，进行水蒸气蒸馏得到：

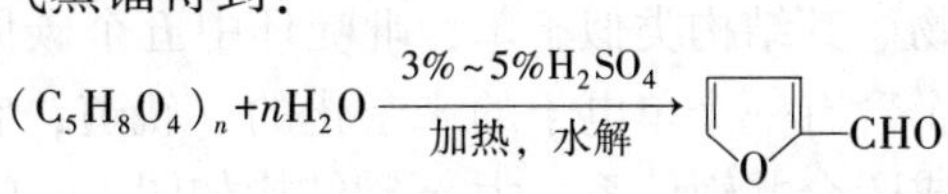

糠醛是不含 α-H 的醛，其化学性质与苯甲醛相似，能发生氧化、还原、歧化、安息香缩合等反应，生成许多有用的化合物，因此糠醛是有机合成工业上很重要的原料，广泛用于油漆和树脂工业。

2. 吲哚

吲哚也叫苯并吡咯，属于稠杂环，为无色片状结晶，熔点 52.5℃，沸点 253℃。具有极臭的气味，但纯净的吲哚在极稀时有香味，可作香料。含吲哚环的生物碱广泛存在于植物中，例如 β-吲哚乙酸是广泛存在于植物幼芽中的植物生长素。低浓度的 β-吲哚乙酸能促进植物生长，是因为它能加速作物生根，但浓度较高时则会抑制作物的生长。蛋白质组分的色氨酸也含有吲哚环。

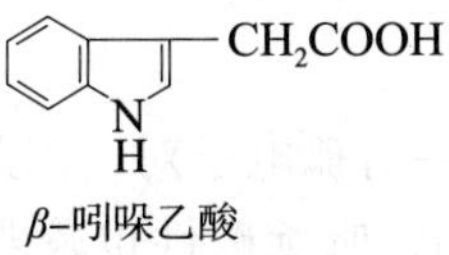

β-吲哚乙酸 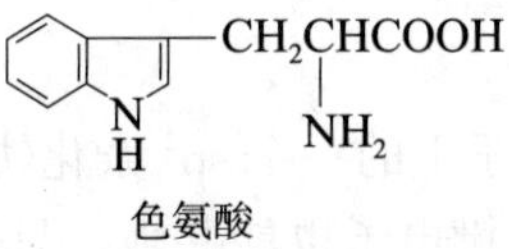   色氨酸

3. 卟啉化合物

卟啉化合物的母体是四个吡咯环和四个次甲基(—CH ═)交替相连组成的大环共轭体系，即卟吩。

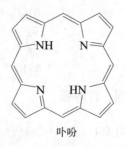

卟吩

卟啉化合物广泛分布于自然界。例如，血红素、叶绿素等都是卟啉类化合物，都具有重要的生理作用。血红素存在于哺乳动物的红细胞中，它与蛋白质结合成为血红蛋白，其功能是运载氧气；叶绿素分为 a 和 b 两种，它们与蛋白质结合存在于绿色植物中，是植物光合作用所必需的催化剂。

16.3 六元杂环化合物

六元杂环化合物最重要的是吡啶，另外还有嘧啶、喹啉和异喹啉，它们及其衍生物广泛存在于自然界，许多合成药物也含有吡啶环和嘧啶环。

16.3.1 吡啶

1. 吡啶的结构和物理性质

吡啶可以看作苯环中一个 C—H 原子团被一个 sp^2 杂化的氮原子置换而成的六元杂环化

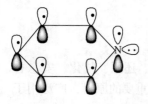

图 16-1 吡啶的结构

合物。其结构类似于苯，吡啶环中五个碳原子和一个氮原子各提供一个含有一个单电子的未杂化的 p 轨道，它们互相平行，侧面重叠而成闭合共轭体系，大 π 键结构如图 16-1 所示。

由于氮原子电负性较碳大，与 C—H 相比是吸电子的，因此吡啶环上碳的电子云密度小于苯环，应是缺电子的芳香杂环，且 π 电子云分布不均匀。吡啶环上的 π 电子云密度如下所示：

由于有极性，吡啶及其衍生物沸点比相应的苯系化合物高。吡啶是一个无色有恶臭的液体，与水及许多有机溶剂(如乙醇、乙醚等)混溶，是良好的溶剂。可以利用吡啶溶于水而将甲苯中少量吡啶除去。

2. 吡啶的碱性

吡啶环中，N 原子上的一个 sp^2 杂化轨道上还有一对孤电子对，因此吡啶有碱性。但孤电子对与环上的大 π 键电子也能共轭，只是共轭较弱，吡啶碱性也较弱，K_b 约为 10^{-9}，比脂肪胺碱性弱，比苯胺强。吡啶的弱碱性使吡啶能与强酸成盐，如吡啶盐酸盐：

$$\text{吡啶} + HCl \longrightarrow \text{吡啶盐酸盐}$$

吡啶与酰氯或酸酐反应能生成 N-酰基的吡啶镓盐。

3. 吡啶环上碳原子上的亲电取代反应

与苯环上碳原子相比，吡啶环上碳原子是缺电子的，因此吡啶环上亲电取代反应比苯难，但仍然能够发生。相对来说 3 位上电子云密度最大，所以亲电取代多发生在 3 位上。例如，使吡啶硝化需 300℃ 以上的高温，硝基主要进入 3 位：

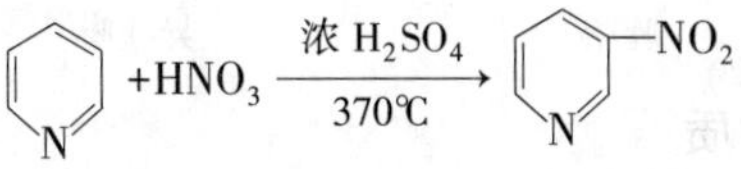

3-硝基吡啶

4. 吡啶环上碳原子上的亲核取代反应

吡啶环上碳原子上由于电子云密度较低，易进行亲核取代，亲核取代一般发生在 2 位上。例如，吡啶与氨基钠在 N-甲基苯胺中加热到 100℃ 得到 2-氨基吡啶：

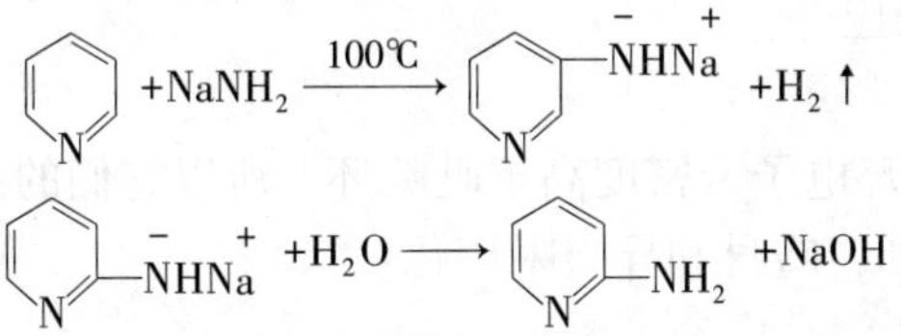

5. 吡啶的氧化和还原

与苯环相比，吡啶环电子云密度小，不容易被氧化，容易被还原。例如，吡啶能被催化加氢或被金属钠的乙醇溶液还原为六氢吡啶：

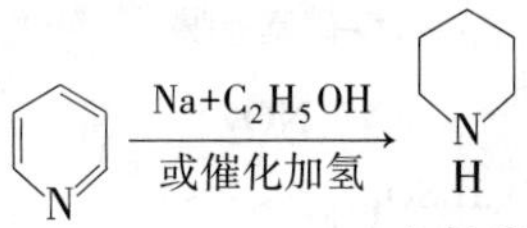

六氢吡啶

16.3.2 嘧啶

嘧啶是含有两个氮原子的六元杂环化合物，它是无色结晶体，熔点 22.5℃，沸点 124℃。由于环中有两个 N 原子的吸电子作用，环上电子云密度比吡啶环还低，因此亲电取代反应比吡啶难，碱性也比吡啶弱，但亲核取代比吡啶容易。

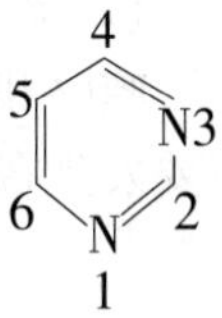

嘧啶衍生物在自然界中广泛存在，遗传物质核酸的碱基尿嘧啶、胸腺嘧啶和胞嘧啶都含有嘧啶结构。一些药物如磺胺药、维生素 B_1 和安眠药也含有这种结构。

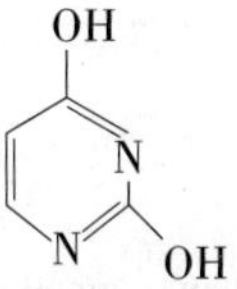

嘧啶

尿嘧啶 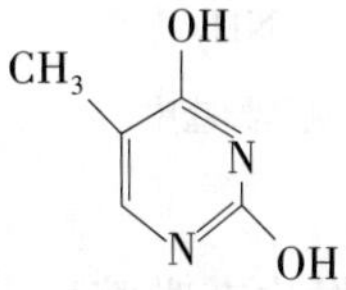   胸腺嘧啶 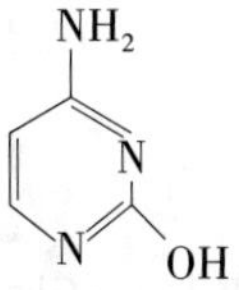   胞嘧啶 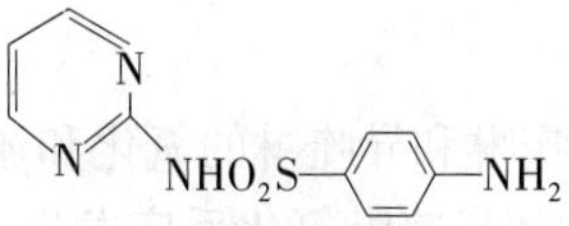   磺胺嘧啶（SD）

16.3.3 喹啉和异喹啉

喹啉和异喹啉是同分异构体,它们都是苯并吡啶,环的编号如下:

喹啉   异喹啉

1. 喹啉和异喹啉的物理性质

喹啉为无色液体,具有特殊气味,沸点为238℃,微溶于水,易溶于乙醚、乙醇等有机溶剂;异喹啉为低熔点固体,熔点26.5℃,沸点242.2℃,也能与多种有机溶剂混溶。

喹啉和异喹啉 N 上都有孤电子对,都是弱碱,都能与稀酸成盐,但异喹啉碱性($pK_a = 5.4$)比喹啉($pK_a = 4.94$)略强。

2. 喹啉和异喹啉的反应

(1)亲电取代

喹啉和异喹啉中,苯环电子云密度高于吡啶环,所以它们的亲电取代发生在苯环上,且主要在5位和8位上。例如,喹啉和异喹啉硝化:

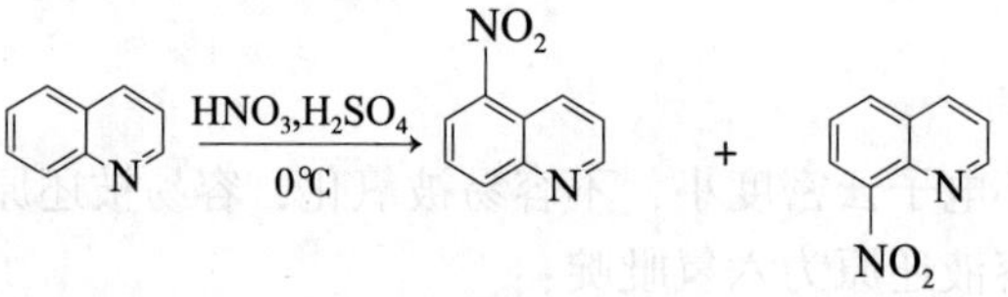

5-硝基喹啉   8-硝基喹啉

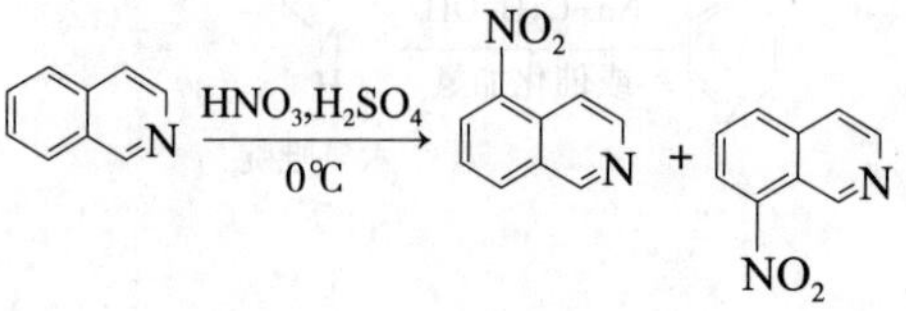

5-硝基异喹啉   8-硝基异喹啉

(2)亲核取代

喹啉和异喹啉亲核取代反应发生在吡啶环上,且喹啉主要发生在2位和4位上,异喹啉主要发生在1位上。例如,喹啉和异喹啉和氨基钾反应:

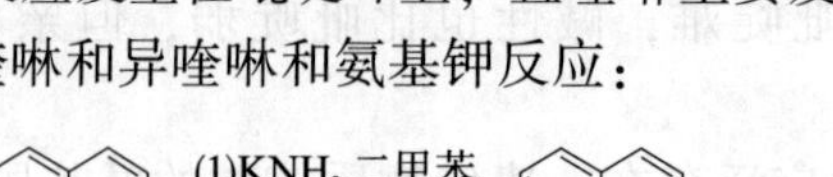

2-氨基喹啉

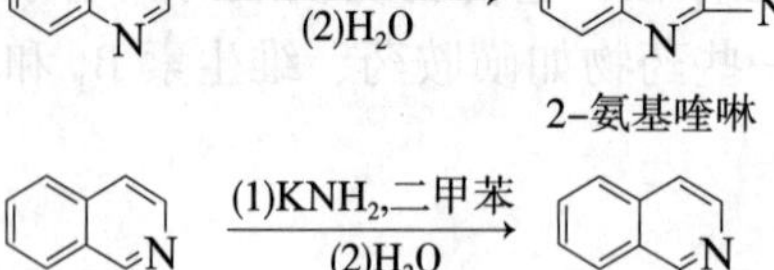

1-氨基异喹啉

(3)喹啉和异喹啉的氧化和还原

喹啉和异喹啉氧化反应发生在苯环上,还原反应发生在吡啶环上。例如,喹啉的氧化和催化加氢:

234

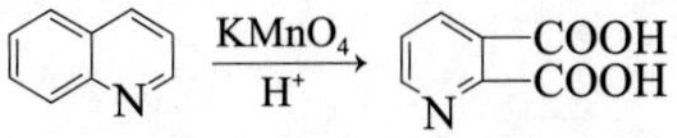

2,3-吡啶二甲酸

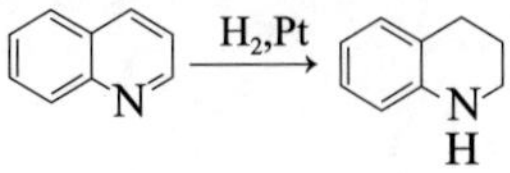

1,2,3,4-四氢喹啉

3. 喹啉的制法

喹啉环的合成，常用的方法是 Skraup 法。它是将芳香族伯胺、甘油同浓硫酸和一种氧化剂(如硝基苯或五氧化二砷等)一起加热，得到喹啉。

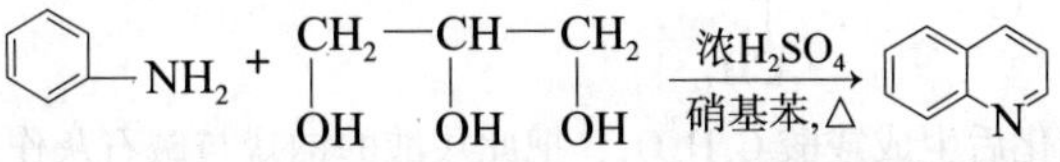

喹啉环和异喹啉环是许多生物碱的母体。例如，奎宁含有喹啉环，是传统的抗疟药物；罂粟碱含有异喹啉环，是典型的吗啡生物碱。喹啉和异喹啉能用于制造药物和高效杀虫剂。

习　题

1. 写出下列化合物的构造式。

(1)糠醛 　　　　　(2)2,3-二甲基噻吩 　　　　(3)2-甲基-5-乙基吡啶

(4)1-甲基-2-乙基吡咯 　(5)六氢吡啶 　　　　　(6)β-吲哚乙酸

(7)5-喹啉磺酸 　　(8)8-羟基异喹啉

2. 命名下列化合物。

(1)  　(2)  　(3)

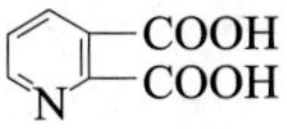

(4) 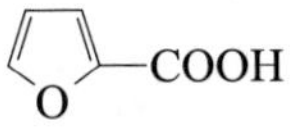 　(5) 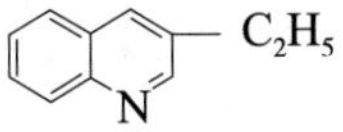 　(6)

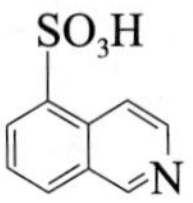

3. 写出下列反应的主要产物。

(1) 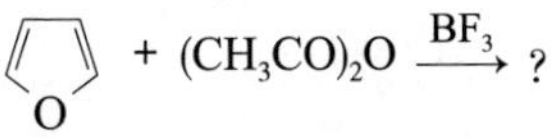 + $(CH_3CO)_2O$ $\xrightarrow{BF_3}$?

(2) + H_2SO_4 $\xrightarrow{室温}$?

(3) + $C_6H_5N_2^+Cl^-$ ⟶ ?

(4) —CHO + NaOH(浓) ⟶ ?

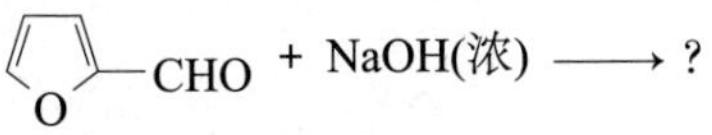

(5) 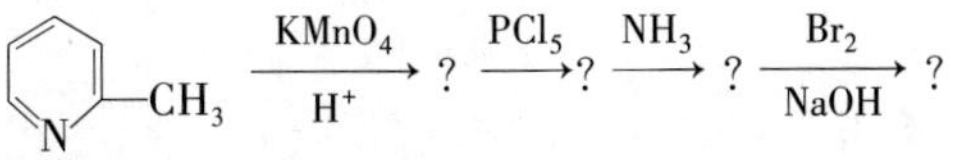 $\xrightarrow[H^+]{KMnO_4}$? $\xrightarrow{PCl_5}$? $\xrightarrow{NH_3}$? $\xrightarrow[NaOH]{Br_2}$?

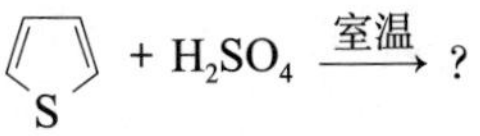

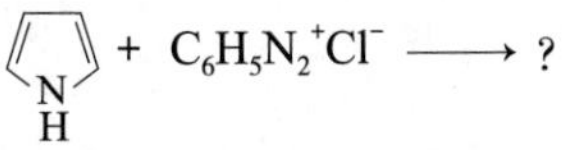

4. 回答下列问题。

(1)如何除去苯中少量的噻吩? 　　(2)如何除去甲苯中少量吡啶?

(3)如何区别吡啶和喹啉? 　　　(4)如何区别呋喃、噻吩和吡咯?

(5)解释下列杂环化合物亲电取代反应的活性顺序：吡咯>呋喃>噻吩>苯>吡啶

5. 由指定原料合成。

（1）

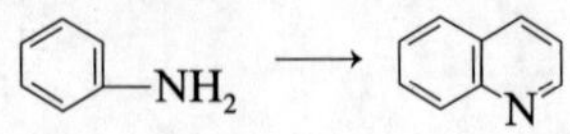

（2）

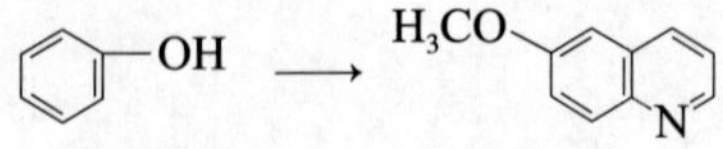

（3）

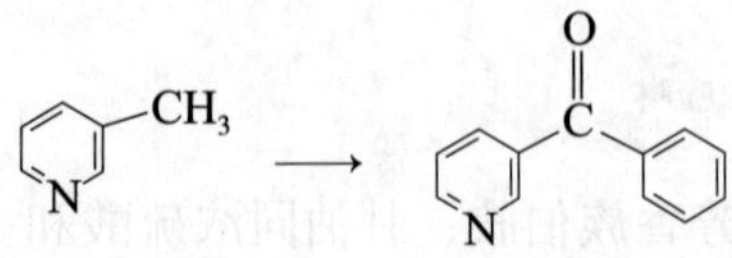

（4）

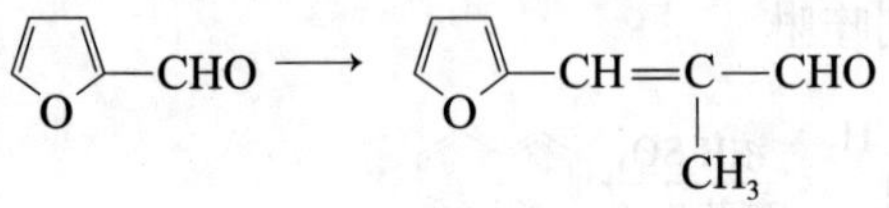

6. 杂环化合物 $C_5H_4O_2$ 经氧化后生成羧酸 $C_5H_4O_3$，把此羧酸的钠盐与碱石灰作用，转变为 C_4H_4O，后者与钠不起反应，也不具有醛和酮的性质，原来的 $C_5H_4O_2$ 是什么？

236

第十七章　碳水化合物

　　碳水化合物是自然界数量最大、分布最广的一类有机化合物，对于一切生物体都非常重要，几乎所有生物体都含有碳水化合物，像葡萄糖、果糖、蔗糖、淀粉、纤维素等都是碳水化合物。这些物质的经验式符合 $C_mH_{2n}O_n$，其中 H 和 O 的比例与水分子中 H 和 O 的比例相同，可以用 $C_m(H_2O)_n$ 表示。以前人们不知道这些化合物的结构，就把它们看作碳水化合物。碳水化合物的名称就这样产生了，把符合 $C_m(H_2O)_n$ 这样组成的化合物称为碳水化合物。但这概念不确切，像甲醛(CH_2O)、乳酸(2-羟基丙酸，$C_3H_6O_3$)分子式都符合 $C_m(H_2O)_n$，但它们不是碳水化合物；而有的化合物不符合 $C_m(H_2O)_n$，却是碳水化合物，如鼠李糖($C_6H_{12}O_5$)，不符合 $C_m(H_2O)_n$，但它是碳水化合物。由于碳水化合物类型比较多，很难找到一个普遍适用的定义，所以目前仍然沿用了历史的不确切的定义。

　　碳水化合物是光合作用的产物，即植物叶绿素吸收太阳能，经过复杂过程，把吸收的二氧化碳和水合成为碳水化合物，同时放出氧气，用式子表示为：

$$xCO_2+yH_2O+太阳能 \xrightarrow{\text{叶绿素}} C_x(H_2O)_y+xO_2$$

　　碳水化合物在植物或动物体内新陈代谢，氧化成 CO_2 和 H_2O，放出的能量大部分储存在体内，一部分转化为热能，为生命活动或体内所需的各种化合物生物合成提供能量。所以说碳水化合物是储存太阳能的物质，是人类和动植物不可缺少的物质。

　　现在有人把多羟基的醛、酮或水解后产生多羟基醛酮的化合物称为碳水化合物，也称为糖类。根据糖类的结构和性质把它分成单糖、低聚糖和多糖。

　　①单糖——不能再水解成更简单的糖的多羟基醛、酮称为单糖。如葡萄糖、果糖都是单糖，单糖多是结晶固体，能溶于水，大多数具有甜味。

　　②低聚糖——水解后能产生 2~10 个单糖分子的多羟基醛、酮，统称为低聚糖。如麦芽糖水解生成两分子葡萄糖，称为双糖或二糖；蔗糖也是二糖，水解产生一分子葡萄糖、一分子果糖。水解产生三分子单糖的化合物称为三糖。

　　③多糖——水解生成 10 个以上单糖分子的多羟基醛、酮称为多糖。淀粉、纤维素都是多糖。多糖没有甜味，例如淀粉没有甜味，但在嘴中咀嚼一段时间后，会觉得甜，这是因为在唾液酶的作用下，淀粉部分水解为低聚糖和葡萄糖。

17.1　单　糖

　　单糖为多羟基醛酮，不能再水解为更简单的糖，根据单糖分子中所含碳原子数目，分为戊糖(含 5 个碳原子)、己糖(含 6 个碳原子)；根据所含羰基，分为醛糖(含有醛基的糖)、酮糖(含有酮基的糖)，这两种分类法经常合并使用，称为某醛糖或某酮糖。例如：

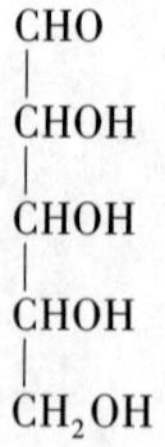

戊醛糖
aldopentose

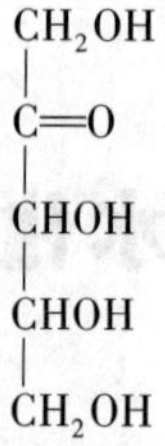

戊酮糖
ketopentose

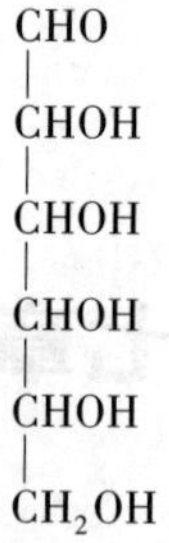

己醛糖
aldohexose

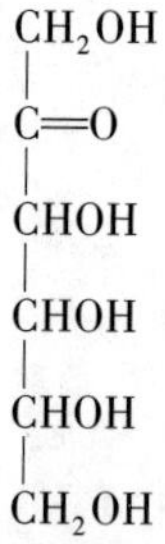

己酮糖
ketohexose

写糖的结构时，一般将羰基写在上端，碳链编号从醛基或靠近酮基的一端开始，相应的醛糖和酮糖是同分异构体。

17.1.1 单糖的构型

最简单的醛糖是 α，β-二羟基丙醛（甘油醛）；最简单的酮糖是 α，α'-二羟基丙酮。

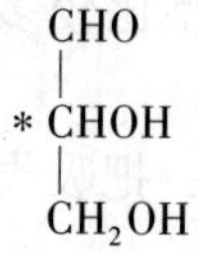

α，β-二羟基丙醛
甘油醛

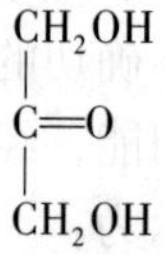

α，α'-二羟基丙酮

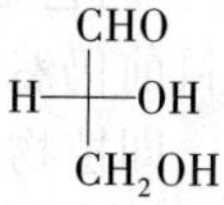

R-(+)-甘油醛
D-(+)-甘油醛

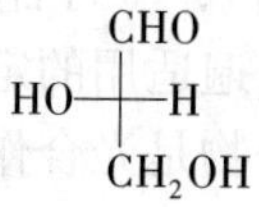

S-(-)-甘油醛
L-(-)-甘油醛

由于甘油醛分子中有一个不对称的碳原子，它有一对对映异构体，用 R、S 构型命名为：R-(+)-甘油醛，S-(-)-甘油醛。另一种表示糖构型的方法是用 D、L 标记，在费歇尔投影式中甘油醛手性碳上—OH 写在碳链右端的叫 D 构型；甘油醛中手性碳上—OH 写在碳链左端的叫 L 构型。D、L 构型同 R、S 构型一样是人为规定的，与左右旋无关。上面提到的己醛糖有 4 个手性碳，有 16 个光学异构体，葡萄糖是其中之一；己酮糖有三个手性碳，有 8 个光学异构体，果糖是其中之一。

1. 糖构型的表示方法

糖构型的表示方法，最常用的是 Fischer 投影式，手性碳原子省去不写，竖线和横线交叉点代表手性碳原子，例如：

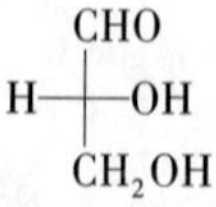

D-(+)-甘油醛

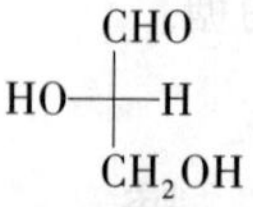

L-(-)-甘油醛

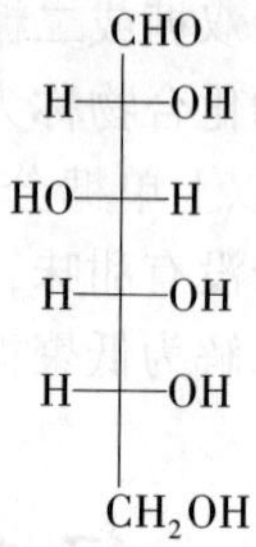

D-(+)-葡萄糖

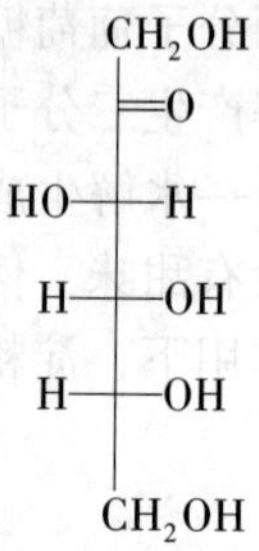

D-(-)-果糖

为了书写简便，手性碳原子上的氢可以省去，羟基可以用短线表示，甚至可以用一长横线表示羟甲基，用△表示醛基。这样，D-(+)-葡萄糖可以简写为以下形式：

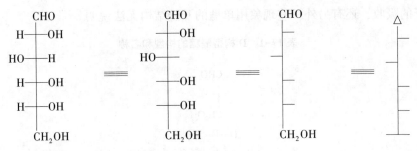

D-(+)-葡萄糖；(2R,3S,4R,5R)-2,3,4,5,6-五羟基己醛

如果用 R、S 标记法对葡萄糖的每一个手性碳进行标记，D-(+)-葡萄糖又可以命名为：(2R，3S，4R，5R)-2,3,4,5,6-五羟基己醛。

Fischer 投影式表示糖的构型应该遵守 Fischer 投影式的规定，不能离开纸面翻转，但可以在纸平面上转 180°。例如，D-(+)-葡萄糖，离开纸面翻转，则得到葡萄糖的对映体 L-(-)-葡萄糖。

$$
\begin{array}{ccc}
\text{CHO} & \xrightarrow{\text{离开纸面翻转}} & \text{CHO} \\
\vdots & & \vdots \\
\text{CH}_2\text{OH} & & \text{CH}_2\text{OH} \\
\text{D-(+)-葡萄糖} & & \text{L-(-)-葡萄糖}
\end{array}
$$

另一种糖的表示方法是楔形表示法，不常用。

2. 相对构型

在 20 世纪 50 年代以前，没有办法测定有机化合物的绝对构型，就用相对构型表示各种糖类构型之间的关系。相对构型以最简单的甘油醛为标准，其他单糖构型式与甘油醛比较，如果编号最大的不对称碳原子的构型与 D-(+)-甘油醛相同，就是 D 构型；如与 L-(-)-甘油醛的构型相同，就属于 L 构型。例如，上面提到的葡萄糖编号最大的手性碳，是第五个碳原子，其羟基在碳链右侧，与 D-(+)-甘油醛相同，因此命名为 D-(+)-葡萄糖，而它的对映体编号最大的手性碳构型与 L-(-)-甘油醛的构型相同，命名为 L-(-)-葡萄糖。

自然界中，大部分糖类都是 D 构型。表 17-1 列出了由 D-(+)-甘油醛递升导出的系列 D 构型醛糖。

己醛糖 16 种异构体，上述是 8 个 D-型己醛糖，每一个 D-型己醛糖有一个对映体 L-型己醛糖。

17.1.2　单糖的环状结构和构象

1. 环状结构

Fischer 投影式能够清楚地表示各种糖之间和糖与它的反应物之间的结构关系，但并不是分子的真实结构。按照上述所述，D-(+)-葡萄糖是一个五羟基己醛，可以被吐伦试剂和菲林试剂氧化，还有一些其他反应，确实证明了葡萄糖为多羟基醛，但它却不与饱和 $NaHSO_3$ 加成(与醛又不一样)。且葡萄糖晶体在 IR 谱中没有羰基吸收峰，在 ^1H NMR 谱中也无醛基质子的吸收，还有另外一些现象用单糖的开链结构无法说明。

表 17-1　D 构型醛糖的构型和名称

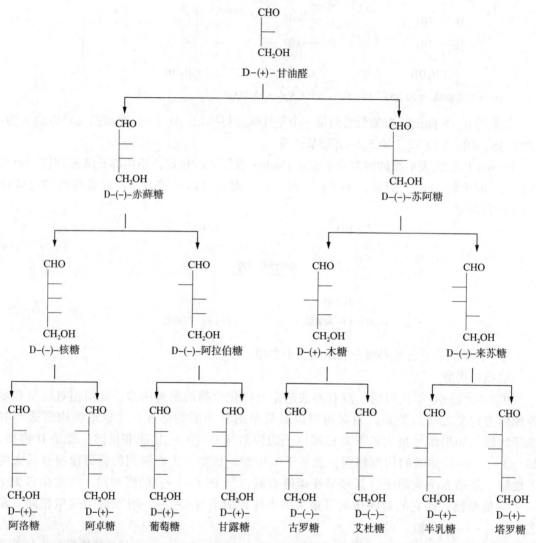

（1）变旋现象

D-葡萄糖在不同条件下结晶，可以得到两种晶体。50℃以下从水溶液中结晶得 α-型葡萄糖，熔点为 146℃；在 98℃以上从水溶液中结晶得 β-型葡萄糖，熔点为 150℃。α-型葡萄糖配成的溶液，刚开始比旋光度+113°，放置后逐渐达到平衡时比旋光度+52.7°；β-型葡萄糖配成的溶液，最初比旋光度+17.5°，放置后逐渐也达到+52.7°，这种现象称为变旋现象。也就是说新配置的葡萄糖溶液，在放置一段时间后，比旋光度会逐渐变化，最后达到一个恒定的数值。

（2）糖苷的生成

根据葡萄糖的开链结构，D-葡萄糖分子中含有醛基，理应在干 HCl 存在下与两分子 CH_3OH 反应生成缩醛，但实际上 D-葡萄糖却只与一分子 CH_3OH 作用生成稳定的化合物，这说明醛糖中的醛基可能先与它自己分子中的羟基生成了一个半缩醛，所以只能与一分子甲

240

醇失水生成缩醛。

近年来用现代物理方法(主要用 X 射线衍射法)证明，葡萄糖结构并不像前面表示的链状结构，而是环状结构，且成六元环存在，即 C_5 上的羟基与醛基作用生成了环状半缩醛。环状半缩醛有两种：

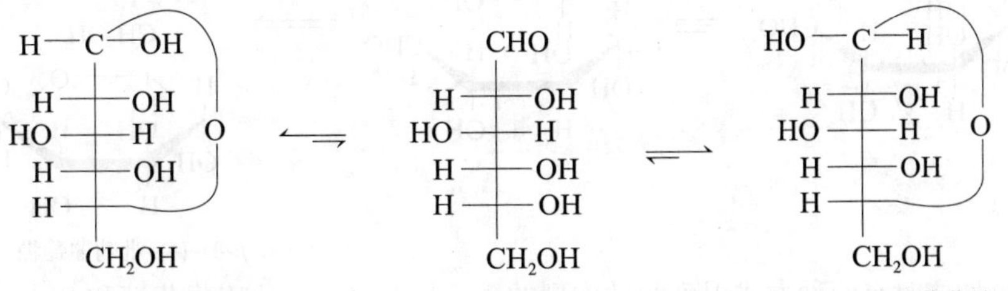

$$\alpha\text{-D-(+)-吡喃葡萄糖} \rightleftharpoons \text{D-(+)-葡萄糖} \rightleftharpoons \beta\text{-D-(+)-吡喃葡萄糖}$$

葡萄糖的六元环由 5 个碳原子和一个氧原子形成，和杂环化合物中的吡喃环相当，所以又叫吡喃葡萄糖，即 α-D-(+)-吡喃葡萄糖，β-D-(+)-吡喃葡萄糖。

葡萄糖中的半缩醛式羟基称为苷羟基，苷羟基与其他羟基不一样，苷羟基与另一羟基化合物失水而成的缩醛叫配糖物或糖苷。例如，葡萄糖和甲醇在酸催化下作用得到葡萄糖苷，糖苷也有甲基-α-D-葡萄糖苷和甲基-β-D-葡萄糖苷两种。糖苷是个缩醛，它对碱稳定，在酸性溶液中水解成 D-葡萄糖和甲醇。

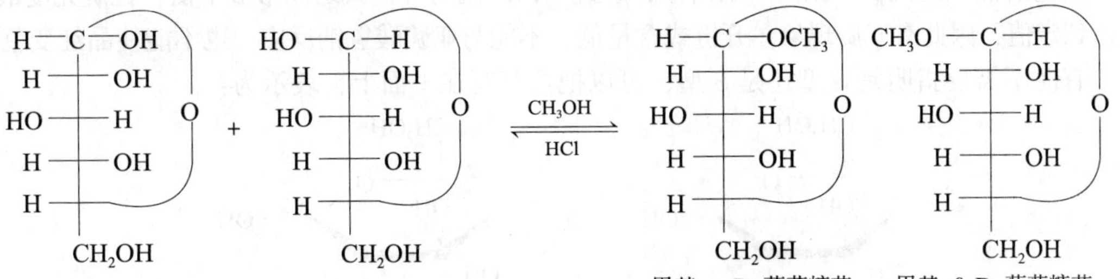

甲基-α-D-葡萄糖苷　　甲基-β-D-葡萄糖苷

这种直立环状投影式表示糖的环状结构，有一个很长的氧桥键，也不能很好地反映出各个基团的相对空间关系，所以通常采用另一种表示法：Haworth 式。

2. 糖的 Haworth 式

糖的 Haworth 式也叫透视式，现以 D-葡萄糖为例，将 Haworth 式书写步骤说明如下。

①先把碳链由直立沿顺时针方向放成水平，然后再把碳链向纸面弯曲成环状。

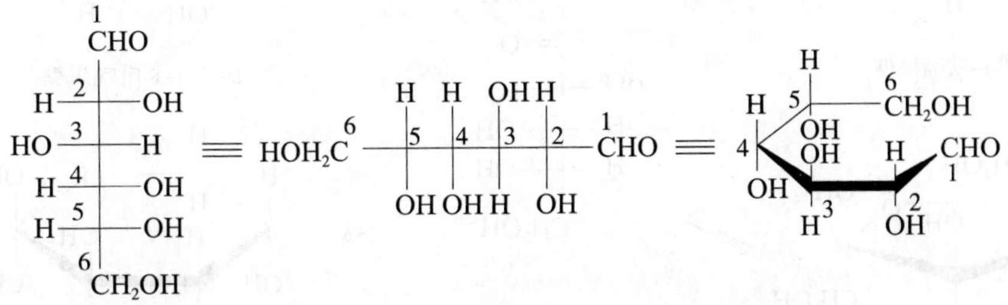

②将 C_4—C_5 单键旋转 $120°$ 使 C_5 上羟基离醛基最近，和醛基加成生成半缩醛。

241

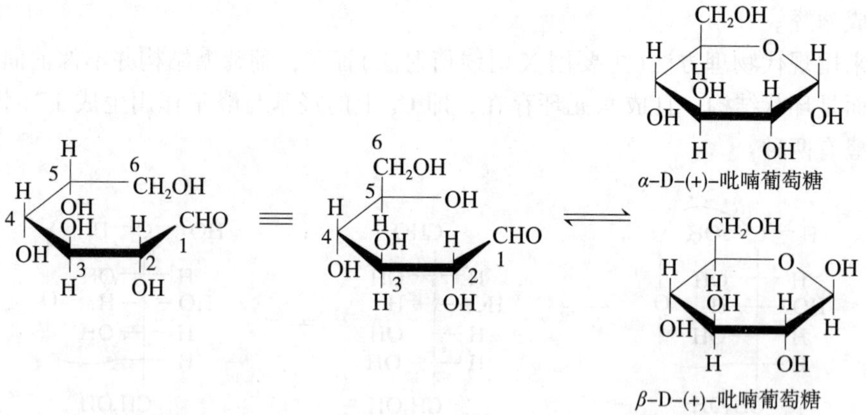

α-D-(+)-吡喃葡萄糖

β-D-(+)-吡喃葡萄糖

羟基进攻加成时有两种方式得到两种构型的糖，α-D-(+)-吡喃葡萄糖和 β-D-(+)-吡喃葡萄糖，这两种异构体与开链式在溶液中平衡共存，通过开链式可以互相转化达到平衡。

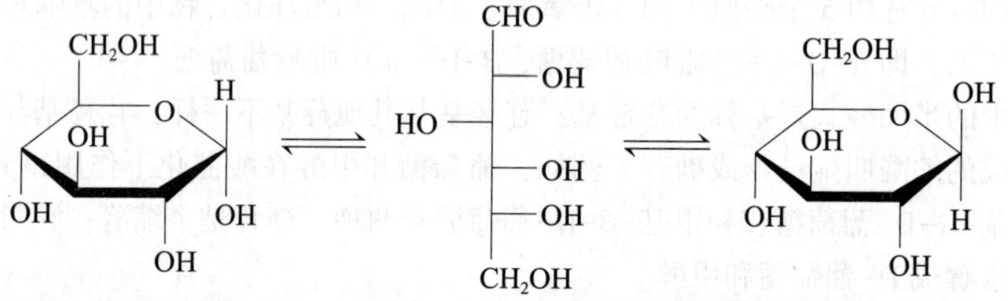

无论 α 晶型还是 β 晶型配成的溶液，经过一段时间与开链式之间形成平衡，比旋光度最后都达到定值，因此有变旋现象。开链式含量低，不能与亚硫酸氢钠反应，也不能使品红变色。

有时不需要指明是 α 型还是 β 型，可以把羟基写在平面上，表示为：

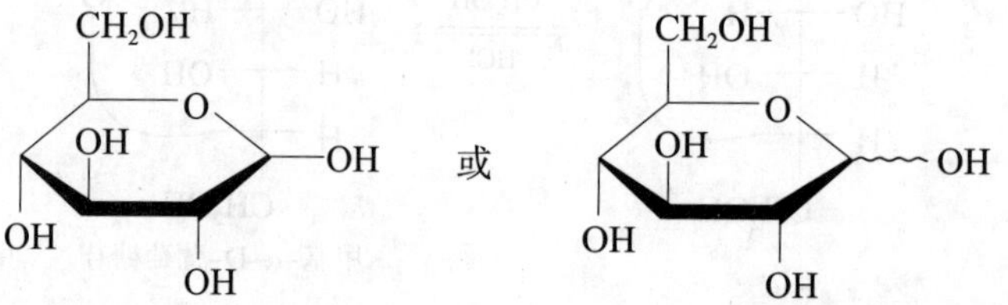

或

单糖分子中半缩醛环并不都是六元环，也有五元环，例如果糖有五元环，也有六元环，它在溶液中可能有五种构型，即开链的酮式、六元环的 α 型和 β 型，五元环的 α 型和 β 型：

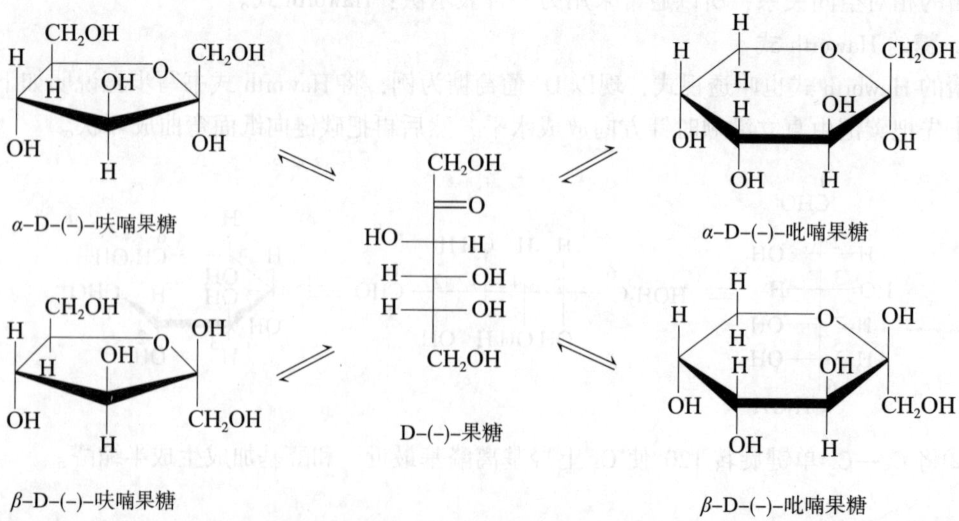

α-D-(−)-呋喃果糖

α-D-(−)-吡喃果糖

D-(−)-果糖

β-D-(−)-呋喃果糖

β-D-(−)-吡喃果糖

由于五元环糖可以看作呋喃衍生物，所以称为呋喃式；相应的六元环称为吡喃式。果糖也有变旋现象，20℃平衡后果糖比旋光度为-92°。

3. 糖的构象

单糖的 Haworth 式能清楚地表示出环上各原子和原子团的相互关系，但吡喃环上各原子并不在同一平面内，它们与环己烷一样，具有稳定的椅式构象，α-D 和 β-D-吡喃葡萄糖的两种椅式构象分别为：

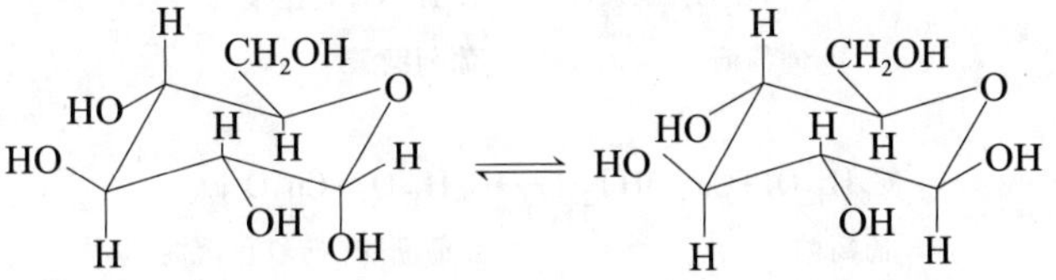

α 型 37% β 型 63%

可以看出，β-D-葡萄糖构象，所有体积大的基团都在 e 键上，最稳定，在水溶液中占到 63%；而 α-D-葡萄糖构象除苷羟基外，其他体积大的基团也都在 e 键，在水溶液中占到 37%，开链式很少。从构象还可以看出，葡萄糖在所有六碳糖中构象是最稳定的，在自然界中含量也最高。

其他 D-己醛糖 Haworth 式或构象式可以与葡萄糖的比较得到，以半乳糖为例：

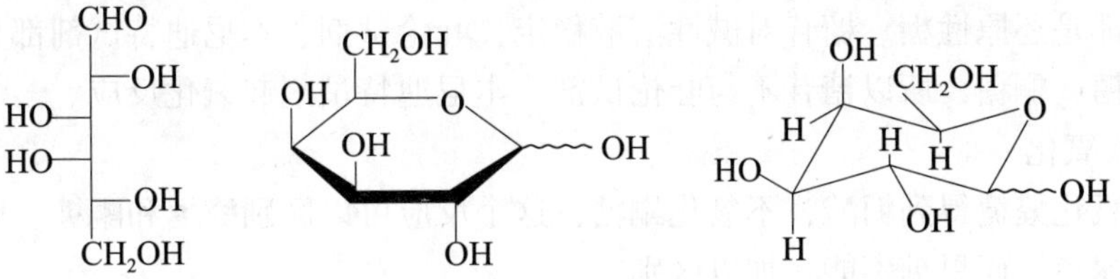

D-半乳糖开链式   D-半乳糖Haworth式   D-半乳糖构象式

17.1.3　单糖的化学性质

单糖分子中的醇羟基具有醇的一般性质，例如可以成酯、成醚等。单糖水溶液中链状和环状平衡共存，某些反应，如氧化、还原等是以链状异构体参加反应，而环状异构体就不断地变为链状，最后全部生成产物。

1. 还原反应

与醛酮相似，糖分子中的羰基也可以被还原成羟基。实验室中常用硼氢化钠把糖还原成多元醇，工业上则用镍作催化剂在沸腾的乙醇溶液中加氢还原。D-葡萄糖还原得到山梨醇，还有一种 L-古罗糖还原也得到山梨醇。

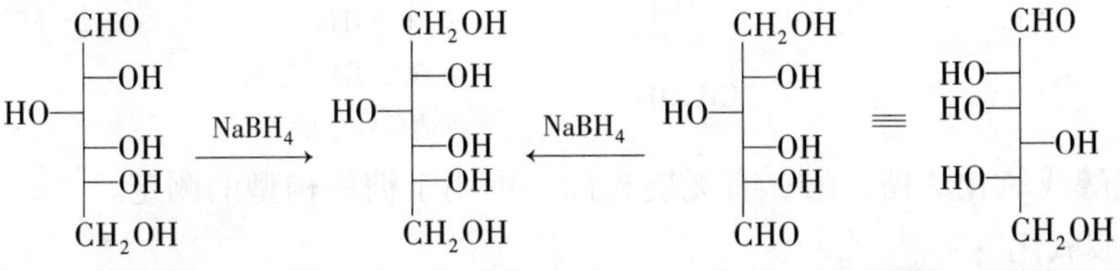

D-葡萄糖   山梨醇   L-古罗糖

山梨醇无毒，有轻微吸湿性，常用于化妆品与药物中。D-果糖还原生成山梨醇和甘露醇混合物。

2. 氧化反应

单糖用不同的氧化剂氧化会得到不同产物。

(1)用吐伦试剂和本尼迪特试剂氧化

醛糖很容易与吐伦试剂作用产生银镜；与本尼迪特试剂(硫酸铜、柠檬酸和碳酸钠配成的溶液)一起加热，溶液蓝色消失，同时生成氧化亚铜砖红色沉淀，也叫铜镜。

$$C_6H_{12}O_6 + Ag_2O \longrightarrow C_6H_{12}O_7 + Ag \downarrow$$
葡萄糖 葡萄糖酸

$$C_6H_{12}O_6 + Cu(OH)_2 \longrightarrow C_6H_{12}O_7 + Cu_2O \downarrow$$
葡萄糖 葡萄糖酸 砖红色沉淀

α-羟基酮糖，在碱性条件下易转化为烯二醇中间体，异构化为醛式，所以 α-羟基酮糖也易被吐伦试剂、本尼迪特试剂氧化。例如，果糖也可发生银镜和铜镜反应。

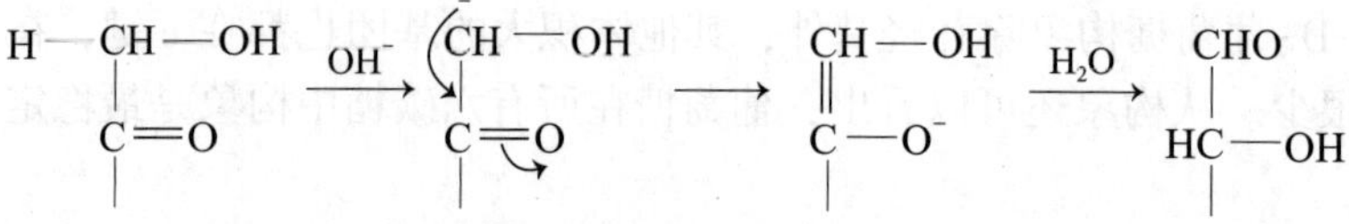

可被吐伦试剂、本尼迪特试剂氧化的糖称为还原性糖，呈负反应的糖为非还原性糖。葡萄糖和果糖都是还原性糖。糖苷对碱性溶液稳定，吐伦试剂、本尼迪特试剂都呈碱性，糖苷不能变成醛糖或酮糖，所以糖苷不与吐伦试剂、本尼迪特试剂起氧化反应。

(2)溴水氧化

溴水只氧化醛糖得到糖酸，不氧化酮糖，这个反应可以区别醛糖和酮糖。例如，葡萄糖可以使溴水褪色，而果糖不能，加以区别。

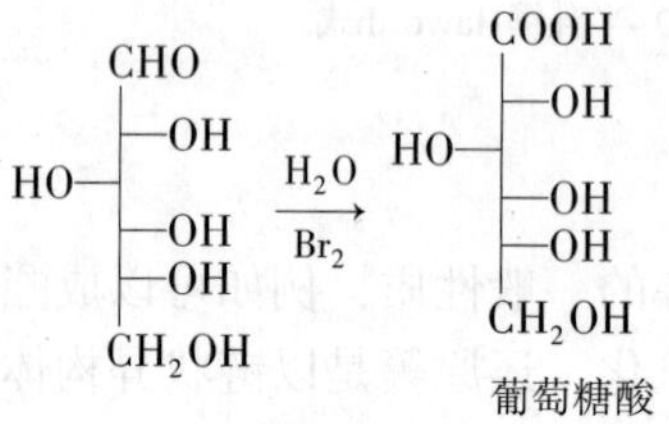

葡萄糖酸

(3)硝酸氧化

稀硝酸氧化作用比溴水强，能使醛糖氧化为糖二酸。

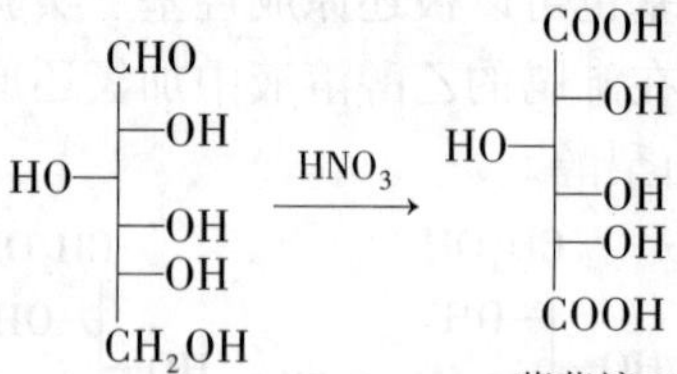

葡萄糖二酸

糖还原成醇或氧化成糖二酸，有无旋光性，可用于糖的构型的测定。

(4)高碘酸氧化

糖类用 HIO_4 氧化时碳链断裂，只要相邻的碳原子上都有羟基，或有一个羟基一个羰基，C—C 键都发生断裂，每断开一个 C—C 键消耗 1mol 高碘酸。例如，葡萄糖和高碘酸反应：

244

$$\begin{array}{c} \text{CHO} \\ |\\ \text{OH} \\ |\\ \text{HO}\quad \text{OH} \\ |\\ \text{OH} \\ |\\ \text{CH}_2\text{OH} \end{array} \xrightarrow{5\text{HIO}_4} 5\text{HCOOH} + \begin{array}{c} \text{O} \\ \| \\ \text{HCH} \end{array}$$

3. 糖脎的生成

单糖可与苯肼作用，首先生成腙，在过量苯肼作用下 α-羟基继续与苯肼作用生成脎。

$$\begin{array}{c} \text{CHO} \\ |\\ \text{OH} \\ |\\ \text{HO} \\ |\\ \text{OH} \\ |\\ \text{OH} \\ |\\ \text{CH}_2\text{OH} \end{array} \xrightarrow{\text{C}_6\text{H}_5\text{NHNH}_2} \begin{array}{c} \text{CH} = \text{NNHC}_6\text{H}_5 \\ |\\ \text{OH} \\ |\\ \text{HO} \\ |\\ \text{OH} \\ |\\ \text{OH} \\ |\\ \text{CH}_2\text{OH} \end{array} \xrightarrow{2\text{C}_6\text{H}_5\text{NHNH}_2} \begin{array}{c} \text{CH} = \text{NNHC}_6\text{H}_5 \\ \|\\ \text{NNHC}_6\text{H}_5 \\ |\\ \text{HO} \\ |\\ \text{OH} \\ |\\ \text{OH} \\ |\\ \text{CH}_2\text{OH} \end{array}$$

D-葡萄糖脎

第一步生成的苯腙，α-羟基会被苯肼氧化而成为羰基，羰基进一步与苯肼反应生成糖脎。果糖、甘露糖与苯肼作用生成与葡萄糖相同的糖脎。可以证明果糖、甘露糖 C_3、C_4、C_5 构型与葡萄糖一样。

$$\begin{array}{c} \text{CHO} \\ |\\ \text{HO} \\ |\\ \text{HO} \\ |\\ \text{OH} \\ |\\ \text{OH} \\ |\\ \text{CH}_2\text{OH} \end{array} \xrightarrow{3\text{C}_6\text{H}_5\text{NHNH}_2} \begin{array}{c} \text{CH} = \text{NNHC}_6\text{H}_5 \\ \|\\ \text{NNHC}_6\text{H}_5 \\ |\\ \text{HO} \\ |\\ \text{OH} \\ |\\ \text{OH} \\ |\\ \text{CH}_2\text{OH} \end{array} \xleftarrow{3\text{C}_6\text{H}_5\text{NHNH}_2} \begin{array}{c} \text{CH}_2\text{OH} \\ |\\ \text{O} \\ |\\ \text{HO} \\ |\\ \text{OH} \\ |\\ \text{OH} \\ |\\ \text{CH}_2\text{OH} \end{array}$$

D-甘露糖 $\qquad\qquad\qquad\qquad\qquad\qquad\qquad$ D-果糖

糖脎都是不溶于水的黄色晶体，不同糖脎生成时间、结晶形状不同。所以可以利用糖脎生成时间、结晶形状作糖的定性鉴定。

4. 差向异构化

两种糖如果含有相同手性碳，其中只有一个手性碳构型不同，其他的均相同，这两种糖互称差向异构体。例如，葡萄糖和甘露糖是 C_2 构型不同，又叫 C_2 差向异构体。C_2 差向异构体在弱碱作用下，通过烯二醇可以互相转化。

$$\begin{array}{c} \text{CHO} \\ |\\ \text{H}-\text{OH} \\ |\\ \text{R} \end{array} \rightleftharpoons \begin{array}{c} \text{CHOH} \\ \|\\ \text{COH} \\ |\\ \text{R} \end{array} \rightleftharpoons \begin{array}{c} \text{CHO} \\ |\\ \text{HO}-\text{H} \\ |\\ \text{R} \end{array}$$

$$\begin{array}{c} \text{CH}_2\text{OH} \\ |\\ \text{C} = \text{O} \\ |\\ \text{R} \end{array}$$

果糖在弱碱作用下，有少量的果糖通过烯二醇异构成葡萄糖和甘露糖，因此可发生银镜和铜镜反应，果糖生成甘露糖酸和葡萄糖酸混合物。

5. Molisch 反应

在糖的水溶液中加入 α-萘酚的酒精溶液，摇匀后沿试管壁慢慢加入浓硫酸，硫酸在下层，试液在上层，两层液面之间形成一个紫色环，这是糖类特有的颜色反应，是常用的鉴别糖类物质的方法。其他一些酚类，如间苯二酚也可以发生此颜色反应。

6. 醛糖的递升和递降

把一个醛糖变为高一级醛糖的过程称为醛糖的递升。醛糖的递升主要是通过醛糖与氢氰酸作用，水解生成高一级的羟基酸，高一级羟基酸失水而生成内酯，内酯用钠-汞齐水溶液还原后，得到高一级醛糖。如：由 D-(−)-阿拉伯糖递升得到 D-(+)-葡萄糖和 D-(+)-甘露糖：

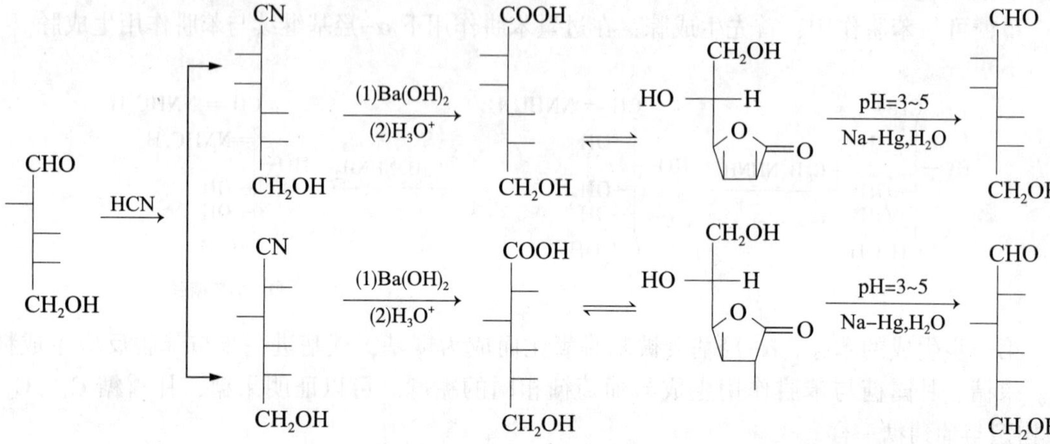

把一个醛糖变为低一级醛糖的过程称为醛糖的递降。糖的递降有好几种方法，这里主要介绍电解氧化法递降。例如，把 D-(+)-葡萄糖用电解氧化法变成葡萄糖酸钙后，再用过氧化氢、铁盐处理，可去掉一个碳原子变成低一级醛糖 D-(−)-阿拉伯糖：

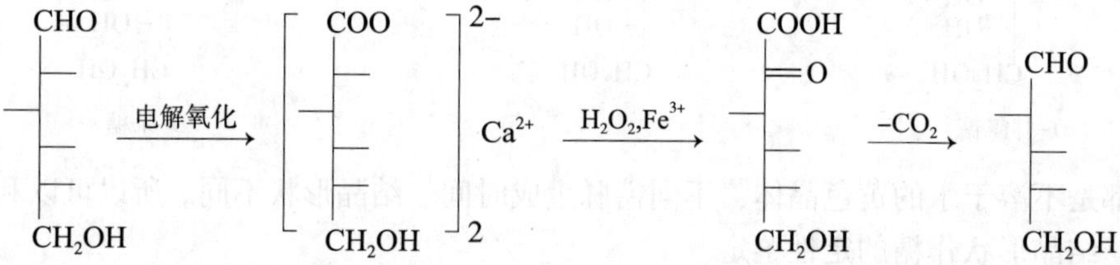

D-(−)-阿拉伯糖

17.1.4 半缩醛环的大小的测定

醛糖既然可以成半缩醛式存在，究竟哪一个羟基与醛基缩合而成半缩醛，必须对环的大小进行测定。以甲基-β-D-葡萄糖苷为例，来说明半缩醛环的大小的测定。

把甲基-β-D-葡萄糖苷用 30% 氢氧化钠和硫酸二甲酯进行甲基化，可以得到五-O-甲基-β-D-葡萄糖，表示"五个甲基都在 O 上"，其实第一个碳上甲氧基与其他的甲氧基不一样，它是缩醛易被稀酸水解，得到 2,3,4,6-四-O-甲基-β-D-葡萄糖：

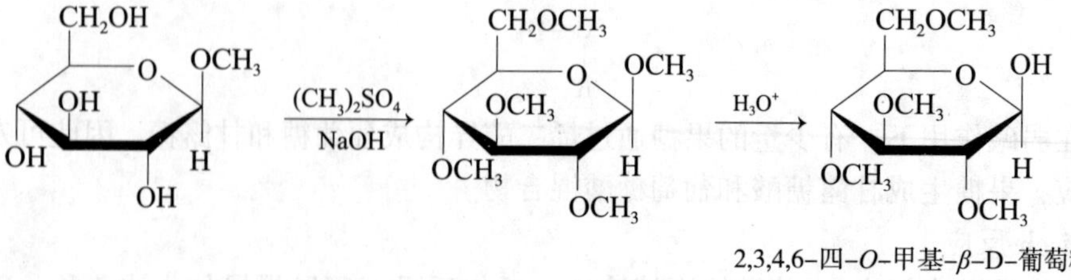

2,3,4,6-四-O-甲基-β-D-葡萄糖

得到的 2,3,4,6-四-O-甲基-β-D-葡萄糖，又恢复了环状半缩醛羟基，在溶液中与链

状形成平衡存在。链状异构体中有一个自由的羟基，如果用硝酸氧化，有游离羟基的位置易氧化断键，结果产物是三甲氧基戊二酸和二甲氧基丁二酸：

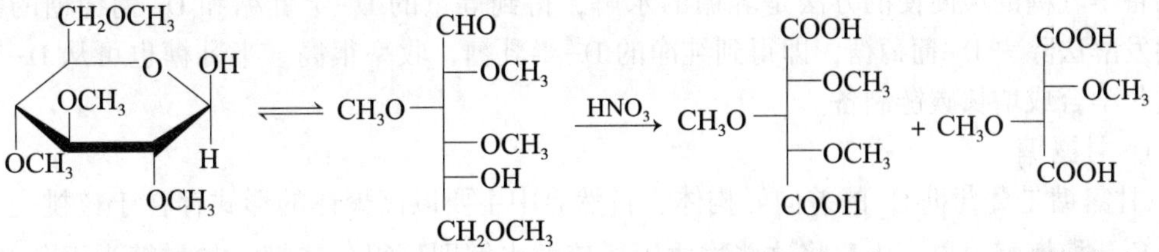

三甲氧基戊二酸　　二甲氧基丁二酸

说明游离羟基在 C_5 上，C_5 参与构成环状半缩醛，即甲基-β-D-葡萄糖苷是六元环，吡喃型环。近来 X 射线衍射法也证明了己醛糖的环状结构在多数情况下都是以六元环而存在。

17.1.5　几种重要的单糖

1. D-核糖和 D-脱氧核糖

D-核糖和 D-脱氧核糖都是重要的戊糖，是细胞中核糖核酸和脱氧核糖核酸的重要组分之一，均以 β-呋喃环结构形式存在：

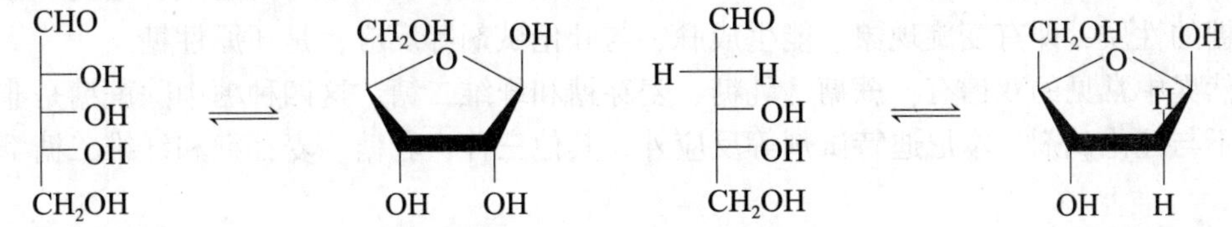

D-核糖　　　　β-D-核糖　　　D-2-脱氧核糖　　β-D-2-脱氧核糖

2. D-葡萄糖

D-葡萄糖是自然界分布最广的己醛糖，游离态存在于葡萄、蜂蜜和甜味水果中，动物和人类的血液、淋巴液及脊髓液也含有少量的葡萄糖，它还是淀粉、纤维素等的主要组分。纯净的葡萄糖为无色结晶，易溶于水，微溶于乙醇，不溶于乙醚和烃类。

D-(+)-葡萄糖是人体不可缺少的糖，由于它是右旋的，在商品中，常以"右旋糖"代表葡萄糖。葡萄糖在医药上用作营养剂，在食品工业上用于制糖浆、糖果等，在印染工业上还用作还原剂、织物修饰剂等。

工业上，葡萄糖一般由淀粉水解得到，也可以由纤维素水解得到。

3. D-果糖

D-果糖是最甜的糖，由于它是左旋的，常称为"左旋糖"。D-(-)-果糖以游离态存在于水果和蜂蜜中，它是蔗糖的组分，还以多聚果糖(如果糖的高聚体菊粉)存在于自然界中。工业上用酸或酶水解菊粉得到果糖。

果糖与盐酸-间苯二酚试剂共热，立刻出现深红色，这是酮糖共有的反应，醛糖只出现很浅的红色，此反应可以用于区别醛糖和酮糖。

果糖与氢氧化钙生成络合物：$C_6H_{12}O_6 \cdot Ca(OH)_2 \cdot H_2O$，极难溶于水，可以用于检验果糖。

4. D-半乳糖

D-半乳糖是葡萄糖 C_4 的差向异构体，是哺乳动物的乳汁中乳糖的组成成分，也是组成脑髓的重要物质，还以多糖的形式存在于许多植物的种子或树胶中。D-半乳糖是白色粉末，从水溶液中结晶时得到含有一分子水的无色结晶，能溶于水和乙醇，用于医药和有机合成中。

制备半乳糖的最简便的方法是乳糖的水解，得到等量的 D-半乳糖和 D-葡萄糖的混合物，用发酵法除去 D-葡萄糖，即得到纯净的 D-半乳糖，收率很高。半乳糖也可从 D-来苏糖通过化学合成增长碳链制备。

5. D-甘露糖

D-甘露糖是葡萄糖 C_2 的差向异构体，自然界中主要以高聚体的形式存在于核桃壳、椰子壳、象牙棕榈籽等果壳中，将这些物质用稀硫酸水解即可得甘露糖。甘露糖为无色结晶，味甜略带苦，易溶于水而微溶于乙醇，也可以由 D-阿拉伯糖增长碳链的方法制备。

17.2 双　糖

双糖是低聚糖中最重要的，它是指两分子单糖通过苷键(至少有一分子糖提供苷羟基)形式失掉一分子水所形成化合物。双糖有两种连接方式，一种是两分子单糖均是以苷羟基脱去一分子水而连接成双糖，分子中已没有醛基，不能成脒、没有变旋现象、不与吐伦试剂等反应，是非还原性双糖。另一种是一个单糖以苷羟基与另一个单糖的醇羟基脱去一分子水而互相连成双糖，在溶液中有一分子糖还保留了半缩醛羟基，可以开环成链式，这类双糖具有一般单糖的性质，即有变旋现象、能生成脒、与吐伦试剂等反应，是还原性糖。

自然界中常见的双糖有：蔗糖、乳糖、麦芽糖和纤维二糖。这四种糖中除蔗糖是非还原性糖，不与吐伦试剂、本尼迪特试剂等反应外，其他三种，乳糖、麦芽糖和纤维二糖都是还原性糖。

17.2.1　蔗糖

蔗糖就是一般食用的糖，是自然界分布最广的双糖，甘蔗中含蔗糖 16% ~ 26%，甜菜中含 12% ~ 15%，甜菜和甘蔗是工业上制取蔗糖的主要原料。它的甜味超过葡萄糖，但不如果糖，熔点 180℃，易溶于水。

蔗糖分子式 $C_{12}H_{22}O_{11}$，在酸存在下水解后生成 D-(+)-葡萄糖和 D-(−)-果糖的等量混合物，说明蔗糖是一分子葡萄糖和一分子果糖脱水产物。它不能生成糖脒，溶液没有变旋现象，也不能生成银镜和铜镜，这些实验事实说明它是一个非还原性糖，说明蔗糖中没有自由的醛基或酮羰基，因此葡萄糖和果糖是通过它们的环状半缩醛或半缩酮羟基连接起来的，蔗糖既是葡萄糖苷，也是果糖苷。

糖的苷键是 α-苷键还是 β-苷键，可以利用酶来确定，因为酶对糖的水解具有选择性。例如，麦芽糖酶只能使 α-葡萄糖苷水解，苦杏仁酶只能使 β-葡萄糖苷水解。由于蔗糖能用麦芽糖酶水解，说明它是 α-葡萄糖苷。同样，蔗糖也能用使 β-果糖苷水解的酶进行水解，说明它是 β-果糖苷。这些事实说明蔗糖结构如下：

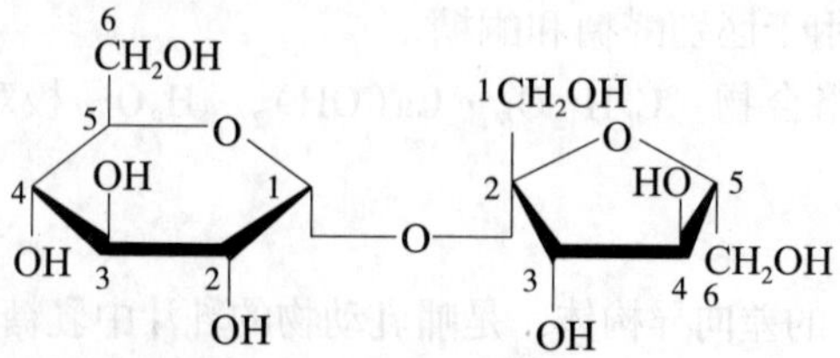

用类似的证明葡萄糖是六元环的方法，可以证明蔗糖中葡萄糖是六元环、果糖是五元环。

蔗糖水溶液的比旋光度为+66.5°，水解后生成一分子葡萄糖和一分子果糖。葡萄糖比旋光度为+52.7°，果糖比旋光度为-92°，显然果糖比旋光度绝对值比葡萄糖大，所以蔗糖水解后生成的混合糖是左旋的。由于水解使蔗糖的旋光方向发生了改变，因此蔗糖水解也称为转化反应，生成的混合物称为转化糖。蜂蜜主要成分是转化糖，所以很甜。

17.2.2　乳糖

哺乳动物的乳中都含有乳糖，人乳中含量约为5%~8%，牛乳中4%~5%，工业上乳糖是由牛乳制干酪时所得到的副产品。乳糖为白色粉末，易溶于水，既能生成糖脎，又有变旋作用，是还原性糖，且在乳酸杆菌作用下可以氧化成乳酸。

乳糖用酸或β-半乳糖苷酶水解后得到一分子D-葡萄糖和一分子D-半乳糖，它是一种β-糖苷。如先用溴水氧化再水解，则得到一分子半乳糖和一分子D-葡萄糖酸，证明乳糖是β-半乳糖苷。再用甲基化水解方法证明，乳糖中葡萄糖部分是以C_4上羟基参加糖苷键的生成，并且葡萄糖部分和半乳糖部分都具有吡喃环，所以乳糖结构和构象分别为：

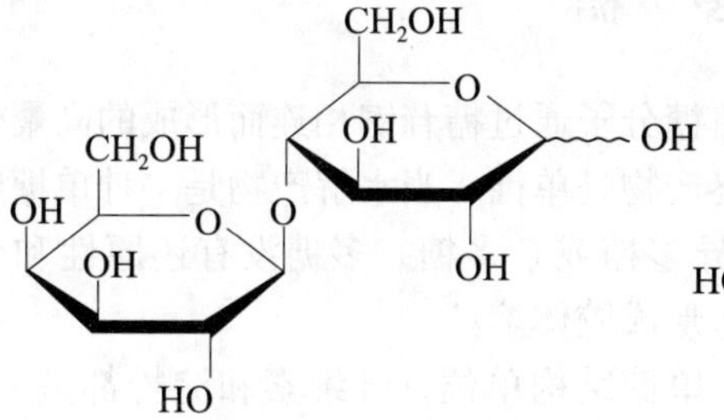

乳糖Haworth式 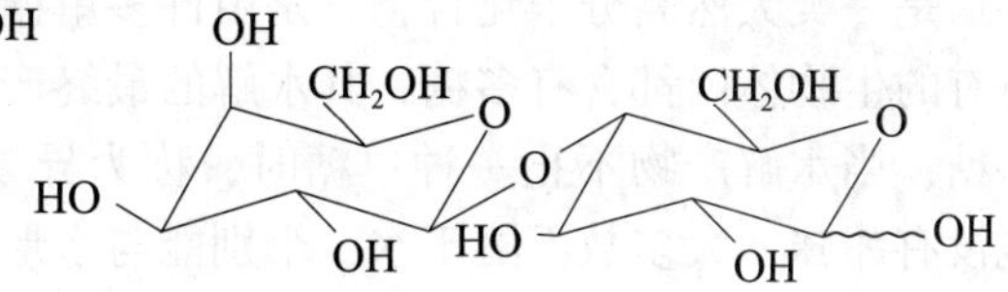　　　　　　　　乳糖构象式

乳糖结构也有α-、β-两种异构体。

17.2.3　麦芽糖

麦芽糖是淀粉在酸或淀粉糖化酶作用下的部分水解产物，它是无色片状晶体，甜味不如蔗糖。

麦芽糖分子式$C_{12}H_{22}O_{11}$，用无机酸水解仅得到葡萄糖，说明它是由两分子葡萄糖脱水而成；它能与吐伦试剂生成银镜、与苯肼生成糖脎、在溶液中有变旋作用，说明麦芽糖是一个还原性糖；它能被α-葡萄糖苷酶水解，且用甲基化水解法证明另一分子葡萄糖是以C_4上羟基与一分子葡萄糖半缩醛羟基成苷，说明两分子D-葡萄糖通过α-1,4-糖苷键连接形成，所以麦芽糖结构和构象分别为：

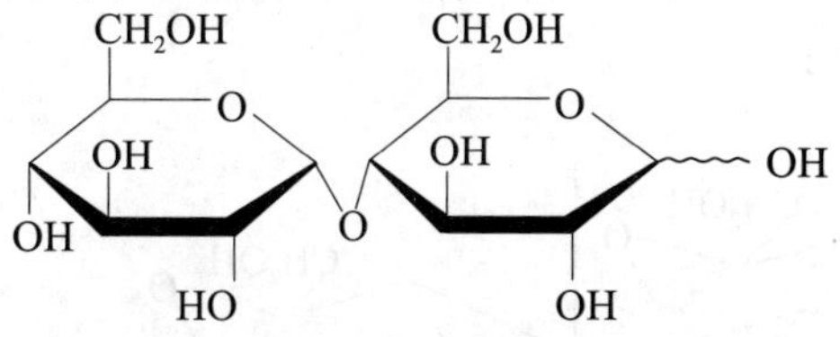

麦芽糖Haworth式 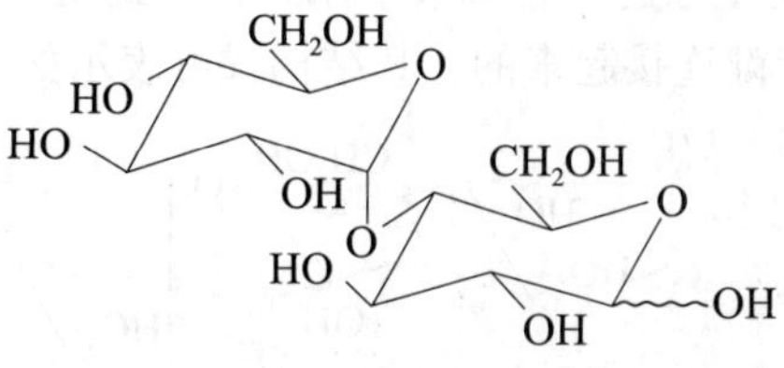　　　　　　　　麦芽糖构象式

17.2.4　纤维二糖

纤维二糖可以由纤维素部分水解得到，它也是一种还原性糖，化学性质与麦芽糖相同。不同的是，它不能被 α-葡萄糖苷酶水解，却能被 β-葡萄糖苷酶水解成两分子葡萄糖，说明纤维二糖是两分子葡萄糖通过 β-1,4-苷键连接而成的，结构和构象分别为：

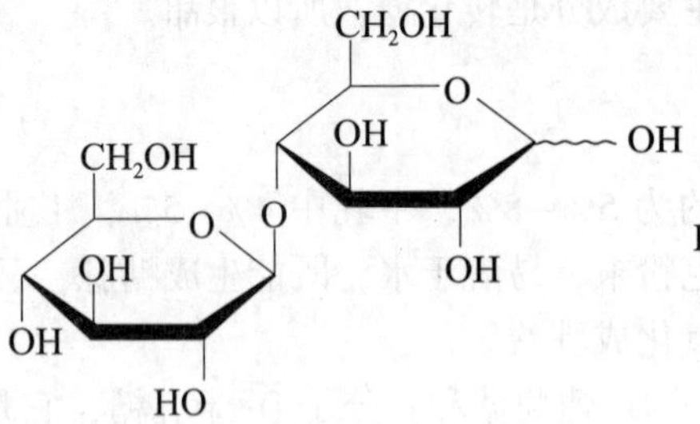

纤维二糖Haworth式 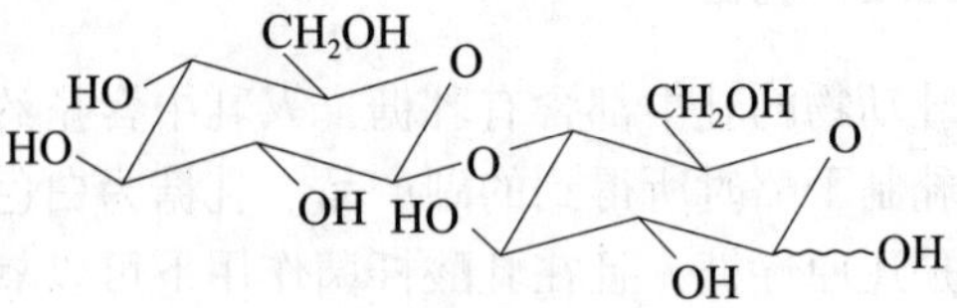　　　　　　　　　　纤维二糖构象式

17.3　多　糖

多糖是一类天然高分子化合物，是由许多单糖分子通过糖苷键相连而形成的高聚体。差不多所有的生物体内都含有多糖，其水解的最终产物是单糖。当水解产物是一种单糖时，称为均多糖；当水解产物不止一种单糖时，称为异多糖或杂多糖。多糖没有还原性和变旋现象，也没有甜味，大多数不溶于水，个别能与水形成胶体溶液。

自然界中存在的多糖大多数含有 80~100 个单糖结构单位。纤维素和淀粉都是 D-葡萄糖的高聚体，是自然界中分布最广、也是最重要的多糖。

17.3.1　淀粉

淀粉是人类最重要的食物，是植物的主要能量储备，多存在于植物的种子、果实、茎和块根中，具有重要的经济价值。

淀粉是白色无定形粉末，没有还原性，不溶于水，不溶于一般有机溶剂，在酸的作用下完全水解为 D-葡萄糖。淀粉由直链淀粉和支链淀粉两部分组成，直链淀粉在淀粉中含量约为 10%~30%，支链淀粉在淀粉中含量约为 70%~90%，这两部分在结构和性质上有一定的差别。

1. 直链淀粉

直链淀粉是一种线型聚合体，其结构不是直线型分子，而是呈逐渐弯曲、卷曲、卷绕成螺旋状。直链淀粉遇碘显蓝色，是因为碘分子钻入了淀粉螺旋中的空隙，形成了络合物，这种络合物呈蓝色。在稀酸中水解，得到麦芽糖和 D-(+)-葡萄糖，说明它是由葡萄糖通过 α-1,4-苷键连接起来的，其结构式可表示如下：

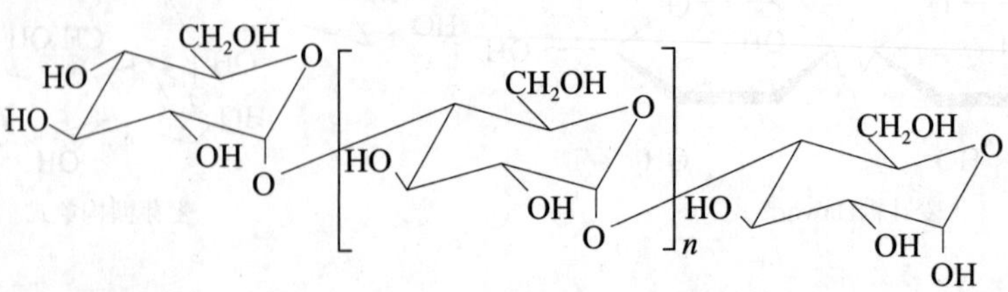

2. 支链淀粉

支链淀粉也是由葡萄糖组成的，但葡萄糖的连接方式与直链淀粉有所不同，分子间除了以 α-1,4-糖苷键相连外，还有以 α-1,6-糖苷键相连的，其结构可表示如下：

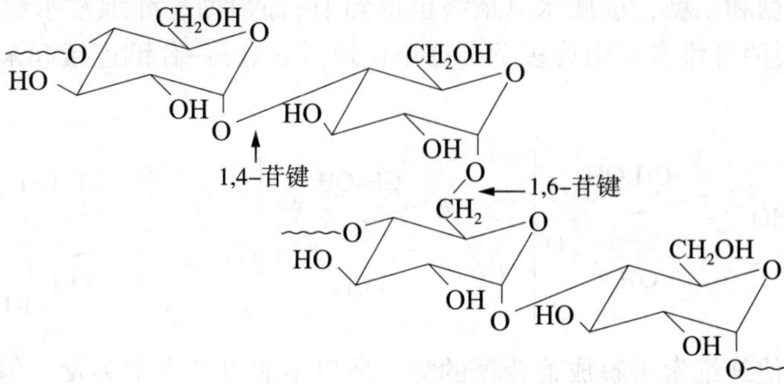

可见支链淀粉具有高度分支，相对分子质量也比直链淀粉大，且支链淀粉遇碘显红紫色。

3. 环糊精

淀粉经某种特殊结构的酶(如环糊精糖基转化酶)水解，得到的环状低聚糖称为环糊精。通常是由 6~12 个 D-葡萄糖单体用 α-1,4-糖苷键连接成的环，其中研究较多并具有实际意义的是含有 6、7、8 个葡萄糖单元的分子，分别称为 α-、β-、γ-环糊精。

根据 X 射线晶体衍射、红外光谱和核磁共振谱分析，环糊精分子中所有的葡萄糖单元都是椅式构象，均以 1,4-糖苷键结合成环。其结构如下所示：

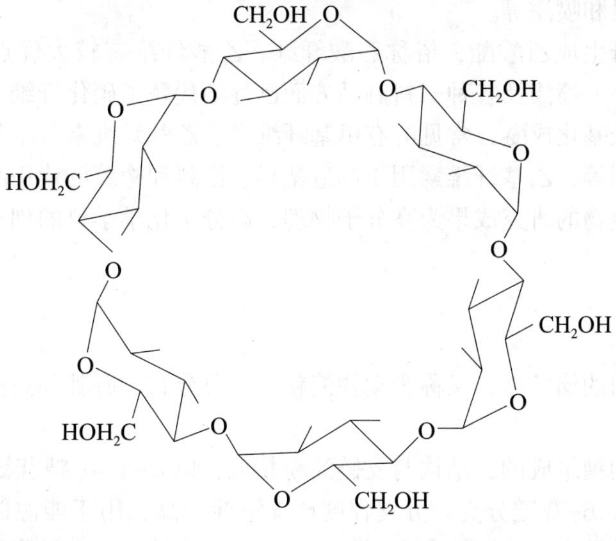

环糊精形状与冠醚相似，中间有个空穴，可以容纳适当大小的有机物。与冠醚不同的是，环糊精外围是亲水的，这样原来不溶于水的分子，由于进入环糊精的空穴中，可被环糊精顺利带入水中。环糊精的这个性质，已被广泛用于有机物分离、有机合成和医药工业中。

17.3.2 纤维素

纤维素是自然界中分布最广的化合物，它在植物中所起的作用与动物的骨骼一样，木材、亚麻、棉花是工业上纤维素的主要来源。棉花中纤维素含量高达 98%，亚麻约含 80%，木材中纤维素约含 50%。其他如竹子、芦苇、稻草等，都含有大量纤维素。纯净的纤维素无色、无味、无臭，不溶于水，也不溶于有机溶剂。与淀粉一样，它也不具有还原性，但相对分子质量比淀粉大得多，其葡萄糖单位约为500~5000，平均为3000。

纤维素比淀粉难水解，一般需要在浓酸中或用稀酸在加压下进行，且在水解过程中可以得到纤维四糖、三糖和二糖，彻底水解最终也得到 D-葡萄糖。纤维素水解得到的纤维二糖是 β-1,4-苷键，说明纤维素是由许多葡萄糖单位通过 β-1,4-苷键连接起来的，其结构式可以表示如下：

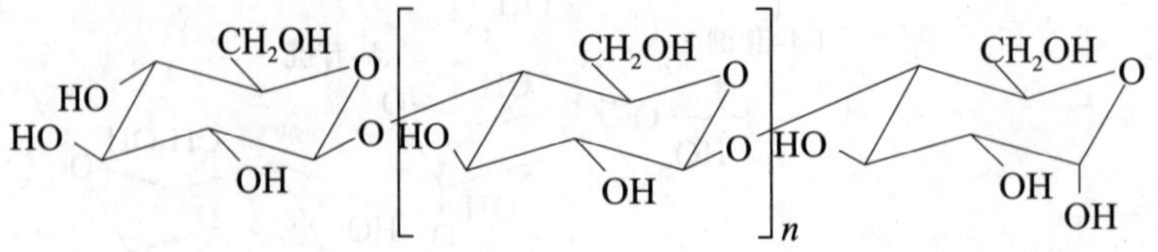

人体内没有能使纤维素水解成葡萄糖的酶，所以不能以纤维素为食，但还要吃一些纤维素，如蔬菜，以清除体内垃圾。而食草动物羊、牛它们的消化道内有一些微生物，能产生水解 β-1,4-糖苷键的酶，能使纤维素水解，所以纤维素对食草动物是有营养价值的。

纤维素是最古老、最丰富的天然高分子，是人类最宝贵的天然可再生资源，它的用途很广。除用来制造各种纺织品和纸张外，还可制成人造丝、人造棉、玻璃纸等。

纤维素与硝酸生成的酯，称为硝化纤维或硝化棉。纤维素羟基的酯化程度，常用含氮量表示，含氮量高的(12.5%~13.6%)称为高氮硝化纤维，含氮量低的(10%~12.5%)称为低氮硝化纤维。高氮硝化纤维俗称火棉，容易燃烧和爆炸，是无烟火药的主要原料；低氮硝化纤维常用来制造塑料和喷漆等。

纤维素与乙酸酐生成乙酸酯，俗称乙酸纤维。乙酸纤维有较大优点，对光稳定、不燃烧，所以在制造胶片、喷漆及各种塑料制品方面已逐渐代替了硝化纤维。

纤维素还可以烃基化成醚，常见的有甲基纤维素、乙基纤维素。甲基纤维素可用作分散剂、乳化剂和上浆剂等，乙基纤维素用于制造塑料、涂料和橡胶的代用品等。

纤维素及其衍生物的研究成果为高分子物理、高分子化学学科的创立、发展和丰富作出了重大贡献。

17.3.3 糖原

糖原是动物体内的储备糖，又称为动物淀粉。主要分布于肝脏和肌肉中，因此有肝糖原和肌糖原之分。

糖原也是由葡萄糖组成的，结构与支链淀粉相似，以 α-1,4-糖苷键连接的葡萄糖为主链，并有相当多 α-1,6-苷键分支，分支程度比支链淀粉高，用于能源储藏。当葡萄糖在血液中含量较高时，就结合成糖原储存在肝脏中；当血液中葡萄糖含量降低时，糖原就分解为葡萄糖供给机体能量。

习　题

1. 写出下列单糖的 Haworth 式。

　(1) α-D-吡喃型葡萄糖　　　(2) β-D-吡喃型甘露糖　　　(3) α-D-吡喃型半乳糖

2. 什么是糖的变旋现象？糖苷在酸性溶液中也有变旋现象，为什么？

3. 什么是差向异构体？酮糖和醛糖一样能与 Tollens 试剂或 Fehling 试剂反应，但酮糖不与溴水反应，为什么?

4. 用化学方法区别下列各组化合物。

　　(1)葡萄糖和果糖　　　(2)乳糖和蔗糖　　　(3)葡萄糖和蔗糖　　　(4)蔗糖和淀粉

5. 完成下列反应。

　　(1)D-葡萄糖和溴水反应　　　　　　　(2)D-甘露糖和稀硝酸反应

　　(3)D-葡萄糖和高碘酸反应　　　　　　(4)D-果糖和高碘酸反应

　　(5)D-葡萄糖和硼氢化钠反应　　　　　(6)D-果糖和硼氢化钠反应

　　(7)D-葡萄糖和苯肼反应　　　　　　　(8)D-果糖和苯肼反应

6. 有两个具有旋光性的丁醛糖 A 和 B,与苯肼作用生成相同的脎。用硝酸氧化,A 和 B 都生成含有四个碳原子的二元酸,但前者有旋光性,后者无旋光性。试推测 A 和 B 的结构式。

7. 纤维二糖是纤维素的水解产物,是一种还原糖。它是由葡萄糖(吡喃型)和另一分子葡萄糖的 4 位羟基形成的 β-苷。写出纤维二糖的 Haworth 结构式和构象式。

8. 某还原性二糖,有变旋作用,也能生成脎,用 α-半乳糖苷酶水解生成 D-半乳糖和 D-葡萄糖;用溴水氧化生成二糖酸后再水解生成 D-半乳糖和 D-葡萄糖酸,该二糖酸如甲基化后再水解,生成 2,3,4,6-四-O-甲基-D-半乳糖和 2,3,4,5-四-O-甲基-D-葡萄糖酸。该二糖甲基化后水解生成 2,3,4,6-四-O-甲基-D-半乳糖和 2,3,4-三-O-甲基-D-葡萄糖。试写出该二糖的 Haworth 结构式和构象式。

第十八章 氨基酸、多肽和蛋白质

蛋白质在生命现象和生命过程中起着决定性作用，是生命的物质基础，它是由多种 α-氨基酸用肽键连接起来的、相对分子质量很大的多肽。多肽和蛋白质之间没有严格的界限，一般把相对分子质量在一万以上或含有 100 个以上氨基酸单位的多肽称为蛋白质。各种各样的蛋白质水解都生成 α-氨基酸，所以说 α-氨基酸是构筑蛋白质的基石。本章主要介绍氨基酸、多肽，对蛋白质作初步介绍。

18.1 氨基酸

羧酸分子中烃基上的氢被氨基取代生成的化合物称为氨基酸。根据氨基和羧基的相对位置不同，可分为 α、β、γ 或 δ-氨基酸。组成蛋白质的几乎都是 α-氨基酸，即氨基在羧基的 α-位。α-氨基酸的结构特点是：羧基 α-碳原子上有一个氨基，各种不同的 α-氨基酸只是取代基 R 不同。

$$
\begin{array}{c}
H \\
| \\
R-C^*-COOH \\
| \\
NH_2
\end{array}
$$

18.1.1 氨基酸的命名

氨基酸的系统命名法是将氨基作为羧酸的取代基来命名的。例如：

$$CH_3CHCOOH \qquad CH_3CHCH_2CHCOOH \qquad HOOCCH_2CH_2CHCOOH$$
$$\;\;\;\;\;| \qquad\qquad\qquad | \;\;\;\;\; | \qquad\qquad\qquad\qquad\qquad |$$
$$\;\;NH_2 \qquad\qquad\quad CH_3 \;\; NH_2 \qquad\qquad\qquad\qquad\quad NH_2$$

    2-氨基丙酸   4-甲基-2-氨基戊酸   2-氨基戊二酸

     （丙氨酸）   （亮氨酸）   （谷氨酸）

蛋白质水解得到的氨基酸很少采用系统命名，大多数采用俗名，即根据来源或性质命名。目前已知的氨基酸有一百多种，但组成生物体内蛋白质的氨基酸仅有二十种，其中十九种为 α-氨基酸，一种为亚氨基酸，而且这二十种在国际上都有通用的符号，见表 18-1。

表 18-1　蛋白质中存在的 α-氨基酸

名称	缩写符号	结构式	等电点
甘氨酸（Glycine）	甘（Gly）	CH_2COOH $\|$ NH_2	5.97
丙氨酸（Alanine）	丙（Ala）	$CH_3CHCOOH$ $\|$ NH_2	6.02

名称	缩写符号	结构式	等电点
*缬氨酸(Valine)	缬(Val)	$(CH_3)_2CHCHCOOH$，NH_2	5.97
*亮氨酸(Leucine)	亮(Leu)	$(CH_3)_2CHCH_2CHCOOH$，NH_2	5.98
*异亮氨酸(Isoleucine)	异亮(He)	$CH_3CH_2CH{-}CHCOOH$，CH_3 NH_2	6.02
丝氨酸(Serine)	丝(Ser)	$HOCH_2CHCOOH$，NH_2	5.68
*苏氨酸(Threonine)	苏(THr)	$CH_3CH{-}CHCOOH$，OH NH_2	5.60
半胱氨酸(Cysteine)	半胱(Cys)	$HSCH_2CHCOOH$，NH_2	5.02
*蛋氨酸(Methionine)	蛋(Met)	$CH_3SCH_2CH_2CHCOOH$，NH_2	5.74
*苯丙氨酸(Phenylalanine)	苯丙(Phe)	$C_6H_5CH_2CHCOOH$，NH_2	5.48
酪氨酸(Tyrosine)	酪(Tyr)	$HO-$〇$-CH_2CHCOOH$，NH_2	5.67
*色氨酸(Tryptophan)	色(Trp)	吲哚$-CH_2CHCOOH$，NH_2	5.88
天冬氨酸(Aspartic acid)	天冬(Asp)	$HOOCCH_2CHCOOH$，NH_2	2.98
谷氨酸(Glutamine acid)	谷(Glu)	$HOOCCH_2CH_2CHCOOH$，NH_2	3.22
天冬酰胺(Asparagines)	天冬—NH_2(Asn)	$H_2NCOCH_2CHCOOH$，NH_2	5.41
谷酰胺(Glutamine)	谷—NH_2(Gln)	$H_2NCOCH_2CH_2CHCOOH$，NH_2	5.70
*赖氨酸(Lysine)	赖(Lys)	$H_2NCH_2CH_2CH_2CH_2CHCOOH$，$NH_2$	9.74
精氨酸(Arginine)	精(Arg)	$H_2NCNHCH_2CH_2CH_2CHCOOH$，$NH$ NH_2	10.76
组氨酸(Histidine)	组(His)	咪唑$-CH_2CHCOOH$，NH_2	7.59
脯氨酸(Proline)	脯(Pro)	吡咯烷$-COOH$	6.30

*为必需氨基酸。

表18-1所列氨基酸常根据氨基和羧基的数目分为中性氨基酸、酸性氨基酸和碱性氨基酸。氨基和羧基数目相等的为中性氨基酸，如丙氨酸；羧基数目多于氨基的为酸性氨基酸，如谷氨酸；氨基数目多于羧基的为碱性氨基酸，如赖氨酸。也可以按氨基酸的骨架分为链状氨基酸、芳香族氨基酸和杂环氨基酸等；还可以分为必需氨基酸、非必需氨基酸，画星号的八种氨基酸为必需氨基酸，人体内不能合成，必须从食物中摄取，所以称必需氨基酸，其他十二种人体内能合成，称为非必需氨基酸。

18.1.2　氨基酸的构型

由蛋白质水解得到的氨基酸，除第一个甘氨酸外，其他氨基酸羧基的 α-碳都是不对称碳原子，都是手性碳原子，都具有旋光性，且构型都是 L-构型，它们与 L-甘油醛的关系如下：

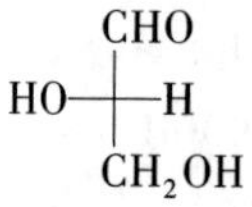

L-甘油醛 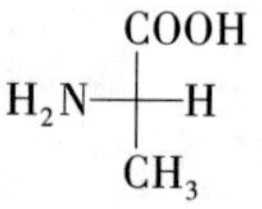　　　　　　L-丙氨酸 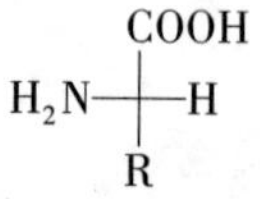　　　　　　α-氨基酸

氨基酸构型的标记通常采用 D-、L-标记法，无论这个氨基酸有几个手性碳，都是以羧基的 α-碳原子为标准(糖是以最大编号的手性碳为准)，如果这个氨基酸 α-碳原子构型与 L-丙氨酸相当，这个氨基酸就是 L-构型。例如：L-苏氨酸构型：

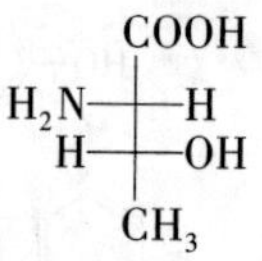

L-苏氨酸；(2S, 3R)-苏氨酸

上半部构型与 L-丙氨酸一致，所以是 L-构型，不管第二个手性碳。如果以 R、S 命名，为(2S, 3R)-苏氨酸。同样"L"只代表分子相对构型，而与"左旋、右旋"无关。其实蛋白质所含常见的氨基酸都是 L 构型，所以 L 往往省略。

18.1.3　氨基酸的物理性质

α-氨基酸都是无色结晶体，熔点很高，但多数在熔点时分解，如甘氨酸熔点262℃(分解)，所以 α-氨基酸熔点不是一种能鉴定其结构的可靠的物理常数。

α-氨基酸在水中溶解度大小不一，但同一种氨基酸在水中溶解度，大于在乙醚、丙酮、和氯仿等非质子溶剂中的溶解度。

18.1.4　氨基酸的化学性质

氨基酸中有氨基和羧基，应具有氨基和羧基的典型性质，也具有氨基和羧基相互影响而产生的特殊性质。

1. 羧基的反应

氨基酸中羧基能与碱反应成盐；与五氯化磷、三氯化磷等反应成酰氯；与氨反应成酰胺；最重要的是和醇反应成酯，用来保护羧基。例如：氨基酸和苄醇反应在肽的合成中保护羧基。

$$\underset{\substack{|\\NH_2}}{RCHCOOH} \xrightarrow[\substack{C_6H_5SO_3H}]{PhCH_2OH} \underset{\substack{|\\NH_2}}{RCHCOOCH_2Ph}$$

2. 氨基的反应

氨基酸中的氨基能与酸、烃基化试剂、甲醛、亚硝酸和酰基化试剂等反应。例如：

$$\underset{\substack{|\\NH_2}}{RCHCOOH} \xrightarrow{HNO_2} \underset{\substack{|\\OH}}{RCHCOOH} + N_2 \uparrow + H_2O$$

$$\underset{\substack{|\\NH_2}}{RCHCOOH} \xrightarrow[\substack{NaOH}]{PhCH_2OCOCl} \underset{\substack{|\\HNCOOCH_2Ph}}{RCHCOOH}$$

氨基酸和亚硝酸反应定量放出氮气，可用于氨基酸含量的测定，与氯甲酸苄酯反应得到氮酰基化产物，在肽的合成中可以用来保护氨基。

3. 两性和等电点

氨基酸因含有氨基和羧基，是两性化合物，分子内的氨基和羧基也能反应生成内盐，也称为两性离子或偶极离子。其物理性质也说明它以内盐的形式存在：

$$\underset{\substack{|\\NH_3^+}}{RCHCOO^-}$$

内盐（两性离子或偶极离子）

中性氨基酸水溶液，由于羧基的电离略大于氨基的电离，所以溶液的 pH 值略小于 7，也就是说负离子要多一些。为了使正离子和负离子浓度相等，在溶液中加一些酸，抑制羧基电离。当溶液中正离子和负离子浓度相等时，这时的 pH 值被称为该氨基酸的等电点，用 pI 表示，中性氨基酸等电点小于 7。酸性氨基酸由于有两个羧基，羧基电离远远大于中性氨基酸，必须加入更多的酸才能使正负离子浓度相等，所以酸性氨基酸的等电点小于中性氨基酸。相反，碱性氨基酸由于有两个氨基，氨基电离大于羧基电离，必须加碱才能达到等电点，即碱性氨基酸等电点必然大于 7。由于各种氨基酸所含基团不一样，氨基和羧基电离也各不相同，因此，每一种氨基酸有不同的等电点，见表 18-1。

氨基酸加酸加碱情况可用下式表示如下：

$$\underset{\substack{|\\NH_2}}{RCHCOO^-} \underset{OH^-}{\overset{H^+}{\rightleftharpoons}} \underset{\substack{|\\NH_3^+}}{RCHCOO^-} \underset{OH^-}{\overset{H^+}{\rightleftharpoons}} \underset{\substack{|\\NH_3^+}}{RCHCOOH}$$

氨基酸在等电点时，正负离子的量相等，分子处于电性中和状态，净电荷为零，在电场中，氨基酸不向任何一极移动。

在等电点时，氨基酸在水中的溶解度最小，因而可以利用调节等电点的方法，把某种氨基酸从混合氨基酸中分离出来。

4. 与水合茚三酮反应

α-氨基酸的水溶液用水合茚三酮处理时呈蓝紫色，这是 α-氨基酸特有的反应，可以区别 α-氨基酸与其他氨基酸，也可以作为纸层析、薄层层析中氨基酸的显色反应。

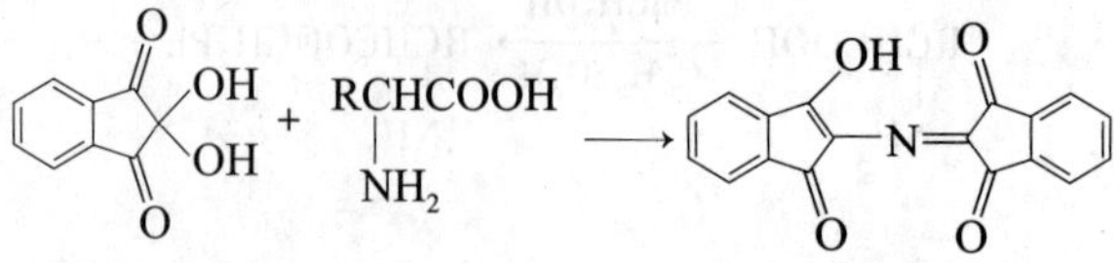

水合茚三酮　　　　　　　　　　　　蓝紫色物质

5. 与金属离子形成络合物

氨基酸中羧基可以与金属成盐，氨基的氮原子上又有孤对电子，可以与某些金属离子形成配位键，所以氨基酸能与某些金属离子形成稳定的络合物。例如，与铜离子形成络合物，呈蓝色，可用于分离或鉴别氨基酸。

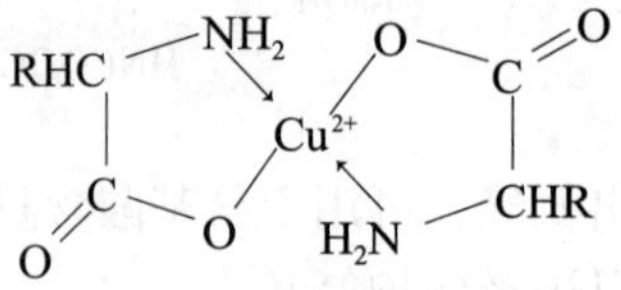

6. 受热反应

氨基酸受热反应的产物，随氨基和羧基的相对位置不同而异。α-氨基酸发生两分子之间氨基与羧基的脱水反应，生成交酰胺(哌嗪二酮衍生物)；β-氨基酸发生分子内脱水生成α，β-不饱和羧酸；γ或δ-氨基酸则生成分子内酰胺；氨基和羧基相距更远时分子间生成聚酰胺。

18.1.5　氨基酸的合成

氨基酸可以用多种方法合成，主要有α-卤代酸氨解、Strecker 合成法、Gabrial 合成法。

1. α-卤代酸氨解

α-卤代酸与氨反应，水解后得到氨基酸。例如：

$$CH_3\underset{\displaystyle Br}{\underset{|}{C}H}COOH + 2NH_3 \xrightarrow{H_2O} CH_3\underset{\displaystyle NH_2}{\underset{|}{C}H}COOH + NH_4Br$$

2. Strecker 合成法

醛在氨存在下加氢氰酸生成α-氨基腈，后者水解时生成α-氨基酸。例如：

$$C_6H_5CH_2CHO \xrightarrow[HCN]{NH_3} C_6H_5CH_2\underset{\displaystyle NH_2}{\underset{|}{C}H}CN \xrightarrow[(2)H^+]{(1)NaOH,\ H_2O} C_6H_5CH_2\underset{\displaystyle NH_2}{\underset{|}{C}H}COOH$$

3. Gabrial 合成法

与制备伯胺相似，用邻苯二甲酰亚胺盐与卤代酸酯反应得到较纯的氨基酸。例如：

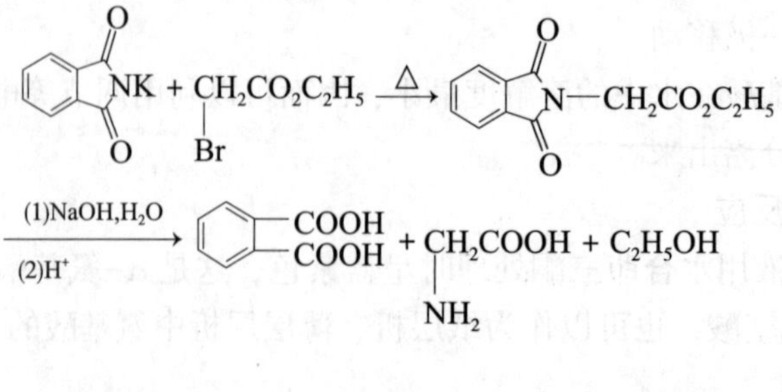

也可以用丙二酸酯结合 Gabrial 合成法合成氨基酸。例如：

$$\text{邻苯二甲酰亚胺-NK} + \text{ClCH(CO}_2\text{C}_2\text{H}_5) \xrightarrow{\triangle} \text{邻苯二甲酰亚胺-N—CH(CO}_2\text{C}_2\text{H}_5)_2$$

$$\xrightarrow[\text{(2)C}_6\text{H}_5\text{CH}_2\text{Cl}]{\text{(1)C}_2\text{H}_5\text{ONa}} \text{邻苯二甲酰亚胺-N—C(CO}_2\text{C}_2\text{H}_5)_2 \ (\text{CH}_2\text{C}_6\text{H}_5) \xrightarrow[\text{(2)H}^+ \ \triangle]{\text{(1)NaOH,N}_2\text{O}}$$

$$\text{邻苯二甲酸} \begin{array}{c}\text{COOH}\\\text{COOH}\end{array} + \text{C}_6\text{H}_5\text{CH}_2\text{CHCOOH} \ (\text{NH}_2) + \text{CO}_2\uparrow$$

上面有机合成法合成的 α-氨基酸为外消旋体，往往需要拆分得到实际有用的 L-异构体。

18.2 多 肽

18.2.1 多肽的结构和命名

α-氨基酸分子间的氨基与羧基脱水，通过酰胺键相连而成的化合物称为肽。酰胺键又叫肽键。

$$\begin{array}{c}\text{O}\\\parallel\\—\text{C—NH—}\end{array}$$

酰胺键(肽键)

由两个氨基酸通过酰胺键，失去一分子水缩合而成的肽称为二肽。

$$\text{H}_2\text{N—CHC—OH} \ (\text{R}) + \text{H}_2\text{N—CHC—OH} \ (\text{R}') \longrightarrow \text{H}_2\text{N—CHC—NH—CHCOOH} \ (\text{R})(\text{R}')$$

三个氨基酸缩合而成的肽称为三肽。依次类推，由多个氨基酸缩合而成的肽称为多肽。书写多肽时一般规定：把游离—NH$_2$写在左边，称 N—端，游离—COOH 写在右边，称 C—端。

多肽的命名，一般以含有完整羧基的氨基酸原来名称为母体，而将羧基参加形成肽链的氨基酸名称中的酸字改为"酰"，母体酸就是肽最右端的氨基酸，其他都改为酰。例如：

$$\text{H}_2\text{N—CH}_2\text{C—NH—CHCOOH} \ (\text{CH}_3) \qquad \text{H}_2\text{N—CHC—NH—CH}_2\text{COOH} \ (\text{CH}_3)$$

甘氨酰丙氨酸，简写为甘-丙   丙氨酰甘氨酸，简写为丙-甘

甘氨酰丙氨酸，还可以叫甘丙肽或简写为甘—丙(符号：Gly-Ala)；丙氨酰甘氨酸，还可以叫丙甘肽或简写为丙-甘(符号：Ala-Gly)。再如，丙甘苯丙三肽：

$$\underset{\substack{| \\ CH_3}}{H_2N-CHC}\overset{\displaystyle O}{\underset{}{\parallel}}-NH-CH_2C\overset{\displaystyle O}{\underset{}{\parallel}}-\underset{\substack{| \\ CH_2Ph}}{NHCHCOOH}$$

丙氨酰甘氨酰苯丙氨酸，简写为丙-甘-苯丙

多肽和氨基酸一样，是两性离子。它们的性质同氨基酸有许多相似之处。例如，多肽也有等电点，在等电点时溶解度最小。氨基酸和多肽都可以用离子交换层析法进行分离。

18.2.2 多肽结构的测定

多肽(或蛋白质)的结构与其生物功能密切相关。多肽结构的测定主要测两个内容：①多肽由哪些氨基酸组成；②这些氨基酸是怎样排列的。

确定多肽的结构是一项非常复杂而细致的工作。英国化学家 F Sanger 花了十年的时间，在 1955 年首次测定出牛胰岛素中氨基酸的连接顺序，于 1958 年获得诺贝尔化学奖。牛胰岛素相对分子质量 5734，由 51 个氨基酸组成，其中 21 个氨基酸组成 A 链，30 个氨基酸组成 B 链，A 链和 B 链通过两个—S—S—连接形成，如图 18-1。F Sanger 的工作为多肽结构的测定奠定了基础。

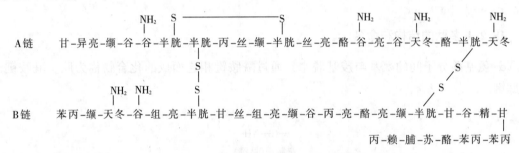

图 18-1　牛胰岛素中氨基酸连接顺序

测定氨基酸连接顺序一般有 5 步：

①测相对分子质量。多肽是个高分子化合物，但它和聚乙烯、聚氯乙烯这些高分子化合物不一样，它有严格细致的结构，每一种多肽都有固定的相对分子质量，可以用化学方法或物理方法(如渗透压法)测得它的相对分子质量。

②测各种氨基酸的含量。多肽在 6mol/L 盐酸存在下，彻底水解得到氨基酸混合物，把这些混合物使用氨基酸自动分析仪分离和鉴定，可以把氨基酸的品种和含量测出来，气相色谱也能用于分析少量氨基酸的混合物。

③N 端氨基酸的测定。2,4-二硝基氟苯在缓和条件下，就可以与多肽 N 端游离氨基作用，然后再水解，N 端氨基酸就可以生成黄色的 2,4-(二硝基苯基)氨基酸，容易与其他氨基酸分开，用层析法与标准样品比较，即可鉴定 N 端是哪一种氨基酸。

$$O_2N-\underset{\substack{| \\ NO_2}}{\underset{\displaystyle \bigcirc}{}}-F + \underset{\substack{| \\ R}}{H_2NCHCONH}\underset{\substack{| \\ R'}}{CHCONH}\cdots \longrightarrow O_2N-\underset{\substack{| \\ NO_2}}{\underset{\displaystyle \bigcirc}{}}-\underset{\substack{| \\ R}}{NHCHCONH}\underset{\substack{| \\ R'}}{CHCONH}\cdots$$

$$\overset{HCl}{\underset{H_2O}{\longrightarrow}} \quad O_2N-\underset{\substack{| \\ NO_2}}{\underset{\displaystyle \bigcirc}{}}-\underset{\substack{| \\ R}}{NHCHCOOH} \quad + \quad H_3NCHCOOH + \cdots \atop \underset{\substack{| \\ R'}}{}$$

N 端氨基酸(黄色)

这个方法的缺点是：当水解分离 N-2，4-二硝基苯基氨基酸时，整个肽键也都水解成氨基酸了，没有办法继续测定。另一种测 N 端氨基酸的方法是异硫氰酸苯酯法，也叫 Edman 降解法，即异硫氰酸苯酯与多肽 N-端氨基酸起加成反应生成苯氨甲硫酰基衍生物（PTH 衍生物），它在无水酸作用下水解：

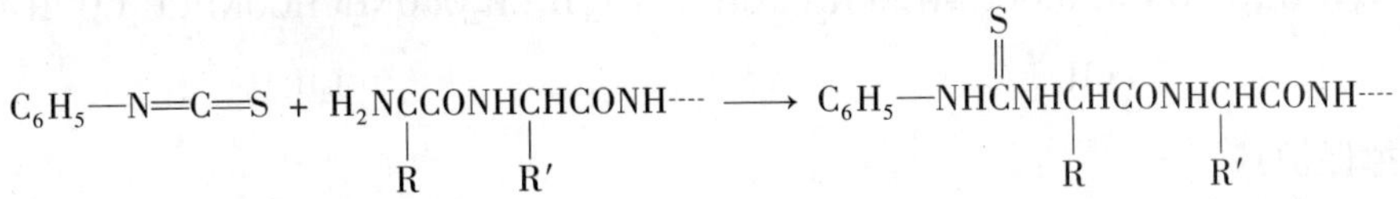

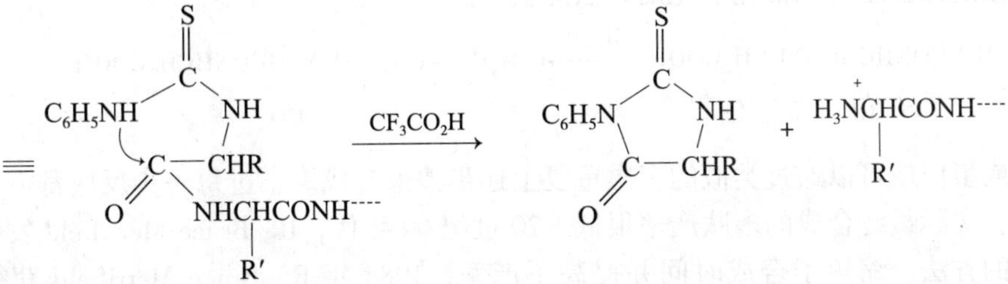

$$C_6H_5-N=C=S + H_2NCCONHCHCONH\cdots \longrightarrow C_6H_5-NHCNHCHCONHCHCONH\cdots$$

（结构式中含 R、R′ 取代基及 S 双键）

$$\xrightarrow{CF_3CO_2H}$$

（PTH 环状衍生物 + $H_3NCHCONH\cdots$，含 R′）

PTH 衍生物用层析法与标准样品比较可测定 N 端是哪一种氨基酸。肽链中间肽键要在水的存在下才能断裂，只有被取代的 N 端氨基酸才能在无水条件下断裂，同时生成少一个氨基酸的多肽，分离后新的 N 端继续与异硫氰酸苯酯反应，重复这一过程，可以测定多肽 N 端氨基酸的连接顺序。此法原理已被现代氨基酸自动分析仪器所采用。

④C 端氨基酸的测定。用羧肽酶水解，使用羧肽酶只有 C 端氨基酸能断裂，去掉一个氨基酸剩下的多肽可以继续水解，从而测定 C 端氨基酸的连接顺序。

⑤肽键选择性断裂。N 端和 C 端氨基酸的测定，实际上只适用于相对分子质量较小的多肽，而对于相对分子质量较大的多肽，一般需要把它断裂成质量较小的多肽。在酶的催化下肽链能在特定的位置断裂，例如，糜蛋白酶选择性水解含芳环的苯丙氨酸、酪氨酸及色氨酸羧基上的肽链，这样就可将肽链水解为较小的片段，测定小片段氨基酸的连接顺序，再研究小片段如何连接成多肽。

18.2.3 多肽的合成

多肽的合成是一项重要的有机合成，近年来发展很快，它的合成原理主要是使氨基酸按一定顺序通过缩合反应相连接。但由于氨基酸有两个活性基团，不同氨基酸在缩合时就会有多种排列组合，产生多种产物，为了使多肽肽键只能在指定的羧基和氨基之间生成，必须把不需要其生成肽键的氨基和羧基保护起来，使肽键顺利生成，最后在不影响生成肽键的条件下去掉保护基团。

常用于保护氨基的试剂有氯甲酸苄酯、氯甲酸叔丁酯等。另外还要活化羧基，使羧基变成酰氯，反应在温和的条件下就能进行。例如，合成丙氨酰甘氨酸二肽，反应过程如下：

①保护 N 端丙氨酸的氨基

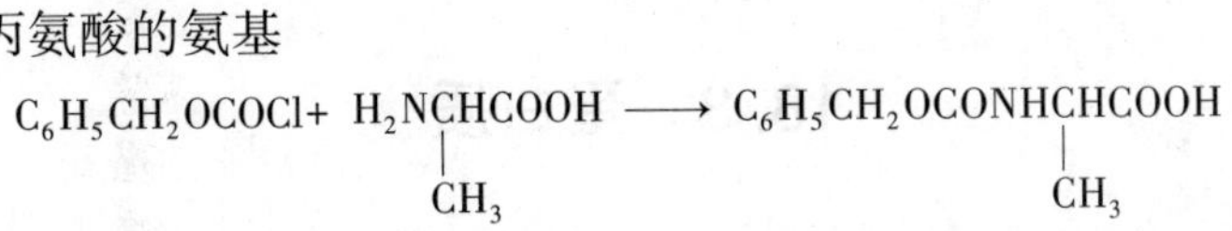

$$C_6H_5CH_2OCOCl + H_2NCHCOOH \longrightarrow C_6H_5CH_2OCONHCHCOOH$$
（含 CH_3 取代基）

②活化 N 端丙氨酸的羧基

$$C_6H_5CH_2OCONHCHCOOH \xrightarrow{SOCl_2} C_6H_5CH_2OCONHCHCOCl$$

（下标CH₃对应两处）位于两个式子下方：
$$\underset{CH_3}{\qquad} \qquad\qquad \underset{CH_3}{\qquad}$$

③与第二个氨基酸甘氨酸反应

$$C_6H_5CH_2OCONHCHCOCl + H_2NCH_2COOH \longrightarrow C_6H_5CH_2OCONHCHCONHCH_2COOH$$
$$\underset{CH_3}{\qquad} \qquad\qquad\qquad\qquad \underset{CH_3}{\qquad}$$

④去掉保护基

苄氧羰酰保护基可用催化氢化的方法除去：

$$C_6H_5CH_2OCONHCHCONHCH_2COOH \xrightarrow{H_2/Pt} C_6H_5CH_3 + CO_2 + H_2NCHCONHCH_2COOH$$
$$\underset{CH_3}{\qquad} \qquad\qquad\qquad\qquad\qquad\qquad \underset{CH_3}{\qquad}$$

多肽或蛋白质可以通过类似的多次重复上述步骤来合成。不过每一步反应都需将产物分离、提纯，实际最终合成的多肽产率很低。20世纪60年代，R. Bruce Merrifield 发展了固相合成多肽的方法，缩短了合成时间并提高了产率，1984年 R. Bruce Merrifield 获得了诺贝尔奖。

固相合成法简单来说，是把反应物连接在一个不溶性的固相载体上进行合成的方法。例如，以氯甲基聚苯乙烯树脂作为不溶性的固相载体，将合成多肽中的第一个氨基酸氨基保护起来后，与树脂上的氯甲基反应，第一个氨基酸就固定在树脂上，再去掉第一个氨基酸氨基的保护基，然后再加入第二个N端被保护、C端被活化的氨基酸，与第一个氨基酸N端反应，这样得到N端有保护基的二肽，重复上述过程，可以合成多肽。上述步骤用式子表示如下：

$$保护基—NHCHCOOH + ClCH_2—树脂 \xrightarrow{-HCl} 保护基—NHCHCOOCH_2—树脂$$
$$\underset{R}{\qquad} \qquad\qquad\qquad\qquad\qquad \underset{R}{\qquad}$$

$$\xrightarrow[\longrightarrow \ \ 树脂—CH_2OOCCHNH_2]{脱去保护基} \xrightarrow[-HCl]{保护基—NHCHCOCl,\ R'}$$
$$\underset{R}{\qquad}$$

$$树脂—CH_2OOCCHNHCCHNH—保护基$$
$$\underset{R}{\qquad}\ \underset{O}{\qquad}\ \overset{R'}{\qquad}$$

最后，用催化加氢或用溴化氢处理，使合成的多肽脱离树脂。由于合成的肽固定于树脂表面，是不溶解的，只要每次和氨基酸反应后，洗去多余的氨基酸和副产物即可，省去了分离提纯步骤，达到提高产率的目的。尽管如此，至今多肽的合成仍然具有许多困难，仍是具有挑战性的工作。

18.3　蛋白质

蛋白质存在于细胞中，它是由许多 α-氨基酸按一定顺序结合形成一条多肽链，再由一条或一条以上的多肽链按照其特定的方式结合而成的高分子化合物，是构成人体组织器官的支架和主要物质，承担着各种各样的生理作用和机械功能。例如肌肉、毛发、指甲、酶、血清、血红蛋白等都是由不同的蛋白质构成的，它们供给人体营养、执行保护机能、输送氧气、传递遗传信息等。蛋白质在生命现象和生命活动中起着决定性作用。

18.3.1　蛋白质的组成和分类

蛋白质是由碳、氢、氧、氮和少量硫组成的，这些元素在蛋白质中的组成百分比约为：碳50%、氢7%、氧23%、氮16%、硫0~3%，有的还含有磷、铁、锌、铜、碘、钼等微量元素。

蛋白质的种类非常多，根据蛋白质的形状可分为纤维蛋白(如丝蛋白)和球蛋白(如蛋清蛋白)；根据化学组成不同可分为单纯蛋白和结合蛋白，单纯蛋白水解最终产物是α-氨基酸(如白蛋白、球蛋白)，结合蛋白是由单纯蛋白和非蛋白质部分结合而成的，非蛋白质部分称为辅基(如脂蛋白、磷蛋白)；根据蛋白质的功能可分为活性蛋白和非活性蛋白，活性蛋白指在生命运动中一切有活性的蛋白质(如酶等)，非活性蛋白不具有生物活性，是一大类担任生物保护或支持作用的蛋白质(如角蛋白、丝蛋白)。

18.3.2　蛋白质的结构

蛋白质的结构很复杂，每一种蛋白质分子中氨基酸的组成、排列顺序和肽链的立体结构都不相同。蛋白质中氨基酸连接的顺序是其基本结构，称为蛋白质的一级结构或初级结构，而其特殊的立体结构称为蛋白质的二级结构、三级结构或四级结构，统称为蛋白质的高级结构。

蛋白质的二级结构是指蛋白质分子区域内，多肽链沿一定方向盘绕和折叠的方式，主要由肽链之间的氢键形成，有α-螺旋、β-折叠、β-转角和无规卷曲等。由于肽链不是直线型，价键之间有一定键角，分子中又含有许多酰胺键，因此一条肽链可以通过酰胺键中的氧原子与另一酰胺键的氢原子形成氢键，而绕成螺旋形，称为α-螺旋，如图18-2。β-折叠是一种肽链相当伸展的结构，它依靠一条肽链内两段肽链之间或两条肽链之间的C=O与N-H之间形成氢键而成。蛋白质分子中肽链经常会出现180°的回折，这种肽链的回折角就是β-转角的结构。没有确定规律的那部分构象称为无规卷曲，如图18-3。

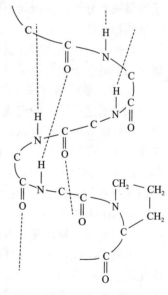

图18-2　α-螺旋

蛋白质在二级结构基础上，借助各种次级键，如二硫键(—S—S—)、静电引力等，卷曲折叠成特定球状分子结构的空间构象，称为蛋白质的三级结构，例如鲸肌红蛋白的空间结构，见图18-4。

有些蛋白质分子不止一条肽链，而是由多条肽链组成，其中每个肽链可以认为是一个亚单位或称为亚基。蛋白质的四级结构涉及整个分子中亚基的聚集状态。例如，血红蛋白的四级结构就是由四个相当于肌红蛋白三级结构形状的亚基缔合而成，共有574个氨基酸。

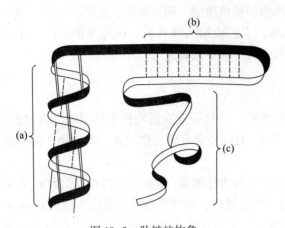
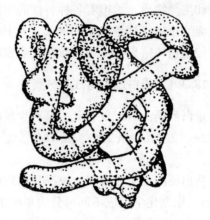

图 18-3　肽链的构象　　　　　　　图 18-4　鲸肌红蛋白的空间结构
(a)α-螺旋；(b)β-折叠；(c)无规卷曲

18.3.3　蛋白质的性质

1. 蛋白质的胶体性质

蛋白质是高分子化合物，分子颗粒直径 1～100nm，在胶粒幅度范围之内，因此具有胶体的性质。蛋白质分子表面有大量的亲水基团，如—NH$_2$、—COOH、—OH 等，使蛋白质分子容易被水分子层包围而形成水膜，从而阻止蛋白质颗粒相互聚集，因此蛋白质水溶液具有一定的稳定性。

与低分子物质比较，蛋白质分子扩散速度慢，不能透过半透膜。利用这种性质，可以将蛋白质与低分子化合物通过透析法分离，达到分离提纯的目的。

2. 蛋白质的两性和等电点

蛋白质是由氨基酸组成的，其分子两端有游离的氨基和羧基，因此蛋白质也是两性物质，与强酸或强碱都可成盐。在强酸溶液中，蛋白质以正离子状态存在，在强碱溶液中则以负离子状态存在，在某 pH 值溶液中蛋白质与氨基酸一样，成为两性离子，所带正负电荷相等，这时的 pH 值就是该蛋白质的等电点。等电点时，蛋白质的溶解度最小，可以通过调节蛋白质溶液的 pH 值至等电点，使蛋白质在溶液中沉淀。

3. 蛋白质的变性

蛋白质受物理或化学因素的影响，其特定的空间结构被破坏，从而导致物理化学性质改变、生物学活性丧失，这种现象称为蛋白质的变性。例如，酶蛋白质变性后，就失去了酶的催化活性。物理因素可以是加热、加压、脱水、搅拌、振荡、紫外线照射、超声波的作用等；化学因素有强酸、强碱、尿素、重金属盐、十二烷基磺酸钠（SDS）等，都可以使蛋白质变性。当蛋白质变性时，被破坏严重，不能恢复，称为不可逆性变性；当变性程度较轻时，如去除变性因素，有的蛋白质仍能恢复或部分恢复其原来的构象及功能，变性是可逆的，称为可逆性变性。

4. 蛋白质的沉淀

蛋白质分子凝聚从溶液中析出的现象称为蛋白质沉淀。变性蛋白质一般易于沉淀，但也可不变性而使蛋白质沉淀，引起蛋白质沉淀的主要方法有以下几种。

（1）盐析

在蛋白质溶液中加入大量的中性盐以破坏蛋白质的胶体稳定性而使其析出，这种方法称为盐析。常用的中性盐有硫酸铵、硫酸钠、氯化钠等，例如用半饱和的硫酸铵可以使血清中的白蛋白、球蛋白沉淀出来。盐析沉淀的蛋白质，经透析除盐，仍能保持蛋白质的活性。

(2)重金属盐沉淀蛋白质

蛋白质可以与重金属离子如汞、铅、铜、银等结合成盐沉淀。重金属沉淀的蛋白质常是变性的，但若在低温条件下，并控制重金属离子的浓度，也可用于分离制备不变性的蛋白质。临床上利用蛋白质能与重金属盐结合的这种性质，抢救误服重金属盐中毒的病人，给病人口服大量蛋白质，然后用催吐剂将结合的重金属盐呕吐出来解毒。

(3)有机溶剂沉淀蛋白质

可与水混合的有机溶剂，如酒精、甲醇、丙酮等，对水的亲和力很大，能破坏蛋白质颗粒的水膜，在等电点时使蛋白质沉淀。常温下，有机溶剂沉淀蛋白质往往引起变性，例如酒精消毒灭菌就是如此，但若在低温条件下，则变性进行较缓慢，可用于分离制备各种血浆蛋白质。

(4)生物碱试剂以及某些酸类沉淀蛋白质

蛋白质可与生物碱试剂，如苦味酸、钨酸、鞣酸，以及某些酸，如三氯乙酸、过氯酸、硝酸等结合成不溶性的盐沉淀。临床上，血液分析时常利用此原理除去血液中的蛋白质，也可用于检验尿中的蛋白质。

(5)加热凝固

将接近于等电点附近的蛋白质溶液加热，可使蛋白质发生凝固而沉淀。例如煮熟的鸡蛋，蛋黄和蛋清都凝固了。

蛋白质的变性、沉淀、凝固相互之间有着很密切的关系。但蛋白质变性后并不一定沉淀，变性蛋白质只在等电点附近才沉淀，沉淀的变性蛋白质也不一定凝固。例如，蛋白质被强酸、强碱变性后由于蛋白质颗粒带着大量电荷，故仍溶于强酸或强碱之中。但若将强碱和强酸溶液的 pH 值调节到等电点，则变性蛋白质凝集成絮状沉淀物，若将此絮状物加热，则分子间相互盘缠而变成较为坚固的凝块。

5. 蛋白质的显色反应

蛋白质中含有不同的氨基酸，可以和不同的试剂发生特殊的颜色变化，利用这些反应可以鉴别蛋白质。

(1)茚三酮反应

α-氨基酸与水合茚三酮作用时，产生蓝紫色物质，由于蛋白质是由许多 α-氨基酸组成的，所以也呈此颜色反应。

(2)双缩脲反应

蛋白质在碱性溶液中与极稀硫酸铜作用呈现紫红色，称为双缩脲反应。凡分子中含有两个以上肽键的化合物都发生此反应，蛋白质分子中氨基酸是以肽键相连，因此，所有蛋白质都能与双缩脲试剂发生反应。

(3)米勒反应

蛋白质溶液中加入硝酸汞的硝酸溶液后变为红色，称为米勒反应。这是由于酪氨酸中的酚羟基与汞形成有色化合物，因此含有酪氨酸的蛋白质均能发生米勒反应。其实多数蛋白质都含有酪氨酸，所以这种反应也带有普遍性。

(4)蛋白质黄色反应

有些蛋白质遇浓硝酸后即变为黄色，可能是由于和蛋白质中含有苯环的氨基酸发生了硝化反应。例如皮肤遇浓硝酸变黄就是此原因。

习 题

1. 写出下列化合物的结构式。
   (1) 甘氨酸　　　　(2) 苯丙氨酸　　　　(3) 蛋氨酸　　　　(4) 酪氨酸
   (5) 谷氨酸　　　　(6) 赖氨酸　　　　(7) 丙氨酰甘氨酸　　(8) 天冬酰酪氨酸
   (9) 脯-亮-丙　　　(10) 谷-半胱-甘

2. 下列氨基酸溶于水后，其溶液是酸性或碱性还是接近中性的？
   (1) 丙氨酸　　　(2) 谷氨酸　　　(3) 亮氨酸　　　(4) 赖氨酸　　　(5) 丝氨酸　　　(6) 谷酰胺

3. 写出下列化合物在指明 pH 值时的结构式。
   (1) 甘氨酸在 pH = 8 时　　　(2) 丝氨酸在 pH = 1 时　　　(3) 赖氨酸在 pH = 10 时
   (4) 谷氨酸在 pH = 3 时　　　(5) 色氨酸在 pH = 12 时　　　(6) 酪氨酸在 pH = 4 时

4. 试解释甘氨酸的等电点为 5.97 而不是 7；谷氨酸的等电点为 3.22 小于 7 较多；赖氨酸的等电点 9.74 大于 7 较多。

5. 用简单化学方法鉴别下列各组化合物。
   (1) α-氨基丙酸和 β-氨基丙酸　　　　(2) 乳酸和丙氨酸
   (3) 蛋白质、葡萄糖和淀粉

6. 写出下列合成的中间产物。
   (1) $(CH_3)_2CHCH_2COOH \xrightarrow[P]{Br_2} ? \xrightarrow[过量]{NH_3} ?$

   (2) 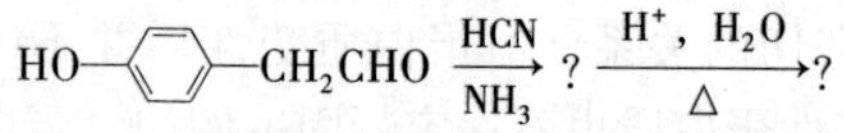 $HO-\langle \rangle-CH_2CHO \xrightarrow[NH_3]{HCN} ? \xrightarrow[\Delta]{H^+, H_2O} ?$

   (3) $\xrightarrow{BrCH(COOC_2H_5)_2} ? \xrightarrow[(CH_3)_2CHBr]{C_2H_5ONa} ? \xrightarrow{OH^-, H_2O} ?$

   $\xrightarrow{H^+} ? + $

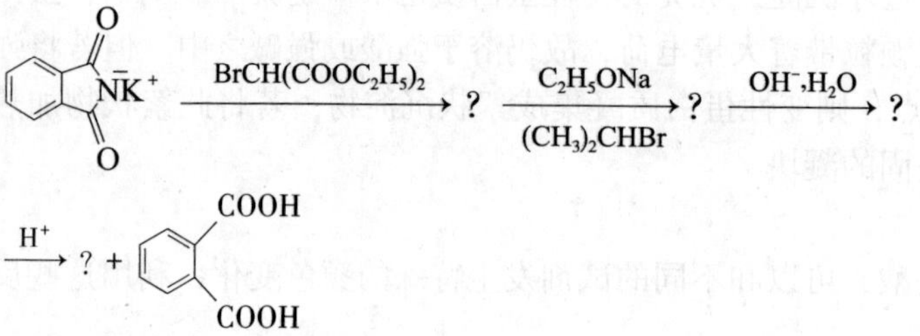

7. 按要求合成氨基酸。
   (1) 用 Strecker 合成法合成酪氨酸。
   (2) 用丙二酸酯合成法合成蛋氨酸。
   (3) 用丙二酸酯结合 Gabrial 合成法由苯甲醇合成苯丙氨酸。

8. 某化合物分子式为 $C_3H_7O_2N$，有旋光活性，能分别与 NaOH 或 HCl 成盐，并能与醇成酯，与 HNO_2 作用时放出氮气，写出此化合物的结构式。

9. 某三肽完全水解后，得到甘氨酸和丙氨酸。若将此三肽与亚硝酸作用后再水解，则得到乳酸、丙氨酸及甘氨酸。写出此三肽的可能结构式。

266

第十九章　类脂、萜类和甾族化合物

19.1　类脂化合物

类脂化合物指天然产物中，不溶于水、而溶于烃类有机溶剂的一类有机化合物。也有一些生物化学家把水解时能生成脂肪酸的天然产物称为类脂化合物。无论哪种定义，它所包含的化合物主要有油脂、蜡和磷脂等。

19.1.1　油脂

油脂是油和脂(肪)的总称，习惯上把室温下为液体的称为油，例如花生油、大豆油和桐油等；室温下为固体或半固体的称为脂，例如猪油、羊油和牛油等。但实际上两者之间并没有严格的界限，例如奶油在室温下为固体。油脂和碳水化合物、蛋白质一样，都是人类生活中不可缺少的营养成分。

油脂的主要成分是甘油和高级脂肪酸所生成的酯。通式如下：

$$\begin{array}{l} CH_2OCOR_1 \\ | \\ CHOCOR_2 \\ | \\ CH_2OCOR_3 \end{array}$$

如果甘油酯分子中，三个高级脂肪酸相同即 R_1、R_2、R_3 相同，称为单纯甘油酯或甘油同酸酯；若 R_1、R_2、R_3 不相同称为混合甘油酯或甘油混酸酯。天然油脂主要为甘油混酸酯，甘油酯的命名与酯相同。例如：

$$\begin{array}{l} CH_2OCO(CH_2)_{14}CH_3 \\ | \\ CHOCO(CH_2)_{14}CH_3 \\ | \\ CH_2OCO(CH_2)_{14}CH_3 \end{array}$$
　　甘油三软脂酸酯
　　(甘油同酸酯)

$$\begin{array}{l} CH_2OCO(CH_2)_{16}CH_3 \\ | \\ CHOCO(CH_2)_{14}CH_3 \\ | \\ CH_2OCO(CH_2)_7CH = CH(CH_2)_7CH_3 \end{array}$$
　　甘油-α-硬脂酸-β-软脂酸-α'-油酸酯
　　(甘油混酸酯)

另外，油脂中还含有少量游离的脂肪酸、高级醇、高级烃、维生素等。

1. 油脂的物理性质

组成甘油酯的脂肪酸饱和与否，对其油脂的熔点有一定的影响。若组成甘油酯的三个羧酸都是饱和的，由于分子形状较为整齐，容易紧密排列而形成晶体，熔点相对较高；若有一个羧酸是不饱和的，分子形状不规整(双键有顺反异构)，难以紧密排列在一起，熔点相对较低。

油脂比水轻，不易溶于水，易溶于乙醚、丙酮、氯仿、汽油等有机溶剂。天然油脂由于都是混合物，因此没有固定的熔点和沸点。

2. 油脂的化学性质

(1)水解

油脂在适当的条件下，可以水解。

油脂与氢氧化钠或氢氧化钾水溶液共热，可以发生水解，得到高级脂肪酸的钠盐或钾盐和甘油。高级脂肪酸的钠盐就是肥皂，因此油脂在碱性条件下的水解反应又叫皂化反应。例如，甘油三软脂酸酯的皂化反应：

$$\begin{array}{c} CH_2OCO(CH_2)_{14}CH_3 \\ | \\ CHOCO(CH_2)_{14}CH_3 \\ | \\ CH_2OCO(CH_2)_{14}CH_3 \end{array} \xrightarrow[\triangle]{3NaOH} \begin{array}{c} CH_2OH \\ | \\ CHOH \\ | \\ CH_2OH \end{array} + 3CH_3(CH_2)_{14}COONa$$

油脂在酸的存在下，与水共沸也能水解生成甘油和高级脂肪酸。

（2）干性

某些油(如桐油)在空气中涂成薄层，能逐渐形成有韧性的固态薄膜，油的这种结膜特性称作油的干性(或称干化)。

干性的化学反应还未完全清楚，一般认为是由一系列氧化聚合反应引起的。实践证明，油分子中含双键数目多，结膜快，干性就好，反之结膜慢。且有共轭双键结构的分子比孤立双键的结膜快。油的结膜特性，使油成为油漆工业中的重要原料。

桐油中的桐油酸为(9Z, 11E, 13E)-十八碳三烯酸，三个 C=C 是共轭的，因此桐油是最好的干性油。由桐油制成的油漆不仅结膜快，而且坚韧、耐光、耐热、耐腐蚀。

（3）加成

含有不饱和脂肪酸的油脂可以进行加成反应，主要有加氢和加碘。

①加氢。含有不饱和脂肪酸的油脂在催化剂的作用下可以加氢，结果是液态的油转化为饱和程度较高的固态或半固态的脂。油脂氢化也常称作"油脂的硬化"。工业上将棉籽油、菜油等植物油部分氢化，制成人造奶油供食用。

②加碘。通过油脂加碘的数量，可以判断油脂所含不饱和脂肪酸的不饱和程度。通常把 100g 油脂所能吸收的碘的质量(单位 g)称为碘值。碘值大，说明油脂的不饱和程度高、结膜快。碘值是油脂分析的一项重要指标。

（4）酸败

油脂在空气中长期放置，会逐渐变质产生难闻的气味，这种变化称为油脂的酸败。引起油脂酸败的主要原因是空气中的氧及细菌的作用，使油脂氧化分解产生低级醛、酮、羧酸等，带有让人不愉快的气味。储存油脂时，应保存在干燥、避光的密封容器中。

19.1.2 蜡

蜡是指长链脂肪酸和长链醇所生成的酯，其中脂肪酸和醇大都是在十六碳以上的偶数碳原子的直链，最常见的酸是软脂酸和二十六酸，最常见的醇是十六醇、二十六醇和三十醇。此外，蜡中还含有少量游离高级脂肪酸、高级醇和烃。

蜡比油脂硬而脆，稳定性大，在空气中不易变质，难于皂化。

植物的叶和果实表面都有一层蜡，其作用是减少体内水分的蒸发和防止外部水分的聚集，昆虫的外壳、兽类的毛和鸟的羽毛上也有蜡。根据来源，蜡分为植物蜡和动物蜡，植物蜡主要有巴西棕榈蜡；动物蜡主要有虫蜡、蜂蜡、鲸蜡和羊毛蜡等。

不同的蜡有不同的用途，但一般用于上光剂、皮鞋油、地板蜡、复写纸、药膏和化妆品中。

19.1.3 磷脂

磷脂是一类含磷的类脂化合物，广泛存在于动物的脑、肝、蛋黄、植物的种子及微生物中，其中最重要的是卵磷脂和脑磷脂，有重要的生理作用。

甘油和磷酸生成的酯称为甘油磷酸（GPA），甘油磷酸与两分子脂肪酸生成磷脂酸：

$$
\begin{array}{c}
CH_2OH \\
HO——H \\
CH_2OPO_3H_2
\end{array}
\qquad
\begin{array}{c}
CH_2OCOR \\
R'COO——H \\
CH_2OPO_3H_2
\end{array}
$$

L-甘油磷酸（GPA）　　　　　　　　磷脂酸

磷脂酸与另一种醇，如乙醇胺、胆碱、肌醇、丝氨酸等生成的磷酸二酯称为磷脂。例如，脑磷脂和卵磷脂：

$$
\begin{array}{c}
CH_2OCOR \\
R'COO——H \qquad O \\
CH_2O—P—OCH_2CH_2\overset{+}{N}H_3 \\
O^-
\end{array}
\qquad
\begin{array}{c}
CH_2OCOR \\
R'COO——H \qquad O \\
CH_2O—P—OCH_2CH_2\overset{+}{N}(CH_3)_3 \\
O^-
\end{array}
$$

脑磷脂　　　　　　　　　　　　　卵磷脂

磷脂类化合物结构上的特点是分子中同时具有亲水基团和疏水基团。所以磷脂在水中时，亲水基团指向水中，而疏水基团聚在一起与水隔开，结果在界面上形成定向排列的分子薄膜。正是由于这种结构特点，使磷脂类化合物在细胞膜中起着重要的生理作用。

19.2 萜类化合物

萜类化合物广泛存在于动植物中。许多植物香精油中的某些组分、动物和真菌的某些色素中都含有萜类化合物。例如：

月桂烯（存在于月桂果实中）　　　　　对薄荷烯（存在于柠檬油等中）

月桂烯和对薄荷烯都是由两个异戊二烯单位连接而成的烯烃，称为萜烯。多数萜类化合物都是由若干个异戊二烯单位首尾相连而组成的。

$$
\begin{array}{c}
CH_3 \\
CH_2=C—CH=CH_2
\end{array}
\qquad
\begin{array}{c}
C \\
头\ C—C—C\ 尾
\end{array}
$$

异戊二烯　　　　　　　　　　异戊二烯单位

萜类化合物分子中除了常含有 C＝C 外，还含有羟基、羰基、羧基等官能团。

萜类化合物可以根据所含异戊二烯单位的数目分类。含两个异戊二烯单位的（C_{10}）称为单萜；含三个异戊二烯单位的（C_{15}）称为倍半萜；含四个异戊二烯单位的（C_{20}）称为双萜或二萜，含六个异戊二烯单位的（C_{30}）称为三萜等。又可以按碳架分为开链萜、单环萜和双环萜等。

19.2.1 单萜

1. 开链单萜

开链单萜是由两个异戊二烯单位连接构成的链状化合物。重要的有香叶醇、橙花醇、柠檬醛 a 和柠檬醛 b。

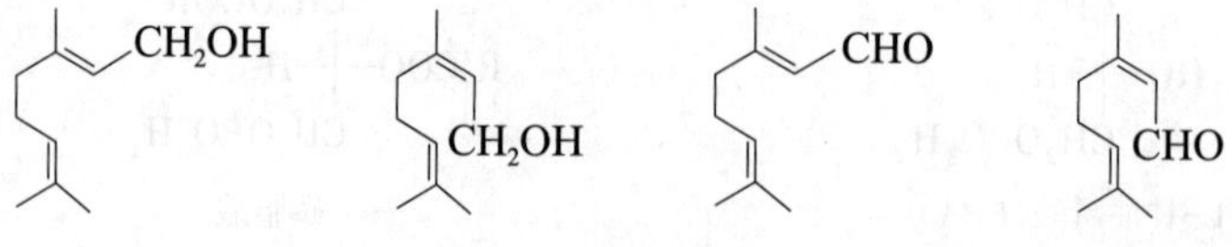

香叶醇　　　　橙花醇　　　柠檬醛a（香叶醛）　　柠檬醛b（橙花醛）

橙花醇和香叶醇互为 Z、E 异构，它们存在于玫瑰油、橙花油等中，有玫瑰香气，用于香料工业配制香精或作为合成中间体。橙花醇比香叶醇香气温和而优雅，在香料中更有价值。

柠檬醛主要存在于柠檬草油中，有 Z、E 异构，E 型为柠檬醛 a，又称香叶醛；Z 型为柠檬醛 b，又称橙花醛。柠檬醛主要用于配置柠檬香精或做合成维生素的重要原料。

2. 单环单萜

单环单萜是由两个异戊二烯单位连接构成的具有一个六元环的化合物。重要的有苧烯、薄荷醇和薄荷酮。

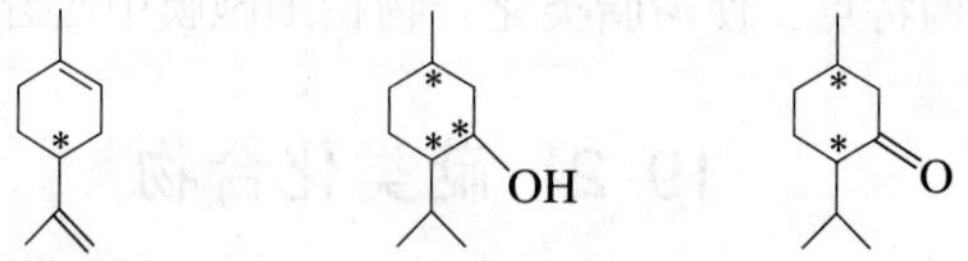

苧烯（柠檬烯）　　　薄荷醇　　　　薄荷酮

苧烯含有一个手性碳，有一对对映体，左旋体存在于松针油中，右旋体存在于柠檬油中，外消旋体存在于香茅油中。它们都是有柠檬香味的无色液体，可以用作香料、溶剂等。苧烯可以由异戊二烯在 300℃时聚合得到。

薄荷醇俗名薄荷脑，是薄荷油的主要成分，有芳香、清凉、杀菌和防腐作用，并有局部止痛止痒的效力，用作香料或药物。它有三个不相同的手性碳原子，因此有四对外消旋体，分别为：(±)-薄荷醇、(±)-新薄荷醇、(±)-异薄荷醇、(±)-新异薄荷醇，这些对映体气味各不相同，已全部合成出来并且已拆分。天然产薄荷醇是左旋薄荷醇，其构象三个较大的取代基都在 e 键，较稳定。

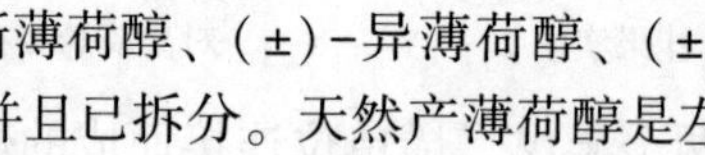

(–)-薄荷醇

薄荷酮可以由薄荷醇氧化得到，它有两个手性碳原子，因此有两对对映体。天然的薄荷酮主要以左旋体存在于薄荷油中，有强烈的薄荷味，常用于食品工业中。

3. 双环单萜

双环单萜是由两个异戊二烯单位连接构成一个六元环并与三元环、四元环或五元环稠合而成的桥环化合物，它们的母体主要有蒈、蒎、莰等几种。这类化合物由于受桥环的限制，分子中的六元环一般只能以船型存在。

菩烷　　　　　　蒎烷　　　　　　莰烷

自然界中存在较多的是蒎和莰两类化合物。蒎族中主要有 α-蒎烯和 β-蒎烯，它们都存在于松节油中。但 α-蒎烯含量较高，是自然界存在较多的一种萜类化合物，也是合成冰片、樟脑等萜类化合物的主要原料。在莰族中最重要的是 2-莰醇(冰片)和 2-莰酮(樟脑)。天然樟脑是从樟树中用水蒸气蒸馏分离出来的，可以用作驱虫剂、硝化纤维增塑剂，也是医药、化妆品工业的重要原料。

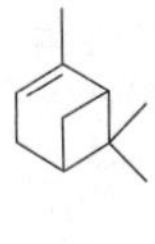

α-蒎烯 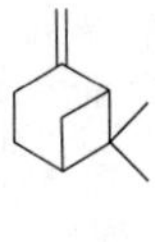　　　　　　β-蒎烯 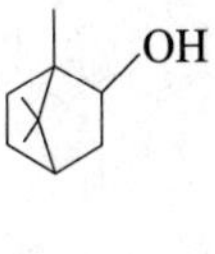　　　　　　2-莰醇（冰片） 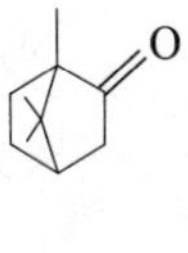　　　　　2-莰酮（樟脑）

19.2.2　倍半萜、二萜和三萜等

倍半萜的碳架是由三个异戊二烯单位组成的，金合欢醇和山道年属于倍半萜。金合欢醇存在于玫瑰油、茉莉油、金合欢油和橙花油等中，但含量都不高，是一种珍贵的香料。更重要的是它具有保幼激素活性。山道年是山道年花蕾中提取的无色晶体，熔点 170℃，不溶于水，易溶于有机溶剂，曾是常用的驱蛔虫药，但对人体有相当的毒性。

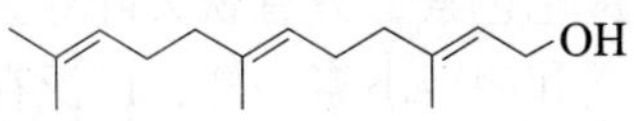

金合欢醇 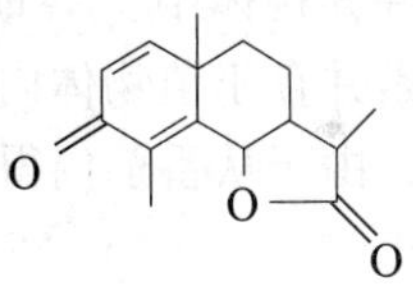　　　　　　　　　　　　　山道年

二萜是由四个异戊二烯单位组成的，有 20 个碳原子。叶绿醇和维生素等是二萜。叶绿醇是叶绿素的组成部分，是合成维生素 E 和维生素 K_1 的原料。

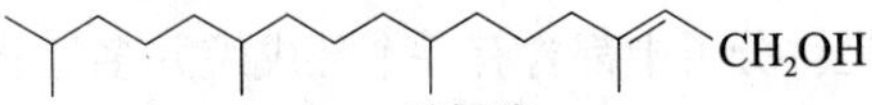

叶绿醇

维生素 A 存在于动物的肝、蛋黄和鱼肝油等中，分为两种：维生素 A_1 和维生素 A_2。维生素 A_2 的活性只有 A_1 的 40%，因此一般把维生素 A_1 称为维生素 A。

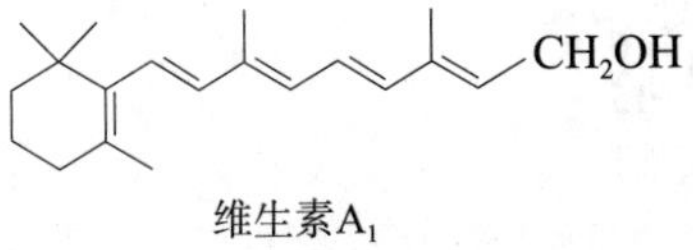

维生素 A_1 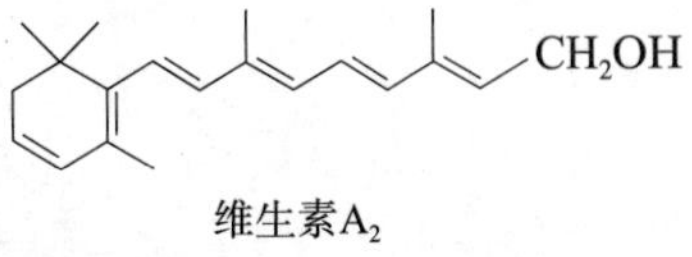　　　　　　　　　　　　　维生素 A_2

维生素 A 是哺乳动物正常生长和发育不可缺少的物质，体内缺乏维生素 A 会发育不健全，导致眼角膜硬化症和夜盲症。

三萜分子有 30 个碳原子，角鲨烯是三萜，主要存在于鲨鱼的肝油中，橄榄油、酵母、麦芽中也有少量存在，它是生物合成甾族化合物的中间体。

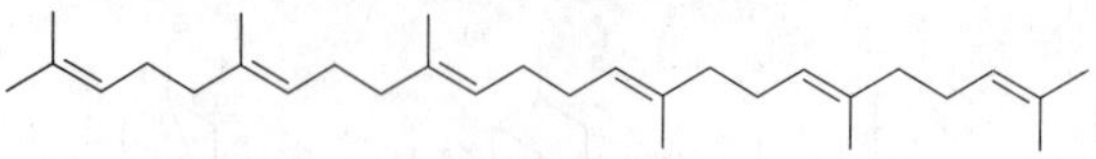

角鲨烯

四萜在自然界的植物、动物和海洋生物中分布很广。α–胡萝卜素、β–胡萝卜素、γ–胡萝卜素、叶黄素和番茄红素都属于四萜，它们的共同特点是有一个较长的 C＝C 共轭体系，多带有由黄至红的颜色，因此有时也叫多烯色素。

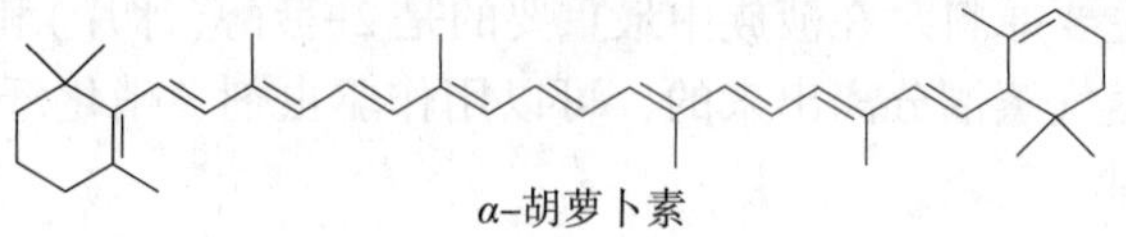

α–胡萝卜素

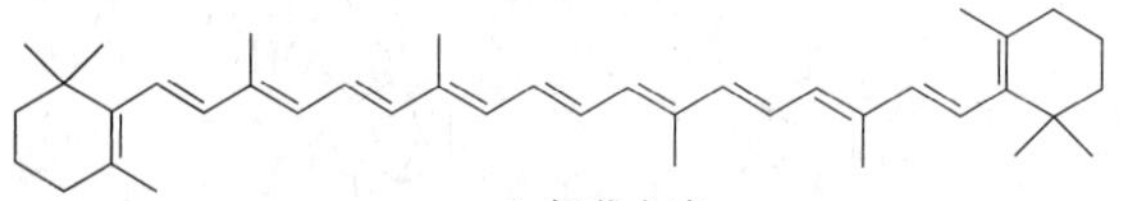

β–胡萝卜素

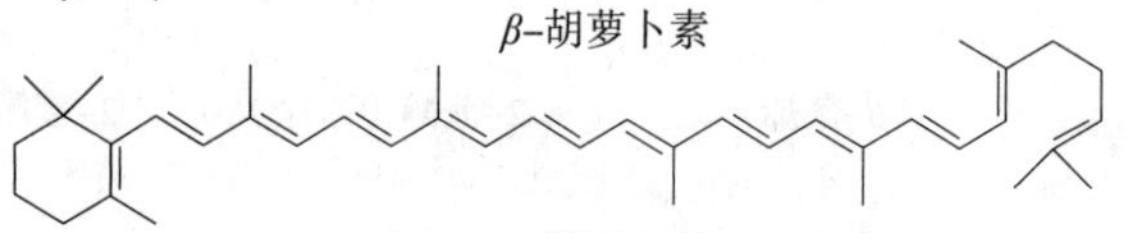

γ–胡萝卜素

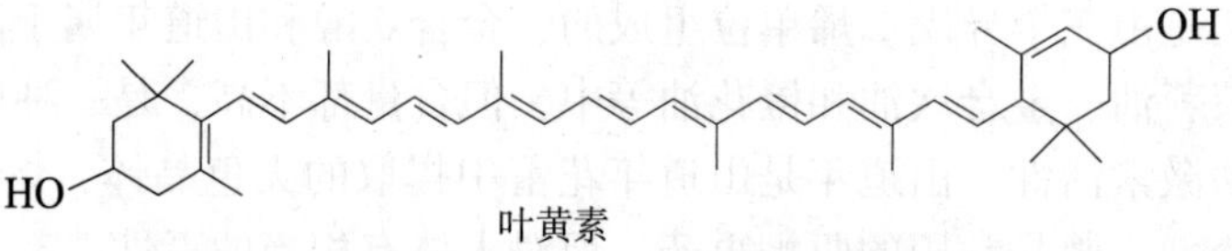

叶黄素

胡萝卜素的三种异构体中，β–胡萝卜素在动物体内可以转化为维生素 A，能治疗夜盲症。叶黄素与叶绿素并存于植物体内，是一种黄色色素，只有秋天叶绿素被破坏后，才显出其黄色。番茄红素，由于从番茄内得到而得名，和胡萝卜素一样，广泛存在于植物的叶、茎和果实中。

19.3　甾族化合物

甾族化合物是广泛存在于动植物中的一类天然产物，在动植物生命活动中起着重要的作用。这类化合物的结构特点是：分子中都含有一个环戊烷并多氢菲的基本骨架及三个侧链。四个环分别用 A、B、C、D 编号，碳原子也按固定顺序用阿拉伯数字编号，18、19 号位置一般为甲基，这种甲基称为角甲基，20 号多为甲基或具有 2、4、5、8、9、10 个碳原子的侧链。

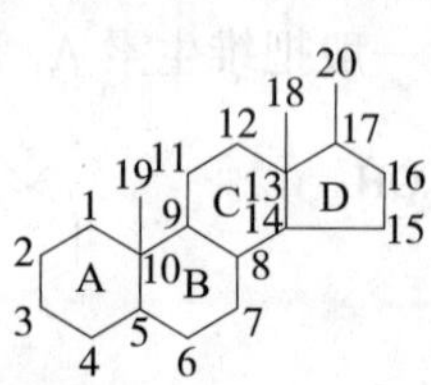

"甾"字是个象形字，"田"表示四个环，"〈〈〈"表示三个侧链。甾族化合物中的四个环，两两之间都可以顺位或反位耦合，环上有取代基时，还可以产生不对称碳原子，同时环的存在又限制了它的空间构型，因此，甾族化合物的立体化学较为复杂。

272

自然界中的甾族化合物，环 B 和 C、C 和 D 之间多数情况下都是反位稠合的，只有 A 和 B 之间存在顺位或反位相稠合。根据甾族化合物的存在形式和化学结构可以分为甾醇、胆酸、甾族激素等。

19.3.1 甾醇

甾醇为饱和或不饱和的仲醇，主要有胆甾醇、2,7-脱氢胆甾醇和麦角甾醇等。

1. 胆甾醇

胆甾醇是胆结石的主要组成成分，因此又称为胆固醇，其结构和构象为：

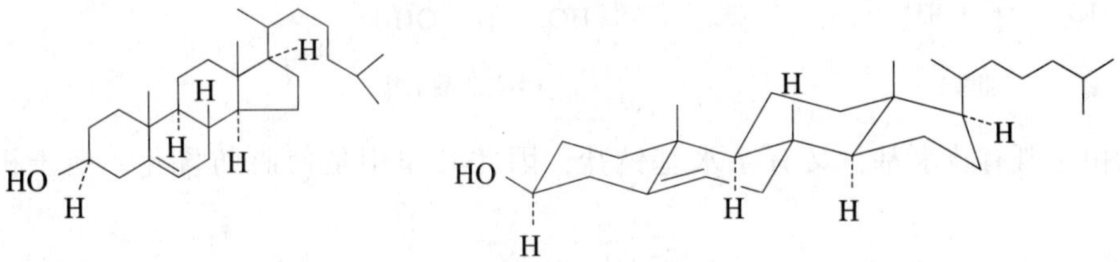

胆甾醇存在于人和动物的血液中，主要集中在脑和脊髓中，微溶于水，易溶于有机溶剂。如果人体内胆甾醇代谢发生障碍，会造成血液中胆甾醇含量过高，往往可导致动脉粥样硬化。

2.7-脱氢胆甾醇

7-脱氢胆甾醇也是一种动物固醇，存在于人和动物的皮肤中，经紫外线照射可转变为维生素 D_3，也叫胆钙化甾醇。

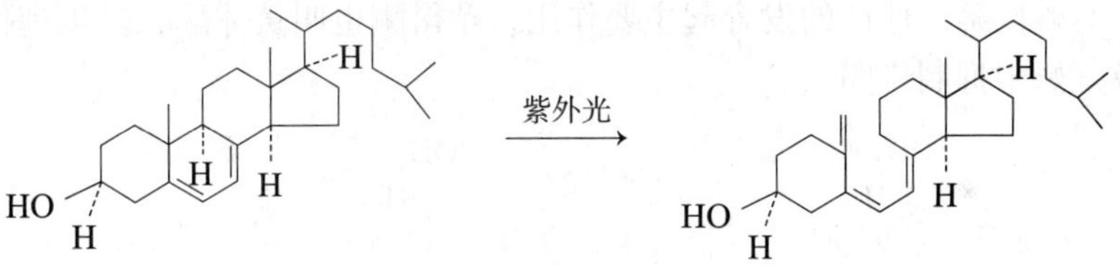

7-脱氢胆甾醇   维生素 D_3

维生素 D_3 是从小肠中吸收钙离子的关键化合物，多晒太阳有利于获得维生素 D_3，有利于钙离子的吸收，以维持骨骼的正常生长发育，防止软骨病发生。

3. 麦角甾醇

麦角甾醇属于植物甾醇，存在于酵母和某些植物中，在紫外光照射下，经过一系列变化，最后能生成维生素 D_2。

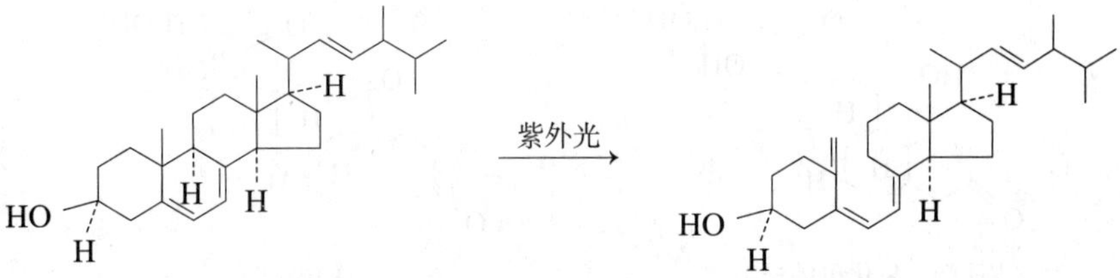

麦角甾醇   维生素 D_2

维生素 D_2 同维生素 D_3 一样，也能预防软骨病发生，但过量也是有害的，因为它可导致软组织钙化。

19.3.2 胆酸

胆酸又名胆汁酸，是从胆汁中分离出来的一系列羧酸。在胆汁中胆酸是以胆盐的形式存在的，即胆酸的羧基与甘氨酸或牛磺酸($H_2NCH_2CH_2SO_3H$)等钠盐结合成酰胺键存在。

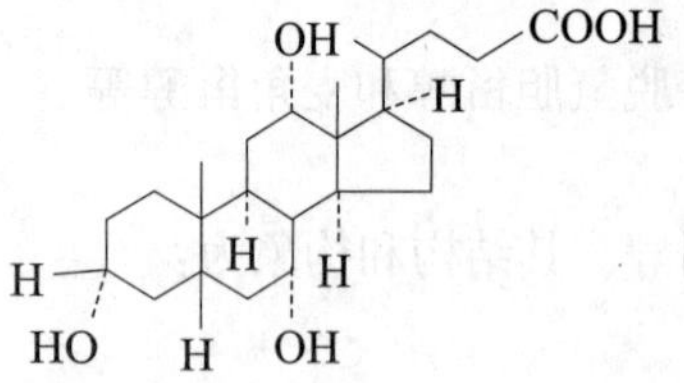

胆酸 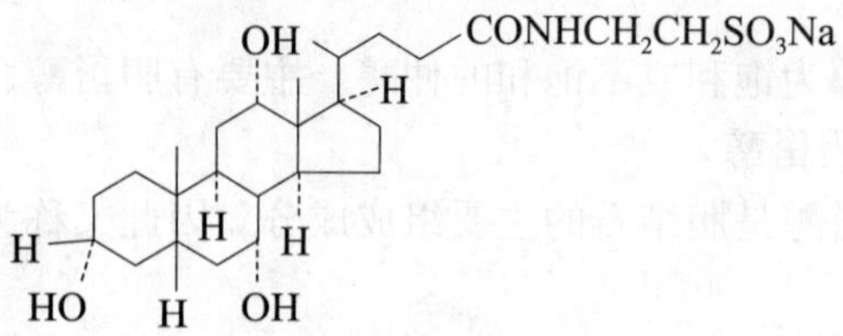   牛黄胆酸钠盐

胆盐由于既有疏水基，又有亲水基钠盐，因此其作用是使脂肪乳化，便于机体消化吸收。

19.3.3 甾族激素

甾族激素根据来源可分为性激素、肾上腺皮质激素和蜕皮激素。

1. 性激素

性激素分为雄性激素和雌性激素两类，是高等动物性腺(睾丸或卵巢)的分泌物，有促进动物发育及维持第二性征声音、形体等的作用。

睾丸甾酮是睾丸分泌的一种雄性激素，有促进肌肉生长、声音变低的作用；雌二醇为卵巢的分泌物，对雌性第二性征的发育起主要作用；孕甾酮也叫黄体酮，其生理作用是在月经期某一阶段及妊娠中抑制排卵。

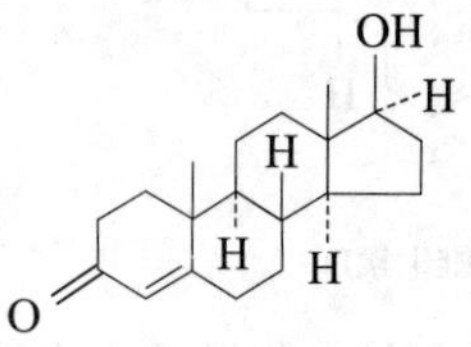

睾丸甾酮 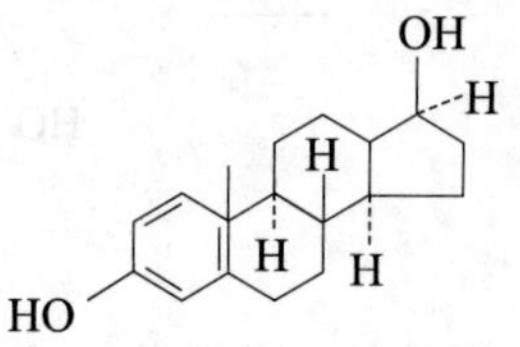   雌二醇 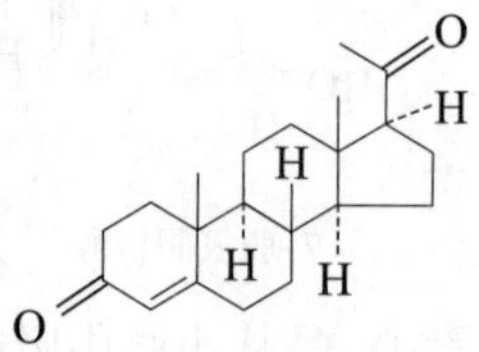   孕甾酮

2. 肾上腺皮质激素

肾上腺皮质激素产生于肾上腺皮质部分，对动物是极其重要的，它的缺乏会引起机能失常甚至死亡。主要有皮质醇(氢化可的松)、可的松等。

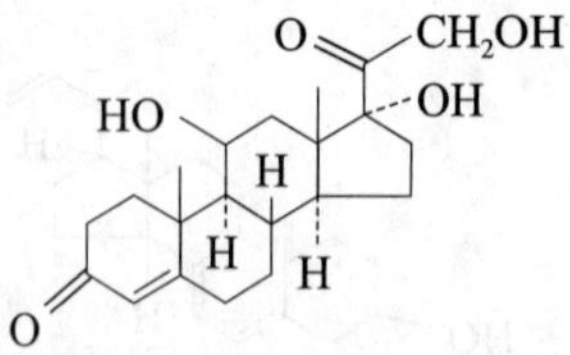

皮质醇（氢化可的松） 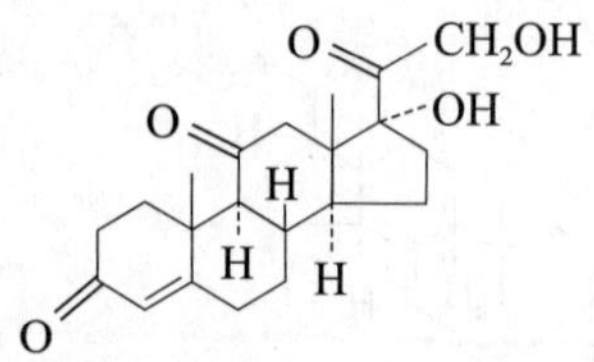   可的松

皮质醇的重要作用是调节无机盐的代谢，维持体液电解质平衡，控制碳水化合物的代谢；可的松具有抗炎和抗过敏的功效，可以用来治疗风湿性关节炎、皮肤炎症等。

3. 蜕皮激素

蜕皮激素是昆虫变态激素，也存在于植物中。从蚕、蝗虫中分离的蜕皮激素结构如下：

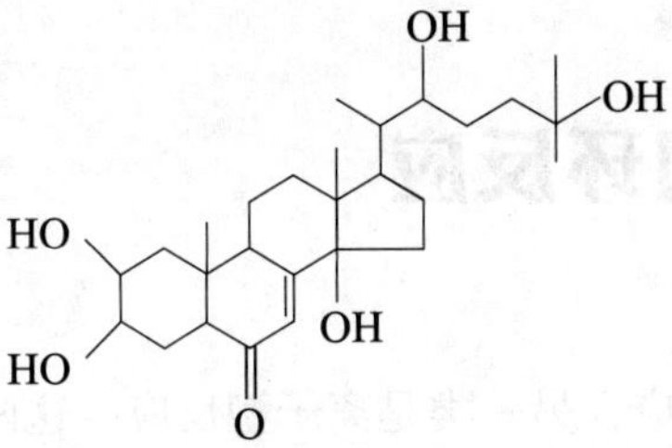

α-蜕皮激素

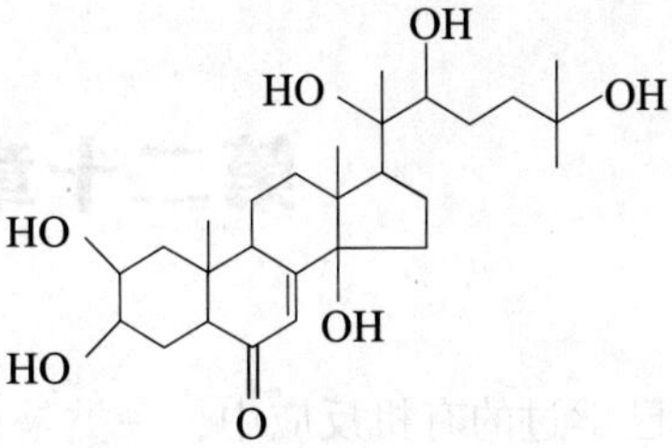

β-蜕皮激素

甾族中还有一些其他类化合物。例如，百合科植物中的强心苷、蟾蜍腮腺分泌的蝉毒中的蝉毒配基等都属于甾族类。

第二十章 周环反应

在前面已学过的有机反应中，一类是自由基反应，另一类是离子型反应，这两类反应的反应过程都形成了稳定或不稳定的中间体，经历了反应物—中间体—产物的过程。本章讨论的周环反应，是在加热或光照下，反应过程不经过中间体，而是通过环状过渡态，旧化学键的断裂和新化学键的形成同步发生，完成反应得到产物。

周环反应的特点：

①反应条件是加热和光照，不受酸、碱、溶液极性等影响。

②反应过程中，旧键的断裂和新键的生成是同时进行的，为协同反应。

③反应具有高度的立体选择性。

④反应属于绿色反应，原子利用率为100%。

1952年，日本的福井谦一以量子力学为基础，提出了前线轨道理论，其要点为：分子轨道中，能量最高的占有电子的轨道HOMO轨道和能量最低的空轨道LUMO轨道，在化学反应中起主要作用。能量最高的占有电子的轨道HOMO轨道中的电子，比其他已占分子轨道的电子受核吸引力弱，很容易激发到能量最低的空轨道LUMO轨道上，在反应中很重要。HOMO轨道和LUMO轨道处于前线，所以这种理论称为前线轨道理论。在周环反应中，前线轨道的性质决定着反应的途径。

1965年Woodward和Hofmann在系统研究周环反应的基础上，提出了协同反应中分子轨道对称守恒原理：协同反应中从原料到产物轨道对称性保持不变，反应时，相互交盖的轨道位相相同，反应能进行，否则反应不能进行(禁阻的)。并用前线分子轨道理论和轨道对称守恒原理解释了电环化反应的立体化学规律。为此，Hofmann和福井谦一共同获得1981年诺贝尔化学奖。

这一章主要讨论常见的周环反应：电环化反应、环加成反应和σ-迁移反应。

20.1 电环化反应

在加热或光照的条件下，线型共轭体系的两端，由两个π电子生成一个新的σ键或其逆反应(σ键断裂生成线型的共轭体系)都称为电环化反应。例如：顺-3,4-二甲基环丁烯在加热时生成(Z,E)-2,4-己二烯。

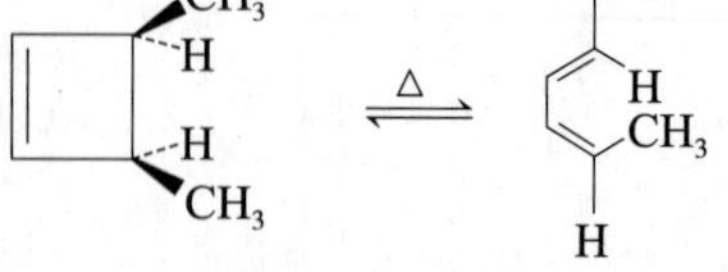

顺-3,4-二甲基环丁烯　　(Z,E)-2,4-己二烯

电环化反应属于分子内的周环反应，其反应产物的立体化学与共轭体系电子数有关，所以以电子数分类来讨论。

20.1.1　含 4 个 π 电子数的体系——4n 型电环化反应

以(Z,E)-2,4-己二烯合环变成顺-3,4-二甲基环丁烯为例，来说明 4n 型电环化反应。

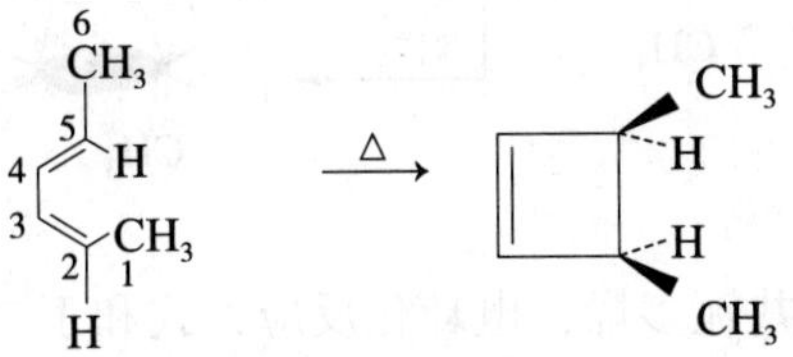

当(Z,E)-2,4-己二烯合环时，必须在 C_2 和 C_5 之间形成一个 σ 键，这就要求 2,4-己二烯分子的两端分别围绕 C_2—C_3 和 C_4—C_5 键旋转，同时 C_2 和 C_5 上的 p 轨道逐渐变成 sp^3 杂化轨道，互相重叠生成 σ 键。C_2—C_3 和 C_4—C_5 键的旋转有两种方式：顺旋和对旋。两个键向同一方向旋转(都是顺时针旋转或都是逆时针旋转)是顺旋；两个键向相反方向旋转(一个顺时针，另一个逆时针)是对旋。(Z,E)-2,4-己二烯与丁二烯一样，有四个 π 轨道：

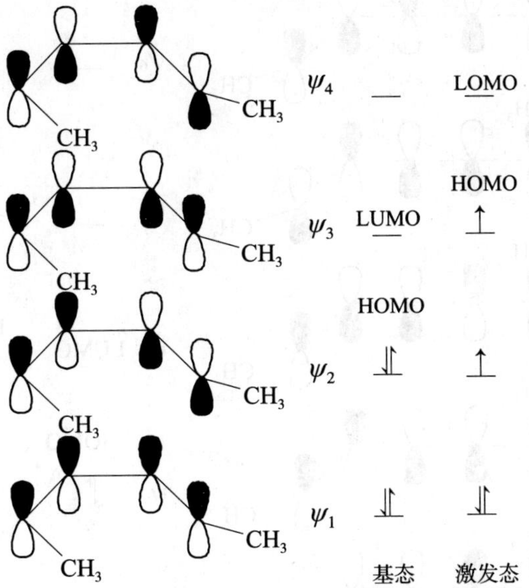

按照前线轨道理论，反应起决定作用的是电子最高已占轨道。当在加热条件下，分子处于基态，最高已占轨道 HOMO 轨道为 Ψ_2。

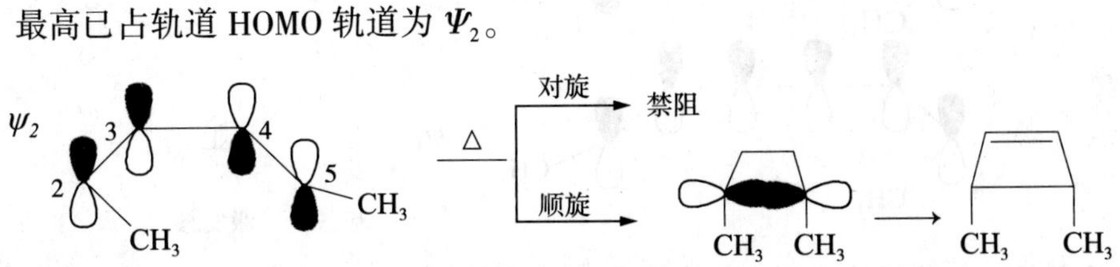

为了形成 σ 键，Ψ_2 的 C_2—C_3 和 C_4—C_5 键的旋转必须是顺旋，才能有效重叠形成化学键，且反应前 p 轨道位相为(+)的一瓣，反应后仍变为 sp^3 杂化轨道(+)的一瓣，轨道对称

守恒，得到顺-3,4-二甲基环丁烯。若是对旋，待重叠的轨道位相不同，反应禁阻。

在光照条件下，分子处于激发态，电子最高已占轨道 HOMO 轨道为 Ψ_3。顺旋是禁阻的，对旋是允许的，得到反-3,4-二甲基环丁烯。

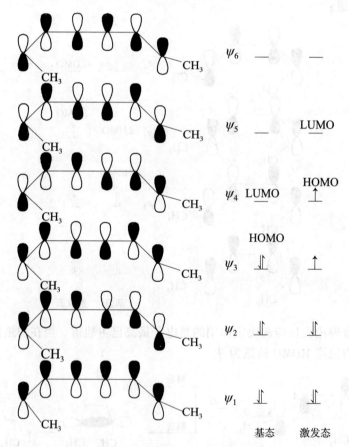

其他含有 $4n$ 个 π 电子的共轭多烯，电环化反应方式和丁二烯相同。

可见，反应条件不同，参加反应的前线轨道不同，反应的途径不同，所得产物的立体化学就不一样。

20.1.2 含 6 个 π 电子数的体系——4n+2 型电环化反应

以(Z,Z,E)-2,4,6-辛三烯合环，得到 5,6-二甲基-1,3-环己二烯为例，来说明 $4n+2$ 型电环化反应。(Z,Z,E)-2,4,6-辛三烯分子轨道如下：

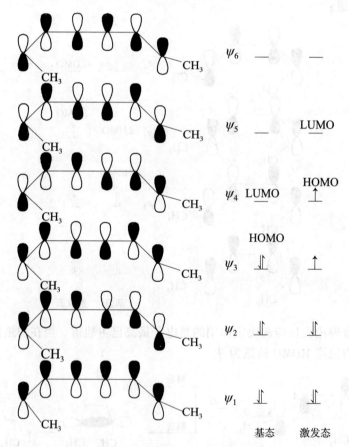

在加热条件下，分子处于基态，电子最高已占轨道 Ψ_3，在反应中起决定作用，顺旋是禁阻的，对旋是允许的，得到反-5,6-二甲基-1,3-环己二烯。

在光照条件下，分子处于激发态，电子最高已占轨道 Ψ_4，在反应中起决定作用，对旋

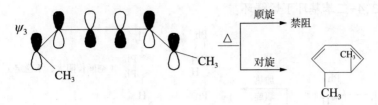

是禁阻的，顺旋是允许的，得到顺-5,6-二甲基-1,3-环己二烯。

其他含有 $4n+2$ 个 π 电子的共轭多烯，电环化反应方式和(Z,Z,E)-2,4,6-辛三烯合环相同。

20.1.3 电环化反应选择性规律

由上面分析可知，电环化反应的立体选择性与反应过程的顺旋和对旋有关，其立体选择性规律见表20-1。

表 20-1 电环化反应立体选择性规律

π电子数		热反应	光反应
4	$4n$	顺旋	对旋
6	$4n+2$	对旋	顺旋
8	$4n$	顺旋	对旋

按照上面给出的立体选择性规律，可以分析其他的共轭多烯合环或其逆反应产物的立体选择性。

例1 （E,E)-2,4-己二烯在加热或光照条件下的产物：

例2 （E,Z,E)-2,4,6-辛三烯加热或光照条件下的产物：

例 3　反-3,4-二苯基环丁烯开环:

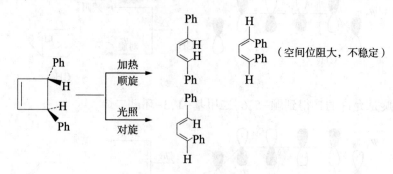

20.2　环加成反应

在光或热的作用下，两个 π 电子共轭体系的两端同时生成两个 σ 键而闭合成环的反应称为环加成反应。它是分子内的周环反应，根据参加反应的两个 π 电子体系中的 π 电子数可分为[2+2]、[4+2]等环加成反应。

20.2.1　[2+2]环加成反应

[2+2]环加成反应是合成四元环的重要方法。最简单的[2+2]环加成反应，是两个乙烯进行环加成生成环丁烷:

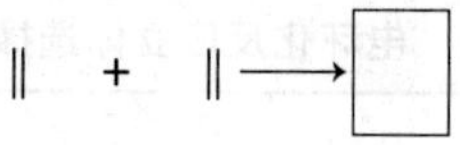

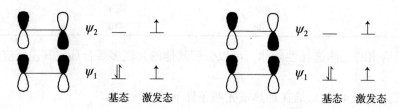

两个乙烯的 π 轨道如下:

在加热反应时，两分子乙烯均处于基态，一个分子提供 HOMO 轨道(Ψ_1)，另一个提供 LUMO 轨道(Ψ_2)，但 Ψ_1 与 Ψ_2 轨道位相不同，反应是禁阻的。

在光照条件下，一个处于激发态的乙烯分子提供 HOMO 轨道(Ψ_2)，与另一个处于基态的乙烯分子提供 LUMO 轨道(也是 Ψ_2)，位相相同，轨道对称性允许，可以重叠成键。因此[2+2]环加成反应在光照条件下是允许的。例如:

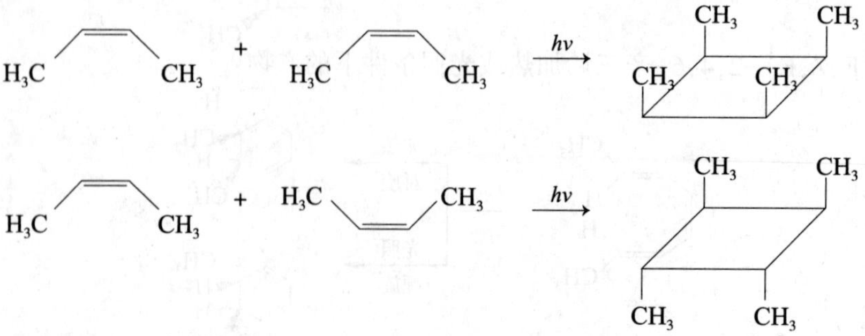

值得说明的是[2+2]环加成在加热条件下，轨道对称性禁阻，只能说明它不能经协同过程发生反应，但有可能经过其他历程，如自由基历程或离子型历程进行，产物无立体选择性。

20.2.2 [4+2]环加成反应

[4+2]环加成反应最典型代表是 Diels-Alder 反应，即在加热条件下，1,3-丁二烯型与乙烯型化合物的环加成反应。为什么 Diels-Alder 反应在加热条件下即可进行，也可以从它们的分子轨道进行分析。

加热时，1,3-丁二烯型与乙烯型化合物均处于基态，乙烯型的 HOMO 轨道(Ψ_1)与1,3-丁二烯型的 LUMO(Ψ_3)或乙烯型的 LUMO 轨道(Ψ_2)与 1,3-丁二烯型的 HOMO(Ψ_2)，对称性都是允许的，因此加热时[4+2]环加成反应能发生。

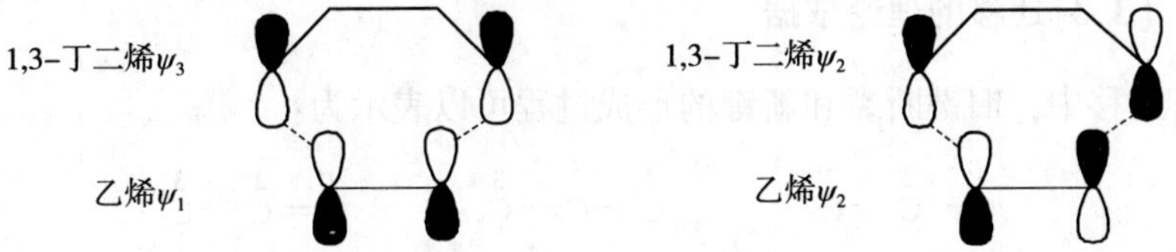

例如：

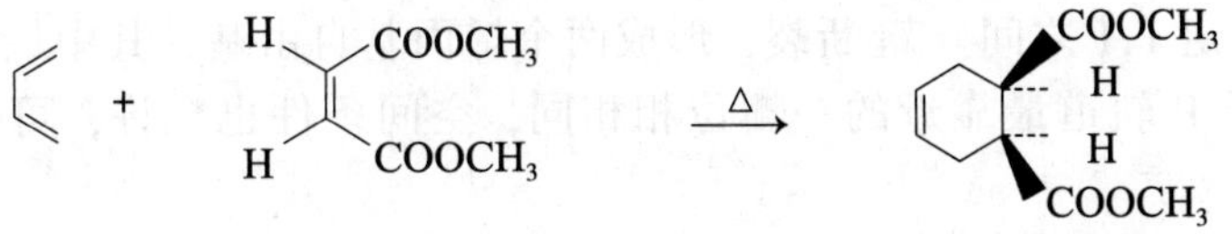

顺-丁烯二酸二甲酯　　顺-4-环己烯-1,2-二甲酸二甲酯

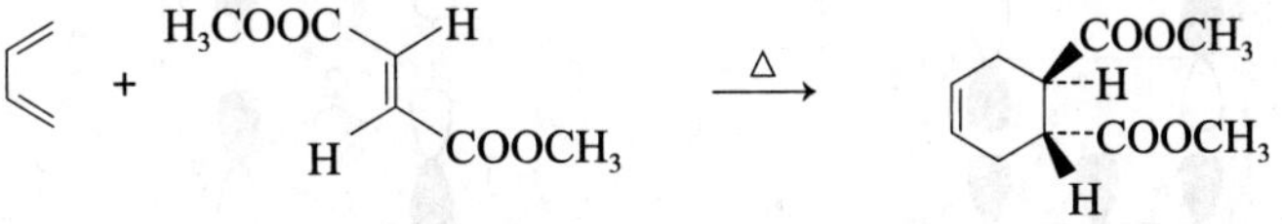

反-丁烯二酸二甲酯　　反-4-环己烯-1,2-二甲酸二甲酯

[4+2]环加成反应的显著特点是其立体专一性，即反应前后，化合物中的取代基立体关系保持不变。

但在光照条件下，一种分子处于基态，另一种分子处于激发态，HOMO 或 LUMO 轨道发生变化，反应是禁阻的。

20.3 σ 迁移反应

σ 迁移反应是指发生在共轭体系中的σ 键迁移。具体地说，一个碳原子上的σ 键迁移到另一个碳原子上，随之共轭链发生移动的反应称为 σ 键迁移反应。例如：用氘标记的1,3-戊二烯在加热时，C_5 上的一个氢原子迁移到 C_1 上，π 键也随着移动。

$$CD_2{=}CH{-}CH{=}CH{-}\overset{\displaystyle H}{\overset{|}{C}}H_2 \xrightarrow{\triangle} \overset{\displaystyle H}{\overset{|}{C}}D_2{-}CH{=}CH{-}CH{=}CH_2$$

σ 键迁移反应也是协同反应，即旧的 σ 键断裂、新的 σ 键形成以及 π 键的断裂、形成

都是同时进行的。根据发生反应活性中心的相对位置，σ 键迁移可以分为[1,3]迁移、[1,5]迁移、[3,3]迁移等。用式子表示：

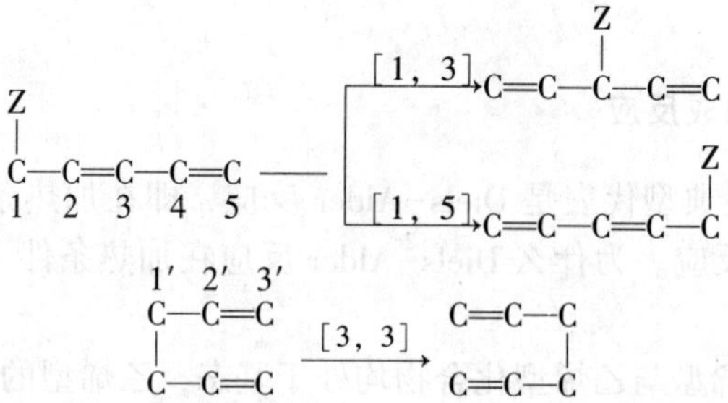

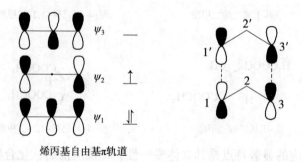

这里主要介绍[3,3]迁移。

20.3.1 [3,3]迁移的理论依据

在[3,3]迁移中，旧键断裂和新键的形成过程可以表示为：

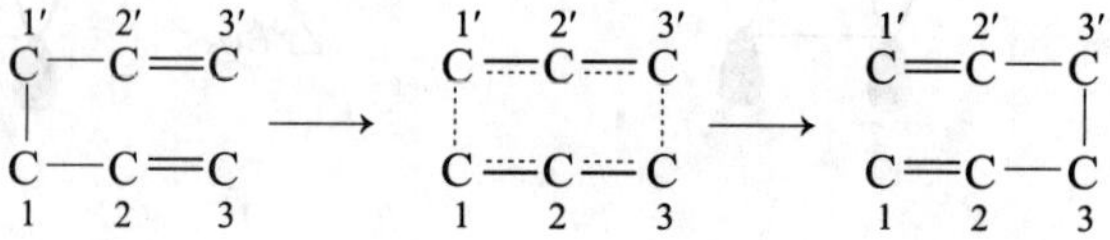

这个过程中，假定 1,1'之间 σ 键断裂，形成两个烯丙基自由基，其中最高已占轨道为 Ψ_2，3,3'两个碳原子 P 轨道最靠近的一瓣位相相同，空间条件也允许，可以重叠，形成 σ 键。

烯丙基自由基π轨道

[3,3]迁移是一种比较常见的 σ 键迁移，也是例证最多的 σ 键迁移。

20.3.2 Claisen 重排

Claisen(克莱森)重排是指烯醇或酚的烯丙基醚在加热条件下，通过[3,3]σ 键迁移发生重排的反应。

1. 乙烯基烯丙基醚的 Claisen 重排

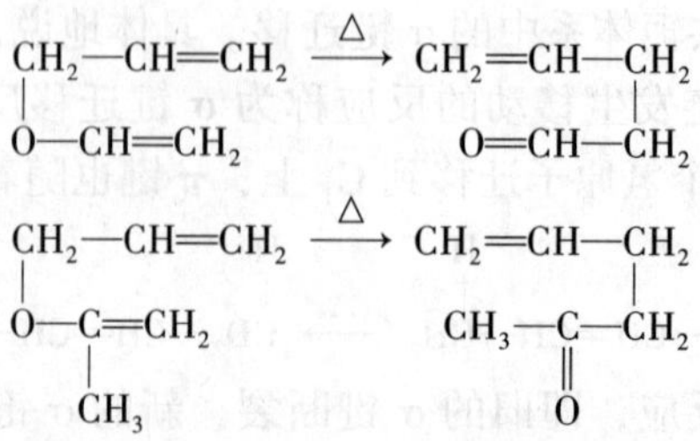

2. 苯基烯丙基醚的 Claisen 重排

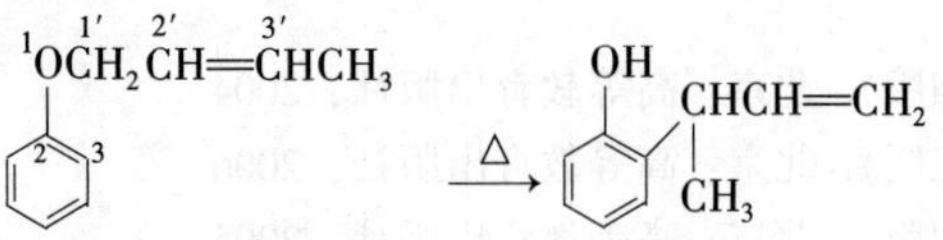

如果苯环的邻位被取代基占据，则得到对位重排产物：

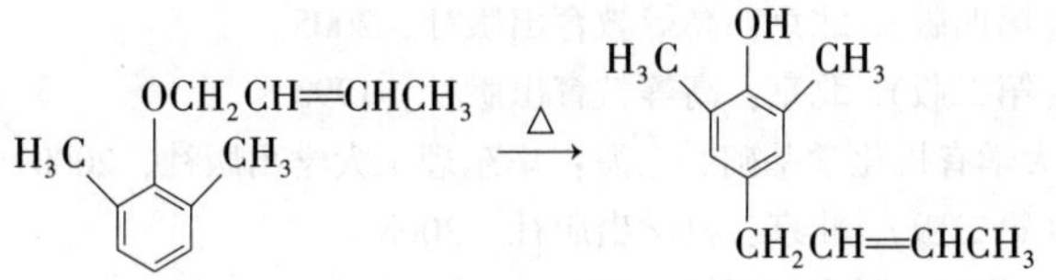

其中发生了两次[3,3]迁移：

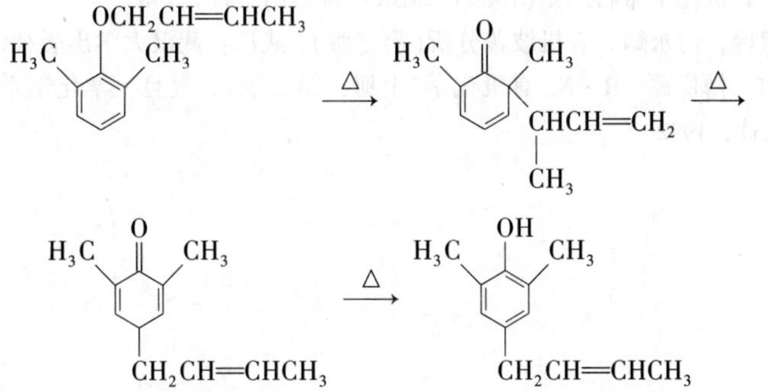

20.3.3　Cope 重排

Cope 重排是指取代的 1,5-二烯在加热条件下，通过[3,3]σ 键迁移而发生异构化的反应。例如：加热内消旋 3,4-二甲基-1,5-己二烯，经 Cope 重排后，主要得到(Z,E)-2,6-辛二烯，说明反应的过渡态经过了稳定的椅式构象。

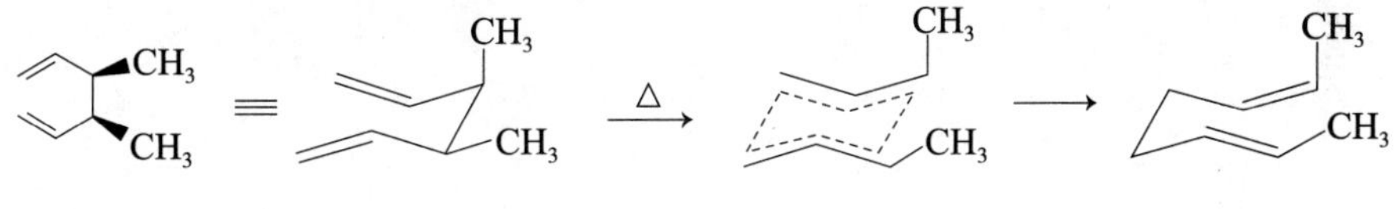

内消旋3,4-二甲基-1,5-己二烯　　　　　　　　　　　　（Z,E）-2,6-辛二烯

外消旋 3,4-二甲基-1,5-己二烯，加热后，主要得到(E,E)-2,6-辛二烯，反应的过渡态也经过了稳定的椅式构象。

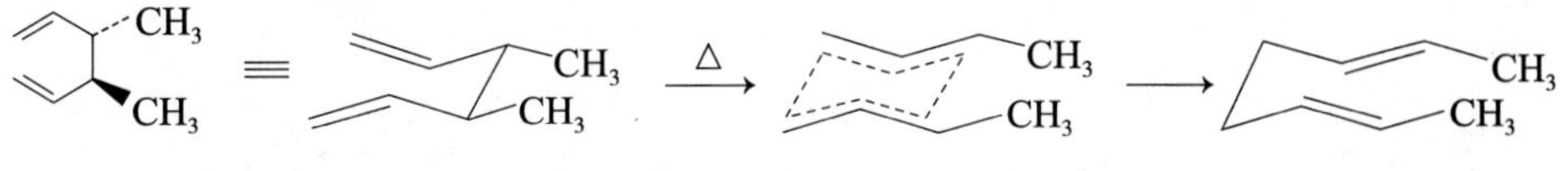

外消旋3,4-二甲基-1,5-己二烯　　　　　　　　　　　　（E,E）-2,6-辛二烯

参 考 文 献

[1]　曾昭琼. 有机化学(第四版). 北京：高等教育出版社，2004
[2]　胡宏纹. 有机化学(第三版). 北京：高等教育出版社，2006
[3]　汪小兰. 有机化学(第四版). 北京：高等教育出版社，2005
[4]　刑其毅，裴伟伟，徐瑞秋，裴坚. 基础有机化学(第四版). 北京：高等教育出版社，2005
[5]　高鸿宾. 有机化学(第四版). 北京：高等教育出版社，2005
[6]　徐寿昌. 有机化学(第二版). 北京：高等教育出版社，1993
[7]　荣国斌，苏克曼. 大学有机化学基础. 上海：华东理工大学出版社，2000
[8]　徐伟亮. 有机化学(第二版). 北京：科学出版社，2008
[9]　郭灿城. 有机化学. 北京：科学出版社，2001
[10]　中国化学会. 有机化学命名原则(1980). 北京：科学出版社，1983
[11]　孟令芝，龚淑玲，何永炳. 有机波普分析(第三版). 武汉：武汉大学出版社，2003
[12]　莫里森·R·T，博伊德·R·N. 有机化学(上册，第二版)，复旦大学化学系有机化学教研室译. 北京：科学出版社，1992